KB163349

최신 용접공학
Welding Engineering

이 은 학 저

대 광 서 림

머 리 말

　용접법(welding)이란 금속재료를 리벳이음(riveting), 볼트 이음(bolting), 시이밍(seaming), 익스팬딩(expanding)과 같은 기계적 이음에 대하여 가열 가압 등의 조작을 야금적으로 접합하는 방법이다. 따라서 용접의 경우 금속의 이음면이 금상학적으로 완전한 결합을 하며, 그러기 위해서는 쌍방 원자의 결합력이 강력하게 작용하여 완전한 원자배열을 가지고 단결정을 구성할 수 있는 정도(금속결정의 격자정수에 상당하는 거리)까지 양 결합면을 완전하게 밀착시켜야 한다. 그리고 이와같은 이상적인 금속적 밀착을 얻기 위해서는, 접합부를 국부적으로 가열하여 혹은 용융금속을 첨가하고 또는 기계적 압력을 가하는 등의 야금적 조작이 필요하다. 용접법은 이와 같은 조작법중 어떤 방식을 택하여 접합의 목적을 달성시키느냐에 의하여 용접, 압접 그리고 납접의 3종류로 크게 나누어져 있다. 그 응용분야는 작게는 트랜지스터나 진공관의 제작에서부터 크게는 선박, 항공기, 자동차, 철도차량, 각종 압력용기, 저장탱크 및 전기제품, 가정용품 외에 원자로에 이르기까지 금속공작 전반에 있어서 필수적이다.

　위에 기술한 바와같이 용접의 응용은 다양하며 복잡하고 광범위한 기술이므로 용접설계, 용접시공, 용접검사 및 용접기기에 관한 광범위한 지식이 필요한 것이다.

　이 책에서는 이와같은 점에 입각하여 내용을 이해하기 쉽게 KS규격을 곁들여 엮었으며, 많은 사진과 도표 등을 게시하여 용접에 대한 기술을 배우고자 하는 학생들은 물론 현장에 종사하는 분들에게 용접기술의 기초적인 지식을 얻는데 最良의 入門書가 될 것을 믿어 마지 않는 바이다.

　끝으로 어려운 여건하에서도 이 책이 나오게끔 협조해주신 대광서림 편집진에 감사드립니다.

목   차

제 1 장
서　　론

1-1. 용접의 정의

　물질을 서로 접합시키는 방법에는 기계적 접합법(mechanical jonting), 즉 볼트접합(Bolting), 리벳 접합(Riveting), 시이밍(Seaming), 익스팬딩(Exhanding) 등과 용접법(welding), 융접(Fusion welding), 압접(Pressure welding), 단접(Forge welding) 그리고 납접(Soldering) 등이 있다.

　용접이라함은, 접합하고자 하는 두 금속을 어떠한 방법인가에 의하여 가열 융접시켜 외력을 가하거나 또는 가하지 않고 한 덩어리로 뭉치게 하는 방법을 말하며, 때에 따라서는 접합하고자 하는 두 물체에 열을 가하지 않고 접근시킨 후 그 사이에 제 3의 물질을 녹여서 흘려넣어 한 덩어리로 뭉치게 하는 방법까지도 넓은 의미의 용접이라고 한다.

　오늘날 한나라의 발달과 성장은 철강재의 생산과 소비량으로 측정한다고 한다. 이와같이 오늘날 각종 금속의 생산과 그 용도는 매우 넓어져 가고 있으며, 금속이 산업에 자유자재로 사용되는 이유는 금속접합 즉 용접의 공헌한 바가 크다 하겠다.

　일반적으로 용접에 사용되는 물질, 즉 재료는 금속이라 하겠으나 오늘날의 용접은 프라스틱(plastic), 세라믹(ceramic) 등의 비금속 재료에 이르기까지 광범위하다.

　한편, 용접법은 야금석 접합법이라고도하며 야금적 접합법은 금속과 금속을 충분히 접근시켰을때 생기는 원자와 원자 사이의 인력으로 접합되는 것으로, 이들 사이에는 뉴우톤(newtom)의 만유인력의 법칙에 따라서 금속원자들 사이의 인력에 의해 두 금속은 굳게 결합된다. 이때에 원자들을 어느 정도 가까이 하여야 인력이 작용되는가 하면 1cm의 1억분의 1정도 즉(A° $=1^{-8}$cm) 거리이다. 이렇게 이룩된 결합을 넓은 의미에서 용접이라 한다.

　그러나 실제로 두 금속을 충분히 가까이 하여도 결합되지 않은 것은, 첫째로 금속 표면에 매우 얇은 산화피막이 덮혀 있어서 금속의 원자들이 완전하게 접촉되지 못하며, 둘째로 금속 표면이 평활하게 보이지만 실제로는 초현미경으로 확대하여 보면 요철이 있어서 그대로는 넓은 면적의 금속이 원자 사이의 인력으로 결합되기 어렵기 때문이다.

그러므로 용접의 목적을 달성하기 위해서는, 첫째 금속의 산화막을 제거하고 산화되는 것을 방지해야 하며, 둘째로 금속을 녹여 표면 원자를 서로 충분히 접근시켜야 한다.

일반적으로 용접에서는 금속 결합부를 가열하여 소성변형이나 용융상태로 만들어 가스나 슬래그로 가열부를 보호하면서 금속 원자간의 인력작용을 돕는다.

1-2. 용접의 역사

용접의 역사는 대단히 오랜 옛날부터 불상을 시초로 고대미술 공예품의 조립에 납땜을 이용하였으며 농기구 등을 단접해서 사용해 왔다.

그러나 오늘날의 용접법의 출현은 1831년 유명한 페러데이(Faraday)가 발전기를 발명한 시대부터이다. 그러나 용접기술로서 실현된 것은, 그후 약 50년을 지나 1885년 이후부터이다.

표 1-1에 주요 용접법의 발달사를 나타낸다.

표 1-1 주요 용접법과 개발자

구 분	용 접 방 법	개 발 자	
1885~1902년	탄소아크용접법 전기저항용접법 금속아크용접법 테르밋용접법 가스용접법	베르나도스와 울제프스키 톰슨 슬라비아노프 골든 슈미트 푸세, 피카아르	(러시아) (미 국) (러시아) (독 일) (프랑스)
1926~1936년	원자수소용접법 불활성가스 아크용접법 서브머지드 아크용접법 경납땜	랑그뮤어 호버트 케네디 왓사만	(미 국) (미 국) (미 국) (미 국)
1948~1958년	냉간압접법 고주파용접법 일렉트로 슬래그용접법 이산화탄소 아크용접법 마찰용접법 초음파용접법 전자빔용접법	소더 구로호드 라트 빠돈 소와 아니이니 초지코프 비른 파워스 스틀	(영 국) (미 국) (러시아) (미 국) (러시아) (미 국) (프랑스)

표에서 아는 바와 같이 제 1기(1885년~1902년)의 18년 사이에 이미 오늘날 사용하고 있는 대부분의 용접법이 발명되었으며, 그후 제 2기(1926~1936년)에 이르러 다시 여러 종류의 용접법이 개발되었으며, 그 후에도 불활성 가스 아크용접법(gnert gas welding)과 같은 비철금속 용접용과 서브머지드 아크용접법(Sumerged arc welding)의 후판 용접용의 발달은 큰 소득이라 하겠다.

제 3기(1948년～1958년)에 이르러서도 용접기술은 과학의 급속한 진보에 의하여 매우 빠르게 발전하였으며, 에렉트로 슬래그 용접(Elacto slag welding)과 에렉트로 가스 아크용접((Elacto gas arc welding)과 같은 수직 상진용접법과 탄산가스 아크용접(CO_2 gas arc welding) 등 새로운 용접법이 다수 발견되었다.

기술의 발달에는 각각 성장의 과정이 뒤따르게 된다. 초근 발명된 새로운 용접법이 활용되기 까지에는 앞으로 상당한 세월이 흘러야 되리라 생각된다.

우리나라의 근대적 용접법의 도입은 비교적 역사가 짧으나, 오늘날의 우리나라의 용접기술은 활용의 면에서 선진각국에 비하여 한치도 손색이 없다 하겠다.

1-3. 용접법의 종류

금속 및 비금속을 접합하는 방법에는 앞에서 이미 설명한 바와 같이 기계적 접합법(Mechanical jointing)과 용접법(welding) 즉 야금적 접합법의 두 종류가 있다.

용접법은 그 접합하는 방법에 따라서 표 1-2에서 보는바와 같이 융접법(Fusion welding), 압접법((Pressure welding), 단접법(Forge welding) 그리고 납접법(soldering)의 4종류로 크게 나눌 수 있다.

융접법은 용융용접이라고도 부르며 접합하려는 두 금속부재, 즉 모재(base metal)의 접합부를 국부적으로 가열 용융시켜 이것에 용가재(Filler metal) 즉 용접봉을 용융 첨가하여 한 덩어리로 융합시키는 방법이다. 용접 작업시 용융금속의 표면에는 산화피막이 있어 접합을 방해하나, 용제(Flux)의 도움으로 슬래그(slag)로 만들어 제거한다. 용접시 모재와 용가재가 융합 응고된 부분을 용착금속(Deposited metal)이라 하며, 이것으로 만들어진 것을 비드(bead)라 하고, 표면에 생긴 파형을 리플(Ripple)이라고 한다.

압접법(Pressure welding)은 가압용접 이라고 부르며, 접합부를 적당한 온도로 가열 혹은 냉간 상태로 하고 이것에 기계적 압력을 가하여 접합하는 방법이다.

단접법(Forge welding)은 접합하고자 하는 부재 즉 철강재 접합부를 어떠한 방법인가에 의하여 1,200～1,300℃로 가열하여 겹쳐 놓은 후, 해머(Hammer)나 프레스(Press) 등으로 압력을 가하여 접합하는 방법으로 접합부에 미리 붕사나 붕산 등의 탈산제를 뿌려 산화막을 제지해야 한다.

납접(Saldering)은 땜납(Salder)을 녹여 금속 부재를 접합시키므로, 접합할 금속보다 용융 온도가 낮은 것이 사용된다. 땜납에는 연납(soft salder)과 경납(hard salder)의 두 종류가 있으며, 연납은 연(Pb)의 용융온도(325℃)보다 낮은 것을 그리고 경납은 그 용융온도가(400℃) 이상의 것을 말한다. 납접할 때에는 접합부를 화학적으로 깨끗이 하기 위하여 용제를 칠하여 모든 오물을 제거한다. 연납접의 가열방법으로는 목탄 또는 가스버너(Gas burner)를 사용하고 전기 땜인루(soldering iron)로 땜한다. 경납접(brazing)에는 코크스(cokes), 가스, 전열 고주파 유도열 등이 열원으로 사용된다.

표 1-2 용접법의 분류

- 용접법
  - 용접
    - 아크 용접
      - 소모
        - 비피폭 아크
          - 비피복 금속 아크 용접
          - 스터트 용접
        - 피복(시일드) 아크
          - 시일드 스터트 용접
          - 피복 금속 아크 용접
          - 서브머지드 아크 용접
          - 불활성 가스 아크 용접(MIG)
          - 탄산가스 아크 용접
      - 비소모
        - 비피복 아크
          - 탄소 아크 용접
        - 피복(시일드) 아크
          - 불활성 가스 아크 용접(TIG)
          - 원자 수소 용접
    - 가스 용접
      - 산소 수소 용접
      - 산소 아세틸렌 용접
      - 공기 아세틸렌 용접
    - 테르밋 용접
      - 용융 테르밋 용접
      - 가압 테르밋 용접
    - 일렉트로 슬랙 용접
    - 일렉트로 가스 용접
    - 전자 비임 용접
    - 플라스마 젯트 용접
  - 압접
    - 비 가 열
      - 냉간 압접
      - 초음파 용접
      - 마찰 용접
    - 가 열
      - 압 접
        - 가스 압접
        - 유도 가스 압접
      - 저항 용접
        - 겹 치 기
          - 스풋트 용접
          - 시임 용접
          - 프로젝션 용접
        - 맞 대 기
          - 플래시 버트 용접
          - 업셋 버트 용접
          - 충격 용접
      - 단 접
        - 해머 용접
        - 다이 압접
  - 납 땜
    - 연 납
    - 경 납
      - 노내 납땜
      - 가스 납땜
      - 저항 납땜
      - 담금 납땜

1-4. 용접 이음의 종류와 용접자세

1. 용접 이음의 종류

용접법의 대표적인 것은 융접법이며, 일반적으로 융접법에서는 그림 1-1과 같이 모재 (base metal)를 조합하여 용접을 한다.

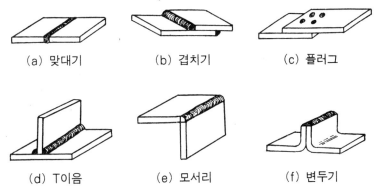

(a) 맞대기   (b) 겹치기   (c) 플러그

(d) T이음   (e) 모서리   (f) 변두기

그림 1-1 용접 이음의 종류

그림 (a)의 맞대기 이음(butt joint)과 같이 모재를 서로 맞대어서 접합하는 경우 그림 1-2의 (b)와 같이 모재의 이음부분을 가공하여 홈(Groove)을 만든다. 이 홈을 용접홈 (welding groove)이라 한다.

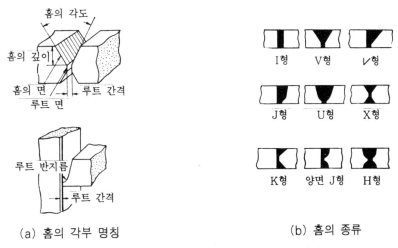

(a) 홈의 각부 명칭   (b) 홈의 종류

그림 1-2 맞대기이음의 홈 형상과 각부 명칭

용접법은 이 용접홈을 용착금속으로 메워서 접합하는 것으로 이와 같은 용접 방법을 맞

대기 용접(butt weld; groove weld)이라 한다. 모서리 이음(coner joint)이나 T이음
(Tee joint)에서도 적당한 용접홈을 취하여 맞대어 놓고 용접을 하면 건전한 용접이 얻어
진다.

2. 용접 자세(Welding position)

　용접자세에서 용접물의 놓인 상태 즉 용접 작업자의 방향 자세에 따라 용접자세를 나누
면 다음과 같다.

(1) 아래보기 자세(Flat position)

　용접선이 대략 수평이 되게 놓인 공작물을 용접봉이 아래로 향하게 유지하고 윗쪽에서
용접하는 자세이며, 용접선을 수평면에서 15° 이하로 경사시킬 수 있다(그림 1-3 참고).

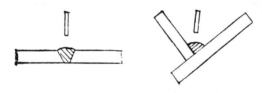

그림 1-3 아래보기 자세

(2) 수평 자세(Horizontal position)

　용접선이 대략 수평이 되게 놓인 공작물을 용접봉이 수평으로 향하게 유지하고 용접하
는 자세이며, 용접선을 수평면에서 15° 이하로 경사시킬 수 있다(그림 1-4 참고).

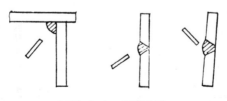

그림 1-4 수평자세

(3) 수직 자세(Vertical position)

　용접선이 대략 수직이 되게 놓고 공작물을 용접봉이 수평으로 향하게 유지하고 앞쪽에서
용접하는 자세이며, 용접선을 수직면에서 15° 이하로 경사시킬 수 있다(그림 1-5 참고).

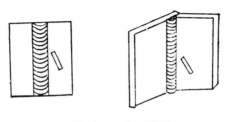

그림 1-5 수직자세

(4) 위보기 자세(Overhead position)

용접선이 대략 수평이 되게 놓고 공작물을 용접봉이 위로 향하게 유지하고 아랫쪽에서 용접하는 자세이며, 용접선을 수평면에서 15° 이하로 경사시킬 수 있다(그림 1-6 참고).

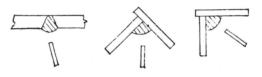

그림 1-6 위보기 자세

위에서 설명한 용접자세와 용접이음의 종류를 종합하여 나타내면 다음 그림 1-7과 같다.

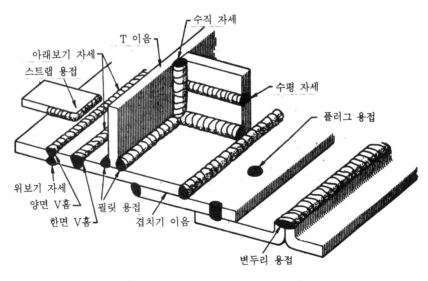

그림 1-7 이음 형식과 용접 자세

1-5. 용접의 장점과 단점

용접은 이미 1,000년 이전에 생활수단의 공구제작에 사용되었으며 오랜 역사를 가지고 있으면서도 그 사용은 한정된 것이었다. 그러는 동안 제1차대전의 돌발로 비약적으로 발달하였으며, 특히 제2차대전 이후는 강재 및 비철금속재에 대한 용접기술의 진보 발달이 눈부시게 이룩되었으며, 오늘날에 와서는 구속 접합법으로서 용접이 뛰어난 방법이라는 것이 인정되어 조선, 차량, 항공기, 교량, 건축, 압력용기, 파이프라인, 기계, 원자로, 전기제품 및 기타 모든 금속공업에 널리 이용되고 있을 뿐만 아니라, 플라스틱(Plastic) 등의 비금속재의 접합에도 또한, 눈부신 활약을 하게 되었다.

용접의 일반적 장점을 들면 다음과 같다.

① 자재의 절약

② 공수의 절감

③ 성능과 수명의 향상

등이다. 특히 리벳이음(Riveting)이나 주조(costing) 및 단조(Forging)와 비교할 때 다음과 같은 장점을 가진다.

(1) 리벳이음(Riveting)에 비하여 우수한 점

① 구조의 간단화

② 높은 이음 효율

③ 특히 뛰어난 유밀, 기밀, 수밀성

④ 재료의 절약

⑤ 공수의 절감

⑥ 두께의 무제한

⑦ 제작비의 절감

(2) 주조(Casting)에 비하여 우수한 점

① 제품의 원료허실이 적다.

② 목형이나 주형이 필요없다.

③ 중략이 매우 경감된다.

④ 이종재료의 조합이 가능하다.

⑤ 공수가 절감된다.

⑥ 제작비가 저하된다.

⑦ 보수가 용이하다.

⑧ 복잡한 형상의 제작이 가능하다.

(3) 단조(Forging)에 비하여 우수한 점

① 설비비가 싸다.

② 제품 중량이 가볍다.

③ 가공 공수의 절감

④ 단조 균열이나 홈이 없어 원료소비가 적다.

⑤ 두께의 무제한

⑥ 제작품 수가 적어도 제작비 경감

⑦ 복합한 형상의 제품도 조립가능

용접은 제품 제작이나 보수에서도 중요한 역할을 하고 있다. 즉 주물의 보수 마모한 부품의 덧붙이 용접에 의한 재생 표면 경화용접에 의한 내마모성 내식성 또는 내열성의 향상 등에 널리 이용되고 있다.

그러나 용접은 단시간에 높은 열을 수반하는 복잡한 야금학적 접합법이므로, 부주의한 용접을 하면 재질변화, 변형과 수축, 잔유응력 등이 현저하게 증가되며 또한, 여러 가지 용접 결함이 생기기 쉽고 오늘날에도 미해결의 문제가 다소 남아있다. 따라서 용접의 응용에 있어서는 설계, 공작 및 재료에 대한 충분한 지식이 필요하다. 또한, 용접은 품질검사가 까다롭고 응력집중에 민감하여 구조용 강재의 경우는 저온에서 취성파괴의 위험성이 생기기 쉬운 결점이 있다. 따라서 이러한 결점들을 보충할 수 있도록 재료, 설계, 및 공작에 있어서 유의해야 한다.

제 2 장

아크 용접법

2-1. 아크와 금속이행

(1) 아크 물리

① 개설

그림 2-1에서 보는바와 같이 2개의 극성을 수평으로 대치시키고 거기에 적당한 저항을 거쳐 직류전원에 접속하면 아크(Arc)가 발생한다. 이 아크전압(Arc voltage)은 음극강화 (Catholde drop) V_k, 양극강화(Anode drop) V_A, 그리고 아크 기둥강화(Arc calumn drop) V_p로 나누어 생각하는 것이 편리하다.

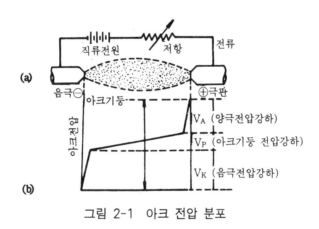

그림 2-1 아크 전압 분포

아크전류(Arc current)를 일정하게 유지하여 아크 길이를 변화시키면 아크 전압은 그림 2-2와 같이 변화하나 V_K, V_A는 일정하며 V_P가 비례적으로 변화하기 때문이다.

② 아크 기둥

아크 기둥의 가스분자와 원자는 그 일부가 전자와 양이온(Positive ion)으로 전리되어 있어 각각 전계력의 방향으로 이동하여 전류(current)를 형성한다. 그러나 질량비의 관계로 양이온류는 전자류에 비하여 1:1,000의 정도로 적다. 그러나 이 양이온의 중화작용 때문에 진공관의 경우와는 달라 큰 전류가 작은 전압으로 흐르는 것이다.

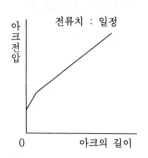

그림 2-2 아크 전압 특성

아크 기둥의 온도는 작은 전류에서는 5,000°K 정도로 큰 전류에서는 높게되어 300A의 TIG(Inert gas tangsten) 아크에서는 30,000°K가 관찰되어 있다.

아크 기둥은 외주로의 열방산을 최소로 하는 단면을 유지하여 즉 외부에서 바람을 보내어 냉각하면 그 단면을 적게 하여 손실이 적어지게 자기조정 한다. 바람을 불러내지 않아도 주위의 가스가 수소처럼 냉각능력이 큰 것에서는 조여진 단면으로 되어 아르곤(Argan)에서는 벌어진 모양이 된다. 아크 기둥의 이 성질은 사말 핀치작용이라 부른다.

아크 기둥에 금속증기가 작용하면 그 전리작용이 낮기 때문에 온도는 낮아진다. 연강 피복봉(coated electrods)의 용접 아크는 6,000°K의 아르곤 아크는 100% 전리되어 2가, 3가의 양이온도 생기게 된다. 대기압의 아크 기둥에서는 전리는 충격 전리에 의한 것은 아니고 열전리의 상태에 의하여 전자 가스와 중성가스와의 온도차 300°K 이하이다.

③ 양극(＋극)

양극에서는 양이온은 유출되지 않으므로 양극의 전면에서는 전자류 뿐이므로 그 공간전하 때문에 양극강화가 생기며 전자는 이것에 의하여 가속되며 아크 기둥보다도 전리능력이 증가된다. 이와같이 하여 만들어진 양이온이 아크 기둥으로의 공급원이 된다. 그러나 큰 전류에서는 고온이 되면 충격전리에 의하지 않고 열전리에 의하여 필요한 양이온이 만들어지므로 양극강화는 감소된다. 50A 이상의 용접 아크에서는 양극강하는 영에 가까운 값이 된다.

④ 음극(-극)

아크 기둥에서는 전류는 거의 전자류에 의하여 차지되고 있으나 양극으로부터는 반드시 그것만큼의 전자류가 방출되지 않는다. 탄소(Crbon), 텅스텐(Tungsten) 등의 열음극에서는 열전자 방출로 현상이 설명되나 그 외의 금속에서는 온도는 낮으나, 음극점의 전류밀도는 도리어 높다. 전자방출이 부족한 결과 양이온의 공간전하가 생기어 음극강화가 생기나 그 높은 전계에 의하여 전자가 끌려나오므로(전계 방출) 하중의 발생 에너지(Energy)에 의하여 고온이 국부적으로 생기어, 그것이 전자 양이온의 공급원이 된다(양이온류 설)고 생각되고 있다.

냉음극형의 것에서는 음극점은 전극표면을 고속도로 돈다. 음극에 산화피막이 있으면 전자방출이 용이하나 음극의 형상은 표면의 미세한 변화에 의해서도 심한 영향을 받는다.

(2) 아크 특성

① 아크의 전압, 전류의 특성

아크의 길이를 일정하게 유지하였을 때의 전류전압 특성은 그림 2-3과 같으며, 작은 전류에서 부성특성으로 되는 것은 V_P, V_K, V_A의 어느 것에도 그 원인이 있다. 즉 V_P에 대해서는 아크 기둥의 외주에 대한 열방사와 이것을 보충하기 위한 전기적 압력과의 평형의 고찰에서 용이하게 부성 특성이 이해된다.

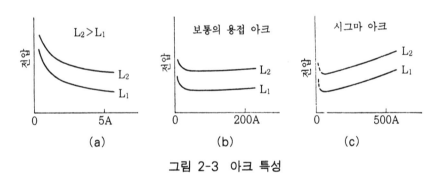

그림 2-3 아크 특성

큰 전류에서 그림 2-3의 C와 같이 상승특성으로 되는 것은 플라스마(Prasma)에 원인이 있다고 생각된다.

아크 기둥(Arc column)은 일정한 전리도를 유지하므로, 고온이어야 하나 전류가 있으면 이것을 고온으로 가열하기 위하여 여분의 전력이 필요하므로 전압이 상승하게 된다. 가는 용접봉에 큰전류를 사용할 때 상승특성이 심한 것은 이 때문이다.

서브머지드 아크용접(Submerged arc welding)과 같이 차가운 기류가 생기지 않는 것에서는 큰 전류에서도 부성 특성을 나타낸다. 밀폐된 용기중에서의 실험 데이터가 많으며 부성 특성을 나타내는 것도 이와같은 이유에 의한 것이다.

② 주위 가스의 영향과 기타

헬륨(Helium), 수소(Hydrogen)와 같이 가벼운 가스에서는 가스분자의 운동속도가 커

서 냉각능력이 크므로 아크 기둥의 손실은 커지며, 이것을 보충하기 위하여 아크 기둥의
전위 경사도는 커진다. 그 원자 가스는 아크의 고온에서는 거의 원자상태로 해리되어, 해
리에 있어서 해리얼을 뺏으므로 전위경사도가 커진다. 아르곤(Argon)은 단 원자이며 더
욱이 무거우므로 그 전위경사도는 3v/㎝ 정도로 낮으며 수소에서는 40v/㎝ 정도로 높다.

아크 기둥의 온도는 가스의 전리전압에 의해서도 지배되며 아르곤에서는 높다. 금속 증
가가 있으면 낮아진다.

이와같은 의미로 전극재료의 영향을 받는다.

주위 가스의 압력이 증가하면 냉각작용이 증가하여 전위경사도가 증가되나, 대기압중에
서 다소의 기압 변동은 영향이 없다.

아크를 벽이 있는 좁은 공간에 밀어 넣으면 벽의 냉각작용으로 아크 전압이 증가한다.
피복용접봉의 피복통은 벽과 같은 역할을 하는 것이다.

TIG(Tungsten inert gas) 절단 아크 등에서 노즐(Nozzle)의 단면을 좁게 한 부분은
조금 길게 하면 아크전압(Arc voltage)이 크게 증가한다. 이것은 저온가스가 잘 혼합하여
전체가 고온으로 되어 그 가열에 필요한 전력이 증가하기 때문이다.

③ 교류 아크(Alternating current arc : AC arc)

a) 동적 특성

그림 2-4 (b)는 (a)와 같이 교류 아크의 전류 I와 전압 v의 순간적인 관계를 직교
좌표로 나타낸 것이므로 직류아크에서의 그림 2-3과는 다른 이력 현상을 나타낸다.

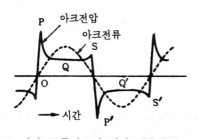
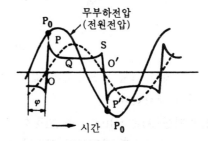

(a) 교류아크의 전압 전류파형　　　　(b) 교류아크의 전압파형과 무부하 전압

그림 2-4　교류아크의 대표적 파형

전류가 증가하는 기간에는 도전요소인 전자양이온을 새로이 만들기 위한 전리의
에너지가 필요하므로, 아크전압은 직류인 때보다 높아져 감소의 경우에는 같은 이
유에 의하여 낮아진다. 전극에 대해서도 같은 작용이 있다.

직류의 경우와 다른 점은 OP와 같이 미소 전류에 있어서 전압이 낮아지는 점이다.
새로 음극이 되는 전극은 먼저번의 반파에 있어서 양극으로서 발열을 받아 고온이

며, 다소의 열전자 방출 능력이 남아있으며 아크 기둥도 다소의 전리도를 유지하고
있으므로, 미소전류의 통과에 대해서는 높은 전압을 필요로 하지 않는다.

b) 아크의 재발생과 아크의 안정

일반 전극이 구리이고 주위의 가스가 수소인 경우에는 언제나 냉각능력은 크므로
P의 피크전압은 높아진다. 교류 아크가 다시 발생하여 아크가 안정되기 위해서는
전원전압은 P보다도 높은 전압을 공급해야 하며, 교류용접기의 무부하전압(또는
개로전압; Open circuit voltage)은 이것에 의하여 지배된다. 일반적으로 피복용
접봉에서는 다소의 열전자 방출능력이 있으므로 비교적 저전압에서 아크가 다시
발생한다.

알루미늄(Al) 모재의 TIG 교류 아크에서는 모재가 음극으로 되는 반파에 있어서
열전자 방출능력이 없으므로, 고주파 고전압에 의하여 절연을 파괴하고 아크를 유
도한다.

c) 정류작용

텅스텐과 알루미늄 모재와의 사이에 교류아크를 발생시키면 텅스텐이 음극으로 되
는 반파에서는 열전자 방출로 인하여 음극강하가 낮으며, 아크전압이 낮으므로 전
류가 잘 흘러 알루미늄이 음극으로 되는 반파에서는 잘 흐르지 않는다. 그러므로
전류값이 극서에 따라 다르므로 심한 직류분을 가지게 되어 여러 가지 영향을 미
친다.

일반적인 피복봉 아크에서는 이 직류는 매우 적다.

(3) 용접 아크의 제현상

① 아크의 청정작용

음극점은 산화피막이 있는 곳에 생기기 쉬우나 아르곤(Ar) 기체 중에는 알루미늄 모재
를 음극으로 하여 아크를 발생시키면 산화피막이 제거되어 거울과 같은 매끈한 면이 된다.
양이온의 충격에 의하여 표면의 산화피막이 파괴되기 때문이라고 생각되며, 크리닝 액션
(cleaning action)으로서 용접에 이용되고 있다. 실제로는 교류를 사용 반파만 크리닝 액
션(청정 작용)을 일으키고 다른 반파는 텅스텐 전극이 음극으로 되어 그 발열을 억제하고
있다.

② 자기 쏠림(magnetic blow)

아크는 원칙적으로 전극봉과 모재와의 사이에 최단거리의 위치에 발생하나 전류가 형성
하는 자계 때문에 아크 기둥이 붙이는 일이 있다.

직류 200A 이상이 되면 자기 쏠림(magnetic blow)의 현상이 심하게 되어 용접작업이

방해되는 일이 있으며 여러 가지 대책이 강구되고 있다.

교류에서는 직류에 비하여 자기 쏠림은 적다. 교류의 반파의 기간에 자기 쏠림이 성장하지 않기 때문이다.

쌍극용접과 같이 두 개의 아크가 접근하여 동시에 발생하고 있으면 서로 작용하여 두 아크의 전류위상에 의하여 차이가 생긴다.

③ 핀치 효과(Pinch effect)

두 개의 도체에 전류가 흐르면 도체에는 전자력이 작용하여 흡인력과 반발력이 생긴다. 그림 2-5와 같이 하나의 도체 중에서도 전류에레멘트 사이의 힘을 생각하면, 서로 잡아당기며 도체가 액체 가스체의 경우에는 중심부의 압력이 외주보다도 올라간다.

(a)   (b)

그림 2-5 도체내의 전류에 의한 흡인력

그림에서 반경을 R(cm), 전전류를 1(A)라 하면 중심부의 압력 상승은

$$P_0 = \frac{I^2}{\pi R^2} \times 10^{-8} \, (kg/cm^2) \cdots\cdots\cdots\cdots\cdots\cdots\cdots\cdots (2\text{-}1)$$

전극봉 끝의 용융금속이 그림 2-6과 같이 굳어진 모양으로 되면 전류가 하단면으로부터 아크 공간에 유출하는 것이라고 생각하며, 식 2-1에 의하여 P점의 액압의 편이 Q점의 그것보다도 높으므로 화살과 같은 이동이 생겨 조여짐은 다시 심해져 하부는 전극으로부터 이탈한다. 이것을 핀치효과(pinch effect)라 부른다. MIG 용접(Inert gas metal arc welding)에서는 이 핀치작용에 의하여 봉끝의 용융금속은 고속도로 봉의 끝에서 이탈한다.

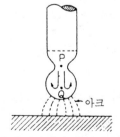

그림 2-6 단면의 차이가 있을 때

전극 표면의 아크점의 전류밀도가 높으면 용융금속 내의 전류가 그림 2-7과 같이 기운 방향으로 흐르면 전자력이라는 밀어 올리는 분력이 생기어, 봉끝의 용융금속 덩어리는 밀어 올려진다.

반대로 아크점이 넓어지면 용융금속 덩어리를 이탈되게 작용한다.

그림 2-8과 같이 단락접촉이 생기고 있을때 이 단락이 파괴되는 데도 핀치효과가 필요하다. 탄산가스 아크 용접(CO_2 gas arc welding)에서 깊은 용입 이행(Dip transfered) 형의 것에서는 단락시의 전류가 크게되는 전원을 사용하여 이 핀치효과를 이용하여 단락을 파괴하고 있다.

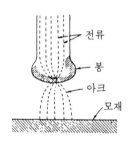

그림 2-7 봉단전류의 분포와 핀치력

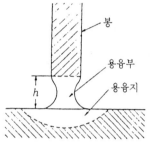

그림 2-8 단락 접촉부

④ 플라스마(Plasma) 기류와 아크의 경직성

a) 플라스마 기류

전극과 모재와의 사이에 아크를 발생시키면 전극에 가까운 아크 기둥쪽이 그 단면이 적으므로 식(2-1)에 의하여 그림 2-9의 P점의 압력이 Q점보다 커져 P에서 Q에 향하여 가스 기류가 생긴다. 이 플라스마 기류의 유속은 때로는 100^4cm/sec에 미치며 용접 아크 현상에 여러 가지 영향을 미치고 있다. 예를 들면 아크 기둥 공간에 떠있는 용융체는 이것으로 인하여 모재쪽으로 가속되어 모재 용융지는 그 움직이는 압력으로 인하여 조여진다.

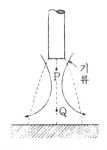

그림 2-9 플라스마 기류

아크 기둥 중의 양이온의 이동속도는 10^3cm/sec 정도이므로, 플라스마 기류에 의하여 전극에서 이온의 성장 양극 강하가 영향을 받는다.

b) 아크의 경직성

아크 기둥은 서마루 핀치 즉 전자 핀치 때문에 잡아당기어 지나, 대기중의 아크에서는 80A를 넘으면 자기 핀치효과가 더욱 크며 잡아 당겨진 모양으로 된다. 자계는 아크 기둥 자체뿐만이 아니고, 부근의 통전 중의 도체에서도 생기나, 그중 전극에 의한 것이 더욱 효과적이다. 그러므로 전극을 모재에 대해 경사지에 하면 아크 기둥도 전극의 연장방향에 생긴다. 이것을 아크의 경직성이라 한다. 이 경직성 때문에 모재의 용입도 전극의 연장 방향에 생긴다.

⑤ 순간적 단락(short circuiting)

용접 아크의 길이를 적당히 짧게 유지하면 전극과 모재와의 사이에 가끔 기계적 접촉, 전기적 단락이 생긴다. 대기 중에서 ϕ4mm의 연강 비피복봉을 사용하면 1초 사이에 약 10~30회 생긴다. 강중의 탄소와 공기의 산소 때문에 CO가스가 생기어 용융강의 체적이 변하기 때문이며, 단락의 파괴되는 것은 CO가스의 방출, 수축 때문이라고 생각되며 핀치효과(pinch effect)에 의한 것은 아니다. 그러나 단락전류가 크면 단락이 파괴되기에는 핀치효과가 주도적 역할을 한다. 탄산가스 아크 용접(CO_2 gas arc welding)이나 MIG 용접에서의 딥이행(dip transfer)에서 단락이 파괴되는 것은 핀치효과에 의한다.

피복봉에서 스프레이행(spray transfer)시에는 봉끝의 이탈하는 작은 입자가 모재에 접촉하여 단락이 생기는 경우가 있다. 단락에는 A형, B형, C형 등이 있다.

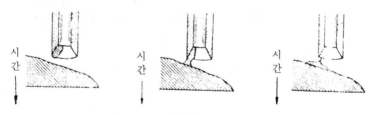

그림 2-10 단락의 발생(C형 단락)

⑥ 아크의 힘(Arc force)

용융금속은 때로는 그림 2-11과 같은 모양으로 되는 경우가 있으며, 이 모양은 중력과 표면 장력만으로는 설명하기 어려우며 아크의 힘이 작용하고 있음을 알 수 있다. 이 아크의 힘이 심하면 봉단의 용융금속은 스패터(spatter)가 심하게 생긴다.

경험에 의하면 아크의 힘은 음극의 경우가 양극보다 심하여 강중에 Si, Mn이 많으면 음극의 아크의 힘은 커진다.

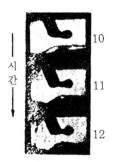

그림 2-11 불량 용접봉의 봉단용융금속의 모양의 보기

일반적으로 MIG 용접에서 전극을 양극으로 하여 사용하는 것은 음극에서의 아크의 힘을 피하여 순조로운 이행을 실현하기 위해서이다.

아크의 힘의 원인은 음극에 양이온의 충격, 전극으로부터의 증발의 반동력 등도 생각할 수 있으나, 핀치효과로 설명할 수 있다.

⑦ 스패터(Spatter)

용접중에는 용융금속에서 녹은 금속입자가 슬래그(slag)이 비산되어 나온다. 이것을 스패터(spatter)라 한다. 이 현상은 그림 2-12와 같이 용융금속 내의 가스 기포가 방출될 때, 용접봉 끝의 용적(Drorlet)이 폭발될 때, 아크의 힘으로 용적이 비산될 때에 일어난다. 이런 현상이 일어나면 용접된 부근에 스패터가 붙어 더러워진다.

 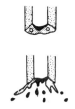  

아크의 방향

(a) 용융금속내의　　(b) 용접봉 끝에 생긴　(c) 아크의 힘으로 봉　(d) 아크가 다시 생긴
　　기포가 방출됨　　　　가스가 폭발적으　　　끝의 용융 금속이　　　부분에 아크 힘이
　　　　　　　　　　　　로 방출됨　　　　　　위로 올라감　　　　　집중됨

그림 2-12 스패터의 발생 원인

이 외에도 스패터가 생기는 원인으로는 과대전류 피복제 중의 수분, 긴 아크운봉 각도의 부적당, 모재의 온도가 낮은 때에 생긴다.

(4) 용접봉 금속의 이행

① 수동 용접시의 이행

a) 이행의 두 형태

비피복 용접봉의 경우에는 봉끝의 용융금속은 큰 방울이 되어 수직으로 이행하나 아크의 길이가 짧으면 모재와 접촉하여 표면장력에 의하여 이행한다.

단락은 내부의 CO가스의 발생에 의하여 성장된다.

피복 용접봉에서도 즉, $CaCo_3$를 얇게 도포한 봉에서는 비피복 봉과 같이 단락접촉에 의하여 이행한다. 즉 아크의 길이(Arc length)를 길게 하면 단락은 생기지 않으나 이와 같은 긴 아크는 실용되지 않는다.

봉 끝에 내화성의 보호통이 생기고 후락스의 유동성이 큰 것, 즉 산성에서는 봉 끝의 용융금속은 슬래그에 둘러싸여 피복통 내의 가스의 기류에 의하여 붙여 작은 입자 상태로 되어 봉 끝에서 이탈하며, 아크 공간을 이행하여 모재에 용착하고 이행에 단락을 필요로 하지 않는다. 더욱이 아크 길이가 짧으면 용융입자가 봉과 모재 사이에 다리 역할을 하여 그림 2-10의 C행 단락과 같은 순간적 단락이 된다.

이와같은 작은 입자로 되는 것을 스프레이(spray)형이라 하며, 비피복 봉의 경우와 같이 큰 방울이 되어 단락을 수반하여 이행하는 것을 그로뷰라(Globular)형 이행이라 부른다.

스프레이형형의 봉에서도 전류를 적게 하면 가스기류가 약해져 스프레이화가 어렵게 된다. 강력한 보호통이 생겨도 슬래그의 유동성이 나쁜 것. 슬래그 생성이 적은 것에서는 봉 끝 용융금속 방울은 작게 분열되지 않고 그림 2-13과 같은 그로뷰라형이 된다.

저수소계(Low hydrogen type)의 봉은 그로뷰라형 이행(Globular transfer)을 하고 있다.

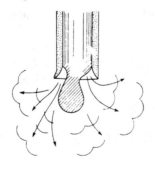

그림 2-13 봉단의 용융체

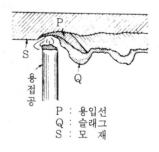

P : 용입선
Q : 슬래그
S : 모 재

그림 2-14 위보기 용접

b) 위보기 용접의 이행

위보기 자세(Overhead position)에서는 모재용융지(Molten pool)의 위치가 그림 2-14와 같이 되므로 아크 부분의 용융지는 얇고 불규칙 운동의 진폭이 적어져 단락이 생기기 어렵다. 그러므로 그로뷰라형으로 단락을 필요로 하는 것에서는 아크 길이를 짧게 해야하며 봉이 모재에 고착될 위험이 있다.

아래보기 자세(Flat position)에서, 스프레이행(Spray transfer)을 하는 봉에서는 위보기 자세에서는 스프레이형이 되기 어려운 것이 시험적으로 관찰되고 있다. 위보기 자세 용접에서는 스프레이행을 할 수 있는 대전류로는 용융지가 중력으로 인하여 낙하할 위험도 있으므로, 결국 전류를 적게 하고 위빙(weaving)을 하여 단락에 의하여 이행 시켜야 한다.

② 자동 용접(Automatic welding)시의 이행

피복이 없으므로 보호통에 의한 스프레이화 작용은 없으나 대전류에서는 핀치효과(pinch effect) 때문에 봉 끝의 용융금속은 표면장력을 파괴하고 작은 입자가 되어 고속도로 이탈한다. 가는 봉으로 대전류가 사용되는 것은 이 때문이다. 아크가 조여져 아크점의 전류밀도(current density)가 크면 핀치효과는 반대방향으로 용융 방울을 밀어 올리는 것처럼 작용한다. 탄산가스 아크 용접(CO_2 gas arc welding)에서는 이 밀어올리는 힘으로 인하여 스프레이화는 곤란하다. 즉 ϕ1.6㎜ 봉에 500A를 흘려 다소 스프레이화 하는 정도이지만 아르곤(Argon) 기류 중에서 강의 용접에서는 250A, 알루미늄을 용접할 때는 150A로 스프레이화 된다.

아크의 힘은 음극의 경우가 크므로 일반적으로 봉을 양극으로 하여 사용한다. 아크의 길이를 짧게 유지하면 단락접촉이 일어나며, 이때 단락전류가 크면 핀치효과 때문에 단락이 빨리 파괴되어 순조로운 용접 아크를 유지할 수 있다.

2-2. 아크 용접기기

1. 아크 용접기의 특성

(1) 수화특성, 정전압특성, 상승특성

아크 용접기의 특성을 대별하면 그림 2-15에 나타냄과 같이 다음의 세 가지가 있다.

① 수화특성(Drooping characteristic)
② 정전압특성(Constant potential characteristic)
③ 상승특성(Rising characteristic)

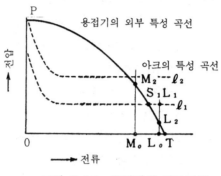

그림 2-15 용접기의 외부특성

이와 같이 용접기의 특성이 다른 이유는 그림 2-16의 (a)와 (b)에 나타나는 아크 특성의 차에 의한 것이다. 즉 그림 2-16의 (a)에서 일반 피복아크 용접시의 아크 특성을 접선 ℓ_1과 ℓ_2로 나타내면 수하 특성시에 P_1, P_2점은 아크의 안정점이 된다. 이때 아크의 길이가 ℓ_1에서 ℓ_2로 변화하여도, 즉 아크 전압이 변화하여도 전류는 과히 변화하지 않으므로 수동용접에는 유리하다. 그림 2-16 (b)는 아르곤가스나 탄산가스 아크의 자동이나 반자동 용접시와 같이 지름이 가는 전극와이어에 대전류를 흘릴 때의 아크 특성으로 이것에는 정전압 특성이나 상승 특성이 적합함을 나타내고 있다. 즉 상승 특성을 보기로 들면 그림 2-17과 같이 아크의 길이가 ℓ_1에서 ℓ_2로 바뀌면 동작점은 P_1에서 P_2로 옮기어 전류가 감소되어 와이어의 용접 속도도 감소한다.

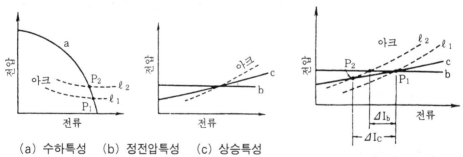

（a) 수하특성　（b) 정전압특성　（c) 상승특성

그림 2-16 용접기의 특성　　　그림 2-17 아크의 자기제어 작용

그러므로 와이어의 송급이 일정한 때에는 아크의 길이가 재차 짧아져 P_1점으로 이동한다. 아크의 길이가 다시 짧아지면 전류가 증가하여 와이어의 용융속도가 커져 아크의 길이는 원상태로 되돌아간다. 즉 상승특성에서는 아크의 안정은 자동적으로 유지된다.

이와같이 아크가 자동적으로 변화하여 아크를 안정하게 유지하는 것을 아크의 자기제어 작용이라 한다. 정전압 특성에서도 이 제어작용은 일어나나 상승특성 보다도 이 제어작용은 다소 약해진다. 즉 그림 2-17과 같이 아크의 길이가 ℓ_1에서 ℓ_2로 변하여도 전류의 변화 ΔI_b는 ΔI_c 보다 커진다. 또, 상승특성이나 정전압 특성의 장점으로는 일반적으로 용접기의 무부하 전압(No load voltage)은 낮으므로, 전극 와이어(Electrode wire)의 송급이 정지하였을 때 아크는 즉시 중단되어 토오치(Torch)에 손상을 주지 않는다. 그러나 수하 특성에서는 아크의 길이가 늘어나 아크가 토오치에 옮기어져 토오치를 손상시킨다. 이것은 번빽(burn back)이라고 한다.

(2) 소프트 아크(Soft arc), 후오스풀 아크(Forceful arc), 아크 드라이브(Arc drive), 가우징(Gouging) 등의 특성

수하특성(Drooping charcteristic) 중에도 그림 2-18과 같이 S와 F가 있다. S에서는 아크의 길이가 늘어나 아크 전압이 커져도 전류는 과히 변하지 않으나, F에서는 전류의 변화는 커진다. F는 아크의 자기제어 작용과 마찬가지로 아크의 길이가 늘어나면 전류가 감소되어 용접봉의 용융속도는 저하되고, 아크의 길이가 짧아지며 전류는 커져서 봉은 빨리 녹아 아크의 길이는 늘어나 원래의 길이로 환원된다. S에서는 아크의 길이가 다소 변하여도 전류가 안정되어 아크는 정숙하다. 이것을 소포트 아크(Soft arc) 특성이라 한다.

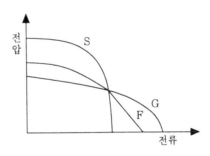

그림 2-18 소프트 아크, 호오스풀 아크, 가우징 특성

F는 손으로 용접봉을 공급하는 속도가 다소 변해도 아크의 길이는 과히 변하지 않으나 전류가 증가하여 활발한 아크를 나타내므로 F를 후오스풀 아크 특성(Forceful arc charcteristic)이라 한다. F는 특히 가우징(Gouging)에 적합하다. 즉 가우징시 S의 특성에서는 아크의 길이가 짧아지면 아크의 전압이 감소되어 아크의 발생열이 감소되어 모재를 공급할 수 없게 된다. 그러므로 F와 같이 아크의 길이가 짧아지면 전류를 크게 하여 모재를 가공할 수 있을 정도로 아크의 발생열을 유지할 필요가 있다. 또, 아크가 단락되었을 때 전류를 제한해야 하므로, 그림 2-18(G)와 같은 곡선을 특히 가우징 특성(Gouging characteritic)이라 부른다. 또, 그림 2-19와 같이 단락시 전류가 증대하는 것을 아크 드라이브 특성(Arc drive characteristic)이라 한다. 이것은 깊은 홈을 용접할 때 용접봉

선단이 모재에 부착하는 것, 즉 후리이징을 방지하는데 필요하다.

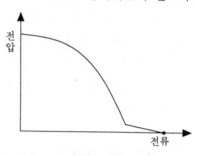

그림 2-19 아크 드라이브 특성

2. 교류 아크 용접기(Ac arc welder)

교류 아크 용접기(Alternating current arc welder)에는 정지형과 회전형이 있다. 일반적으로 정지형이 많이 사용되고 있으며 한국에서도 정지형, 즉 변압기에 의한 것이 사용되며 주파수는 60c/s의 200V(일본의 일부와 독일을 위시한 구라파에서는 50c/s의 200V)단상 교류 전원에 접촉하게 되어 있다. 수동 용접용은 500A 미만 자동 용접용은 1,000A 정도의 대용량의 것이 있다. 용접기는 일반적으로 굵기가 다른 용접봉을 녹이므로 그 전류를 넓은 범위에 조정할 수 있게 제조되어 있다. 전류의 조정방법을 대별하면 다음과 같다.

a) 가동 철심형(Movable care type)

b) 가동 코일형(Removal coil type)

c) 가포화 리액터형(Saturable reacter type)

d) 탭 절환형(Tap type)

(1) 용접전류 조정의 원리

일반적으로 교류아크 용접기라 하면 용접 변압기(Welding transformer)를 주체로 하는 것이다. 그 동작원리를 간단하게 그림 2-20의 (a)와 (b)에 나타낸다. (a)에서 WT는

(a)   (b)

그림 2-20 교류 아크 용접기의 원리도

용접 변압기로 이것은 자기누예 변압기의 일종이며 V_1은 일차 전압으로 보통 200V, V_2는 아크전압으로 2차측에 아크를 발생하고 있지 않을 때의 전압을 V_{20}라 하면 V_{20}는 2차 무부하 전압(No load voltage)으로 최고 값은 KS(Korean Industrial standards)에 의하여 85~95V로 정하여져 있다.

(b)는 일반 변압기의 등가 회로로 용접 변압기와 같이 누예 리액턴스가 큰 것에는 사용되지 않는다. 간단하기 때문에 이것을 용접기의 등가회로로 한다. 이것은 2차적으로 환산한 것으로 I'_0, I'_1, I'_2는 각각 여자 1차, 2차 전류를 나타내며 Z'_0는 여자 인피던스 r과 x는 저항과 리액턴스, R_A는 아크 대신에 저항을 가지고 바꾸어 놓은 것으로 V_2는 아크 전압에 상당하는 것이다.

이것으로부터 용접전류 I_2는,

$$I_2 = \frac{V_{20}}{\sqrt{(x + R_A)^2 + x^2}}$$ 으로 나타낼 수 있다.

그러므로 전류의 조정은 r 또는 x로 행함을 알 수 있으나, r의 내부 저항 외에 직열 저항을 사용하는 것은 용접기의 손실을 의미하며, 아크의 안정도 좋지 못하므로 일반적으로 전류의 조정은 리액턴스에 의하여 행한다.

(2) 용접기의 용량표시

용접봉의 용융속도는 용접전류에 비례하고 아크 길이(아크 전압)에는 과히 관계되지 않는다. 물론 용접기의 무부하 전압에는 관계되지 않는다. 그러므로 용접기의 용접능력은 아크 발생시의 용접 전류의 값으로 표시할 수 있다. 즉 300A의 용접기라 부른다. 이때의 아크 무부하 전압(용접기의 부하로서 아크를 발생했을 때의 2차 단자 전압)은 용접봉의 명칭, 아크 길이 등에 의하여 다르므로, 용접기의 능력을 표시하는 표 2-1의 KS 규격으로 정해진 부하 전압을 사용한다. 더욱이 아크 대신에 저항체를 사용하여 시험하고, 역률(power facter), 효율(Efficiency) 등을 나타내고 있다.

(3) 일차 피상입력

일차 피상입력 P_1이란 그림 2-20에 있어서 1차 전압 V_1과, 1차 전류 I_1을 곱한 것으로 이것은 2차 무부하전압 V_{20}와 용접전류 I_2를 곱한 것과 거의 비슷하다.

즉 $P = V_1 I_1 ≒ V_{20} I_2$ 이다.

이것으로부터 같은 용접전류에 대하여 2차 무부하 전압의 높은 것은 1차 피상 입력이 커져 큰전력(KVA)과 많은 재료를 필요로 하는 용접기라는 것을 알 수 있다.

(4) 손실

용접 변압기의 손실 P는 무부하 손실 P_0, 구리손실 P_{cu}, 그리고 표류 부하손실 P_S로 나누어진다. 즉 $P = P_0 + P_{cu} + P_s$가 된다. 여기서 P_0는 변압기의 여자에 소비되는 철손실과 냉각선풍기 등에 의한 손실이며, P_{cu}는 1차와 2차 코일(coil) 등의 주울(loule) 열에 의한 손실, P_s는 누에자속에 의한 철심(core)이나 코일, 상자 등에 생기는 전류의 손실이다. 용접 변압기에서는 자속이 크므로 특히 P_s가 커진다.

(5) 효율(Efficiency)과 역율(power factor)

그림 2-20에 있어서 2차측 부하를 아크의 대신에 저항으로서 그 부하전압을 V_2로 할 때 2차 출력은 $V_2 I_2$이다.

효율을 η라 하면

$$\eta = \frac{2차출력(KW)}{1차입력(KW)} = \frac{2차출력}{2차출력 + 손실} = \frac{V_2 I_2}{V_2 I_{2+P}} \quad \cdots\cdots\cdots\cdots (2-1)$$

역율을 $P \cdot f$로 나타내면

$$P \cdot f = \frac{1차입력(KW)}{1차피상입력((KVA)} = \frac{(2차 출력) + (손실)}{(2차 무부하전압) \times (2차 전류)} = \frac{V_2 I_2 + P}{V_{20} \times I_2} \cdots (2-2)$$

식 (2-2)와 식 (2-3)으로부터,

$$\eta \times (P \times f) = \frac{V_1}{V_{20}}$$

즉, $(효율) \times (역률) = \dfrac{부하전압}{부부하전압}$ $\cdots\cdots\cdots\cdots\cdots\cdots\cdots\cdots\cdots\cdots\cdots\cdots\cdots (2-3)$

위의 식(2-1)과 (2-2)로부터 손실이 많은 용접기에서는 효율이 적으며 역률은 커지고 또, 식(2-3)으로부터 효율과 역률은 역비례의 관계가 있음을 알 수 있다.

용접기의 효율은 일반적으로 65~85%이고, 역률은 30~60%이며 이들은 무부하 전압이 높은 것일수록 일반적으로 적으며 또, 큰 전류보다도 작은 전류의 편이 일반적으로 효율은 높으며 역률은 낮아진다.

또, 주의해야 할 일은, 같은 용접기에서 같은 전류 조정 위치라도 부하전압을 30V로 했을 때와, 40V로 했을 때를 비교하면 효율과 역율은 40V쪽이 높게 되는 것이다.

이상은 부하로서 저항을 생각하였으나, 실제의 아크 부하시의 아크 전압을 V_A라 하면 아크 전압의 파형율의 만계상 $V_2 = 0.9 V_A$로 되므로, 상기 여러 관계식의 V_2 대신에, $0.9 V_A$를 가지고 고쳐 쓰면 식 (2-3)은,

$$(효율) \times (역률) = \frac{0.9(아크전압)}{무부하전압} \quad \cdots\cdots\cdots\cdots\cdots\cdots\cdots\cdots\cdots\cdots (2-4)$$

(6) 사용율(Service factor)

용접기를 사용할 때 아크를 연속적으로 발생하지는 않으므로 규격에서는 단속부하의 사용율이 표 2-1과 같이 규정되어 있다. 사용율이란 용접기의 통전시간을 T_A, 휴식시간을 T_O라 할 때 통전시각의 전시간에 대한 비율(%)로 나타난다.

즉, 사용율$(\alpha) = \dfrac{T_A}{T_A + T_O} \times (100\%)$ 이다.

사용율은 정격전류에 대하여 규정되어 있으므로, 정격전류 보다도 낮은 전류를 사용할 때에는 높은 사용율로 사용하여도 지장 없다. 그러나 용접 변압기의 내부 손실로서는 표류부하손실이 크면 이 때문에 구리 손실과 같게는 변화하지 않으므로, 때에 따라서는 작은 전류의 편이 정격전류의 경우보다 일차 입력이나 손실이 많아지는 경우가 있으므로, 반드시 작은 전류로 사용율을 크게 할 수 없으므로 주의를 해야 한다.

(7) 2차 무부하 전압과 아크의 안정

2차 무부하 전압이 높을수록 아크의 안전도는 좋으나 지나치게 높으면 감전의 위험성이 많으므로 이것의 최고 값은 KS로 규정되어 있다.(표 2-1 참고)

표 2-1 교류 아크 용접기의 규격(KSC 9602-1971)

종 별	정격 2차 전류 A	정격 사용율 %	정격부하전압 전압강하 V	정격부하전압 리액턴스강하V 60 C/S	최고 2차 무부하 전압 V	2차 전압 최대치 A	2차 전압 최소치 A	사용할 수 있는 용접봉의 지름 ㎜
AW-180	180		29			180이상 200이하	35이하	3.8이하
AW-240	240		32			240이상 270이하	50이하	2~3.2
AW-300	300	40	35	0	85 이하	300이상 330이상	60이하	2.5~5
AW-400	400		40			400이상 440이하	80이하	3~6
AW-500	500	70	40		95 이하	500이상 550이하	100이하	4~8

또, 이 전압이 높으면 일차 피상 입력이 증가하며 효율이 저하하여 전력비가 많아진다. 직류아크 용접기(DC arc welder)에서는 무부하 전압은 60V 전후에서도 아크는 안정되나 교류 용접기에서는 전류가 0점에서 통과하므로 직류 용접기보다 높아야 한다. 그러나

오늘날에는 피복 용접봉의 개량에 의하여 교류 용접기에서도 60v 전후에서 아크는 유지되는 경우가 있다.

미국에서는 50~65V의 입력 제한형 교류 용접기가 나오고 있다. 여하튼 석회석과 형석을 주로한 저수소계 용접봉을 사용할 때에는 80V 이상의 교류 무부하 전압은 필요하다.

더욱이 2차 무부하 전압이 같아도 용접 변압기 내부의 구리 손실이 많으면 그 상이관계 때문에, 또는 표류 부하손실이 많으면 동적특성 때문에, 아크의 안정은 나빠진다. 무부하 전압이 낮아도 아크를 안정되게 방출 유지하기 위해서는 고주파 전압을 병용하는 방법이나 전원 주파수를 100 싸이클(cycle) 이상 수백 사이클로 하는 방법 등이 있다.

(8) 아크 용접기의 KS 규격

한국 공업규격 KS C 9602~1971에서는 표 2-1과 같이 용접기를 규정하고 있다.

2차 무부하 전압의 안전을 위하여 85V 이하(500A 만은 95V 아하)로 억제하고, 2차 전류(아크류)의 조정범위는 아크 전압 29~40V에 대하여 표와 같이 결정하고 있다. 500A의 용접기는 조선소 등 용접기로부터 아크까지의 2차 도선이 긴 경우를 고려하여 그 임피던스 강하를 적당히 감안한 것이므로, 도선이 짧으면 500A 이상의 전류가 흐를 가능성이 있다. 또한, 용접기의 절연은 A, B, E, H의 4종으로 나누어지며, 절연피복의 위에서 측정한 온도 상승허용 한도는, 각각 60, 70, 80, 150℃로 되어 있다.

(9) 가동 철심형 교류 아크 용접기(Moving core alternating current arc welder)

옛날부터 많이 사용되었고 오늘날에도 교류 용접기 중에서 가장 많이 사용되고 있다. 그림 2-21은 가동 철심형 용접기의 원리를 표시한 것인데, 변압기 철심 이외에 보조로 상하 이동할 수 있는 가동 철심을 설치하여, 이 가동 철심의 위치에 의해 누설 자속을 가감할 수 있도록 되어 있다.

그러나 가동 철심만으로는 전류를 광범위하게 조정할 수 없으므로, 절환탭(Tap)을 병행해서 우선 탭으로 큰 단계를 조정하고, 그후 가동 철심으로 미세한 조정을 한다. 가동 철심에 의해서 전류 조정이 되는 원리는 그림 2-22와 같이 (c)의 위치에 있을 때 이 부분을 통하는 누설 자속은 최소가 되어 용접전류는 최대가 된다.

② 가동 코일형 교류 아크 용접기(moving coil alternating current arc welder)

가동 코일형 교류 아크용접기는 그림 2-23에서 보는바와 같이 내부에 1차 코일과 2차 코일이 있어, 그 중 어느 하나를 이동시켜 두 코일 사이의 거리를 자유롭게 조절하여 누설 자속에 의해서 전류를 세밀하게 연속적으로 조절하는 형식이다. 일반적으로 2차 코일을 고정하고, 1차 코일은 이동시켜, 전압 전류를 조정하여 두 코일 사이를 접근시키면 전류

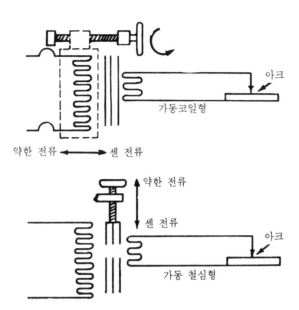

그림 2-21 가동 코일형과 가동 철심형의 원리

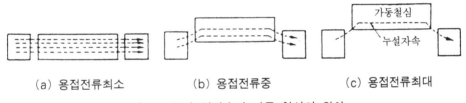

(a) 용접전류최소   (b) 용접전류중   (c) 용접전류최대

그림 2-22 누설자속과 가동 철심의 위치

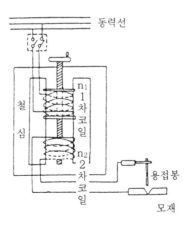

그림 2-23 가동코일형 교류 아크 용접기의 원리

의 크기는 세어지고 멀리하면 약해진다. 이 형식은 아크가 안정되고 가동 철심형과 같이 진동에 의한 소음이 없다.

③ 탭 절환형 교류 아크 용접기(Tap type alternating current arc welder)

탭절환형은 그림 2-24에 나타냄과 같은 형태를 가지며 교류 아크 용접기로서는 가장 간단한 것으로 오늘날에는 거의 사용되지 않는다.

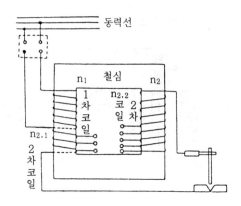

그림 2-24 탭절환형 교류아크 용접기 원리

구조는 1차 코일 n과 2차 코일 n_2를 철심에 각각 감은 것으로, 용접전류는 1차 코일과 2차 코일과의 감은 수의 비율을 변경시켜 조정하는 방법이다. 이 코일의 감은 수를 바꾸기 위해서 2차측의 탭을 바꾸는 것이다. 즉 2차 측을 적게 하면 전류가 커지고 많게 하면 전류는 반대로 작아진다.

이 용접기는 구조상 넓은 범위의 전류 조정은 곤란하고 또, 작은 전류의 조정은 2차 코일수가 많아져야 하므로, 2차 무부하 전압이 높아져서 전격의 위험성이 있다.

전류의 조정은 탭의 절환만으로 이루어지므로 단계적으로 절환해야 한다.

탭의 절환을 자주하게 되므로 절환부의 마모 손실에 의한 접촉 불량의 고장이 발생하기 쉬우므로 취급에 주의해야 한다. 이 형식의 용접기는 소형용접기에 많이 사용된다.

④ 가포화 리액터형 교류아크 용접기(Saturable reator alternating current arc welder)

가포화 리액터형은 그림 2-25에 표시함과 같이 변압기 가포화 리액터를 조합한 것으로 직류 여자코일을 가포화 리액터 철심에 감아놓은 것이다.

용접 전류의 조정은 직류여자 전류의 조정에 의하여 증감한다. 즉 직류여자 전류가 작으면, 리액턴스는 크고 용접 전류는 작아진다. 반대로 직류여자 전류가 커지면, 리액터 철심은 포화되어 리액턴스는 작아져 전류가 세게된다. 이 형태의 것은 직류 조정을 정기적으로 행하므로, 기계적으로 마멸하는 부분이 없으며 조작이 간단하고 소음이 없으며 원격 조정 (Ramote contol)이나 핫트스타트(Hat start)가 용이하게 이루어지는 등 많은 장점을 가지고 있다.

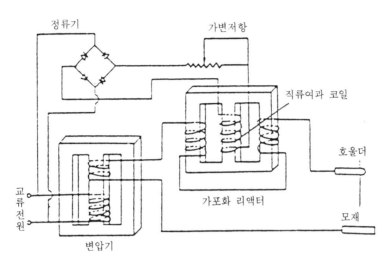

그림 2-25 가포화 리액터형 교류 용접기의 배선

3. 직류 아크 용접기(DC arc welder)

직류 아크 용접(Direct current arc welder)에서는 정지형과 회전형이 있다. 정지형에는 정류기식(Rectifier type)과 전지식(Battery type)이 있다.

정류기식은 세렌(selenium)이나 시리콩을 사용하여 주로 아르곤(Ar : Argon)용접, 탄산가스 (CO_2 gas) 용접이나 가우징(Gauging), 부라싱(Brushing), 플라스마(Plasma) 장치 등에 사용되고 있다. 전지식은 전원이 없는 야외용으로 적합하며, 회전형은 모우터 (Moter)나 엔진(Enging)에 의해 구동되는 발전기로 모우터 구동의 것을 용접의 초기에 많이 사용되었으나, 오늘날에는 엔진 구동의 것이 주로 야외에서의 작업에 사용되고 있다. 어느 형식의 것이나 외부특성(External characteristic)으로는, 수하특성(Drooping characteristic) 외에 정전압 특성(Constant voltage characteristic)이나 상승 특성 (Rising characteristic)의 것이 있다.

(1) 정류기식 직류 아크 용접기(Rectifier type direct current arc welder)

정류기식 용접기는 회전부가 없으므로, 취급이나 보수 점검이 편하며 소음이 없는 점이나 부하시의 효율이 우수하고 회전 손실이 없으므로, 무부하 손실도 적은 장점이 있다. 특히 무부하 손실이 적은 것은 용접기와 같이 낮은 사용율의 것에서는 무시할 수 없는 장점이다.

(2) 전지식 직류 아크 용접기(battery type direct current arc welding)

이것은 자동차용 전지를 사용한 것으로, 전원이 없는 공장에서의 용접에 적합하다. 전지의 전압은 48V이며 전류의 조정은 직렬 저항으로 행한다.

(3) 회전형 직류 아크 용접기

회전형 아크 용접기는 그림 2-26에 나타냄과 같이 용접용 직류 발전기 WG를 원동기 PM에 의하여 구동시키는 것이다.

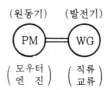

그림 2-26 회전식 아크 용접기의 기본

원동기의 종류에 의하여 다음의 두 가지로 나누어진다.
① 전동 발전기형 직류 아크 용접기(MG형)……모우터 구동
② 엔진 구동형 직류 아크 용접기(EG형)……엔진 구동
또, 원동기나 용접 발전기에는 다음과 같은 종류가 있다.

A) 원동기

　가) 모우터 : 3상유도 전동기
　　　　　　　직류 전동기
　나) 엔　진 : 가솔린(Gasolin)
　　　　　　　디젤(diesel)
　　　　　　　프로판(propane)

B) 용접용 직류 발전기

　가) 분할 계자형
　나) 타여자 차동 복권형 등이 있다.

4. 아크 용접기 취급상의 주의

용접 작업시 작업에 임하기 전에, 용접기의 내외를 점검하여 고장의 유무 전원접속의 과오의 유무 등을 확인해야 한다. 더욱이 직류 회전형 용접기의 경우에는 각 회전부의 윤활유를 점검하고, 정지형 용접기의 경우에는 정유자의 면에 먼지 등이 없이 깨끗한 가를 확인한다. 또, 탭(Tap) 절환형 교류 용접기에서는, 탭 절환부가 접속이 잘 되도록 하여 접촉저항에 의해 과열이 생기지 않도록 해야한다. 또, 용접을 중지하는 경우에는 반드시 전원 스위치(switch)를 끊어야 하며 만일 연결되어 있으면 전력이 비경제적이고 위험하다.

(1) 용접기 사용상의 일반적 주의사항

① 정격 사용율 이상으로 사용하면 과열되어 용접기를 소실하게 되므로 사용율은 엄격히 준수해야 한다.

② 탭 절환식 용접기에서 탭절환은 반드시 아크를 멈추고 행한다.

③ 작업자의 전격 위험을 피하기 위하여 용접기 케이스는 반드시 어스(Earth)를 시켜야 한다.

④ 용접기의 안전유지상 모든 접속점과 개폐기의 접속상태를 점검하고, 가동부분과 냉각 팬(fan)을 점검하고 주위를 청결히 해야 한다.

⑤ 1차측의 탭은 1차 측의 전류 전압의 변동을 조절하는 것이므로, 2차 측의 무부하 전압을 높이거나 용접전류를 높이는데 사용해서는 안된다.

(2) 용접기 설치상의 주의사항

① 비나 바람이 세차게 부는 옥외의 장소

② 주위의 온도가 -10℃ 이하인 장소

③ 유해한 부식성 가스가 있는 장소

④ 습도가 높거나 수증기가 심한 장소

⑤ 기름기나 휘발성 가스가 있는 장소

⑥ 진동이나 충격이 심한 장소

⑦ 먼지가 많은 장소

등은 반드시 피해야 한다.

5. 아크 용접기의 부속장치

(1) 고주파 발생 장치

교류 아크 용접기는 50c/s의 것은 1초 사이에 100회, 60c/s의 것은 1초 사이에 120

회 전류가 바뀌며, 전류가 0이 되는 순간이 있으므로 아크 역시 1초 사이에 120회 멎는다. 높은 전류에서는 일단 끊어진 아크는 다시 쉽게 발생되나 낮은 전류에서는 재아크가 발생되기 어려우며 매우 불안정한 아크가 된다. 그러므로 이 경우 재아크 발생을 쉽게 하고 아크 유지를 안정되게 하려면, 무부하 전압(개로전압)을 높여 주어야 한다. 무부하 전압이 높으면 전격의 위험성이 크며 전기적으로도 불합리하다.

이같은 결점을 없애고 안정된 아크를 얻기 위해서 만들어진 것이 고주파가 붙은 교류 아크 용접기이다.

고주파가 붙은 아크 용접기는 고주파의 높은 전압(약 3,000V)을 용접회로에 추가하여 아크가 끊어지는 순간, 용접봉과 모재 사이에 높은 전압의 불꽃을 발생시켜 이것에 의해 용접봉과 모재 사이의 공간에 있는 물질(주로 가스)을 이온(ion)화 시켜 아크가 쉽게 발생되어 지속되게 하는 방법이다.

이때 무부하 전압은 일반적으로 80V 정도로 하는 것이 좋고 또, 고주파의 전압도 매우 짧은 시간에 소멸되게 하여 고주파 전류도 매우 낮게 하므로 위험한 것이 없다. 따라서 보다 안전을 기하기 위해 고주파는 아크가 끊어지기 직전에 자동적으로 발생되고, 아크가 발생중이거나 용접 중지 후에는 자동적으로 정지되는 자동제어 방법이 쓰이고 있다. 그림 2-27에 고주파 장치가 붙은 아크 용접기의 결선도를 나타낸다.

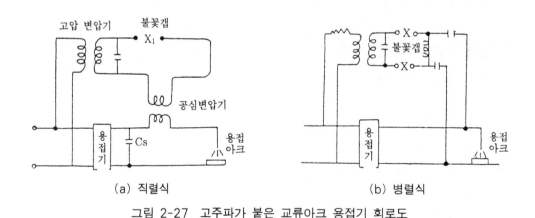

(a) 직렬식 (b) 병렬식

그림 2-27 고주파가 붙은 교류아크 용접기 회로도

(2) 자동 전격 방지 장치

교류용접기는 무부하 전압이 비교적 높기 때문에 감전의 위험이 있어, 용접사를 보호하기 위하여 전격 방지장치(voltage reducing divice)를 사용한다. 전격방지기는 교류 아크 용접기나 엔진구동 교류 아크 용접기에 설치하여 사용하며, 기능은 작업을 하지 않을 때 보조 전압기에 의해 용접기의 2차 무부하 전압을 20-30V 이하로 유지하고, 용접봉을 모재에 접촉한 순간에만 릴레이(relay)가 작동하여 용접작업이 가능하도록 되어 있다. 아크를 중지시킴과 동시에 자동적으로 릴레이가 차단되며, 2차 무부하 전압은 25V 이하로 되기 때문에 전격을 방지할 수 있다. 그림 2-28은 전격 방지기의 배선도를 나타낸 것이다.

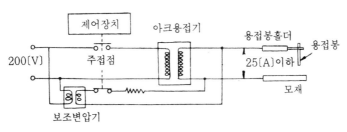

그림 2-28 전격방지기의 배선도

(3) 원격 제어장치(remote control system)

이것은 용접작업시 용접기에서 멀리 떨어져서 작업을 할 때, 작업위치에서 멀리 떨어져 있는 용접기의 전류를 조정하는 장치로 그림 2-29와 같은 유선식과 그림 2-30과 같은 무선식의 두 방식이 있다.

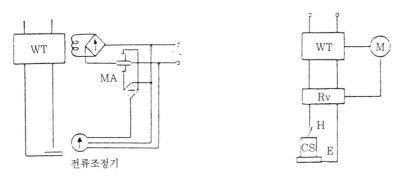

그림 2-29 유선식 조정기 방식의 원격제어 회로   그림 2-30 무선식 원격 제어장치의 원리도

① 유선식 원격조정기

이것은 용접용 케이블 외에 제어용의 가는 케이블을 사용하는 방식이다. 이 방식에는 모우터 방식과 조정기 방식의 것이 있다.

A) 모우터 방식

가동철심형이나 가동코일형의 용접기에서는 이 가동부분을 손으로 조정하는 외에 모우터로 구동하여, 이 모우터의 전원 스위치를 작업장의 손 가까운 곳에 놓는다. 용접 전류의 조정은 이 스위치에 의하여 행한다.

B) 조정기 방식

가포화 리액터형 용접기에서는 전류의 조정기를 손 가까이에 놓는다. 그림 2-29는 이 방식의 원리도를 나타낸 것이다. 즉 이 조정기는 용접기의 직류 제어 전류를 조정하기 위한 가변 저항기이며, 그림에서는 자기 증폭기 MA를 설치하여 이 조정기를 극히 소형으로 한 경우를 나타낸다. 이 조정기 방식의 장점은 조정기에 전류값의 눈금이 새겨져 있으므로, 모우터 방식보다 전류조정이 간단한 점이다. 또, 회전형 직류 아크 용접기에 있어서 계자저항을 손 가까이에 끌어낼 경우도 이 유선식 조정기 방식에 속한다.

② 무선식 원격조정기

이 방식은 무선전신을 사용하는 것이 아니며, 제어용의 전선을 특별히 사용하지 않는 다는 뜻이다. 즉 용접용 케이블 자체를 제어용의 케이블로 병용하는 것으로, 이것에는 수많은 방식이 고안되어 있다. 교류 용접기의 경우에 기본적인 회로를 그림 2-30에 나타낸다. 용접기 WT의 전류 조정부를 소형 모우터 M으로 작동시킨다. 즉 가동 철심을 모우터 M으로 상하 시키거나 그림 2-29의 전류 조정기를 M으로 회전시킨다. 이 M의 제어는 제어 상자(contal box) CB로 행해진다. 즉 CB는 모재 E와 용접봉 H 사이에 접촉시키면 리레이가 작동하여 M을 회전시킨다. M의 좌우 회전은 CB로의 접촉 방식에 의한다. 즉 CB 내부에는 세렌과 같은 전류기를 설치하여, 그 반파 정유방향을 변화시키는 것과, 대소 그 종류의 저항을 설치한 것, 저항과 정류기를 조합한 것 등 여러 가지 방식의 것이 있다.

(4) 핫 스타트(hat start) 장치와 아크 드라이브(arc drive) 회로

핫 스타트란 그림 2-31에 나타냄과 같이 아크가 발생하는 초기에만 용접전류를 특별히 크게 하는 것을 말하며 다음과 같은 이점이 있다.

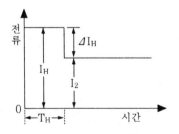

그림 2-31 핫 스타트의 전류와 시간

가) 아크의 발생을 손쉽게 한다.
나) 기공(blow hole)의 발생을 방지한다.
다) 비드(bead)의 이음자리를 개선한다.

라) 아크(arc) 발생 초기의 비드의 용입을 양호하게 한다.

그림에서 핫 전류 I_H 핫시간 T_H의 크기는 애당초 설정해 둔다.

아크를 발생시키면 핫 전류 I_H의 크기는 T_H가 경과하면 자동적으로 정상용접전류 I_2로 저하한다. 따라서 일단 아크를 멈추었다 재차 아크를 발생시킬 때는 언제나 핫 스타트가 된다. 일반적으로 $I_H/I_2 ≒ 1.5$, $T_H = 1 \sim 5sec$이나 특히 아크 발생초기의 기공(blow hole)의 방지를 위해서는 $I_H/I_2 ≒ 1.5 \sim 1.8$, $T_H = 1 \sim 5sec$가 적당하며, 비드 이음의 개선용에는 I_H/I_2를 적게 하고, T_H는 $3 \sim 5sec$로 하면 좋은 결과가 얻어진다. 이 장치에는 다음의 두 종류가 있다.

① 용접기 부가 장치형

그림 2-32에 나타냄과 같이 용접기의 W와 병렬로 핫 트랜스 HT를 접속하고 아크 발생의 신호 S를 아크 전압 또는 용접전류에서 뽑아 어느 시간 경과 후 타이머 T에 의하여 HT의 전원 1차(또는 그림과 같이 2차)를 전자 스위치 MS로 자른다. HT는 그림 2-31에 있어서 I_H와 I_2와의 차 $\varDelta I_H$를 보급하는 것으로, 사용율은 20% 정도의 소형변압기이다. 이것에는 직류 용접기용도 있으나 교류용접기에 사용한 장치의 한 보기를 그림 2-33에 나타낸다.

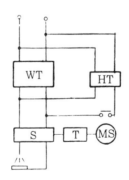

그림 2-32 핫 스타트식의 회로

② 용접기 내장형

앞에서 설명한 부가 장치의 회로를 그대로 내장한 것도 있으나 가포화 리액터형 용접기 (Saturable reactor type welder)에서는, 핫 트랜스 HT를 사용하지 않고 그 직류 여자코일을 분할하여 핫형으로서 이용하거나, 또는 분할하지 않고 코일에 직열로 저항을 접속하여 이것을 제어하는 방식이 있다. 이것에도 교류용과 직류용이 있다. 또, 교류용접기에서는 용접 변압기에 제3의 코일을 설치하여 이것을 핫용에 개폐하는 방식도 있다.

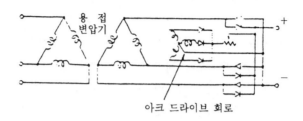

그림 2-33 정류기식 직류 아크용접기에 설치한 아크 드라이브 회로

더욱이 핫 스타트란 반대로 콜 스타트(cold start)로 있다. 이것은 아크 발생의 초기 전류를 적게하여 서서히 정상전류로 크게 하는 것이다.

아크 드라이브란, 선단의 용적이 모재에 단락 되었을때 재빨리 이것을 비산시켜 재차 아크를 발생시키기 위한 회로이다. 즉 단락시에 단락전류를 특히 크게 하게끔 그림 2-33에 아크 드라이브 회로를 설치하고 있다. 이 회로의 전압은 16V로 고정되어 있어 보통 아크 시(20~30V)에는 동작하지 않게 되어 있다.

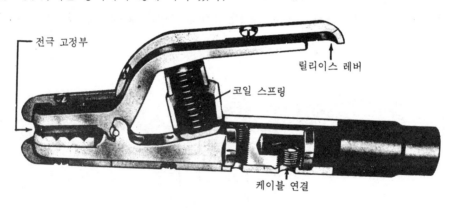

그림 2-34 용접봉 호울더

6. 아크 용접작업 용구

(1) 용접봉 호울더(Elactrade holder)

용접봉의 호울더단을 묻고 용접케이블(welding cable)에서 용접봉으로 전류를 전하는 기구로서 그림 2-34와 같은 구조를 갖는다.

용접봉을 무는 부분은, 봉을 묻거나 빼는데 손쉬어야 하며 가볍고 견고해야 한다. 또, 전기적으로는 봉을 무는 부분 이외에는 완전히 절연되어 있어야 한다. 일반적으로 용접 중의 감전사고는 전격에 의한 것으로 호울더의 절연불량이 가장 큰 원인으로 알려져 있다.

용접봉 호울더에는 스프링 로드형(spring rod type)과 듀로형(duro type), 크램프형 (clamp type) 그리고 스크루형(screw type) 등이 있으며 일반적으로 스프링 로드형과 듀로형이 사용되고 있다. 표 2-2에 용접봉 호울더의 KS 규격을 나타낸다.

표 2-2 용접봉 호울더의 규격

종 별		정 격	용 접 봉		표준용접전선 (㎟)
형 식	번 호	용접전류 (A)	표준지름 (㎜)	물수 있는 지름 (㎜)	
A형 또는 B형	100호	100	3.3	2.0~4.0	22
	250호	250	5.0	2.0~5.0	50
	300호	300	6.0	3.2~6.4	60
	500호	500	8.0	5.0~9.0	100

(2) 접지 크램프(ground clamp)

이것은 용접기에 접속된 접지 케이블(ground cable)과 모재를 접속하는 것으로 완전히 접속시켜 접점에서 저항열이 발생하지 않게 하여야 한다. 만일 접속이 나쁘면 전기의 소비가 많고 용접전류가 감소되므로, 아크가 불안정하게 되어 용접부의 용입이 불량하고 기타 결함이 생기게 된다. 그림 2-35에 접지 클램프를 나타낸다.

(3) 용접용 케이블(welding cable)

용접용 케이블이란 용접기와 용접봉 호울더 사이의 전선과 접지선으로 표 2-3에 그 치수가 규정되어져 있다.

즉 이것에는 도선용과 호울더용이 있어 어느 것이나 깹타이어 케이블(cabtyre cable)로 유연성이 풍부하게 가는 지름의 동선을 여러 겹으로 겹쳐서 제조하고 있다. 특히 호울더용 케이블은 용접작업이 쉽게 도선용 케이블보다 가늘고 더욱이 소선의 지름도 가늘다.

일반적으로 사용상의 주의로서는, 교류의 경우에는 저항 강하 이외에 리액턴스 강하를 일
으키므로 긴 케이블을 둘둘 말지 않게 해야 한다.

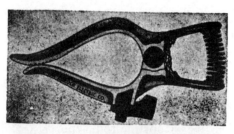

그림 2-35 접지 클램프

표 2-3 용접용 캡 타이어 전선과 치수

〈단면적 ㎟의 값〉

전류(A) \ 거리(M)	20	30	40	50	60	70	80	90	100
100	38	38	38	38	38	38	38	50	50
150	38	38	38	38	50	50	60	80	80
200	38	38	38	50	60	80	80	100	100
250	38	38	50	60	80	80	100	125	125
300	38	50	60	80	100	100	125	125	
350	38	50	80	80	100	125			
400	38	60	80	100	125				
450	50	80	100	125	125				
500	50	80	100	125					
550	50	80	100	125					
600	80	100	125						

또, 용접기로부터 작업 현장까지의 거리가 멀때에는 굵은 것을 사용하여 전력 손실을 적
게 하고, 전류를 흐르기 쉽게 한다. 실제로 케이블에 흐르는 전류는 이것이 옥외의 화재
위험이 없는 곳에서 사용되는 경우가 많은 것이다. 취급이 편리하므로 보통의 케이블의 안

전 전류표에 표시되어 있는 값보다 높은 값이 취해지고 있다.

1차측 케이블은 용접기의 용량이 200, 300, 400A일 때에 각각 5.5mm, 8mm 및 14mm가 적당하며 또, 2차측 케이블은 각각의 단면이 50㎟, 60㎟ 및 80㎟가 적당하다.

(4) 케이블 콘넥터(cable connecter : 케이블 이음)

이것은 케이블과 케이블을 접속할 때 사용되는 것으로, 그림 2-36과 그림 2-37에 나타냄과 같이 여러 형태가 있다. 이것은 일반적으로 황동 제품이며 표면은 고무와 같은 절연물로 피복되어 있다. 그림 2-36 케이블 이음은 서로 삽입하고, 반회전후 비틀어두면 간단히 접속되며 또, 반대로 반회전 시키며 잡아당기면 간단히 해체할 수 있다.

그림 2-36 케이블용 이음

그림 2-37 케이블 러그

7. 용접용 보호구

(1) 핸드 실드(hand shield)와 헬멧(helmat)

용접 아크에서 나오는 유행 광선인 자외선, 적외선과 용접 작업중에 용융된 철이 비산하는 스패터(spotter)로부터 눈, 얼굴, 머리 등등의 피해를 막기 위해서 그림 2-39의 (A)

와 같은 화이버로 만든 핸드 실드(hand shield)와 (B)나 그림 2-38과 같은 헬멧(hel-mat)을 사용한다.

한편 아크용접 작업을 장시간 계속할 때 피복제의 연소로 인해서 유독 가스가 발생되어 호흡에 지장을 줄뿐만 아니라 인체에 해를 주기 때문에, 이것을 막기 위해서 그림 2-40과 같이 환기를 식힐 수 있는 헬멧을 최근에 사용하고 있다.

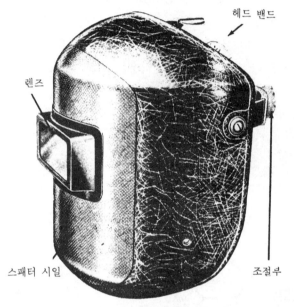

그림 2-38 헬멧

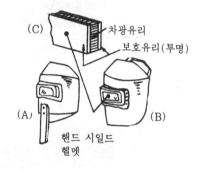

그림 2-39 차광유리(핸드실드와 헬멧)

헬멧이나 핸드 실드에는 눈을 보호하기 위해서 차광유리가 있고, 스패터에 의해 생기는 손상을 방지하기 위해서 그림 2-39의 (c)와 같은 차광 유리 양면에 투명한 유리를 끼운다.

표 2-4 차광 유리의 규격

차광도 번호	사 용 처
6~7	가스용접 및 절단, 30A 미만의 아크 절단 또, 금속 용해 작업 등에 쓰인다.
8~9	고도의 가스 용접, 절단 및 30A 이상 100A 미만의 아크 용접, 절단에 쓰인다.
10~12	100A 이상 300A 미만의 아크 용접 및 절단 등에 쓰인다.
13~14	300A 이상의 아크 및 절단에 쓰인다.

(2) 차광막

아크에서 강렬한 유해 광선을 내기 때문에 작업 중에 다른 작업자에게 나쁜 영향을 끼치게 되므로, 차광막을 사용용접 광선의 해를 막는다. 특히 여러 사람이 같이 작업하는 작업장에서는 반드시 차광막을 사용해야 한다. 차광막의 재료는 화기나 열에 잘 견디는 석면제나 얇은 철판 등을 사용하여 제작한 높이 약 200cm 가량의 칸막이가 사용된다.

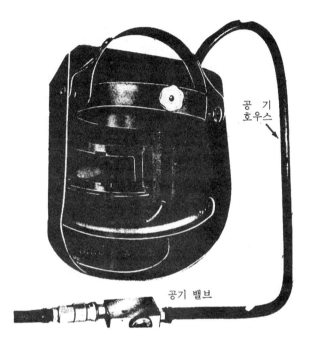

공 기
호우스

공기 밸브

그림 2-40 환기용 헬멧

(3) 장갑, 발카바, 앞치마

용접 작업시 발생하는 유해한 아크의 광선이나 아크열 그리고 스패터(spatter)가 손목, 발목, 또는 옷속에 들어가면 화상을 입게 되므로, 이와같은 재해를 미연에 방지하기 위하여 그림 2-41에 나타냄과 같은 유연하고 든든한 가죽이나 석면 또는 두꺼운 포목으로 만들어진 장갑, 발카버, 그리고 그림 2-42와 같은 앞치마를 착용하고 용접 작업에 임해야 한다.

그림 2-43에 안전구를 완전히 착용한 용접 직전의 용접사의 모습을 나타낸다.

(4) 그 밖의 공구

통접 작업에는 여러 가지 공구가 필요하다. 슬래그를 제거하는 치핑해머(chipping hammer), 용접 후의 비트 표면의 스케일(scale)이나 슬래그의 제거와 용접부 솔질에 필요한 와이어 브러시(wire brush)가 있으며, 용접부의 치수를 측정하는 용접 게이지(weld

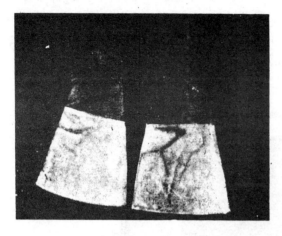

(a) 장 갑

(b) 발 카 버

그림 2-41 장갑, 발카버

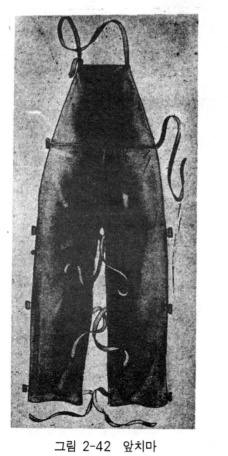

그림 2-42 앞치마

그림 2-43 보호 기구를 착용한 모습

gavge), 판의 두께를 측정하는 버니어 캘리퍼스(vernier calipers), 용접물을 잡는 집게, 아크전류를 측정하는 전류계(ammeter), 치수 측정과 직각 측정을 하는데 사용하는 콤비네션 스퀘어(cambination square), 프라이어(plier), 정(chisel) 등이 있다.

그림 2-44는 위에서 설명한 용접용 공구류를 나타낸 것이다.

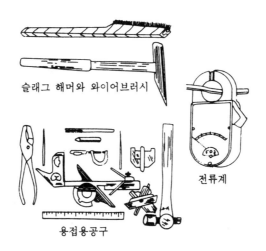

슬래그 해머와 와이어브러시

전류계

용접용공구

그림 2-44 용접용 공구

2-3. 피복 아크 용접봉

1. 피복 아크 용접봉

(1) 개요

아크 용접에서 용접봉(welding rod)은 용가재(filler metal) 또는 전극봉(electrode)이라고 하며, 용접한 모재 사이의 틈을 메워주며 용접 결과의 품질을 좌우하는 주요한 소재이다. 금속 아크 용접봉에는 비피복용접봉(bare electrode)과 피복용접봉(covered electrode)이 있는데, 비피복용접봉은 주로 자동이나 반자동에 사용되고, 피복아크 용접봉은 수동아크 용접에 주로 사용된다. 피복아크 용접봉은 용접할 금속의 종류에 따라 그 종류가 다르므로 많은 종류의 용접봉이 만들어지고 있다. 금속 심선의 겉에 피복제(flux)를 발라서 말린 것으로, 한쪽 끝은 홀더에 물려 아크 전류를 통할 수 있도록 심선의 길이 약 25㎜ 정도를 피복하지 않고, 반대쪽은 아크 발생이 쉽도록 약 3㎜ 이하로 피복하지 않았다. 심선의 지름은 1~10mm까지 있으며, 길이는 350~900mm까지가 있다. 강의 용접에는 강과 같은 재질을 가진 심선을 사용하고 스테인리스강 또는 구리 등을 용접할 때는, 각 모재와 같은 재질의 심선을 사용해야 한다.

이들은 모재의 재질, 사용 목적, 용접 자세, 사용전류 및 극성과 이음의 형상 등에 따라 분류 사용된다. 이들 용접봉중 연강용 피복아크 용접봉이 가장 많이 사용된다.

① 용접봉의 종류

 A) 용접부의 보호

 피복 아크용접봉은 피복제가 연소한 후 생성된 물질이 용접부를 어떻게 보호하는 가에 따라 다음의 세 가지로 구분된다.

 가) 가스실드(gas shield)

 나) 슬래그실드(slag shield)

 다) 세미가스실드(semi-gas shield)

② 용접의 이행 형식에 따른 종류

용접봉의 용적이 모재에 이행되는 형식에 따라 용접봉을 분류하면 다음과 같다.

 가) 분무상 이행

 용접봉 끝의 용융금속이 작은 입자로 되어 스프레이(spray) 모양으로 뿜어져 이행 하는 것으로 일미나이트(ilmenite)계, 고산화티탄(high titanium oxide type)계 등이 있다.

 나) 괴상 이행

 용접봉 끝의 용착금속이 큰덩어리로 되어 이행하는 것으로 모재와 단락하여 떨어 져 나가 붙는 것으로 저수소계(low hydrogen type)가 여기에 속한다.

 다) 폭발 이행

 용착금속의 내부에 함유되어 있는 가스체가 팽창 폭발하여 용융금속을 불어내는 것이며 고셀룰로스계(high cellulose type)가 있다.

 라) 접촉 단락 이행

 용융금속이 모재와 접촉하여 이행하는 것으로 위보기자세 용접 때에는 피복제 계 통과 관계없이 모두 접촉 단락이행 형식으로 이행한다.

③ 용도에 따른 종류

모재와 재질에 따라 용접봉을 분류하면 다음과 같은 것들이 있다.

 가) 연강용 용접봉

 나) 저합금 강용(공장력 강용)용접봉

　다) 스테인리스강용 용접봉

　라) 주철용 용접봉

(2) 연강용 피복아크 용접봉의 심선

심선(core wire)은 용접을 하는데 있어서 중요한 역할을 하므로, 용접봉 선택시에는 우선 심선의 성분을 알아보아야 한다. 심선은 모재와 동일한 재질이 대체로 쓰이며 불순물이 적어야 한다. 용접의 최종 결과는 피복제와 심선과의 상호 화학 작용에 의하여 형성된 용착금속의 성질이 좋고 나쁨에 따라 판정되는 것이므로, 심선은 아울러 성분이 좋은 것을 사용해야 한다. 연강용 피복아크 용접봉 심선의 화학 성분은 표(2-5)와 같으며 용접금속의 균열(crack)을 방지하기 위하여 주로 저탄소림드강(low carbon rimmed steel)이 사용된다.

표 2-5 연강용 피복아크 용접봉 심선의 화학 성분

심선종류		기　　호	화　학　성　분					
			C	Si	Mn	P	S	Cu
1종	A	SWRW 1A	≤0.09	≤0.03	0.35~0.65	≤0.020	≤0.023	≤0.20
	B	SWRW 1B	≤0.09	≤0.03	0.35~0.65	≤0.030	≤0.030	≤0.30
2종	A	SWRW 2A	0.10~0.15	≤0.03	0.35~0.65	≤0.020	≤0.023	≤0.20
	B	SWRW 2B	0.10~0.15	≤0.03	0.35~0.65	≤0.030	≤0.030	≤0.30

(3) 피복제의 작용

피복제의 작용을 간단히 설명하기는 곤란하지만 주된 역할은 다음과 같다.

① 아크를 안정시킨다.

② 중성 또는 환원성 분위기로 공기로 인한 산화 질화 등의 해를 방지하여 용착금속을 보호한다.

③ 용착금속과 용접봉 끝과의 부착력을 감소시켜 용착금속의 용적(globute)을 미세화하고 용착 효율을 높인다.

④ 용융 응고한 뒤에 생성되는 슬래그는 용융금속을 덮어 공기의 침입을 막고 열의 방산을 막아 용착금속의 급냉을 방지한다.

⑤ 용착금속의 탈산 정련 작용을 하며 용융점이 낮은 적당한 점성의 가벼운 슬랙을 만든다.

⑥ 슬랙의 이탈성을 양호하게 하고 파형이 고운 비드를 만든다.

⑦ 모재표면의 산화물을 제거하고 완전한 용접을 한다.

⑧ 스패터링(spattering)을 적게 한다.

⑨ 용착금속에 적당한 합금 원소를 첨가하며 용융속도와 용입을 알맞게 조절해준다.

⑩ 전기 절연 작용을 한다.

(4) 아크 분위기

피복제는 아크열에 분해되어 많은 양의 가스를 발생하며 가스의 근원은 주로 피복제 중의 유기물 탄산염, 습기 등에서 발생한다.

저수소계에서는 수소가스가 극히 적고 일미나이트계, 고셀루로스계 봉에서는 일산화탄소와 수소가스가 대부분을 차지하고 여기에 이산화탄소와 수증기가 소량 포함되어 있다. 이들 가스가 용융금속과 아크를 대기로부터 보호한다.

표 2-6은 아크 분위기의 생성을 나타낸 것이다.

표 2-6 아크 분위기 생성

(%)

피복아크용접봉	CO	CO_2	H_2	H_2O
E 4301	49.2	4.6	34.4	11.8
E 4301(전조)	57.0	5.1	27.1	10.0
E 4311	44.6	3.4	38.8	13.2
E 4311(전조)	45.8	3.1	42.2	8.9
E 4313	39.2	3.7	43.5	16.9
E 4313(전조)	41.2	4.1	37.8	16.9
E 4316	50.8	27.6	6.0	14.7
E 4316(전조)	50.7	31.0	3.9	14.7

주 : 110℃ 2시간 간조

(5) 피복 배합제의 종류

피복제는 유기물과 무기물의 분말을 적당히 배합하여 고착제(binder)를 사용 도포한 것이며, 그 조성은 대단히 복잡하고 종류도 대단히 많다. 용접봉은 같은 규격품이라도 각 제조회사에 따라 특징 있는 용접봉을 생산하고 있다.

표 2-7은 일반적인 피복배합제의 성질을 나타낸 것이다. 피복제에 포함되어 있는 주요 성분은 아크안정제, 가스발생제, 슬랙 생성제, 탈산제 그리고 고착제 등이 있으며 이들의 역할은 다음과 같다.

표 2-7 피복 배합제의 성질

품질 ＼ 성질	아크 안정제	슬랙 생성제	환원제	가스 발생제	산화제	합금제	유동성 증가제	고착제	슬랙이탈성증가제
탄산소다(Na_2CO_3), 중탄산소다($NaHCO_3$) 산성 백토	○	○							
칼산칼륨(K_2CO_3), 석탄(CaO), 석회석($CaCO_3$)	○	○							
황혈염〔$K_4Fe(CN)_6$〕	○	○					○		
형석(CaF_2 flourite)	○	○					○		○
봉사($Na_2B_4O_7$), 붕산(H_3BO_3), 산화마그네슘(MgO), 제강 슬랙		○							
탄산마그네슘($MgCO_3$), 알루미나(Al_2O_3)		○							
빙정석(Na_3Alf_6)		○					○		
규사(SiO_2), 이산화망간(MnO_2)	○	○			○		○		○
산화티탄(TiO_2), 석면($MgO \cdot CaO \cdot 4SiO_2$)	○	○					○		○
자철광(Fe_3O_4), 적철광(Fe_2O_3)	○	○			○				
페로실리콘, 페로티탄, 페로바나듐			○			○			
산화 몰리브덴, 산화니켈			○			○			
망간, 페로망간, 크롬, 페로크롬			○			○			
알루미늄, 마그네슘			○						
니켈, 크롬철, 동(Cu)						○			
규산소오다(물유리), 규산칼륨	○	○						○	
소맥분(小麥分, Starch)	○		○	○				○	
면사, 면포, 펄프, 목재 톱밥	○		○	○					
탄분(炭粉)			○	○			○		
해초풀, 아교, 가제인, 젤라틴, 아라비아고무, 당밀				○				○	

① 아크 안정제

아크 안정제로는 산화티탄(TiO_2), 규산나트륨(Na_2SiO_3), 석회석($CaCO_3$), 규산칼륨(K_2SiO_3) 등이 사용되며, 아크열에 의하여 이온(ion)화가 되어 아크 전압을 강하시키고 이에 의하여 아크를 안정시킨다. 교류아크 용접에서는 재아크 전압이 낮을수록 좋기 때문에 이온화 전압이 낮은 물질이 좋다.

② 가스 발생제

가스 발생제에는 녹말, 톱밥, 석회석, 탄산바륨($BaCO_3$), 셀룰로스(Cellulose) 등이 있으며 아크열에 의하여 분해되며, 일산화탄소, 이산화탄소, 수증기 등의 가스를 발생하며 용착금속을 대기로부터 보호한다. 가스발생제는 중성 또는 환원성 가스를 발생하여 아크 분위기를 대기로부터 차단하며 보호하고, 용융금속의 산화 및 질화를 방지하는 작용을 한다.

③ 슬랙 생성제

슬랙 생성 배합제로는 산화철, 일미나이트($tiO_2 \cdot FeO$), 산화티탄(TiO_2), 이산화망간(MnO_2), 석회석($CaCO_3$), 규사(SiO_2), 장석($K_2O \cdot Al_2O_3 \cdot 6SiO$), 형석($CaF_2$) 등이 사용되며 용융금속을 서서히 냉각시키므로 불로홀(기공;blow hole)이나 내부 결함을 방지하고, 용융점이 낮은 가벼운 슬랙을 만들어 용융금속의 표면을 덮어서 산화나 질화를 방지한다.

④ 탈산제

탈산제는 규소철(Fe-Si), 망간철(Fe-Mn), 티탄철(Fe-Ti) 등의 철합금 또는 금속강간 알루미늄 등이 사용되며, 용융금속 중의 산화물을 탈산 정련하는 작용을 한다.

⑤ 고착제

고착제는 규산나트륨(Na_2SiO_3;물유리), 규산칼륨(K_2SiO_3) 등의 수용액이 주로 사용되며, 심선에 피복제를 고착시키는 역할을 한다.

⑥ 합금첨가제

용강중에 합금 원소를 첨가하여 그 화학성분을 조종하는 것으로, 그 첨가 원소로는 페로실리콘, 페로크롬, 니켈, 페로바리움 등이 원료로 사용된다.

(6) 연강용 피복아크 용접봉의 규격

연강연 피복아크 용접봉은 KSD 7004에 규정되어 있다. 연강용 파복아크 용접봉은 현재 가장 많이 쓰이고 있으며, 용접봉의 표시 기호는 다음과 같은 의미를 가지고 있다.

아래에서 전기용접을 표시하는 E는 우리나라와 미국에서 사용하며 이웃나라 일본의 경우 E 대신 D를 사용한다.

용착금속의 최소인장강도를 나타내는 43은, 그 용접봉을 사용하여 용접했을때, 용착금속의 인장강도가 최소한 43kg/㎟이 되어야 한다는 뜻이다. 미국은 최소인장강도 43kg/㎟ 대신 Lb/in^2 단위의 60,000 PSi 첫 두자리를 써서 아래와 같이 표시한다.

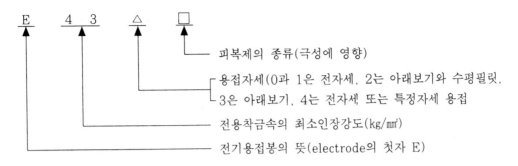

피복제의 종류(극성에 영향)

용접자세(0과 1은 전자세, 2는 아래보기와 수평필릿,
3은 아래보기, 4는 전자세 또는 특정자세 용접

전용착금속의 최소인장강도(kg/㎟)

전기용접봉의 뜻(electrode의 첫자 E)

우리나라	일 본	미 국
E 4301	D 4301	E 6001
E 4301	D 4316	E 6016

연강봉 피복아크 용접봉의 규격 중 마지막 숫자 즉, 피복제의 종류(극성에 영향)를 나타 내는 숫자는 다음 표 2-8과 같은 의미를 나타낸다.

표 2-8 연강용 피복아크 용접봉 규격 중 마지막 숫자의 의미

마지막 숫 자	0	1	2	3	4	5	6	7	8
전 원	E4301 DCRP E4320 AC~DC	AC 또는 DCRP	AC 또는 DC	AC 또는 DC	AC 또는 DC	DCRP	AC 또는 DCRP	AC 또는 DC	AC 또는 DCRP
용 입	E4301 깊다 E4320 중간	깊다	중간	얕다	얕다	중간	중간	중간	중간

표 2-9 연강용 피복아크 용접봉 심선의 표준 치수

(mm)

용접봉 길이	길		이			
3.2	350	400	—	—	—	—
4	350	400	450	550	—	—
4.5	—	400	450	550	—	—
5	—	400	450	550	700	—
5.5	—	—	450	550	700	—
6	—	—	450	550	700	900
6.4	—	—	450	550	700	900
7	—	—	450	550	700	900
8	—	—	450	550	700	900

연강용 피복아크 용접봉은 심선의 굵기에 따라 길이가 규격화되어 있으며, 일반적으로

심선 지름 굵기의 허용 오차는 ±0.05mm이고, 길이에 따른 허용오차는 보통 ±3mm이다.
용접봉을 홀더에 끼우는 홀더단의 비피복부의 길이는 25±5mm이며 700 및 900mm일때는
30±5mm이다. 표 2-9는 연강용 피복아크 용접봉 심선의 표준 치수를 나타낸 것이다.

(7) 연강용 피복아크 용접봉의 특성

용접 기술의 눈부신 발달과 더불어 사용 범위가 더욱 넓어져 가고 있으며, 연강용 피복
아크 용접봉은 현재 가장 많이 쓰이고 있다. 용접봉은 각각 다른 특성을 가지고 있으므로,
각 용접공사와 용접자세 등에 따라 알맞은 특성과 성능을 가진 용접봉을 선택하여 사용해
야 한다. 연강용 피복 아크 용접봉을 현재 국제적 분류법에 따라 우리나라에서도 KS D
7004에 자세히 규정하고 있으며 피복제의 종류, 사용전류, 용접자세에 따라 표 2-10과
같이 분류하고 있다. 또, 표 2-11은 종류별 피복아크 용접봉의 기계적 성질을 나타낸 값
이며, 그 값은 표시된 값 이상이어야 한다. 용접의 최종결과는 피복제와 심선과의 상호 화
학작용에 의하여 형성된 용착금속의 성질이 좋고 나쁨에 따라 판정되는 것이므로, 좋은 피
복제와 아울러 심선도 좋은 것을 사용해야 한다.

표 2-10 연강용 피복아크 용접봉의 종류

종 류	피복계 계통	용 접 자 세	사용 전류의 종류
E 4301 E 4303	일미나이트계 라임티타니아계	F. V. OH. H F. V. OH. H	AC 또는 DC(±) AC 또는 DC(±)
E 4311 E 4313 E 4316	고셀룰로스계 고산화티탄계 저수소계	F. V. OH. H F. V. OH. H F. V. OH. H	AC 또는 DC(+) AC 또는 DC(-) AC 또는 DC(+)
E 4324 E 4326 E 4327	철분 산화티탄계 철분 저수소계 철분 산화철계	F. H-Fil F. H-Fil F. H-Fil	AC 또는 DC(±) AC 또는 DC(+) F 용접시는 AC 또는 DC(±) H-Fill 용접시는 AC 또는 DC(-)
E 4340	특수계	F. V. OH. H-Fil 중 전부 또는 어느 한 자세	AC 또는 D(±)

〔비고〕 1. 용접 자세에 쓰인 기호의 뜻은 다음과 같다.
       F : 아래보기자세(flat position)
       V : 수직자세(vertical position)
      OH : 위보기자세(over head position)
       H : 수평자세(horizontal position)
      H-Fil : 수평필릿(horizontal fillet)
    2. 사용 전류의 종류에 쓰인 기호의 뜻은 다음과 같다.
      AC : 교류   DC(±) : 직류, 정극성 및 역극성
      DC(-) : 직류, 용접봉 음극   DC(+) : 직류, 용접봉 양극

표 2-11 연강용 피복아크 용착 금속의 화학 성분과 기계적 성질

종 류	화 학 성 분 (%)						항복점 (kg/㎟)	인장강도 (kg/㎟)	연신율 (%)	충격값 샤르피 (kg.m/㎠)
	C	Si	Mn	O	N	H				
비피복봉	0.03	0.02	0.20	0.210	0.140	0.0002	24	41.8	7.5	—
E 4301	0.08	0.06	0.42	0.090	0.014	0.0015	35	43	22	4.8
E 4311	0.09	0.28	0.51	0.052	0.012	0.0020	35	43	22	2.8
E 4313	0.08	0.34	0.41	0.065	0.018	0.0018	35	43	17	—
E 4316	0.08	0.46	0.78	0.031	0.009	0.0001	35	43	25	4.8
E 4320	0.05	0.09	0.42	0.105	0.016	0.0015	35	43	25	—

그리고 피복아크 영접봉의 경제적 특징은 다음과 같다.

① 일미나이트계(ilmenite type) : E 4301

피복제 중에 일미나이트($TiO_2 \cdot FeO$)를 약 30% 이상 포함한 용접봉으로서 우리나라에서 가장 많이 사용되고 있으며 가장 많이 생산되고 있다. 일본에서 세계적으로 처음 개발한 이 용접봉은 작업성과 용접성이 우수하고 값도 싸서 조선, 철도차량, 일반 구조물은 물론 각종 압력용기에도 널리 사용되고 있다. 용접성 즉 내균열성 내기공성, 내피트성, 연성 등이 우수하여 25mm 이상 후판용접도 가능하며, 일반 구조물의 중요 강도 부재에 많이 사용되고 특히 수직, 위보기 자세에서 작업의 우수성이 발휘되고 전자세 용접이 가능하다.

② 라임티타니아계(lime-titania type) : E 4303

산화티탄(TiO_2)이 약 30% 이상과 석회($CaCO_3$)이 주성분이고, 고산화티탄계(E 4313)의 새로운 형태로서 1945년경 유럽에서 개발하여 현재 급속히 발전하고 있는 용접봉이다.

피복제의 계통으로는, 산화티탄과 염기성 산화물이 다량으로 함유된 슬랙실드형(slag shield type)이고, 피복이 비교적 두꺼우며, 전자세의 용접이 우수하다. 대체로 고산화티탄계의 작업성을 따르면서 그 기계적 성질의 결핍과 일미나이트계의 작업성이 부족한 점을 개량하여 만든 봉이며, 특히 수직용접에 있어서 그 작업성과 능률이 우수하다. 사용전류는 고산화티탄계 용접봉보다 약간 높은 전류를 사용한다. 용접 용도는 아름다운 비드를 얻으므로 선각의 내부 구조물 기계, 차량 또, 수직 자세의 작업이 우수하기 때문에 일반 구조물 등 사용범위가 매우 넓다.

③ 고셀룰로스계(high cellulose type) E 4311

피복제 중에 가스 발생제로서 셀룰로스를 20~30% 정도 포함한 가스실드식 용접봉으로서, 제2차 세계대전 중에 미국에서 사용한 용접봉의 80%까지 사용된 적이 있는 가장 일반적인 용접봉으로 알려져 있으나, 최근에는 다른 용접봉의 진출로 그 용도가 좁혀지고

있으며, 우리나라에서는 공장의 파이프라인 및 철골 등의 현장 용접이나, 비료 공장에서 약간 사용되고 있다. 특징으로는 발생하는 가스가 대단히 많으므로 피복량은 옅고 슬랙이 적으므로 수직 상진·하진 및 위보기 용접에서 우수한 작업성을 나타낸다. 가스실드에 의한 아크 분위기가 환원성이므로, 용착금속의 기계적 성질이 양호하며, 아크는 스프레이 형상으로 용입이 크고 비교적 빠른 용융속도를 나타내어 위보기 자세에서 작업성은 물론 X선 검사도 양호하나 슬래그가 적으므로 비드 표면이 거칠고 스패터가 많은 것이 결점이다.

사용전류는 슬랙 실드계 용접봉에 비해 10~15% 낮게 사용하고, 사용전에 70~100℃에 30분~1시간 건조해야 하며 아연도금 강판이나 저합금강에도 사용되며 저장탱크, 배관공사 등에 사용된다.

④ 고산화티탄계(high titanium type) : E 4313

피복제 중에 산화티탄(TiO_2)을 약 35% 정도 포함한 용접봉으로서 일반 경구조물의 용접에 많이 사용된다. 아크는 용접기의 2차 무부하 전압이 낮을 때라도 조용하고 안전하며, 스패터가 적고 슬랙의 박리성도 대단히 좋다. 비드의 외형도 고우며 재아크가 잘 일어나는 것이 특징이다. 1층 용접에 용착금속은 X선 검사에 비교적 양호한 결과를 가져오나, 다층 용접에 있어서는 만족할만한 결과를 가져오지 못한다. 저합금강 용접이나 탄소 함량이 비교적 높은 저합금강 용접에 흔히 쓰이고 있다. 기계적 성질에 있어서는 연신율이 낮고 항복점이 높으므로 용접시공에 있어서 특별히 유의해야 한다. 지름이 가는 용접봉으로는 수직 하진 용접이 가능한 것이 특징이며, 용도로는 일반 경구조물 경자동차 박강판의 용접에 적합하며 기계적 성질이 다른 용접봉에 비하여 약하고 고온균열을 일으키기 쉬운 결점이 있다.

⑤ 저수소계(low hydrogen type) : E 4316

피복제 중에 석회석($CaCO_3$)이나 형석(CaF_2)을 주성분으로 한 피복제를 사용한 것으로서, 용착금속 중에 수소량이 다른 용접봉에 비해 1~10% 정도로 현저하게 적다. 이 용접봉은 유럽에서 개발하여 제2차 대전 중 미국에서는 군수품 용접용으로 연구 개발하였으며, 우수한 특성 때문에 그 수효가 날로 증가하고 있다. 아크가 약간 불안하고 용접속도가 느리며 첫머리에 기공이 생기기 쉬우며 백스탭(backstep)법을 선택하면 이와같은 문제는 쉽게 해결된다. 아크 길이는 극히 짧게, 보호통이 모재에 다을 정도로 하고, 운봉 각도는 모재에 대하여 수직에 가까운 것이 좋으며, 용접성은 다른 연강봉보다 가장 우수하기 때문에 종요 강도부재 고압용기 후판 중구조물, 탄소당량이 높은 기계구조용강, 구속이 큰 용접, 유황 함유량이 높은 강 등의 용접에 결함없이 양호한 용접부가 얻어진다. 피복제는 습기를 흡수하기 쉽기 때문에, 사용전에 반드시 300~350℃ 정도로 2시간 정도 건조시켜 사용해야 한다.

⑥ 철분산화티탄계(iron powder titania type) ; E 4324

이 용접봉은 고산화티탄계 용접봉(E 4313)의 피복제에 약 50% 정도의 철분을 가한 것으로서, 다량의 철분을 포함하고 있기 때문에 접촉(contant) 용접이 가능하다. 작업성이 우수하고 스패터가 적으나 용입이 얕다. 용착금속의 기계적 성질은 E 4313과 거의 같다. 아래보기 자세와 수평필릿 자세의 전용 용접봉이며, 보통 저탄소강의 용접에 사용되지만 저합금강이나, 중고 탄소강의 용접에도 사용된다.

⑦ 철분저수소계(iron powder low hydrongen type) ; E 4326

이 용접봉은 저수소계 용접봉(E 4316)의 피복제에 30~50% 정도의 철분을 가한 것으로서 용착속도가 크고 작업능률이 좋다. 용착금속의 기계적 성질이 양호하고 슬랙의 박리성이 저수소계보다 좋으며, 아래보기 및 수평필릿 용접자세에만 사용된다.

⑧ 철분산화철계(iron powder iron oxide type) ; E 4327

철분산화철계 용접봉은 산화철계 용접봉의 주성분인 산화철에 철분을 첨가하여 만든 것으로 구산염을 다량 함유하고 있기 때문에 산성슬랙이 생성된다.

표 2-12 철분 첨가에 의한 용착속도 향상

용접봉의 종류	철분 (%)	직경 (㎜)	용착속도(g/min)
일미 나이트계	0	4	170A
	30		180A
라임 티타니아계	0	4	170A
	30		180A
티타니아계	0	5	
	30		220A
	50		240A / 270A
저수소계	0	4	
	30		165A
	45		180A / 200A
산화철계	0	6	
	40		270A
	50		290A / 380A

⑨ 특수계(special type) ; E 4340

특수계 용접봉은 피복제의 계통이 특별히 규정되어 있지 않은 사용 특성이나 용접 결과
가 특수한 것으로 용접자세는 제조회사가 권장하는 방법을 사용하도록 되어있다.

표 2-12는 철분첨가에 의한 용착속도의 향상을 나타낸 것이다.

⑩ 그밖의 용접봉

A) 고장력강용 피복아크 용접봉

고장력강은 일반 구조용 압연강재(SB41)나 용접 구조용 압연강재(SM41) 등 보
다 높은 강도를 얻기 위해 망간(Mn), 크롬(Cr), 니켈(Ni), 규소(Si) 등의 적당한

표 2-13　고장력강용 피복 아크 용접봉(KSD 7006)

용접봉 종 류	피복제의 계 통	용접자세	사용전류	용착금속의 기계적 성질				
				인 장 강 도 kg/㎟	항복점 kg/㎟	변형율 %	충격치 kg-m/㎠ 0℃V 노치샬피	충 격 시 험 온 도 ℃
E 5001 E 5003	일 미 나이트 라 임 티탄계	F.V.OH.H F.V.OH.H	AC 또는 DC(±) AC 또는 DC(±)	≥50	≥40	≥20	≥4.8	0
E 5016 E 5316 E 5816	저수소계	F.V.OH.H	AC 또는 DC(+)	≥50 ≥53 ≥58	≥40 ≥42 ≥50	≥23 ≥20 ≥18	≥4.8	0
E 5026 E 5326 E 5826	철 분 저수소계	F.H-Fil	AC 또는 DC(+)	≥50 ≥53 ≥58	≥40 ≥42 ≥50	≥23 ≥20 ≥18	≥4.8	0
E 5000 E 5300	특수계	F.V.OH. H-Fill 또는 그 중어느 자세	AC 또는 DC(±)	≥50 ≥53	≥40 ≥42	≥20 ≥18	≥4.8	0

〔참고〕　1. 용접 자세에 사용된 기호의 뜻은 다음과 같다.
　　　　　F : 아래보기 자세(flat position)
　　　　　V : 수직자세(Vertical position)
　　　　　OH : 위보기자세(Over head position)
　　　　　H : 수평자세(Horizontal position)
　　　　　H-Fil : 수평필릿자세(Horizontal fillet position)
　　　　표에 나타난 용접자세는 봉 지름 4㎜이하의 것에 적용되고, E5001 또는 E5003에
　　　　대하여는 봉지름 5㎜ 이하의 것으로 한다.
　　　　2. 사용전류의 종류에 쓰인 기호의 뜻은 다음과 같다.
　　　　　AC : 교류
　　　　　DC(±) : 직류 정극성(正極性) 및 역극성(逆極性)

원소를 첨가한 저합금강(low alloy steel)이며, 사용목적은 무게감량, 재료의 절약, 내식성 향상 등이다. 내충격성, 내마멸성이 요구되는 구조물, 선박, 차량, 항공기, 압력용기, 병기류 등의 제조에 사용하며 보통 인장 강도가 50kg/㎠ 이상인 것을 말한다. KS D 7006에 인장강도 50kg/㎟, 53kg/㎟, 58kg/㎟이 규정되어 있으며, 연강에 비해 고장력강 사용의 이점은 다음과 같다.

a) 동일한 두께에서 판의 두께를 얇게 할 수 있다.

b) 재료의 취급이 간단하고 가공이 용이하다.

c) 구조물이 자중을 경감시킬 수 있어 그 기초 공사가 간단해진다.

d) 소요강재의 중량을 상당량 경감시킬 수 있다.

표 2-13에 고장력강용 피복아크 용접봉 규격을 나타낸다.

B) 표면 경화용 피복아크 용접봉

표면경화(hard facing)를 할 때 가장 문제가 되는 것이 균열 방지이다. 이 용접에 따른 균열 방지에는 예열, 층간온도의 상승, 후열처리 등이 좋으므로 모재 또는 용착금속의 탄소량, 합금량의 증가와 함께 균열에 대한 대책을 세울 필여가 있다. 대부분의 내마모용 용접봉의 용착 금속에는 상당한 합금원소를 포함하고 있고 모재에도 때로는 합금량이 많은 경우가 있어 균열, 발생의 요인을 처음부터 가지고 있다고 하겠다. 균열 방지책으로는 오래 전부터 예열, 후열이 논의되어 그 가부와 온도의 결정에는 그 재료의 탄소당량(Ceq)과 이론 최고경도(Hmax)의 관계가 널리 이용되고 있다.

탄소당량$(Ceq) = C + 1/6Mn + 1/24Si + 1/40Ni + 1/5Cr + 1/4Mo + 1/5V$

이론적 최고경도$(Hmax) = 1200 \times Ceq - 200$(필릿 용접)

이론적 최고경도$(Hmax) = 1200 \times Ceq \times Ceq - 250$(맞대기 용접)

아래 표 2-14는 이론적 최고경도에 따른 균열 방지 대책을 나타낸 것이다.

표 2-14 이론적 최고경도에 따른 균열 방지 대책

이론적 최고 경도 (Hmax)	균열 방지 대책
200 이상	예열, 후열 필요없음
200~250	예열, 후열(100℃ 정도)하는 것이 좋다. 특히 후판, 구속이 크거나 추운 겨울의 용접
250~325	150℃ 이상의 예열, 650℃ 응력제거 풀림 필요
325 이상	250℃ 이상의 예열, 용접 직후 650℃ 응력제거 풀림 필요

C) 스테인리스강 용접봉

스테인리스강 피복아크 용접봉은, 크롬-니켈 스테인리스강 피복아크 용접봉(오스테나이트계 스테인리스 용접봉이라고도 함)과 크롬스테인리스강 피복아크 용접봉(크롬 스테인리스계 용접봉이라고도 함)을 종합한 것이다. 스테인리스강용 용접봉의 피복제는 루틸(rutile)을 주성분으로 한 티탄계와 형석, 석회석 등을 주성분으로 한 라임계가 있는데, 전자는 아크가 안정되고 스패터가 적으며 슬랙의 이탈성도 양호하다. 수직, 위보기, 용접 작업시 용적이 아래로 떨어지기 쉬우므로 운봉기술이 필요하고, 용입이 얕으므로 얇은 판의 용접에 주로 사용된다. 후자는 작업중 슬래그가 용융지를 거의 덮지 않으며 비드가 블록형이기 때문에 아래보기 및 수평필릿 용접에서는 비드의 외관이 나쁘고 용융금속의 이행이 입상이어서 아크가 불안정하며, 스패터도 큰 입자인 것이 비산된다. 라임계는 X-Ray검사 성능이 대단히 양호하기 때문에 고압 용기나 중구조물의 용접에 쓰인다. 우리나라의 스테인리스강 용접봉은 대부분 티탄계이다. 다음 표 2-15는 스테인리스강 용접봉 규격을 또, 표 2-16은 크롬니켈 스테인리스강 용접봉의 종류를 나타낸 것이다.

표 2-15 스테인리스강 용접봉의 규격

봉직경 (mm)	길	이 (mm)				
1.6	200	250	—	—	—	—	—
2	200	250	—	—	—	—	—
2.6	—	250	300	350	—	—	—
3.2	—	—	300	350	400	—	—
4	—	—	—	350	400	450	500
5	—	—	—	350	400	450	500
6	—	—	—	350	400	450	500

표 2-16 크롬-니켈 스테인리스강 용접봉의 종류

용접봉 종 류	종 별	용접자세	사용전류의 종류	용접봉 종 류	종 별	용접자세	사용전류의 종류
E 308	15,16	F. V. OH. H	DC, AC	E 316	15,16	F. V. OH. H	DC, AC
E 308L	15,16	F. V. OH. H	DC, AC	E 316CuL	15,16	F. V. OH. H	DC, AC
E 309	15,16	F. V. OH. H	DC, AC	E 317	15,16	F. V. OH. H	DC, AC
E 309Mo	15,16	F. V. OH. H	DC, AC	E 347	15,16	F. V. OH. H	DC, AC
E 310	15,16	F. V. OH. H	DC, AC	E 410	15,16	F. V. OH. H	DC, AC
E 316	15,16	F. V. OH. H	DC, AC	E 430	15,16	F. V. OH. H	DC, AC

주: 크롬 11% 이상, 니켈 22% 이하의 용착금속을 얻는 스테인리스강 피복아크 용접봉으로 심선의 직경이 1.6~6mm인 것에 적용한다.

D) 주철용 피복아크 용접봉

주철의 용접은 주로 주문제품의 결함을 보수할 때 파손된 주물제품의 수리에 이용되며, 연강 및 탄소강에 비해 용접이 대단히 어렵기 때문에 주철용 피복아크 용접봉 선택에 신경을 써야한다. 주철용 피복 아크용접은 크게 나누어 연강, 주철, 구리합금 및 니켈합금을 심선으로 한 4종류가 있다. 주철용 용접봉은 반드시 건조한 장소에 보관해야 한다.

E) 동 및 동합금용 피복아크용접봉

구리 및 구리합금용 피복 아크용접봉으로는 주로 탈산구리 용접봉 또는 구리합금 용접봉이 사용되고 있으며, 연강에 비해 열전도가 크고 열팽창 계수가 크기 때문에 용접하기가 상당히 힘들다고 할 수 있다. 용접봉은 피복제 계통의 발달로 용접성이 우수한 것이 많이 나오고 있다.

⑪ 용접봉의 보관 및 취급시의 주의사항

용접봉은 습기에 민감하기 때문에 건조한 장소를 택하여 진동이 없고 하중을 받지 않아야 한다. 용접봉은 사용 중에 피복제가 떨어지는 일이 없도록 통에 넣어서 운반하여 사용하도록 한다. 용접자는 용접전류, 용접자세 및 건조 등 용접봉 사용 조건에 대한 용접봉 제조자의 지시에 잘 따라야 한다. 용접봉에 습기는 블로홀(blow hole)이나 균열(crack)의 원인이 되기 때문에 사용 전에 충분히 건조해야 한다.

보통 용접봉은 70~100℃에서 30~60분, 저수소계 용접봉은 300~350℃에서 1~2시간 정도 건조 후 사용한다. 한편 용접봉은 사용 전에 편심 여부를 확인한 후 사용해야 하며, 편심률은 3% 이내이어야 한다.

만약 편심률이 3% 보다 크면, 용접봉이 정상 상태로 용융되지 않고 편용되어 아크가 불안정하게 되어 용접 결과가 불량해진다. 편심률 계산식은 다음과 같다.

$$\text{편심률}(\%) = \frac{D' - D}{D'} \times 100 \ \text{(그림 2-45 참조)}$$

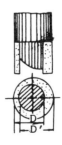

(a) 동심원   (b) 편 심

그림 2-45 피복제의 편심상태

2-4. 탄산가스 아크 용접법

1. 개요

탄산가스 아크용접(CO_2 gas arc welding)은 가스 실드 금속아크 용접(Gas shielded metal arc welding)의 일종이다. 즉 탄산가스나 이것을 주로하는 혼합가스를 금속 아크와 용융지의 주위에 송급하여 공기를 차단하여 용접을 행하는 것으로 주로 강재의 용접에 적용된다.

이 용접법은 1953년 경부터 문헌으로 소개되었으며, 실용단계에 이른 것은 1957년 경부터 이다. 우리나라에서는 극히 근년에 도입된 용접법으로 앞으로 그 용도는 급속히 확대되리라 믿는다. 그 이유로는 이 용접법이 자동 용접법으로서 만이 아니고 반자동 용접법으로서도 간편하게 적용되어 용접속도가 빠르며, 더욱이 용접부의 제 성질이 우수하여 제경비가 싸므로 단가 절감과 생산성의 향상에 매우 유리하기 때문이다.

따라서 이 방법에 관한 관심은 세계 각국에 급속히 확대되어 용접기 전극강선(welding wire)과 송급 가스의 여러 가지 개선과 연구가 행해져 오늘날에는 한마디로 CO_2가스 아크 용접이라 하여도 여러 방법이 포함되어 있다.

(1) 분류

현재 사용되고 있는 CO_2 가스 아크용접법은 표 2-17과 같다. 대별하면 나전극 강선 (Solid wire)를 사용하는 방법과, 후락스를 범용한 강선(combined wire)을 사용하는 방법이 있으며, 나전극 강선을 사용하는 방법에는 CO_2-O_2법과 CO_2법이 있다.

그림 2-46에서 CO_2-O_2법의 원리도를 나타낸다.

CO_2법을 그림 2-46에서 CO_2-O_2의 혼합가스 대신에 CO_2 만을 공급한 것이며, 용접장치의 구조에는 별차이가 없으며 본질적으로 비슷한 점이 많다.

후락스 병용 탄산가스 아크 용접법의 대표적인 것은, 유니온 아크법(union arc process)과 후락스를 내장한 와이어(flux-cored wire tubular wire)를 사용하는 방법이다.

그림 2-47에 유니온 아크법의 원리도를 나타낸다. 즉 자성을 가지는 후락스가 CO_2 가스와 같이 송급되어 강선에 흐르는 직류 용접전류에 의하여 생긴 자력에 의하여, 자성 후락스가 강선에 그림과 같이 부착하여 일반 피복 아크 용접봉과 유사한 모양이 되어 용접이 행해지는 것이다.

아코스 아크법(arcos arc process)은 그림 2-48(a)에 나타냄과 같이 와이어의 단면이 박강판을 구부려 접은 속에, 후락스가 들어있는 강선을 연속적으로 송급하여 아크를 발생시켜 용접하는 것이다.

표 2-17 이산화탄스 아크 용접의 종류

(a) 보호 가스와 용극 방식에 의한 분류

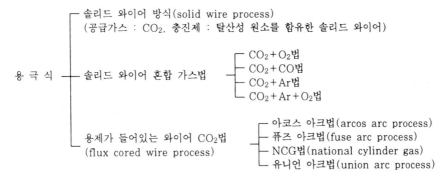

- 용극식
  - 솔리드 와이어 방식(solid wire process)
  (공급가스 : CO_2, 충진제 : 탈산성 원소를 함유한 솔리드 와이어)
  - 솔리드 와이어 혼합 가스법
    - CO_2+O_2법
    - CO_2+CO법
    - CO_2+Ar법
    - CO_2+Ar+O_2법
  - 용제가 들어있는 와이어 CO_2법
  (flux cored wire process)
    - 아코스 아크법(arcos arc process)
    - 퓨즈 아크법(fuse arc process)
    - NCG법(national cylinder gas)
    - 유니언 아크법(union arc process)

- 비용극식
  - 탄소 아크법
  - 텅스텐 아크법(이중 노즐식)

(b) 토오치의 작동 형식에 의한 분류

- 수 동 식(비용극식에서 토오치를 수동)
- 반자동식(용극식, 와이어의 송급자동, 토오치 수동)
- 전자동식(용극식, 와이어의 송급자동, 토오치 자동)

(c) 용접부의 형식에 의한 분류

- 연속아크 용접법
  - 용극식
  - 비용극식
- 아크스폿 용접법
  - 용극식
  - 비용극식

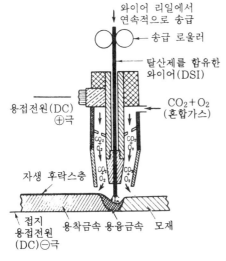

그림 2-46 CO_2-O_2 가스 용접법의 원리

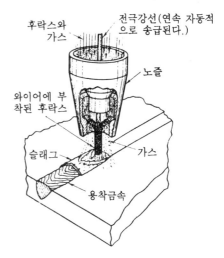

그림 2-47 CO_2 가스 아크 용접

그림 2-48(b)는 영국에서 개발된 퓨우스 아크(fus arc)용접용 강선을 나타내며, 이 와이어를 연속적으로 송급하여 CO_2 가스 분위기 중에서 행하는 용접방법을 fus arc CO_2

법이라 부른다. 또, (c)도 마찬가지로 버어드법(bernard process)이라고도 불리우며, 미국의 내쇼널 시린다 가스 회사의 후락스 내장 와이어(flux cored wire)이다. 이것들은 어느 것이나 강선(wire)의 후락스 병용의 방식이 다를 따름이며, 원리적으로는 같다고 생각된다. (d), (e), (f)도 각기 일본에서 고안한 wire들이다.

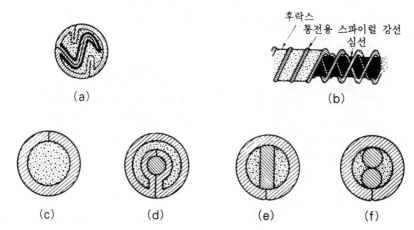

그림 2-48 각종 CO_2 아크 용접용 복합 와이어

2. 탄산가스(CO_2 gas) 용접법의 기초

(1) 나강선(solid wire)CO_2와 CO_2-O_2법

① 보호가스

보호가스(shielding gas)로서의 탄산가스는 고온에서 해리하여 $2CO_2 \rightleftarrows 2CO + O_2$로 된다. 그리고 가스의 조성은 온도에 의하여 그림 2-49와 같이 변화한다. 즉 2,000°K에서는 CO_2 97%, CO 2%, O_2 1%이지만, 3,000°K에서는 CO_2 44%, CO 37%, O_2 19%로 된다. 이들 가스의 O_2 분압과 용융철 중의 FeO의 증기압과를 비교하면, 표 2-18에서 보는 바와 같이 앞의 것이 한결 크며 용융철에 대하여 산화성이다.

표 2-18 각 온도에서의 용융철에 대한 CO_2 가스의 산화력

온 도 (℃)	1,800	2,000	2,200	2,500
용융철중의 산화철의 증기압	3.20×10^{-7}	43.7×10^{-7}	39.0×10^{-6}	57.6×10^{-6}
CO_2 해리시의 O_2 분압	0.0022	0.0076	0.0202	0.063

따라서 강재를 CO_2 가스 분위기에서 아크 용접하면 용융 용착강은 활발하게 산화되어 강중에 함유되어 있는 탄소와의 사이에

$$C + FeO = \underline{Fe} + CO\uparrow \dots\dots\dots\dots (2\text{-}6)$$

의 반응이 생겨 CO가스가 용접 중에 발생하여 기포가 된다. 용접에 있어서는 용착금속의 냉각속도가 빠르므로 이 CO 가스가 용융 용착강에서 탈출하기 전에 응고하면 기공(blow hole)이 된다.

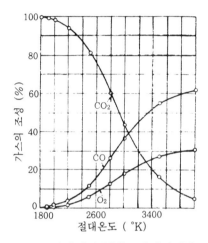

그림 2-49 $P_{CO_2} + P_{CO} + P_{O_2} = 1$기압시의 각온도에서의 CO_2 가스 해리에 의한 조성변화

이 CO_2 가스의 산화성을 다른 가스를 혼합함에 따라 감소된다. 강재의 용접용 보호 가스로서 이용하는 연구가 1920년경부터 행해져 왔으나, 이 방법의 실험은 아직 충분한 성과를 거두지 못하고 있다.

② 전극 wire 중의 탈산제의 효과

위에서 설명한 CO_2 가스의 산화성은 강재 용접부의 탈산이란 방법에 의하여 완전히 극복되어, 나강선(실체 와이어 : solid wire) CO_2 가스 용접법이 실현되었다.

지금 전극 와이어 중의 제강에 쓰여지는 탈산제인, 망각(Mn)과 규소(Si)를 충분히 함유시켜 주면, 다음식의 반응이 일어나 식 2-6의 반응은 저지되며 용착강의 기공의 발생은 방지된다.

$$Mn + FeO = Fe + MnO \dots\dots\dots (2\text{-}7)$$
$$Si + 2FeO = 2Fe + SiO_2 \dots\dots\dots (2\text{-}8)$$

철선(wire)중에 필요한 탈산제의 양은 주로 분위기의 산화력의 세기와 용접하고자 하는 강재(모재)의 탈산 정도에 따라 정해진다.

위의 식(2-7)과 (2-8)의 반응은 용착강의 기공의 발생을 방지하는 제1의 조건이지만, 건전하고 기계적 성질이 우수한 청정한 용착금속을 얻기 위해서는 이 탈산 반응에 의하여 생긴 생성물이 용접금속에서 완전히 제거되어야 한다. 그러기 위해서는 탈산 생성물이 용강에서 떠오르기 쉬운 형태를 고려하여 wire 속에 함유되는 망간(Mn) 함유량과 규소 (Si) 함유량과의 사이에는 적당한 관계가 존재한다. 표 2-19는 각국의 CO_2 가스 용접용 실체 wire의 대표적인 보기이다.

표 2-19 각국의 CO_2 가스 용접용 실제 와이어의 대표적 조성

국명	명병 또는 기호	원소 (%)										
		C	Si	Mn	P	S	Ti	Mo	Cu	Ni	Cr	Al
일본	DS 1	0.09	0.75	0.70	0.010	0.015	0.15	—	0.15			
	DS 60	0.12	0.70	2.20	0.020	0.013	0.15	0.50	0.15			
	M 50	0.12	0.70	1.40	<0.03	<0.03	<0.14		0.3~ 0.45			
미국	Murex 1313 Mo Licoln L-70 Linde 40& 40 A Page AS-18	0.01~ 0.17	0.65~ 0.85	1.75~ 2.10	<0.025	<0.025		0.04~ 0.60		<0.15		<0.01
	Murex 1315 Airco A 666 Page AS-30	0.13~ 0.19	0.30~ 0.50	1.00~ 1.30	<0.025	<0.025						0.55~ 0.90
	Murex 1316 Airco A 675 Linde 66 Page AS-25 Reid-Avery Hi-Tensile Special	0.13~ 0.19	0.45~ 0.60	0.95~ 1.30	<0.025	<0.035						
러시아	C_B-08 TC	0.10	0.60~ 0.85	1.40~ 1.70	<0.03	<0.03				<0.25	<0.20	
	C_B-08 T2C	0.11	0.70~ 0.95	1.80~ 2.10	<0.03	<0.03				<0.25		<0.05
	C_B-12 TC	0.11	0.75~ 0.90	0.90~ 1.10	<0.03	<0.03				<0.30	<0.20	—
영국	1	<0.10	0.40~ 0.70	1.00~ 1.40	<0.03	<0.03	0.02~ 0.12		Zr 0.02~ 0.12			0.02~ 0.12
	2	<0.10	0.65~ 0.86	1.10~ 1.50	<0.04	<0.04						
	3	0.08~ 0.14	0.70~ 0.95	1.30~ 1.60	<0.03	<0.03						
	4	0.10	0.4	1.1	<0.33	<0.03						0.7
	5	0.08~ 0.12	0.85~ 1.00	1.10~ 1.30	<0.03	<0.03						0.35~ 0.50
	6	0.17	0.41	1.17	0.033	0.033						0.01
	7	0.15	0.50	1.10	<0.025	<0.03		0.5~ 1.0				
	8	0.15	0.30	1.10	<0.025	<0.03		0.5~				0.6
	9	0.15	0.70	2.00	<0.025	<0.03		0.5~ 1.0				

③ CO_2 가스의 시일드 효과

용융 용착강의 탄소와 산소와의 반응에 의한 기공의 생성은 위에서 설명한 바와 같이 wire에 탈산제를 첨가해 두므로서 방지할 수 있으나, 용착강을 다공성으로 하는 다른 중요한 원인으로서 공기 중의 질소의 침입을 들 수 있다. 송급되는 주 가스가 CO_2 가스거나 Ar 가스이든지 간에, 수%의 질소가 혼합됨에 따라 용착강은 심한 다공성이 된다. 이 기공(porosities)은 용착강 중에 다량으로 용해된 질소가 응고시에 고체의 강의 질소 용해도가 적으므로 일시에 방출되어 생긴 것이다. 따라서 이 종류의 용접봉에 있어서도 아크와 용융지의 공기로부터의 보호 특히 질소의 배제는 건전한 용접부를 얻기 위하여 매우 중요하다.

④ 송급가스

용접용 보호 가스로서 송급되는 CO_2 가스와 이것에 혼합하는 가스는 가급적 순수한 것이어야 한다. 이들 가스에 불순물이 함유되어 있으며 건전한 용접부는 얻기 어렵다. 일반적으로 CO_2 가스는 액화탄산으로서 봄베(용기 : cylinder)에 충진되어 공급된다. 이 봄베에서 방출되는 가스의 순도는 처음에는 낮으나 나중에는 높아진다. 즉 봄베 속에 공기가 들어있는 상태에서 액화탄산을 충전하면 최초에 방출하는 CO_2 가스 중의 산소의 양이 특히 짙기 때문이다. 종래 청량 음료수용으로서 공급되고 있는 탄산 봄베를 모르고 용접용으로 사용하면, 특히 봄베를 새로이 교환한 최초의 용착강의 심한 기공성이 되는 것은 이 때문이다. 따라서 우리나라의 CO_2-O_2 용접용으로서 쓰여지고 있는 CO_2 가스에 대해서는, 특히 봄베의 최초에 방출되는 가스의 순도를 99.8% 이상으로 규정하고 있다. 또, 산소에 대해서는 99.6% 이상이 규정되어 있다.

CO_2 가스의 순도를 높이어 사용하기 위해서는 봄베(cylinder)의 액상탄산 중에 그림 2-50과 같이 싸이폰을 넣어 사용하는 방법이 있다. 그러나 이 때에는 봄베내가 완전히 기체상태가 되면 순도는 갑자기 나빠진다.

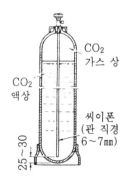

그림 2-50 CO_2 용기의 단면도

⑤ 송급가스의 순도와 용착강의 수소 함량

실체 와이어(solid wire) CO_2 가스 용접법(CO_2 gas welding process)의 중요한 장점은 후락스에서 공급되는 수분이 아크 분위기에 없으므로, 용착강의 수소 함유량이 표 2-20에 나타냄과 같이 극히 적은 점이다. 용착강의 수소 함유량이 높으면, 용접부는 취화되어 열 영향부에 비드(bead) 밑 파열을 일으키는 등 여러 가지 결함을 나타낸다. 최근의 경향으로 고장력강 구조물이 많이 제작되고 있으나, 이 때 용접부의 수소 함유량의 저하는 특히 중요하며 이와 같은 용접법이 주목되고 있다.

그러나 CO_2 가스 용접 시에도 송급가스에 수분이 함유되어 있으면, 용착강의 수소 함유량도 당연히 그림 2-51과 같이 증대된다.

이 그림은 송급가스의 수분량을 이슬점으로 하여 x측에 취하고 있다. 이 그림의 확산성 수소 함유량은, 피복 아크 용접봉에 의한 용접부의 수소 함유량의 측정에 사용되는 구리세린법에 의하여 구한 것이다.

봄베 속에 유리수가 함유되어 있으면 공급되는 가스의 수분은 봄베의 충진압의 감소와 더불어 그림 2-52와 같이 변화된다.

따라서 처음에는 수분이 적은 송급가스라도 봄베(용기 ; cylinder)의 충진압의 감소와 더불어 수분 함유량이 급격히 상승하여, 용접금속의 수소 함유량도 높아진다. 용접용 송급 가스로서는 이와같은 수분 함유량의 변화가 없는 가스가 필요한 것은 말할 나위도 없다.

그림 2-52의 ab는 액화탄산 봄베내에 액상과 기상이 공급하는 상태 즉 봄베의 내압이 각 온도에서 CO_2의 증기압과 같을 때 방출되는 탄산가스의 이슬점이고, cd는 35℃에서 150 기압으로 충진된 산소 봄베에서 각 온도에서 최초로 방출되는 산소의 이슬점을 나타낸다. 봄베에서 방출되는 가스의 이슬점은 봄베내에 유리수가 있어서 ab와 cd에서와 같이 최초에는 매우 낮으나, 봄베의 충진압의 감소와 더불어 그림과 같이 급격히 상승한다. 이

표 2-20 제 용접법에 의한 용착강의 가스 함유량의 보기

용 접 부	질 소 (%)	산 소 (%)	수 소 (cc 100g)	
			45℃의 구리세린 중에서 48시간 포집.	800℃ 진공 추출
일메나이트형 용접봉에 의한 아크 용접	0.015	0.09	21.9	12.1
저수소계 용접봉에 의한 아크 용접	0.021	0.04	3.15	1.0
서브머어지드 아크 용접	0.007	0.10	2.71	1.4
Ar 가스 금속 아크 용접	0.007	0.03	0.67	1.6
CO_2-O_2 가스 아크 용접	0.008	0.04	0.03	0.5

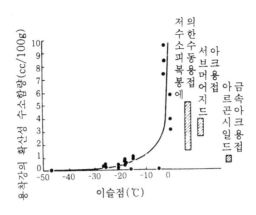

그림 2-51 각종 용접법의 수소 함유량의 비교

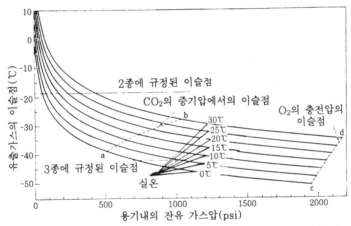

그림 2-52 용기에서 유출되는 CO_2 가스의 이슬점(수분 함유량) 변화

와같은 봄베의 충진압에 의한 유출 가스의 수분 함유량 변화가 없게 하려면, 최초 봄베에서 나오는 CO_2 또는 산소의 이슬점이 ab 또는 cd가 되게 봄베나 충진가스를 충분히 건조해 두어야 한다.

봄베로부터 용접 토오치(welding torch)까지의 사이에서 송급가스를 건조시키는 방법도 생각할 수 있으나, 이 건조제로서는 결정 세오라이트가 가장 효과적이다.

더욱이 용접용 송급가스를 여하이 건조하여도, 대기 습도의 영향에 의해 용착강의 수소 함유량은 어느 정도 이하로는 내릴 수 없다. 송급 가스의 이슬점이 -30~-40℃ 이하에서는 용착강의 전 수소함유량은 2.5~5cc/100g에서 거의 일정하다. 따라서 송급 가스의 이슬점은 일반적으로 -30℃ 이하이면 만족하며, 그 이하로 수분 함유량을 극단으로 내려도 직접적인 효과는 기대할 수 없으나, 위에서 설명한 것과 같이 봄베의 충진압의 감소에 의한 이슬점 상승이 일어나지 않게 하기 위해서, 용접에 사용되는 액체탄산 봄베에 대해서는, 최초 가스의 이슬점을 기온 0℃에서 -40℃ 이하, 산소에 대해서는 -50℃ 이하로 규정하고 있다.

표 2-21은 각국에서 사용하고 있는 CO_2 가스 용접용 송급 가스의 순도와 수분 함유량을 나타낸 것이다.

표 2-21 각국의 CO_2 가스 용접용 송급가스의 보기

국명	가스의 종류	순도에 관한 규정	분석의 예 (%)							수분	수분, 이슬점 (℃)	수분(이슬점)에 관한 규정
			CO_2	O_2	N_2	CO	CH_4	H_2	기 타			
일본	CO_2	99.8% 이상	99.940	0.0220	0.036	0.000	0.000	0.000		0.0016		-40℃이하
	O_2	99.5% 이상										-50℃이하
미국	CO_2		99.95	0.0135	0.0436				SO_2 0.00018 기름 0.0095	0.00216		-65°F
러시아	CO_2	99.5% 이상							기름, 그리세린, 유기화물 H_2S, SO_2, NO_2 등이 없을 것			유리수가 존재하지 않을 것, 탄화수소에 용해되어 있는 물은 0.04% 이하일 것
영국	CO_2			〈2000 vpm	〈8000 vpm					150ppm 0.05	-30℃ -40	-30.5℃ (0.01515%) 이하

⑥ CO_2에 O_2를 첨가한 효과

Wire에 충분한 탈산제가 함유되어 있으면, 분위기를 고의로 산화성으로 해도 용착강은 다공성이 되지 않고 산소 함유량도 증가하지 않는다.

단지 CO_2 송급 가스에 산소를 첨가하여 용착강의 산화반응을 활발하게 행함에 따라 다음의 효과를 얻을 수 있다.

A) 슬랙 생성량이 많아져 비트표면을 균일하게 덮어 비드 외관이 개선되고 슬랙 이탈도 손쉽다.

B) 용융지의 온도가 상승한다.

C) 용입이 증대된다.

D) 송급가스의 산소 혼합량의 증가와 더불어 용착강의 비금속 개재물은 응집하여 크게 구상화된다. 즉 탈산 생성물의 양은 구상화된다. 즉 탈산 생성물의 양은 증가하

여도 용융지의 온도상승, 개재물의 용융점의 저하 응집 등에 의하여 떠오르기 쉬우며 용착강은 도리어 청결하다.

E) 이 때문에 산소를 적당히 혼합한 범위에서는 용착강의 세기에 비하여 연전성이 증가하여 충격치도 개선된다.

(2) 용적 이행(glofule transfer)과 스패터(spatter)

CO_2 가스 아크 용접에서 와이어(wire)가 녹은 용적이 모재로 옮겨가는 현상을 용적 이행이라고 말하며, 이 현상에는 스프레이 이행(spray transfer)과 구상 이행(globular transfer)으로 크게 나눌 수 있다.

스프레이 이행은, 와이어 끝이 뾰족한 것이 특징이며, 거기에서 매초 수십 내지 수백 개의 미세한 쇠물방울이, 스프레이 모양으로 와이어의 축 방향에 고속으로 이행한다. 이 경우에는 스패터가 거의 없으며, 비드(bead)의 외관이 아름답고 깊은 용입이 얻어진다. 이 대표적인 예가 MIG(Inert gas metal welding)에서 역극성(reverse polarity ; DC RP)을 사용하는 경우이며, 시일드 가스로 아르곤(Ar)이나, 헬륨(He)을 사용하기 때문에 용적이 미세한 입자로 된다. 이에 대하여 CO_2 가스를 시일드 가스로 사용하는 경우에 이행 입자는 와이어의 지름보다 다소 커진 공모양의 용적이 되어, 매초 몇 방울씩 와이어에서 모재로 옮겨진다. 이 용적이행 형식은 그림 2-53에 표시한 바와 같이 자기적 핀치 효과(pinch effect)에 의한 입상 이행이 된다.

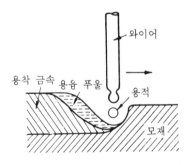

그림 2-53 핀치 효과형 구적 이행

따라서 구상 이행시는 스프레이 이행 때보다 아크의 소리가 크고 스패터(spatter)도 많으며 비드 외관도 나쁘다.

이런 관계로 CO_2 아크 용접에서, 전류의 밀도를 크게 하여 용적을 약간 작게 만들고 있으나, 스프레이 이행은 되지 않는다. 이 구상이행은 모재와 와이어 사이에서 단락(short)이 생겼을 때 아크의 불안정, 스패터의 증가 등이 일어난다. 이 단락은 그림 2-54에서 보는 바와 같이, CO_2에 Ar을 혼합한 경우는 CO_2 량에 비례하여 단락 회수가 증가하고 또,

CO_2에 O_2를 혼합한 경우에는 O_2가 약 10% 정도일 때 단락 회수가 최소로 되는 것을 알수 있다. 이와 같이 시일드 가스(shield gas)의 종류 혼합비에 따라 아크의 안정성이 크게 달라지므로, 불활성 가스(lnent gas)를 사용하는 경우와 같이 아크를 안정시킬 수는 없다.

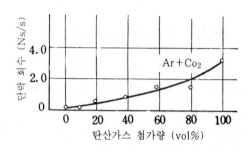

그림 2-54 아크 안정성에 미치는 시일드 가스의 영향($Ar+CO_2$)

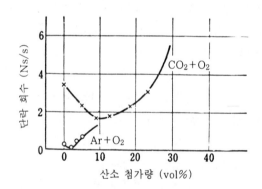

그림 2-55 아크 안정성에 미치는 시일드 가스의 영향(CO_2+O_2, $Ar+O_2$)

이 때문에 아크를 어떻게 하면 보다 안정시킬 수 있나하여 연구한 결과가, 시일드 가스중에 산소를 혼합하는 방법이든지, 솔리드 와이어(solid wire) 표면에 이온화 경향이 큰물질을 얇게 도포하여 아크의 발생 지속을 촉진시키든지, 기타 아크 안정제인 나트륨이나칼륨 등의 용제를 넣은 복합 와이어(combined wire)를 사용한다.

CO_2 가스 아크 용접에서는 아크의 안정성이 뒤지기 때문에 직류 정극성의 전류가 사용되고 있으나, 아크가 안정한 복합 와이어를 사용할 때에는 용접전류로 직류나 교류 어느것이나 사용할 수 있다.

그러나 CO_2-O_2 가스 아크 용접에서 용적 이행에 미치는 영향으로는 다음과 같은 것들을 들 수 있다.

㉠ 핀치효과

㉡ 증발추력

ⓒ 표면장력

ⓔ 플라스마의 유력

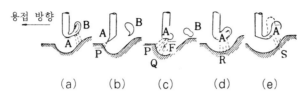

그림 2-56　CO_2-O_2 용접에서의 구적 이행

그림 2-56에서 용적이 와이어에서 떨어지면, 아크는 그림(b)와 같이 모재와의 최단 거리에서 다시 발생되어 와이어 끝의 용적이 점차 켜져서 그림(c)와 같이 되나, 이때에 증발 추력F(그림(c)에서 용적을 위로 밀어 올리는 힘)가 아크 방향의 밑에서부터 작용하므로, 용적은 오른쪽 위로 밀어 올려(d)와 같이 된다. 이때 용적은 화살표 방향으로 대류를 일으키므로 이것에 의하여 용접 와이어의 한쪽만 용해된다.

3. 탄산가스 아크 용접장치

탄산가스 아크 용접법(CO_2 gas arc welding process)에는 수동식, 반자동식, 전자동식이 있으며 수동식은 거의 사용되고 있지 않으며 반자동식과 전자동식이 널리 사용되고 있다.

이 용접법의 용접 장치는 주행 대차(carrige) 위에 용접 토오치(tarch)와 와이어(wire) 등을 탑재한 전자동식과 토오치만을 수동으로 조작하고 나머지는 기계적으로 조작하는 반자동식이 있다.

이 용접 장치의 전체 구성 요소를 살펴보면 다음과 같다.

① 용접 전원

　ㄱ 세렌 정류식 직류 전원

　ㄴ 직류 전동 발전기

　ㄷ 교류 전원

② 제어 장치

　ㄱ 전극 와이어 송급 제어

　ㄴ 시일드 가스 송급 제어

　ㄷ 냉각수 송급 제어

③ 용접 토오치

　㉠ 전자동 또는 반자동

　㉡ 공냉식 또는 수냉식

④ 송급 가스류

　㉠ CO_2 가스

　㉡ CO_2-O_2 가스

　㉢ CO_2-Ar 가스

　㉣ CO_2-Ar-O_2 가스

(1) 용접 전원

　용접 전원으로는 세렌 정류식 직류 전원 또는 직류 전동 발전기에 의한 정전압 특성 (constant potential characteristics)이나, 복합 와이어(combined wire)를 사용할 때에는 교류 전원도 사용할 수 있다. CO_2 가스 아크 용접에 사용되는 용접기에는 용량이 300~750A 정도의 것이 있다.

　각종 와이어에 대한 용접 전류의 범위는 표 2-22와 같으며 아크 전압은 다음 식에 의하여 구할 수 있다.

　(가) 박판의 아크 전압(V)＝$0.04 \times I + 15.5 \pm 1.5$

　(나) 후판의 아크 전압(V)＝$0.05 \times I + 11.5 \pm 2$

위 식에서 I는 용접 전류의 값이다.

표 2-22 각종 와이어에 의한 용접 전류 범위

용 접 법		와이어지름 (㎜)	전류범위 (A)
탄산가스 솔리드 와이어		0.8	50~120
		0.9	60~150
		1.0	70~180
		1.2	80~350
		1.6	300~500
탄산가스 복합 와이어	가는지름	1.2	80~300
		1.6	200~450
		2.0	300~500
		2.4	300~500
	굵은지름	2.4	150~350
		3.2	350~500

(2) 제어 장치(control box)

제어 장치는 전극 와이어의 송급 제어와 보호가스 그리고 냉각수의 송급 제어와 시일드 가스의 두 계열이 있다. 이것들이 하나의 제어 상자(control box)에 넣어 조작 패널(pannel)에 의해 아크 전압 조정 스위치류 등이 한곳에 집중 조작되도록 되어 있어, 용접 조건 설정에 맞추도록 되어 있다. 전극 와이어 송급은 토오크가 크고 적응성이 우수한 구동 모우터에 의하여 감속기 송급 로울러를 통하여 일정한 설정 속도로 송급되도록 되어 있다. 시일드 가스의 송급은 전자 밸브로 조정되도록 되어 있고, 냉각수의 송급 조정도 일반적으로 조정 전자 밸브를 사용한다.

(3) 용접 토오치(welding torch)

이산화탄소 아크 용접 토오치에는 전자동, 반자동 용접봉의 것이 있다. 전자동 용접봉은 주행 대차에 와이어 송급 로울러 및 모터와 더불어 용접헤드(welding head)를 구성한다. 그림 2-57은 일반적으로 많이 사용되는 공냉식 반자동 CO_2 용접용 토오치의 구조를 나타낸 것으로, 그립(grip)과 케이블(cable)로 구분되어 있다.

용접 팁(welding tip)은 접촉 팁, 또는 콘택트 튜브(contact tube)라고도 하며, 가는 구리관으로 되어 있어 토오치 노즐 속에 들어 있다. 용접 와이어가 이곳을 통해 나가면서 전기를 받아 예열되며 아크를 일으킨다. 팁에는 구멍의 안지름이 표시되어 있으므로 사용하는 와이어 굵기에 맞는 것을 골라 끼워야 한다.

용접 케이블은 와이어 피더(wire feeder)와 그립(grip)을 연결하는 것이지만, 그 속에는 용접전선과 가스 호스, 스프링 라이너 등이 들어 있고, 필요에 따라 냉각 호스수도 함께 들어 있다.

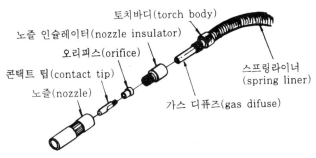

그림 2-57 이산화탄소 아크 용접용 토오치 구조

(4) 보호가스 제어

보호가스 설비는 그림 2-58과 같이 용기(시린더 ; cylinder), 히터(heater), 조정기(regulater), 유량계(flowmeter) 및 가스 연결용 호스로 구성되어 있다.

가스 용량은 저전류 영역 내에서는 $10\sim15\ \ell$/min가 좋고 고전류 영역 내에서는 $20\sim$ $25\ \ell$/min가 필요하다. CO_2 가스 압력은 실린더 내부 압력으로부터 조정기를 통해 나오면서 배출 압력으로 낮아진다. 이때 상당한 열을 주위로부터 흡수당하여 조정기의 유량계가 얼어버리므로, 대개 CO_2 유량계는 히터가 붙어 있어 어는 것을 방지해 준다.

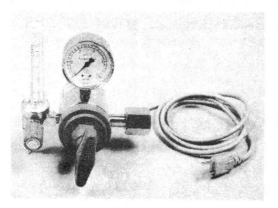 

그림 2-58　보호가스 설비

4. 용접용 와이어와 시일드 가스

(1) 용접용 와이어(welding wire)

CO_2 아크 용접법에서 CO_2나 이것에 다른 가스를 혼합한 혼합 가스를 사용하는 방법(CO_2법, CO_2-O_2법, CO_2-Ar법, CO_2-Ar-O_2법)이 있고, 와이어는 망간, 규소, 티탄 등의 탈산성 원소를 함유한 실체 와이어(솔리드 와이어 ; solid wire)가 사용된다. 이 종류의 와이어로서는 연강이나 고장력 강용이 주가되나 이외에 주강, 덧싸기 용접(build-up welding), 표면 경화 용접(hard facing welding)용 등도 제조되고 있다. 와이어의 지름은 0.9, 1.0, 1.2, 1.6 2.0, 2.4㎜ 등이 있으며, 가장 많이 사용되는 것은 1.2㎜와 1.6㎜의 것이다. 와이어의 표면은 녹을 방지하기 위하여 얇은 구리도금이 되어 있다. 크기로는 10㎏ 또는 20㎏ 단위로 코일 모양으로 방습 포장이 되어 있다.

일반적으로 CO_2-O_2 법에 사용되는 와이어는, CO_2 법용 와이어에 비해 산소의 감소량을 생각하며 망간(Mn), 규소(Si) 등의 탈산성 원소의 첨가량을 많이 한다.

한편 복합 와이어(콤바인드 와이어 ; combined wire)의 CO_2법에 사용되는 복합 와이어는 용재 속에 탈산성 원소, 아크 안정제, 슬랙 형성제 그리고 합금 첨가원소 등이 들어 있으므로, 양호한 용착 금속이 얻어지며 아크도 안정되어 아름다운 비드를 얻을 수 있다. 보통 와이어는 습기가 차면 용착금속에 기포가 생기거나 균열을 일으키기 쉬우므로 항시 건조 상태를 유지시켜야 한다.

특히, 후락스가 들어있는 와이어는 사용 전에 200~300℃로 1시간 정도 건조시켜 사용해야 한다. 표 2-23에 솔리드 와이어의 화학 성분의 보기를 나타낸다.

표 2-23 내후성 강용 CO_2 가스 아크용접 솔리드 와이어

종 류	화 학 성 분 (%)								인 장 시 험			적 용 강 종
	C	Si	Mn	P	S	Cu	Cr	Ni	인장강도 kgf/㎟	항복점 kgf/㎟	연실율 %	
YGA-50W	0.15 이하	0.30 ~1.20	0.70 ~1.80	0.030 이하	0.030 이하	0.30 ~0.60	0.50 ~0.80	0.05 ~0.70	50 이상	40 이상	20 이상	41kgf/㎟ 및 50kgf/㎟ 내후성강의 W형
YGA-50P						0.20 ~0.50	0.35 ~0.65	—	50 이상	40 이상	20 이상	41kgf/㎟ 및 50kgf/㎟ 내후성강의 P형
YGA-58W	0.15 이하	0.30 ~1.20	0.70 ~1.80	0.030 이하	0.030 이하	0.30 ~0.60	0.50 ~0.80	0.05 ~0.70	58 이상	58 이상	18 이상	58kgf/㎟ 내후성강의 W형
YGA-58P						0.20 ~0.50	0.35 ~0.65	—	58 이상	58 이상	18 이상	58kgf/㎟ 내후성강의 P형

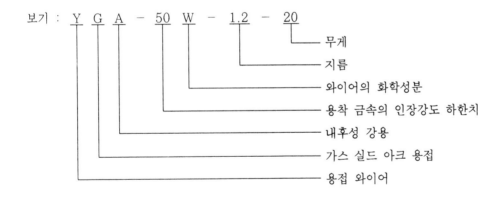

보기 : Y G A - 50 W - 1.2 - 20
- 무게
- 지름
- 와이어의 화학성분
- 용착 금속의 인장강도 하한치
- 내후성 강용
- 가스 실드 아크 용접
- 용접 와이어

(2) 시일드 가스(보호 가스 ; shield gas)

CO_2 아크 용접에서 시일드 가스로 CO_2 가스를 사용한다. CO_2 가스는 대기 중에서는 기체상태로 존재하고, 비중은 1.53이고 아르곤(Ar)보다 다소 무겁다. 일반적으로 무색, 투명, 무미, 무취이나 공기 중의 농도가 높아지면 눈, 코, 입 등으로 자극을 느낄 수 있다. CO_2 가스는 적당히 압축하여 냉각시키면 액화탄산이 되므로 고압용기에 넣어서 사용한다.

용접용 탄산가스는 용기 속에서 대부분이 액체 상태로 존재하며, 용기 상부에는 기체 상태로 존재한다. 이 기체의 전중량은 완전 충전되었을 때, 용기의 약 10%가 된다. 액체탄

산 1kg이 완전히 기화되면 상온 1기압 하에서 약 510ℓ가 되므로, 25kg들이 용기에서는 가스량이 약 $12,700\ell$가 되며, 1분간 20ℓ씩 방출하면 약 10시간 사용할 수 있다. 기화 가스의 압력은 가스와 액화탄산의 온도에 따라 정해지나, 들어 있는 탄산의 2/3를 사용할 때까지의 온도는 변화가 없고 압력도 일정하다. 그러나 2/3를 사용하면 액화 탄산은 없어 지며 나머지 모두가 기화되므로, 이 가스는 사용함에 따라 압력이 저하된다. 액화 탄산을 완전히 채운 CO_2 용기의 내부 압력과 내부 온도의 관계를 그림 2-59에 나타낸다.

CO_2 아크 용접에서는 시일드 가스의 순도와 사용량이 용접부의 기계적 성질에 매우 큰 영향을 미친다. 실린더에 들어있는 액화 탄산에는 수분, 질소, 수소 등의 불순물이 들어 있으나 이들 불순물의 함유량이 가급적 적어야 한다.

CO_2 중의 불순물로서 수분은 아크열에 의해서 해리되어 기공(blow hole)이나 은점 (fish eye)의 발생 원인이 되고 용착 금속의 연신율을 감소시킨다. 질소도 용융 금속에 직접 악영향을 주므로 되도록 저어야 하며, 1% 이상 함유하면 용착 금속이 질화에 의하 여 경화되고 또, 기공 발생의 원인이 된다.

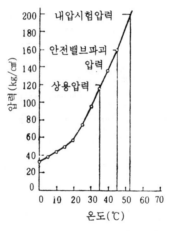

그림 2-59 액화 탄산이 완전히 충전된 용기의 내압과 온도관계

표 2-24 탄산가스의 분류

종 별	CO_2 순도 (용량 %)	수분 함유량 (중량 %)	냄 새	용접의 가부
제 1 종	99.0 이상	—	없 음	부
제 2 종	99.5 이상	0.05 이하	없 음	가
제 3 종	99.5 이상	0.005 이하	없 음	양

CO_2의 공급량은 용접홈(welding groove)의 형상, 노즐과 모재와의 거리, 작업장의 풍 향과 풍속 등에 의하여 달라지나 일반적으로 $20\ell/min$ 내외가 사용된다.

표 2-24에 CO_2의 종별을 나타낸다.

5. CO_2 아크 용접부에 발생하는 결함과 그 방지대책

CO_2 아크 용접시 발생하기 쉬운 주된 결함의 원인과 그 방지 대책을 살펴보면 표 2-25와 같다.

표 2-25 탄산가스 아크 용접부의 결함과 방지대책

결 함	원 인	방 지 대 책
기공이나 피트(pit)	① 가스 시일드가 불완전 ② CO_2 가스 중에 수분이 혼입 ③ 아크가 불안정 ④ 솔리드 와이어에 녹이 있다. ⑤ 복합 와이어에 습기가 흡수되었다. ⑥ 용접 홈 면에 유지. 먼지 등이 부착되어 더러워져 있다.	① 가스 유량, 노즐 높이 등을 조정하여 가스 시일드를 완전케 한다. ② 순도가 높은 CO_2 가스를 사용하든가, 가스 건조기를 써서 건조한다. ③ 와이어의 송급 속도, 회로의 접속을 조사하여 알맞게 한다. ④ 녹이 없는 와이어를 사용한다. ⑤ 와이어를 200~300℃도 1~2시간 건조한다. ⑥ 용접 홈 면을 깨끗이 청소한다.
스 패 터	① 아크 전압이 높다. ② 용접 전류가 낮다. ③ 모재가 과열되어 있다. ④ 아크가 불안정 하다.	① 아크 전압을 알맞게 한다. ② 용접 전류를 알맞게 한다. ③ 모재의 냉각을 기다렸다가 다음 층 용접을 한다. ④ 와이어의 송급 속도나 회로의 접속을 조사하여 알맞게 한다.
언 더 컷	① 아크 전압이 높다. ② 와이어 운봉 속도가 빠르다. ③ 용접 전류가 높다.	① 아크 전압을 알맞게 한다. ② 와이어 운봉 속도를 알맞게 한다. ③ 용접 전류를 알맞게 한다.
비드의 외관이 불량	① 아크 전압이 높다. ② 운봉 속도가 빠르다. ③ 모재가 과열되어 있다. ④ 운봉 속도가 고르지 못하다. ⑤ 노즐과 모재 사이의 거리가 지나치게 멀다.	① 아크 전압을 알맞게 한다. ② 운봉 속도를 알맞게 한다. ③ 모재의 냉각을 기다려 다음 층 용접을 한다. ④ 일정하고 알맞는 속도로 운봉한다. ⑤ 노즐과 모재 사이의 거리를 알맞게 한다.
필릿의 각장이 고르지 못함	① 아크 전압이 높다. ② 운봉 속도가 고르지 못하다. ③ 토오치의 위치가 나쁘다.	① 아크 전압을 알맞게 한다. ② 운봉 속도를 알맞게 한다. ③ 토오치의 위치를 조정한다.

6. CO_2 아크 용접의 적용과 안전 위생

(1) 적용

CO₂ 아크 용접은 특수 용접의 한 분야이나, 가시 아크 중에서 용접을 하고 더욱이 반자동과 전자동 또는 전자세 용접이 가능하다. 그러므로 수동 피복 아크 용접과 같이 적용 범위가 매우 넓다. 그러나 이 용접법은 가스 실드 아크 용접법(shoelded gas arc welding)이므로 옥외 작업 등 바람이 부는 곳에서는 가스의 실드 효과가 감소되어 용접 효과가 저하될 우려가 있다(CO₂ 아크 용접에서 허용되는 바람의 한계 속도는 1~2m/sec 이다).

CO₂ 아크 용접은 주로 교량, 철도, 차량, 전기 기기, 토목, 기계, 자동차, 조선, 건축 등에 많이 사용된다. 이 용접법은 다른 용접법에 비하여 능률이 높으며 용입이 깊고 작업성이 좋으며 매우 경제적이므로 향후 매우 크게 적용되리라 믿는다.

(2) 안전 위생

CO₂ 아크 용접에서 안전 위생에 대하여 특히 주의해야 할 점은 일산화탄소, 탄산가스, 자외선, 방사열, 금속증기 등이다.

시일드 가스인 CO₂가 아크 열에 의하여 $2CO_2 \rightleftarrows 2CO + O_2$로 해리되어 인체에 해로운 일산화탄소를 발생하여 주위에 있는 많은 산소와 재결합하여 탄산가스로 되나, 일부는 일산화탄소로서 공기 중에 남게 된다. 공기 중에 남은 일산화탄소량이 일정한도 이상이 되면(0.02% 이상) 작업자는 중독을 일으켜 매우 위험한 상태가 된다. 일반적으로 150㎥의 작업장에서 12ℓ/mim의 탄산가스를 용접용 시일드 가스로 공급할 경우 0.12ℓ/mim의 일산화탄소를 발생하며, 이 양을 안전한 한계값인 0.01% 이하로 하기 위해서는 약 3㎥/mim 이상의 환기가 필요하다. 또, CO₂ 가스도 가스의 누설로 작업 장소에 충만하면 인

표 2-26　일산화탄소에 의한 중독

작　　　용	CO (체적 %)
① 건강에 유해	① 0.01 이상
② 중독 작용이 생긴다.	② 0.02~0.05 이상
③ 몇 시간 호흡하면 위험	③ 0.1 이상
④ 30분 이상 호흡하면 사망할 위험	④ 0.2 이상

표 2-27　탄산가스에 의한 중독

작　　　용	CO₂ (체적 %)
① 건강에 유해	① 0.1 이상
② 두통 등의 증상에서부터 뇌빈혈을 일으킴	② 3~4
③ 위험 상태가 된다.	③ 15 이상
④ 치사량이 된다.	④ 30 이상

체에 매우 해롭다. 그러므로 작업 장소의 환기 대책을 강구해야 하며, 지나치게 좁은 작업장이나 환기가 잘 안되는 작업장 내에서의 CO_2 가스 아크 용접은 매우 위험하다.

표 2-26에 일산화탄소에 의한 중독의 한 보기와, 표 2-27에 CO_2에 의한 중독의 보기를 나타낸다.

2-5. 불활성 가스 아크 용접법

1. 원리 및 분류

① 원리

불활성 가스 아크 용접(inert gas arc welding)은 특수한 토오치(torch)를 사용하여 전극의 주위에서 아르곤(Ar)이나 헬륨(He) 등과 같이 금속과 반응이 잘 일어나지 않은 가스 즉 불활성 가스(inert gas)를 유출시키면서, 텅스텐 전극 또는 모재와 같은 계통의 비피복 금속선을 전극으로 하여 모재와 전극 사이에서 아크를 발생시켜 이 아크 열에 의해서 용접하는 방법으로, 그림 2-60에 그 한 종류인 TIG(inert gas tungsten)용접의 한 보기를 나타낸다.

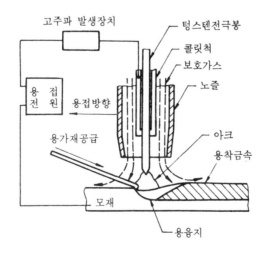

그림 2-60 TIG 용접 원리

이 용접법은 1930년경 호바아트(Hobart)와 데버(Dever) 등에 의해서 발명되어 1940년에 실용화되어 왔으며, 현재에는 대단히 중요한 용접법의 하나로 되어있다.

이 용접법은 용접부가 대기로부터 불활성 가스로 차단되어 있기 때문에 보통 아크 용접

보다 강도, 전연성, 내식성 등이 풍부한 이음을 얻을 수 있고 또, 용제를 사용하지 않으므로 여러 가지 이음 형상에 적용되며, 용접 후의 청소 작업도 필요하지 않아 경제적일 뿐만 아니라 작업 중 스패터가 튀든가 유해한 가스가 발생하지 않아 모든 금속 용접에 사용된다. 예를 들면, 알루미늄과 그 합금, 스테인리스강, 마그네슘(Mg)과 그 합금, 니켈과 그 합금, 구리, 실리콘 동합금, 동니켈 합금, 은, 인청동, 저합금강, 주철, 철강 등 무수히 들 수 있다.

이 용접법은 다음과 같은 특징을 가지고 있다.

a) 용접부가 불활성 가스로 둘러쌓이기 때문에 용융 금속과 대기와의 사이에 화학 반응이 없다. 즉 대기와의 접촉에 의해 발생되는 산화, 질화 등을 방지할 수 있어 우수한 이음을 얻을 수 있다.

b) 청정 효과(cleaning action)에 의해 산화막이 견고한 금속이나 산화물이 생성되기 쉬운 금속이라도 용제를 사용하지 않고 용접이 가능하다.

c) 직류전원을 사용할 때 역극성과 정극성은 그 용입량이 다르다. 즉 티그용접을 할 때 역극성에서는 폭이 넓고 용입이 얕으나, 정극성에서는 폭이 좁고 용입이 깊다. 또, 극성에 따라 전극의 가열도가 달라 역극성에서는 가열도가 크고 정극성에서는 작다.

d) 불활성 가스 주위 속에서는 저전압이라도 아크의 안정이 극히 양호하여 열을 한 곳에 집중시킬 수 있기 때문에 용접 속도가 빠르고 또, 양호한 용입이 얻어진다. 또, 모재의 변형도 작다.

e) 얇은 판에는 용접봉을 사용하지 않아도 양호한 용접부가 얻어지며 또, 언더컷도 생기지 않는다.

f) 모든 자세의 용접이 가능하며 또, 능률이 높다.

g) 교류 전원을 사용할 경우는 금속의 전자 방사의 난이에 의해 2차 전류에 직류부 전류를 일으킨다. 이것을 직류분이라고 하며, 이 전류가 너무 많게되면 청정 효과에 영향을 미친다. 또, 용접기를 파손할 우려도 있다.

② 종류

불활성 가스 아크 용접은 사용하는 전극에 의해 두 가지로 나눌 수 있다. 사용되는 전극이 아크열에 의해서 녹지 않는 비소모식(불용, 전극식)과 녹는 소모식(가용 전극식)이 있다.

비소모식은 텅스텐 전극봉을 사용하므로 불활성 가스 텅스텐 아크 용접법 또는 TIG 용접법(Inert gas shielded tungsten arc welding)이라 부른다. 또한, 소모식은 긴 심선 용가재(filler metal)를 전극으로 사용하므로, 불활성 가스 금속 아크 용접법 또는 미그(MIG) 용접법(Inert gas shielded metal arc welding)이라 한다.

A) TIG(tungsten inert gas) 용접

용접에 필요한 열 에너지는 비소모성의 텅스텐 전극과 모재 사이에서 발생하는 아크 열에 의해 그림 2-61과 같이 공급된 비피복 용가재를 용해해서 용접을 하는 방법이다.

이 방법에서 텅스텐 전극은 거의 소모되지 않으므로 비용극식 불활성 가스 아크 용접이라 부르며, 보통 헬리 아크(heli-arc), 헬리 웰드(heli-weld) 아르곤 아크 (argen-arc) 등으로 불러지고 있다.

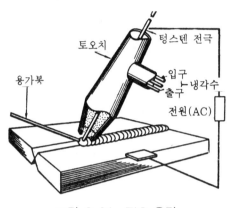

그림 2-61 TIG 용접

B) MIG(metal inter gas) 용접

텅스텐 전극 대신에 용가재의 전극선을 자동적으로 연속 공급하여 모재와의 사이에서 아크를 발생시켜 용접을 하는 방법이다.

이 방법은 그림 2-62와 같이 전극선을 연속적으로 소모하여 용착 금속을 형성하는 것이므로, 용극식 불활성 가스 아크 용접이라고 한다. 보통 에어 코매틱(air comatic), 시그마(sigma), 필러 아크(filler arc), 아르고노우르(Argonaut) 등으로 불려지고 있다.

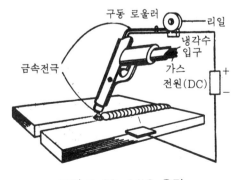

그림 2-62 MIG 용접

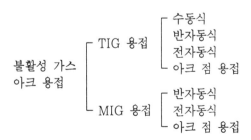

표 2-28 불활성 가스 아크 용접의 분류

2. TIG 용접의 특성과 장치

① TIG 용접의 특성

TIG 용접에는 직류, 교류 전원의 어느 것이나 사용할 수 있으나, 직류 전원을 사용할 때는 그 극성을 잘 알아서 용접 작업을 해야 한다.

A) 직류 용접

직류 용접에 있어서는 그림 2-63에 표시한 것과 같이 용접 전류 회로는 정극성(DC straight polarity)이나, 또는 역극성(DC reverse polarity)으로 접속한다. 직류 정극성으로 접속하면 전극이 (-)이고 모재가 (+)이다. 그러므로 전자는 전극에서 모재 측으로 흐르며, 가스 이온은 반대로 흐른다. 직류 역극성에서는 전극이 (+)이고 모재가 (-)이므로 전자는 모재에서 전극 측으로 흐르고, 가스 이온은 전극에서 모재 측으로 흐른다.

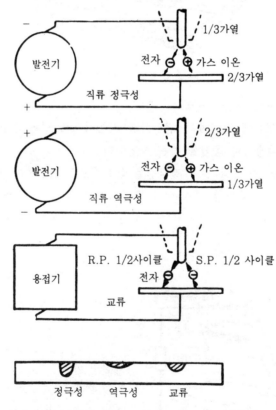

그림 2-63 불활성 가스 직류 용접의 극성과 그 영향

정극성에 있어서는 고속도의 전자가 전극으로부터 모재 쪽으로 흐르므로, 모재는

전자의 충돌 작용에 의해 강한 충격을 받아 약간의 열효과를 받는다. 따라서, 정극성으로 접속하면 비드의 폭이 좁고 용입이 깊어진다. 이와 반대로, 역극성에 있어서는 전자는 전극에 충돌작용을 가하므로 전극 끝이 파열되어 용융되는 경향이 있다. 따라서, 역극성으로 접속할 때는 정극성의 경우보다 지름이 굵은 전극이 필요하다. 예를 들어, 1.6mm의 텅스텐 전극을 정극성에 있어서는 125A의 전류를 사용할 수 있으나, 역극성으로 접속하는 경우는 이 정도의 전류를 사용하면 전극이 용해되어 용접금속을 악화시킨다. 이 때문에 역극성에서 직류 125A를 안전하게 사용하려면 6.4mm 지름의 전극이 필요하다. 또, 역극성에 있어서는 전자가 뒤에 나오는 모재의 범위가 넓어 열의 집중이 정극성에 비해서 불량하므로, 비드의 폭이 넓고 용입은 얕게 된다. 교류 용접에서는 두 가지의 중간적인 용접이 된다.

이와 같은 대칭적인 열효과는 용접작업에 영향을 줄 뿐만 아니라, 용입형상에도 영향을 미친다. 대체로 역극성의 접속에서는 보다 굵은 지름의 전극으로 낮은 전류를 사용한다.

역극성이 갖는 또, 하나의 효과는 청정 효과(plate cleaning action, surfece cleaning action)이다. 이 형상의 정확한 이유는 아직 밝혀지지 않았으나, 대체로 가속된 가스 이온이 모재에 충돌하여 이것에 의해 모재 표면의 산화물이 파괴되는 것이라고 알려져 있다.

이 작용은 마치 샌드 브라스트(sandblast)로 제거하는것 같이 산화막을 제거한다. 그 때문에 알루미늄이나 마그네슘 등과 같은 강한 산화막이나 용융점이 높은 산화막이 있는 금속이라도 용제 없이 용접이 된다. 이 청정작용은 불활성 가스로 헬륨(He)을 사용하는 경우는, 아르곤(Ar)을 사용하는 것에 비해 헬륨 이온이 지나치게 가벼우므로 거의 효과가 없다.

알루미늄은 표면이 산화물(Al_2O_3)인 내화성 물질이기 때문에, 모재의 용융점(660℃) 보다 매우 높은 용융점(2,050℃)을 가지고 있어 가스 용접이나 아크 용접이 곤란하나, TIG 용접의 역극성을 사용하면 용제 없이도 용접이 쉽고 아르곤 이온이 모재 표면에 충돌하여 산화물을 제거하므로, 용접 후 비드의 주변을 보면 백색을 띈 부분이 있다.

이 백색 부분을 가볍게 와이어 브러시로 벗기면 알루미늄의 금속 광택이 나타난다. 그러나 정극성에서는 산화막의 청정 작용이 없으므로, 직류 정극성은 경합금의 용접에는 사용되지 않는다.

한편, 역극성은 전극이 가열되어 녹아서 용착 금속에 혼입되는 때도 있고 또, 아크가 불안정하게 되며 용접 조작이 어렵기 때문에 알루미늄이나 마그네슘 및 그 합금의 용접에는 이 대신에 다음에 설명할 교류 용접이 주로 사용된다.

B) 교류 용접

교류 용접은 직류 정극성과 역극성의 혼합이라고 알려져 있어 각각의 특징을 이용할 수 있다. 즉 전극의 지름은 비교적 가늘어도 되며, 아르곤(Ar) 가스를 사용하면 경합금 등의 표면 산화막의 청정 작용이 있어 용입은 그림 2-63에 표시한 것과 같이 약간 넓고 깊게 된다.

그러나 교류 용접에서는 한 가지의 불편한 점이 있으며, 이는 텅스텐 전극에 의한 정류 작용이다.

교류 용접의 반파는 정극이고, 나머지 반파는 역극으로 된다. 그러나 실제로는 모재의 표면에 수분, 산화물, 스케일(scale)이 있기 때문에 아크 발생 중 모재가 (-)로 된 때는, 전자가 방출되기 어렵고 전류가 흐르기 어렵다. 이것에 반해 텅스텐 전극이 (-)로 된 경우는, 전자가 다량으로 방출된다. 따라서 아크 전류는 흐르기 쉽고 그림 2-64와 같이 증가한다.

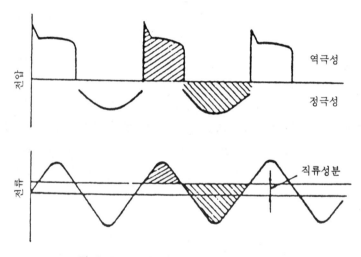

그림 2-64 교류 용접에 있어서의 정류작용

이 결과 2차 전류는 부분적으로 정류되어서 전류가 불평형하게 된다. 이 현상을 전극의 정류작용이라 한다.

이때 불평형 부분을 직류 성분(DC component)이라 부르며, 이 크기는 교류 성분의 1/3에 달하는 때도 있고, 때에 따라서는 그림 2-65와 같이 반파가 완전히 혹은 부분적으로 없어져서 아크를 불안정하게 하는 요소가 된다.

또, 정류 작용으로 인해 불평형 전류가 흐르면 1차 전류가 많아져 교류 용접기의 변압기가 이상하게 가열되어 손상의 원인이 되므로, 이것을 방지하기 위해 2차 회로에 콘덴서(condenser)를 삽입하는 방법이 있으며, 이것을 평형형 교류 용접기라 한다.

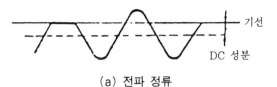

(a) 전파 정류

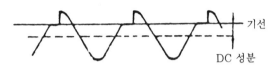

(b) 반파 정류

그림 2-65 불평형파의 특례

표 2-28 재료의 종류와 TIG 용접의 극성

재 료 의 종 류	고주파부교류 (ACHF)	직류정극성 (DCSP)	직류역극성 (DCRP)
알루미늄 판두께 2.4mm 이하	양	불가	가
알루미늄 판두께 2.4mm 이상	양	불가	불가
알루미늄주물	양	불가	불가
마그네슘 판두께 3.2mm 이하	양	불가	가
마그네슘 판두께 3.2mm 이상	양	불가	불가
마그네슘 주물	양	불가	가
스테인리스강		양	불가
항 동	가	양	불가
탈산동	가	양	불가
실리콘동	불가	양	불가
은	불가	양	불가
은크래트	가	불가	불가
하스테로이합금	양	양	불가
표면경화	가	양	불가
철	양	양	불가
티타늄	가	양	불가
지르코늄	가	양	불가
연강 판두께 0.8mm 이하	가	양	불가
연강 판두께 0.8mm 이상	불가	양	불가
고탄소강 판두께 0.8mm 이하	가	양	불가
고탄소강 판두께 0.8mm 이상	가	양	불가

또한, 교류 용접기에는 아크를 안정시켜 불평형 부분을 적게 하기 위해서, 용접 전류에 고전압 고주파수, 저출력의 추가 전류 도입이 일반적으로 행해지고 있다. 이 고주파 전류(보통 전압 3,000V 주파 300~1,000KC 정도)가 모재와 전극 사이

에 흘러, 모재 표면의 산화물을 부수고 용접 전류의 회로를 형성하는 것이다. 용접 전류에 이 고전압 고주파 전류를 더하면 다음과 같은 이점이 있다.

a) 아크는 전극을 모재에 접촉시키지 않아도 발생된다.

b) 아크가 대단히 안정되며 아크가 길어져도 끊어지지 않는다.

c) 전극을 모재에 접촉시키지 않아도 아크가 발생되므로 전극의 수명이 길다.

d) 일정 지름의 전극에 대해서 광범위한 전류의 사용이 가능하다.

안정된 고주파 전류를 같이 사용하는 경우에 대표적인 비드 형상은 그림 2-63과 같다.

표 2-28은 각 재료에 사용되는 전류형에 의한 양부를 나타낸 것이다.

2. 텅스텐 전극 및 불활성 가스

① 텅스텐 전극

텅스텐 전극에서는 순수한 텅스텐과 토륨(thorium ; 원소기호(Th))이 함유된 텅스텐 전극(1~2% Th이 함유)의 두 가지가 TIG 용접의 전극으로 사용되고 있다.

전자 방사량이 많은 것이 좋으며, 전자 방사는 전극의 온도가 높은 것일수록 좋으므로 전자 방사를 많게 하기 위해 허용되는 한 높은 전류를 사용하는 것이 좋다.

표 2-29는 용접 전류에 대한 전극의 지름과 노즐(nozzle)의 크기를 나타낸 것이다.

두 가지의 전극 중, 토륨이 함유된 텅스텐 전극은, 전자 방사 능력이 양호하여 낮은 전류에나, 낮은 회로 전압에서도 아크를 발생시키기 쉽고, 전극의 동작 온도가 낮으므로 접촉에 의한 오손이 적은 이점이 있으나, 가격이 비싸다. 이와 같은 점에서, 토륨이 들어 있는 텅스텐 전극은 소모가 적은 관계로, 불활성 가스를 사용하는 아크 점 용접(arc spot welding)이나 정극성에 많이 사용된다. 그러나 순수한 텅스텐 전극은 동작온도가 높으므로, 용접 중에 모재나 용접봉을 잘못하여 접촉시키든가 또는 금속 증기가 작용하여 오손이 생기기 쉽다.

이 오손(contamination)은 전자 방사를 방해하므로 제거하지 않으면 수시로 전극 끝을 연마해야 한다. 따라서, 이 관계로 전극 소모량이 대단히 많다. 전극의 수명을 길게 하기 위해서는 과소나 과대 전류를 피하고, 피용접물과의 접촉을 적게 하고 또한, 아크를 멈춘 후 약 30℃ 정도로 냉각될 때까지 불활성 가스를 분출시켜 보호하지 않으면 안 된다. 이 전극은 보통 역극성이나 교류 용접에 쓰이고 있다.

② 불활성 가스

불활성 가스로는 아르곤이나 헬륨 등이 사용되며, MIG 용접에서는 불활성 가스에 몇 %의 산소를 혼합한 것도 사용한다. 보통 아르곤은, 헬륨이나 용접부를 포위하는 성질이나 청정 효과는 우수하나, 용접 속도는 느리다. 표 2-30은 아르곤의 순도를 나타낸 것이다.

표 2-29 각종 용접 전류에 대한 전극, 금속, 노즐 및 시래믹 노즐의 치수

용 접 전 류 (A)				전극지름	전극지름
ACHF		DCSP	DCRP		
순수한 텅스텐 전극	토륨이 함유된 텅스텐 전극	순수한 텅스텐 전극 및 토륨이 함유된 텅스텐 전극	순수한 텅스텐 전극 및 토륨이 함유된 텅스텐 전극	in	mm
5~15	5~20	5~20	–	0.020	0.5
10~60	15~18	15~18	–	0.040	1.0
50~100	70~150	70~150	10~20	1/16	1.6
100~160	140~235	150~250	15~30	3/32	2.4
150~210	225~325	250~400	25~40	1/8	3.2
200~275	300~425	400~500	40~55	5/32	4.0
250~350	400~500	500~800	55~80	3/16	4.8
325~475	500~700	800~1000	80~125	1/4	6.4

아르곤 유량		시래믹 노즐 지름 (1/16 in 단위)		금속 노즐 (1/16 in 단위)	
cfh	lpm	HW-9	HW-10 HW-12	HW-10	HW-12
6~14	3~7	4~5~6	–	–	–
8~15	4~8	4~5~6	4	4	6
12~18	6~9	4~5~6	4~5	4~5	6
15~20	7~10	–	6~7	5~6	6~8
20~30	10~15	–	6~7~8	6~7~8	8
25~40	12~20	–	–	–	8
30~50	15~25	–	–	–	8~10
40~60	20~30	–	–	–	10~12

표 2-30 용접용 아르곤

순 도	99.8% 이하
산 소	0.005% 이하
수 소	0.02% 이하
수 분	0.02mg/ℓ 이하

아르곤은 일반적으로 1기압에서 약 6,500ℓ의 량을, 약 140 기압으로 가스 실린더 (gas cylinder)에 충전된 것을 공급한다.

실린더 위쪽에서는 그림 2-66과 같은 압격 조정기 및 유량계가 붙어 있어 알맞은 압력과 유량의 흐름을 일정하게 하고 있다. 압력 조정기(inery gas requlater)는 가스 용접

에서의 압력 조정기와 같은 원리로, 압력 조정을 시키면 유량계(flow metal)는 그림 2-67과 같이 조정기를 통해 나온 불활성 가스는, 측정 튜우브 속을 지날 때 측정 튜우브 (calibrated tube) 속에 있는 보올(ball)을 밀어서 보올의 움직임으로 유량을 측정하게 된다.

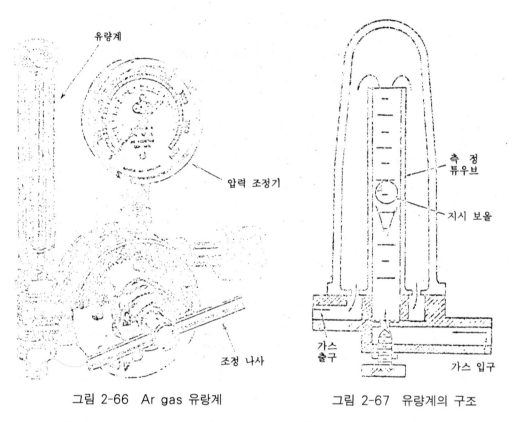

그림 2-66 Ar gas 유량계   그림 2-67 유량계의 구조

토오치(torch)에서 유출되는 불활성 가스의 유량을 알맞게 조정해야 한다. 만일 유량이 많으면 시일드 효과가 좋아질 것 같지만, 반대로 난류가 되어 아크의 안정을 해치고 시일드 면적을 적게 한다.

용접시에 불활성 가스를 유출시키는 용접 중에는 물론, 용접 전후에도 약간 유출시켜야 한다. 그 이유는 용접 전에는 도관이나 토오치에 있는 공기를 배출시키기 위함이고, 용접 후에는 가열된 상태의 용접부가 산화 혹은 질화되는 것을 방지하고, 아울러 텅스텐 전극의 산화도 방지하기 위함이다.

③ 불활성 가스 중의 불순물의 영향

불활성 가스 아크 용접은, 불활성 가스 주위 속에서 용접을 하기 때문에 양호한 용접 결과를 얻으려면 불활성 가스에 함유된 불순물들의 영향을 잘 알아야 한다.

a) 산소

산소는 용접시에 산화와 관계되므로 불활성 가스 중에 산소가 0.005% 이상 함유되어 있으면 용융 금속의 산화 작용이 심할 뿐만 아니라, 아크를 흔들리게 하며 기공이나 균열의 원인이 되므로 불순물 중 가장 악영향을 끼치게 된다. 실험에 의하면 모재의 뒷면을 산소 주위로 한 경우 용접 표면을 완전히 아르곤 가스로 실드하여도 용접이 불가능하다는 것을 알았다. 특히, 산화되기 쉬운 경금속이나 구리에는 대단히 나쁜 영향을 미치므로, 산소의 함유량을 0.005% 이하로 해야 한다.

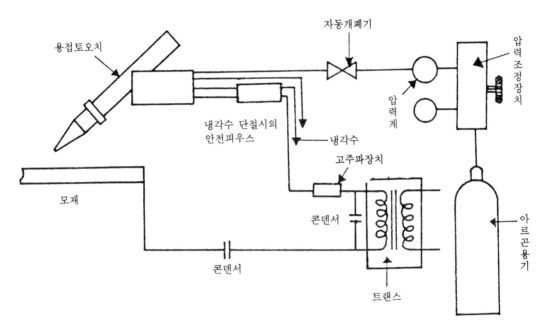

그림 2-68 불활성 가스 텅스텐 아크 용접(TIG 용접)

b) 수소

보통 수소는 용접부의 산화를 방지하는 작용을 하지만 불활성 가스에 0.08% 이상 함유하고 있으면, 용착 금속에 심한 기공이나 균열을 발생시키고 있으므로, 수소의 함유량을 0.02% 이하로 해야 한다.

c) 질소

질소의 영향은 위의 두 경우에 비하여 특수 금속(Ti 합금 등)을 제외하고는 별로 영향이 없으나 0.03% 이상이면 용착 금속에 질화 작용이 생기게 된다.

d) 수분

대기 중에 있는 수증기가 용접 중 아크 주위 속에 들어가 열에 의해서 분해되어 수소와 산소가 되면, 용착 금속에 나쁜 영향을 미치게 된다.

그러므로 수분은 전량이 0.02mg/ℓ 이하로 되게 하고 있다.

이상 설명한 것과 같이, 불순물이 악영향을 끼치고 있으므로 혼입 한계량이 일정값 이하가 되어야 한다.

예를 들면, 순도가 99.9%인 아르곤이라도 수소, 산소, 질소의 양이 한계값 이상이 되면 용접이 불가능하고, 98% 정도인 아르곤이라도 수소, 산소, 질소의 양이 한계값 이하가 되면 용접이 가능하다.

3. 티그(TIG) 용접 장치

그림 2-68은 직류 전원을 사용하는 TIG 아크 용접 장치의 배치를 나타낸 것이다. 직류 (또는 교류) 전원의 출력 단자 한편을 용접 토오치에 다른 하나를 접지된 모재에 연결한 다. 불활성 가스는 적당한 고압 용기에 저장되며, 제어 장치 내의 가스 레규레터(regulator)를 지나 토오치에 보내진다.

(1) 토오치(Torch)

그림 2-69는 대표적인 TIG 아크 용접 토오치의 단면도로, 중심부에는 텅스텐 전극이 척(chuck)에 끼워져 있다. 아르곤 가스는 가스 호우스를 지나 전극 주위에 있는 가스 구 멍에서 분출이 된다. 전극은 금속제 또는 고순도 알루미나를 구어서 만든 내화성 물질로 된 가스 노즐에 둘러싸여 있다. 방출되어 나온 아르곤 가스는 서서히 난류를 일으키지 않 도록 아크 공간에 공급되어야 한다.

용접 작업을 자유롭게 또는 용이하게 할 수 있게 하기 위해서는, 토오치가 가벼워야 하 고 소형이어야 한다. 토오치의 냉각 방식으로는, 보통 200A 정도까지의 전류용량에서는 토오치 및 케이블은 자연 냉각된 채로 충분하기 때문에 그림 2-70과 같은 공냉식을 사용 하고, 200A 이상의 전류를 사용할 때는 수냉식을 많이 사용한다. 이 경우 수냉식은 그림 2-71과 같이 유입관을 거쳐 먼저 토오치의 선단부를 냉각시킨 후, 배수 호우스 안에 삽입 된 봉동선의 용접 케이블을 냉각시킨다. 이와 같은 수냉 방식을 채용하면 토오치 본체가 소형이 될뿐만 아니라 용접 케이블도 가늘게 할 수 있으므로, 전체가 가볍고 또, 가소성이 풍부하여 사용하기가 편하다.

(2) 고주파 발생 장치

고주파 발생 장치는 고압 콘덴서와 불꽃 방전 간극으로 구성된 고주파 진동 발생 회로 이다. 이 회로의 출력 전압은 2,000~3,000V, 주파수는 1~3MC 정도의 것이 보통이 다.

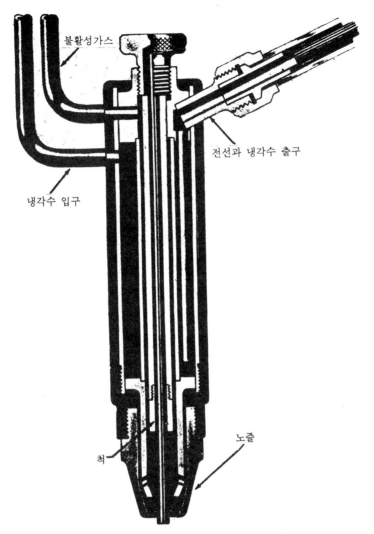

불활성가스

전선과 냉각수 출구

냉각수 입구

노즐

척

그림 2-69 TIG 용접용 토오치의 단면도

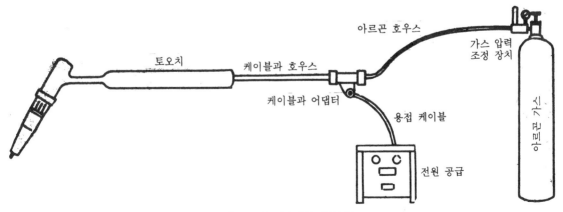

토오치

케이블과 호우스

아르곤 호우스

가스 압력
조정 장치

케이블과 어댑터

용접 케이블

전원 공급

아르곤 가스

그림 2-70 공냉식 토오치

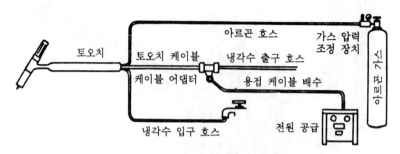

그림 2-71 수냉식 토오치

TIG 아크 용접에는 전극이 오손되면 그 수명이 짧아지므로, 아크 발생에 있어서도 보통 수동 아크 용접의 경우와 같이, 전극 선단을 모재에 접촉시키지 않고, 모재에서 2~3mm로 접근시켜, 전극과 모재 사이에 고주파를 가해 불꽃 방전을 일으켜 이것으로 용접 아크를 발생시킨다.

직류 아크 전원의 경우에는, 일단 아크가 발생되면 이미 고주파 불꽃은 필요없게 되므로 이를 자동적으로 정지시킨다. 그러나 교류 아크 전원에서는 고주파 불꽃을 계속적으로 유지시켜야 한다.

(3) 아르곤 가스 밸브

아크 발생 직전에 가스를 방출하기 시작하며, 아크 정지 후에도 텅스텐 전극이 냉각되어 공기와 접촉하여 산화가 일어나지 않을 때까지, 몇 초 동안 가스 방출을 계속한 후 자동적으로 이것을 정지하는 전자 밸브 회로이다.

(4) 냉각수 밸브

수냉식 토오치를 사용하는 경우, 만일 물의 흐름이 정지되면 토오치와 케이블이 손상될 우려가 있으므로, 냉각수가 흐르지 않을 때 자동적으로 전류의 흐름이 정지되도록 하는 보호 장치가 필요하다. 여름철 습기가 많을 때, 또는 작업 중지 중에 냉각수를 통해 두면 토오치 내부에 물방울이 남아서 다음 용접 작업을 재개할 때 용접부에 결함을 일으키게 된다.

이와 같은 불합리를 방지하기 위해 자동 통수 정지 밸브가 필요하다. 그림 2-72는 각종 TIG 토오치를 나타낸 것이다.

(5) TIG 아크 용접기

TIG 아크 용접은 원칙적으로 수동 작업을 하는 것이나, 때에 따라서는 반자동이나 전자동 장치에 의하면 보다 능률적이고 정밀한 용접을 할 수 있다.

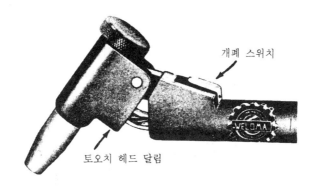

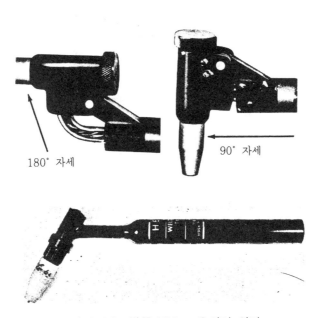

그림 2-72 각종 TIG 토오치의 외관

① 반자동 TIG 아크 용접 장치

그림 2-73에 표시한 것과 같이, 특수한 모양을 가진 토오치의 아래쪽이 모재면에 접하는 위치에 필러 와이어(filler wire)용 노즐이 붙어 있으며, 그림 2-73(a)에 표시한 것과 같이, 별도로 설치된 와이어 송급 기구로부터 컴포지트 튜우브(composite tube)를 거쳐 필러 와이어가 일정 속도로 송출된다. 토오치 전체의 손잡이를 가볍게 잡고 밑으로 기울이면 그 힘에 의해 필러 와이어 선단부는 모재면 위에 접하게 되어 있다. 용접 진행에 의해 필러 와이어가 송출되면 그 반동으로 토오치 전체는 화살표와 같이 후퇴하며, 그 결과 토

오치 전체에 보내지게 되는 것이다.

이렇게 하여 토오치를 이음선에 따라 일정 속도로 이동하면서 용접이 진행된다. 이와 같은 간단한 기구로서는 와이어 송급, 즉 용접 속도가 매우 큰 작업의 자유도는 얻을 수 없다. 이와 같은 반자동 아크 용접 장치는 강, 스테인리스강의 얇은판 용접에는 많이 쓰이고 있지만, 알루미늄계 금속에는 별 효과가 기대되지 않는다.

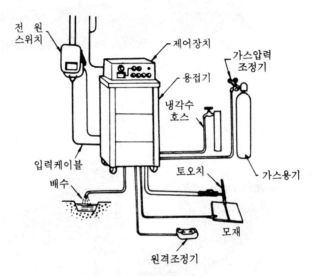

(a) 수동 TIG 용접기 구성

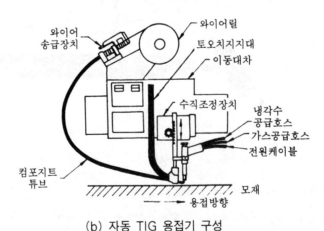

(b) 자동 TIG 용접기 구성

그림 2-73 반자동 TIG 용접 장치의 접속도

② 전자동 TIG 아크 용접 장치

그림 2-73(b)는 토오치 와이어 니일(wire rell), 와이어 송급 기구 등이 이동대차 (carriage) 위에 설치되어, 이 대차가 일정한 속도로 이음선을 따라 이동하는 전자동

TIG 아크 용접 장치의 한 보기를 나타낸 것이다. 이음선이 직선적이며 대차의 궤도를 이 것과 똑바르고 평행하게 설치하면, 텅스텐 전극의 선단은 모재의 면과 일정한 간극 길이를 유지하면서 이음선에 따라 이동할 수 있게 된다.

불활성 가스 호스

높이 조정 래크

냉각수 입구

그림 2-74 자동 용접용 TIG 토오치

이때 텅스텐 전극이 열에 의해 다소 소모가 되므로, 아크 길이가 자연히 길어져 아크 길 이가 일정하지 않게 되며 또한, 모재도 반드시 평탄하다고는 할 수 없으므로, 아크의 길이 를 일정하게 유지한다는 것은 그렇게 쉬운 일이 아니다. 이와같이 아크의 길이가 변할 때 는 토오치를 상하로 조정 가능한 기구에 설치하여, 아크 전압이 항상 정해진 일정 값이 되 도록 자동 조절해야 한다. 이와 같은 자동 아크 길이 제어 기구를 가진 전자동 TIG 용접 장치로, 비행기 날개와 같은 곡면의 용접에도 응용할 수가 있다. 그림 2-74는 자동 용접 에 사용되는 TIG 토오치이다.

4. MIG 용접의 원리와 특성

(1) 원리

MIG 용접은 앞에서 설명한 TIG 용접의 텅스텐 대신에, 비피복의 가는 금속 와이어인 용가 전극(용접 와이어)을 일정한 속도로 토오치에 자동 공급하여, 모재와 와이어 사이에 서 아크를 발생시키고, 그 주위에 아르곤(Ar), 헬륨(He) 또는 이것들의 혼합 가스 등을 공급시켜 아크와 용융지 풀을 보호하면서 행하는 용접법이다. 주로 알루미늄을 비롯하여 비철재료, 고탄소강 등의 용접에 사용되며, 시일드 가스에는 불활성 가스인 아르곤 가스가 주로 사용되나, 아르곤 가스에 산소(1~5%), 혹은 탄산가스(3~25%)를 혼합하여 직류 역극성 용접에 이용하고 있다. 산소나 탄산가스를 혼합하는 것은 아크를 안전하게 하고, 언더컷을 방지하고, 비드의 외관을 곱게 하고, 용입의 깊이와 형태를 합리적으로 하기 위 해서이다.

MIG 용접은 TIG 용접과 달리, 용접 방법에는 와이어의 공급을 자동적으로 하고 토오 치의 이동을 손으로 하는 반자동 용접법과, 토오치의 이동도 기계적으로 자동으로 하는 전 자동 용접법이 있다.

(2) MIG 용접의 특성

MIG 용접법에서는 0.8~3.2mm 지름의 용접 와이어를 3~5mm/mim 정도의 일정 속도로 자동 공급하여 아크를 발생시켜 용접을 한다. 전원은 보통 직류 역극성을 사용하며, 용접 재료에 따라 알맞은 시일드 가스를 사용한다.

아르곤 가스 속에 MIG 아크는 그림 2-76에 표시한 것과 같이 중심부에 가늘고 긴 백열의 원추부가 있고, 그 주위에 종 모양의 미광부가 보이며, 다시 그 밖을 아르곤 가스 흐름이 에워싸고 있다.

이 용접의 아크는 대단히 안정되고, 그 중심의 원추부는 금속 증기가 발광되고 있는 부분으로 그속을 와이어의 용접이 고속도로 용융 풀에 투사되고 있다. 중심의 원추부를 둘러싸고 있는 미광부는 주로 아르곤 가스의 발광에 의한 것으로, 가스 이온은 전극(+)에서 모래 표면에 충돌되어 표면 산화막의 청정 작용을 한다.

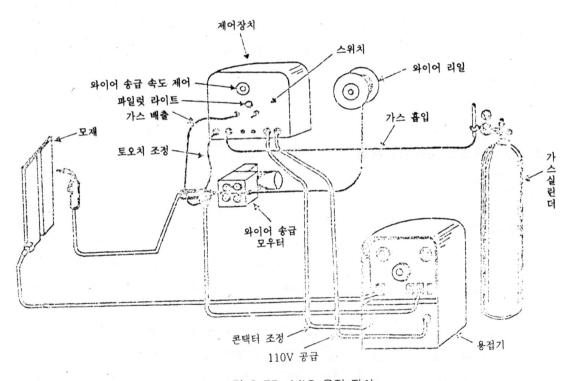

그림 2-75 MIG 용접 장치

이 작용은 알루미늄, 마그네슘 등의 경합금에 중요한 것으로 TIG 용접한 때와 같다.

MIG 용접의 특징은, 전류의 밀도가 대단히 커서 피복 아크 용접 전류 밀도의 6~8배 정도가 된다. 용접 전류가 적은 경우는, 용융 금속이 피복 아크 용접의 경우와 같이 비교적 큰 용적이 되어 모재로 이행하는 구적 이행(globular transfer)이 된다(그림 2-77 참고). 이때에 비드 표면에는 요철이 생기게 된다. 전류 값이 임계치, 예를 들어 알루미늄 와이어, 지름이 1.6㎜일 때에 용접 전류가 140A를 넘으면 용적이 갑자기 작게 되어 매초 30개 이상, 200A에서는 매초 100개 정도의 입자가 고속으로 전극에서 이행하는 소위 스프레(spray) 이행이 된다(그림 2-77a의 참고). 이 때문에 아크가 조용하고 안정되며 스패터도 적고 비드 표면의 파형이 대단히 작다. TIG 용접에서는 볼 수 없는 아름다운 비드가 되며 또, 아크가 강한 지향성을 가지므로 아래보기 수직, 위보기 등 어떤 자세에도 용접이 용이하게 된다. 또, MIG 용접은 TIG 용접에 비해 능률이 높기 때문에 주로 3~4㎜ 두께 이상의 용접에 사용한다.

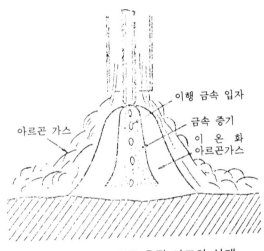

그림 2-76 MIG 용접 아크의 상태

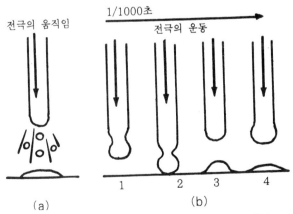

그림 2-77 MIG 아크에 의한 두 가지의 용융 금속 이행

　한편, MIG 용접의 용입 깊이는 전류에만 관계되는 것이 아니고 아크 전압에도 관계가 된다. 같은 전류하에서는 그림 2-78에 표시한 것과 같이, 아크 전압이 낮을수록 와이어의

용융 속도가 증가되고 용입도 깊게된다. 또, 같은 전압에서는 전류가 클수록 용입은 깊다.
그러므로 MIG 용접에서 깊은 용입을 얻기 위해서는 저전압으로 대전류를 사용하면 좋다.
또, 용입 깊이는 사용하는 가스에 따라서도 좌우가 된다.

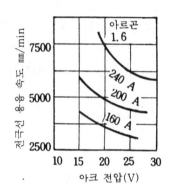

그림 2-78 용융 속도와 아크 전압(직류 역극성)

MIG 용접은 이상과 같은 기본적인 특성을 가진 용접법이므로 그 장점을 열거하면 다음
과 같다.

a) 대체로 모든 금속의 용접이 가능하다.

b) 용제는 사용하지 않기 때문에 슬래그가 발생되지 않으므로, 용접 후의 청소가 필요
없다.

c) 스패터 및 합금 성분의 손실이 적다.

d) 용착 금속의 품질이 좋다.

e) 능률이 높다.

f) 용접 가능한 판 두께의 범위가 넓다.

g) 모든 자세의 용접이 가능하다.

5. MIG 용접 장치

MIG 용접 장치는 그림 2-75에 표시한 것과 같이 토오치 와이어 송급 장치, 와이어 리
일, 제어장치, 아르곤 가스병, 조정기, 용접 전원, 케이블 등으로 되어 있다.

전자동의 경우는, 이 외에 서브머지드 아크 용접기(Submarged arc welder)와 같이
대차와 레일(rail) 등이 있다.

(1) 와이어 송급 기구

MIG 용접 장치에서 가장 중요하고 문제가 되는 것은 와이어 송급 기구이다.

와이어 송급 방식을 크게 나누면 그림 2-79와 같이, (a) 미는식 즉 푸시식(push type), (b) 당기는식 즉 풀식(pull type), (c) 밀고 당기는 식 즉 푸시-풀식(push-pull type) 이다. 특히 이때 가는 연질의 알루미늄 선은 플렉시블 컨텍트(flexible contact)가 너무 길면, 송급 로울러가 있는 부분에서 구부러짐이 생기기 쉬워 원활한 송급이 되지 않는 경우가 있다.

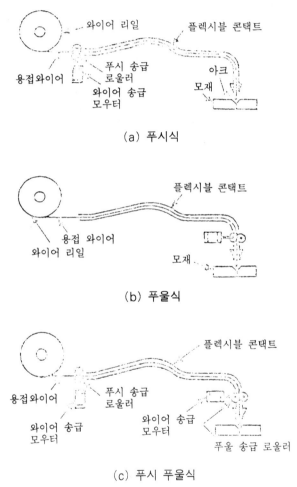

(a) 푸시식

(b) 푸울식

(c) 푸시 푸울식

그림 2-79 미그 용접의 와이어 송급방식

풀식은, 푸시식의 결점을 시정한 것으로 전자동 장치는 풀식이라고 보아도 좋을 정도이다. 반자동 장치에서는, 소형 송급 모우터를 토오치내에 붙인 것과, 토오치에는 송급 로울러만을 붙여 제어 장치 등에 설치된 모우터와 플렉시블 축에 결합시킨 것이 있으나, 어느 것이나 대형에 사용하는 것은 곤란하고 소전류용 토오치에만 사용한다.

푸시-풀식은 최근에 사용되기 시작한 것으로, 푸시로울러와 푸울로울러가 언제나 동시에 움직이는 것이 필요조건이다. 이 때문에 장치가 복잡하다는 점이 있다.

(2) 토오치(Torch)

MIG 용접 토오치는 그림 2-80에서 보는 것과 같은 호우스나 리드(lead)가 달려 있으며 노즐은 금속제이다. 일반적으로 토오치의 형식은 그림 2-81과 같은 3가지 형식이 있다.

그림 2-80 MIG 용접 토오치

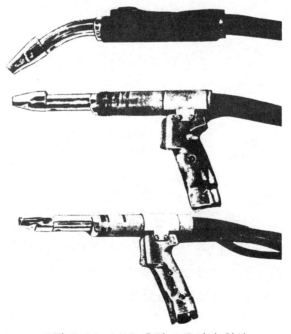

그림 2-81 MIG 용접 토오치의 형식

(3) 제어 장치

제어 장치에는 아르곤 가스 개폐 제어, 용접 와이어의 송급 가동 정지 및 속도 제어 용접 전류의 투입 차단, 보호장치, 기타 안전장치 등으로 되어 있다.

용접 와이어의 송급은, 간단한 기계식에 의한 제어와 전기식에 의한 제어 등이 있다.

2-6. 넌 가스 아크 용접법

1. 용접의 원리

시일드 가스(shiled gas)를 사용하는 용접에서는, 옥외에서 작업할 때는 바람의 영향을 받아 작업이 곤란하며 또, 서브머지드 아크 용접과 같이 용제를 사용하는 경우에는, 아크가 보이지 않아 용접상태를 파악할 수 없는 단점이 있다.

이런 결점들을 개선한 반자동 용접법인 넌 가스 아크 용접(non gas arc welding)이 최근 개발되어 나날이 발전되고 있다. 이 넌 가스 아크 용접은 시일드 가스를 사용하지 않으므로, 바람의 영향을 생각할 필요가 없으며 옥외 작업에 적합하다. 그러나 가스 분위기에 의한 용접 효과가 없으므로, 용제를 내포한 와이어(복합 와이어 ; combined wire)를 사용하여 아크 열로 용제가 용융분해되어 가스와 금속 증기를 발생시키어 용접부를 에워싸고 공기로부터 차단 보호한다. 즉, 발생하는 가스는 용제와 용접봉의 재질이 개선됨에 따라 작업능률이 향상된다. 그림 2-82에 넌 가스 아크 용접의 원리를 나타내고, 그림 2-83에 넌 가스 아크 용접기를 나타낸다.

용접 전원으로는 교류직류 어느 것이나 사용할 수 있으며, 비교적 큰 전류로 중후판의 용접에도 사용되며, 오늘날 이 용접법은 CO_2 아크 용접보다 다소 용접성이 뒤지나 옥외 작업이 가능하다는데 그 장점이 인정되고 있다.

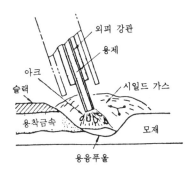

그림 2-82 넌 가스 아크 용접의 원리

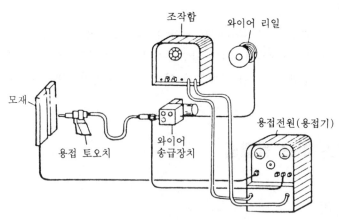

그림 2-83 넌 가스 아크 용접기

그림 2-84와 표 2-33에 그 기계적 성질의 비교를 나타낸다.

넌 가스 아크 용접기의 기구는, 그림 2-83에서 보는 바와 같이 가스 시일드 아크 용접기에서 가스의 공급 장치를 제거한 것과 같은 형상이다.

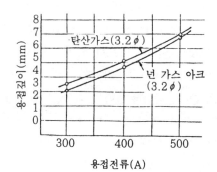

그림 2-84 용접전류와 용입 깊이와의 관계

시일드 가스를 사용하지 않는 용접에서는, 공기 중의 산소와 질소의 악영향을 어떻게 처리하느냐가 문제이며, 산소는 탈산제를 함유시켜 해결할 수 있으나 질소의 제거는 곤란하다.

표 2-33 용착 금속의 기계적 성질의 한 예(연강용 와이어)

심선 종류	인장 강도 (kg/㎟)	항 복 점 (kg/㎟)	연 신 율 (%)	충격치2㎜V노치 (kg-m/㎠)
탄산가스와이어	54.1	46.1	29.7	8.6
넌 가스 와이어	57.0	45.3	27.0	6.7

실체 와이어나 복합 와이어도 알루미늄(Al), 티탄(Ti), 지르코늄(Zr) 등의 금속에 의하여 질소와의 화합물을 생성시켜 슬랙화 하려고 노력하고 있다. 이 조건을 만족시키는 와이

어는 제조하기 곤란하므로 과히 쓰여지고 있지 않다.

수동 용접의 용접봉은 용제가 심선의 주위에 도포되어 있으므로, 발생 가스가 용접부를 시일드하기 쉬우나, 릴(reel)에 감을 수가 없다. 그러므로 반자동화한 용접의 경우에는 와이어의 내부에 용제를 넣게 된다.

발생 가스로 용접부를 시일드하기 쉽게 하기 위해서는, 아크의 길이를 짧게 하고 안정된 아크를 발생하게, 정확한 제어를 해야 한다.

그림 2-85에 넌 가스 아크의 용접 형상을 나타낸다. 반응 단계의 (1)의 부분은 주로 가스-금속 반응과 일부 슬랙-금속 반응이다. (2)는 가스-금속 반응, (3)의 부분에서는 슬랙-금속 반응과 일부 가스-금속 반응을 일으킨다.

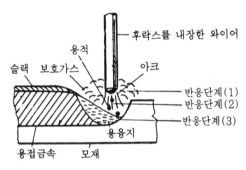

(a) 반응 단계

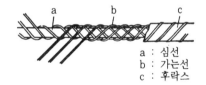

a : 심선
b : 가는선
c : 후락스

(b) 와이어의 보기

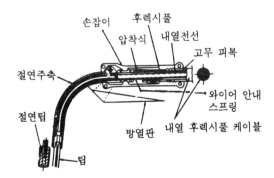

(c) 넌 가스용접용 공냉식 토오치의 구조도

그림 2-85 넌 가스실드 아크 용접의 현상

가스-금속 반응은 발생 가스에 의한 대소의 기포를 일으키거나 취화함에 대해 슬래-금속 반응은 S, CO의 작용과 N의 작용에 의한 탈유 탈산, 탈질 반응를 일으키는 부분이다.

그러므로 종래의 용접봉은 실리콘(silicon), 망간(manganese) 등이 함유되어 있었으나, 그 외에 Ti, Al, Zr, Mg, Cu 등도 함유하고 있다.

2. 용접의 특성

① 용접 작업은 바람을 등지는 위치에서 행한다.

바람이 없는 상태에서는 지장이 없으나, 바람의 방향은 실드 가스가 없어도 중요한 조건을 가진다. 이것은 용접부의 질소의 함유량이며 바람을 안고서 용접하는 것과 등지고 하는 것과는 상당히 다르다. 즉 풍속 5m/sec에서 약 1/5, 풍속 15m/sec에서 1/2 정도의 질소 함유량으로 되어 있다.

바람의 작용에 의하여 용적의 크기도 다르며, 용적이 적을수록 질소 함유량은 적어진다. 또, 용접 전류가 클수록 질소 함유량은 적다.

② 와이어 관리가 중요하다.

와이어는 용착금속판에 용제를 넣어 원형으로 말은 것이다. 이 단면의 형상은 용제의 가스 발생에 영향을 미치며 아크의 형상에도 관계가 크다. 일반적으로 복잡한 형상일수록 유리하다고 알려져 있으나, 제조와 릴(reel)에 말기가 다같이 곤란하다.

③ 용접기는 단일체(콤팩트 ; compact)로 되어 있다.

용접기는 형태가 적고 가벼워 취급이 용이하다. 용접봉의 개발과 더불어 많은 분야에서 사용되고 있다.

또한, 넌 가스 아크 용접을 장점과 단점별로 살펴보면 다음과 같다.

A) 장점

a) 시일드 가스나 용제를 필요로 하지 않는다.

b) 용접 전원으로 교류, 직류 다 사용할 수 있고, 모든 자세의 용접이 가능하다.

c) 바람이 있는 옥외 작업이 가능하다.

d) 피복 아크 용접의 저수소계와 같이 수소의 발생이 적다.

e) 용접 비드(beed)가 아름답고 슬래(slag)의 이탈성이 좋다.

g) 장치가 간단하여 운반이 손쉽다.

B) 단점

a) 용착 금속의 기계적 성질은 다른 용접에 비하여 다소 뒤진다.

b) 전극 와이어의 가격이 비싸다.

c) 시일드 가스(fime)의 발생이 많아서 용접선이 잘 보이지 않는다.

3. 작업상의 문제

① 용접면의 청소

넌 가스 아크 용접면의 청소는 피복 아크 용접시와 기본적으로 같다.

즉, 용접면의 붉은 녹, 페인트, 유지류 등을 제거해야 한다. 청소 방법에는 다음과 같은 것이 많이 사용된다.

a) 와이어 부러시에 의한 방법
b) 그라인더에 의한 방법
c) 가스 불꽃에 의한 가열
d) 알카리 세제
e) 유기 용제에 의한 탈지

넌 가스 아크 용접의 경우, 강판의 검은 녹은 거의 문제가 되지 않으나 붉은 녹은 수분을 함유하고 있으므로 제거 하든가, 가스 불꽃으로 가열하고 용접하는 것이 무난하다. 또, 모재와 뒷받침 사이에 앞에서 설명한 불순물이 끼여 있으면, 기공 등의 내부 결함이 생기기 쉬우므로 주의하지 않으면 안 된다.

② 와이어의 흡습과 재건조

넌 가스 아크 용접에 사용되는 와이어는 내부에 용제가 밀봉되어 있고 또, 높은 전류를 사용하기 때문에 흡습 현상은 큰 문제가 되지 않는다. 와이어를 밀봉하여 장기간 방치해도 흡습, 녹의 생김 등의 염려는 없으나, 포장을 개봉하여 오래 방치해두면 그림 2-86에서 보는 바와 같이, 습기를 흡수할 염려가 있으므로 사용시에는 200~300℃에서 1~2시간 재건조를 시켜야 한다.

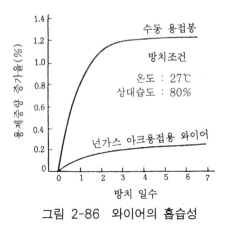

그림 2-86 와이어의 흡습성

③ 와이어의 돌출 길이

와이어의 돌출 길이는 용착 금속 내의 기공 함유량에 큰 영향을 미친다. 즉, 돌출량이
크면 팁(Tip) 수명은 길어지고 주울(Joule)의 열에 의하여 와이어의 건조도 기대된다.
그림 2-87에서는 Ti, Al 양에도 영향을 받으나 돌출 양이 클수록 양호하다.

④ 용접 전류와 아크 전압

용접 전류와 아크 전압의 조합이 그림 2-88에서 보는 바와 같은 영향을 미친다.

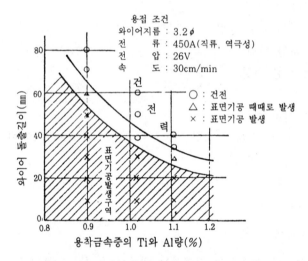

그림 2-87 와이어 돌출길이와 기공 발생

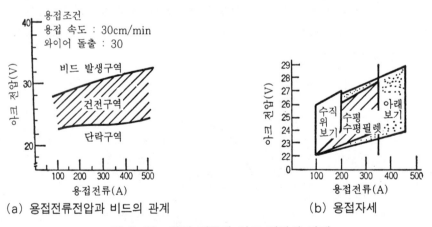

(a) 용접전류전압과 비드의 관계   (b) 용접자세

그림 2-88 용접·전류와 아크 전압의 관계

⑤ 용접 속도

일반적으로 용접 속도는 빠른편이다. 그 이유로서 슬랙의 응고 속도에 맞추지 않으면 발

생 가스의 효과가 감소하여 용접부의 충격 인성이 나빠지기 때문이다. 용접 속도가 빨라지면 비드의 외형이 나빠지거나, 용입 부족을 일으키기 쉬운 것과 같이 결함이 큰 것은 곤란하다. 이와 같은 것은 작업자의 기능에 의존해야 한다.

표 2-34 넌 가스 보호 아크 용접의 주된 용접결함과 그 원인과 대책

결함의 종류	원 인	대 책
1) 기공 및 피트	① 아크 전압, 아크 길이가 부적당 ② 와이어의 흡습이 많다. ③ 강판면에 다량의 녹이나 도료가 부착 ④ 토오치의 경사가 틀렸다.	① 아크 전압, 아크 길이를 알맞게 한다. ② 용접 전에 200~300°로 1~2시간 재건조 ③ 용접 전에 제거한다. ④ 진행 방향에 대해 70~90° 기울인다.
2) 슬랙의 섞임	① 아크 전압이 너무 낮다. ② 운봉 불량 ③ 와이어의 돌출부 길이가 너무 길다. ④ 전류가 낮고, 용접 속도가 너무 느리다. ⑤ 아래층 비드의 슬랙을 충분히 청소하지 않았다. ⑥ 용접 홈이 너무 좁다.	① 아크 전압을 알맞게 한다. ② 운봉을 바르게 한다. ③ 30~50mm로 유지한다. ④ 용접 속도를 빠르게 한다. ⑤ 슬랙의 제거를 완전히 한다. ⑥ 수동 용접에 가까운 형상으로 한다.
3) 융합 불량	① 전류가 너무 낮다. ② 용접 속도가 너무 느리다. ③ 아크 전압이 너무 높다. ④ 운봉이 부적당하다. ⑤ 용접 홈 형상이 부적당하다.	① 전류를 알맞게 한다. ② 용접 속도를 약간 빨리 한다. ③ 알맞은 아크 전압으로 한다. ④ 적절한 운봉을 한다. ⑤ 수동 용접에 가까운 형상으로 한다.
4) 비드 형상 불량	① 운봉이 부적당하다. ② 용접 홈 내에서의 용착 방법이 부적당 ③ 와이어 돌출부에 변동이 있다.	① 용접 속도를 균일하게 한다. ② 용착 요령을 익숙하게 익혀야 한다. ③ 일정한 돌출부를 유지시킨다.
5) 스패터	① 아크 전압이 지나치게 낮거나 높다. ② 용접 전류가 너무 낮다. ③ 와이어에 습기가 많다. ④ 용접기의 상태가 나쁘다.	① 알맞은 아크 전압으로 한다. ② 알맞은 전류로 한다. ③ 용접 전 200~300℃로 1시간 재건조한다. ④ 용접기의 제어회로, 송급기구 등을 조사하여 처리한다.
6) 은 점	① 아크 전압이 지나치게 높다. ② 와이어의 돌출 길이가 짧다. ③ 스패터 제거 불충분 ④ 운봉이 조잡하다.	① 적정 아크 전압으로 조정 ② 30~50mm 정도로 유지 ③ 스패터를 완전히 제거 ④ 정밀한 운봉을 한다.
7) 슬랙 퍼짐	① 운봉 속도가 불규칙 ② 와이어의 송급 불량 ③ 토오치의 유지각도 불량	① 다소 늦은 운봉에 일정 속도 유지 ② 와이어의 송급 검사 ③ 반자동 용접에 숙달

⑥ 토오치 각도와 운봉

토오치는 용접면에 직각(전진 방향에는 약 70°)으로 유지하는 것이 기본이다. 용입은 토오치가 직각일때 가장 크며 스패터(spatter)도 적다.

용접 자세에 따라서는 적당한 토오치 각도를 유지하기가 매우 곤란하다.

특히 수평자세의 경우 주의해야 한다. 비드는 다층으로 쌓으면 나중 층의 비드는 먼저 층의 비드의 뜨임효과를 일으켜 유리하며, 충격치에 대해서는 용접홈 면에 서로 비드를 배치한 후 두 비드의 중간에 새로운 비드를 배치하는 방법이 강도면에서 좋은 결과를 얻는다.

수직 상진 용접의 경우에는, 용접홈의 중앙에 따라 상진 방향으로 비드를 배치하고, 하진 용접시에는 용접홈의 중앙에 따라 하진 방향으로 비드를 배치하면 상진시의 비드의 처짐 방지와 하진 시의 목두께의 증가가 기대된다. 위빙(weaving) 최대폭은 보통 와이어의 4배 정도이며, 양단에서 일시 정지하여 외관을 좋게 해야 한다.

표 2-34에 넌 가스 아크 용접의 결함과 그 원인 및 방지 대책을 나타낸다.

2-7. 서브머지드 아크 용접법

1. 원리

서브머지드 아크 용접은 1935년 미국의 유니온 카바이드사(union cabide)가 고안하여 특허를 얻은 것으로, 1939년에 처음으로 실용화된 것이다. 그후 제2차 대전 중 전시용 조선에 이 용접법이 단면적으로 채용되어 급속한 진보를 이룬 것으로 금속 아크 용접을 자동화한 것이다.

이 용접법은, 그림 2-89와 같이 이음의 표면에 쌓아올린 미세한 입상 후락스(plux) 속

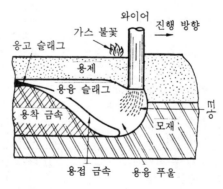

그림 2-89 서브머지드 아크 용접의 원리

에 전극 화이어(비피복 와이어)를 넣어 와이어 끝과 모재의 사이에서 아크를 발생시켜 그 아크열에 의하여 모재, 와이어 및 용제를 용융시켜 용접을 하는 자동 아크 용접법이다.

　따라서, 아크는 물론 발생하는 가스도 외부에서 보이지 않으므로 서브머지드 아크란 명칭이 붙게 되었다. 이 용접법은 발명자인 미국의 유니온 카바이드사의 이름을 따서 상표명을 유니온 멜트용접(union melt welding)이라 한다. 또, 미국의 린데사에서는 린컨 웰딩(lincoln welding)이라고도 부르고 있다.

　용제(flux)는, 린데사에서는 콤포지션(conpotition)이라고도 부르며, 서브머지드 아크 용접에 있어서 매우 중요한 역할을 하는 것으로 상온에서는 전기의 부도체이지만, 열을 받아 용융되면 도체가 된다. 따라서, 아크의 발생시에는 심선과 모재와의 사이에 스틸 울(steel wool)을 끼워서 통전하거나, 또는 고주파를 띄워서 아크를 발생시킨다. 그러므로 용제의 시일드(shield) 작용에 의해 대전류(200~4,000A)를 심선에 흐를 수 있게 하며, 또, 열에너지의 방산을 방지할 수 있으므로, 용입이 매우 커지고 용접 능률도 대단히 높다. 또한, 아크 열에 의하여 해리되어 이온화된 용융 슬래그 및 가스는 아크의 지속을 용이하게 한다

　그림 2-90에 용접 진행 중의 아크 상태와 모재와 용제의 용융 상태를 나타낸다.

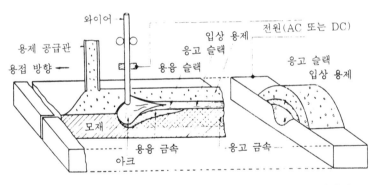

그림 2-90　서브머지드 아크 용접의 아크 상태와 용착상황

　서브머지드 아크 용접의 제1의 잇점은, 대전류의 사용에 의한 용접의 비약적인 고능률화에 있다. 와이어의 용융 속도 즉 용접봉의 용착 속도는, 대략 전류에 비례하나 하나의 와이어를 사용하게 되면 용접 전류를 증가시키기 위하여 봉지름을 현저하게 크게 해야 하며 그렇게 되면 용접 조작상 곤란을 가져오므로, 두 개 이상의 와이어를 사용하는 다전극 서브머지드 아크 용접법이 필요하게 된다. 그림 2-91은 피복 아크 수동 용접과 비교한 각종 서브머지드 아크 용접의 용착 속도를 나타낸 것이다. 서브머지드 아크 용접은 자동 용접이므로 기계의 설치와 조정 때문에 전체적인 작업 능률은 피복 아크 수동 용접에 비하여, 판두께 12mm에서는 2~3배, 두께 25mm에서는 5~6배, 두께 50mm에서는 8~12배이다.

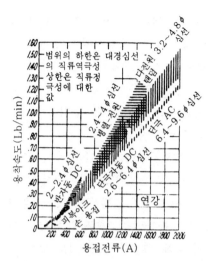

그림 2-91 수동용접과 비교한 서브머지드 아크 용접의 용착속도(연강)

서브머지드 아크 용접의 두 번째 잇점은, 용접 금속의 품질이 양호한 것이다. 강도, 신연, 충격치, 균일성, 건전성 및 내식성이 일반적으로 우수하여 적절한 용입이 이루어지며, 모재와 견줄 수 있는 품질이 보증되고 있다.

위에서 말한 잇점에 반하여 결점이라 생각되는 것은 시설비가 비싸다.

용접선이 짧거나 복잡한 경우는 기계의 설치나 조작이 곤란하여 도리어 비능률적이다. 용접홈 가공의 정도가 높아 0.8㎜를 넘는 루우트 간격에서는 용락의 위험성이 있다. 아크가 보이지 않으므로 용접의 적부를 인식하면서 용접할 수 없는 것을 들 수 있다.

서브머지드 아크 용접의 용도는 주로 조선, 강관, 압력 용기, 저장 탱크, 수압철관, 교량, 원자로용 각종 용기, 대형 단조나 주물제품의 덧붙이 등 비교적 긴 용접선의 연속 용접이 가능한 두꺼운 공작물에 유리하나, 때로는 1.2~1.6㎜ 정도의 박판에도 사용할 수 있으므로 차량관계에도 많이 사용된다.

2. 용접 장치

(1) 구성 및 종류

일반적으로 사용되는 용접 장치는 그림 2-92에서 보는 바와 같이, 와이어 릴(reel)에 잠긴 비피복 와이어가 송급 전동기에 의하여 연속적으로 송급되고, 아크 열에 의하여 용융된다. 용접 전류는 용접 전원으로부터 콘택트 조(contact jaw) 즉, 용접 전극을 통하여 공급되며 또한, 콤포지션(용제 ; composition)은 후락스 호퍼(flux hopper)에서 용접에 앞서 용접선에 따라 산포된다. 와이어의 송급 속도는 전압, 제어상자(voltage control box)에 의하여 조정되며, 항상 일정한 아크 길이가 유지 되게 가감된다. 와이어 송급 장치(wire feed apparatus), 전압 제어상자, 콘택트 조, 후락스 호퍼를 일괄하여 용접머리 (welding head)라고 한다.

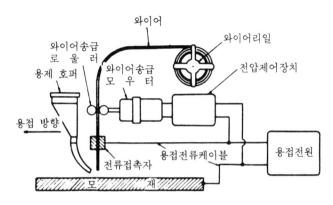

그림 2-92 서브머지드 아크용접의 원리

용접머리는 주행대차(carriage)에 실려서 용접선에 나란하게 놓인 안내레일(guide rail) 위나, 직접 강판 위를, 조정된 일정한 속도로 이동하고 용접을 자동적으로 하거나 또는 원둘레 이음과 같은 경우에는 용접머리를 고정하고 피용접물을 회전시켜 용접한다.

서브머지드 아크 용접기에는 다음과 같은 4가지 형식으로 나눌 수 있다.

① 최대전류 4,000A로 판두께 75㎜ 정도까지 한꺼번에 용접을 할 수 있는 대형 용접기(M형)

② 최대전류 2,000A까지의 표준 만능형 용접기(UE형, USW형)

③ 최대전류 1,200A까지의 경량형 용접기(DS형, SW형)

④ 최대전류 900A이상의 수동식 토오치를 사용하는 반자동형 용접기(UMW형, FSW형) 등이 있다.

그림 2-93은 US37형 용접기(2,000A용)에 특수 필렛 용접용 안내 바퀴(guide wheel)를 장치하여 수평필렛 용접을 하고 있는 관경을 나타낸 것이다.

그림 2-93 UE-37형 용접기

서브머지드 아크 용접의 아크 발생은 종래 와이어를 모재에 한번 접촉시켰다 떼는 방법 (retract start)이 사용되었으나, 아크 발생이 불안하므로 오늘날에는 고주파를 이용한 아크 스타트(arc start) 방식이 사용되었으나 오늘날에는 와이어를 모재에 접촉시키지 않아도 약 5mm 이내의 간격만 유지시키면 고주파의 스파크가 튀어, 이것이 아크를 유발하므로 매우 편리하다. 고주파는 라디오 전파를 방해함으로 아크 스타트 시에만 사용하고, 일단 아크가 발생하면 고주파가 차단되도록 되어 있다.

서브머지드 아크 용접기에는 용접 후 미용융 후락스를 회수하기 위한 진공 회수 장치가 부속되어 있다. 또한, 용접 전원으로는 교류 또는 직류 어느 것이나 사용할 수 있으나, 교류는 시설비가 싸고 자기불링(Arc blow) 현상이 매우 적으므로 많이 사용되며, 직류는 용접전류 400A 이하의 작은 전류를 사용하는 고속 용접이나 동합금, 스테인리스강의 용접에는 역극성(DC-RP)의 전원이 사용되며, 이때 비드 형상은 매우 아름답다. 외부 특성은 수화 특성의 것도 좋으나 오늘날에는 정전압 특성(CP 특성 ; constant potential characterisitic)의 직류 용접기가 사용되고 있다. 이것은 서브머지드 아크 용접이나 CO_2 가스 아크 용접과 같은 고전류 밀도의 자동 아크 용접에 적합한 것이며, 아크 기둥이 쉽고 아크 전압이 안정되면 전류 조정이 용이한 점에서 매우 우수하다.

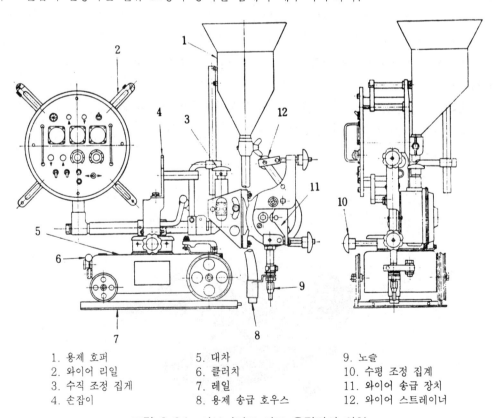

1. 용제 호퍼
2. 와이어 리일
3. 수직 조정 집게
4. 손잡이
5. 대차
6. 클러치
7. 레일
8. 용제 송급 호우스
9. 노슬
10. 수평 조정 집계
11. 와이어 송급 장치
12. 와이어 스트레이너

그림 2-94 서브머지드 아크 용접기의 외형

그림 2-94에 서브머지드 아크 용접기의 일반적인 외형의 각부 명칭을 나타내고, 그림 2-95에 일반적인 외형을 나타낸다.

그림 2-95 서브머지드 아크 용접장치의 외관

(2) 다전극 용접기

이제까지 설명한 것은 1개의 전극 와이어를 사용하는 방식이었으나, 용접 능률의 향상 및 특수 목적용에는 2개 이상의 전극을 동시에 사용하는 다전극 용접기(multiple elec-trods welding machine)가 실용화되고 있으며, 그 예를 들면 텐덤식, 횡병렬식, 횡직열식 등이 있다.

① 텐덤식(tandom process)

그림 2-96에서 보는 바와 같이 두 개의 전극 와이어를 독립된 전원(직류 또는 교류)에 접속하여 용접선에 따라 10~30㎜ 정도의 좁은 간격으로 나열하여, 두 개의 전극 와이어

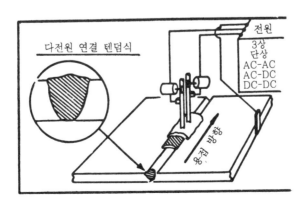

그림 2-96 텐덤식 다전극 용접방식

로부터 아크를 발생시켜 한꺼번에 다량의 용착금속을 얻으려고 하는 용접법이다. 또, 두 개의 독립된 전원의 조합은 교류와 직류, 교류와 교류가 양호하며 직류와 직류는 사용되지 않는다.

이 방식으로는 비드의 폭이 좁고 용입이 깊은 것이 특징이며, 와이어가 두 개 있으므로 용접 속도가 빨라 매우 능률적이다.

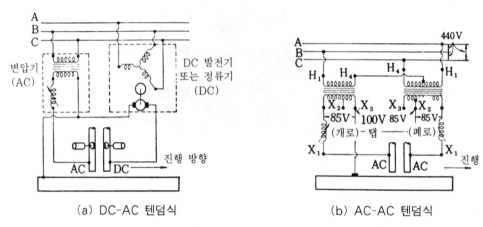

(a) DC-AC 텐덤식   (b) AC-AC 텐덤식

그림 2-97 DC, AC 텐덤식

② 횡병렬식(parallel transuerse process)

그림 2-98에서 보는 바와 같이 두 개의 와이어를 똑같은 전원에 접속하여 용접하는 것으로, 와이어의 배열로 알 수 있는 것과 같이 비드의 폭이 넓고 용입이 깊은 용접부가 얻어지므로 능률이 높다. 두 개의 똑같은 전원의 조합은 교류와 교류, 직류와 직류 즉 같은 전원끼리 조합하여 사용된다.

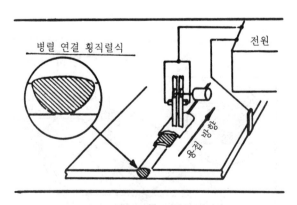

그림 2-98 횡병렬식 다전극 용접방식

③ 횡직렬식(series transverse process)

그림 2-99에서 보는 바와 같이 두 개의 와이어에 전류를 직렬로 연결하여 아크를 발생시켜 아크의 복사열에 의해 모재를 가열 용융시켜 용접을 행하는 방식이며, 용입이 얕은 관계로 스테인리스강 등의 덧붙이 용접에 흔히 사용된다. 용접 전류는 직류 또는 교류가 사용된다.

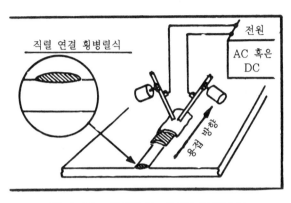

그림 2-99　횡직렬식 다전극 용접방식

(3) 각 방식의 선정

서브머지드 아크 용접의 여러 방식 중 어느 방식을 선택하느냐 하는 문제는 다음 항목에 의하여 영향을 받는다. 즉 ⓐ 반자동과 전자동별, ⓑ 교류와 직류별, ⓒ 단전극과 다전극별, ⓓ 콘트롤 형식별, ⓔ 전원별, ⓕ 특수 용도별 등이다.

① 직류 용접(DC welding)

직류 용접은 교류 용접에 비하여 비드 형상, 용입, 용접속도 및 아크 발생 등이 우수하나, 아크 불림 형상이 불리하다. 따라서 직류용접이 요구되는 경우는 다음과 같은 경우이다.

　A) 빠르고 정확한 아크 발생이 필요 할 때, 즉 작은 공작물이나 단속 용접을 효율적으로 하고 싶을 때.

　B) 박판 용접시와 같이 아크 길이가 엄밀하게 제어 조정하고 싶을 때.

　C) 많은 곡선을 효율적으로 용접하고 싶을 때 등이다.

　　또한, 직류 역극성(DC, RP)은 비드 형상의 제어에 적합하고 용입이 최대가 될 때 적합하며, 직류 정극성(DC, SP)은 용착 속도가 최대가 되고 용입이 최소가 될 때 적합하다. 그러나 텐덤식의 경우 양쪽극에 다같이 직류를 사용하면 아크 불림(자기 쏠림 ; arc blow) 현상이 생겨 좋지 않다.

② 교류 용접(AC welding)

교류 용접에서는 직류 용접과는 정 반대로 아크 불림 형상이 극히 적으므로, 높은 전류를 사용 고속 용접을 할 수 있는 장점이 있다. 원래 아크 불림 형상은 이음형상, 접지선의 연결상태에 다른 아크의 접근에 의하여 영향을 받게 되며, 또한, 높은 전류의 경우에 현저하게 나타난다. 따라서 교류 용접이 유리한 점이 큰 용착부를 얻고 싶을 때 두꺼운 프러그 용접, 특히 길이가 짧은 용접 등이다.

  앞에서 설명한 바와 같이 교류는 다전극 방식에 특히 좋다. 같은 극성의 두 개의 직류 아크는 서로 끌어당기며 다른 극성일 때는 서로 반발한다. 만일 교류와 직류를 조합시키게 되면 이 형상이 크게 감소한다.

  더욱이 두 대 모두 교류이면, 이 형상은 더욱 감소된다. 따라서 고속 제관 용접과 같은 정밀을 요하는 용접에는 AC-AC의 조합이 이용된다.

  ③ 다전극 용접

  그림 2-91에서 보는 바와 같이, 다전극 용접 방식은 전체적인 용착 속도를 증가시켜 용접 속도를 빠르게 하는데 그 목적이 있다. 또한, 다전극 방식에서는 용접 금속의 응고가 단전극 방식보다 늦어져 기공의 발생이 감소하는 잇점이 있다.

  접근한 두 개의 아크 상호 작용(흡인과 반발 작용)을 방지하기 위하여 다전극 방식에서는 그림 2-96에서 보는 바와 같이 AC-AC 또는 DC-AC의 조합이 쓰이며 또한, DC 전극을 선행시켜야 한다.

  그림 2-96의 텐덤 방식에서는 단극의 경우의 2배를 넘는 속도가 얻어진다. 2개의 아크를 사용하면 2.5배 이상의 속도가 얻어진다. 그러나 이 방식은 전극이 다른 두 개의 아크를 각각 독립적으로 제어해야 하기 때문에, 그 조정이 번거롭다. 따라서 그 응용은 고속 제관을 연속적으로 하는 경우 조선이나 차량 등의 긴 용접 또는 두꺼운 공작물의 용접 등에 사용된다.

  그림 2-98의 횡병렬식은 두 개의 와이어에 하나의 용접기로부터 같은 콘택트 조를 통해 전류가 공급되므로, 역시 용착 속도를 증대시킬 수 있다. 이 방식은 비교적 용접홈이 크거나 아래보기 자세로 큰 필렛용접을 하는 경우 등에 사용되며, 두 와이어의 아크가 서로 끌어당기고 있다. 용접 속도는 단극의 경우보다 약 5% 증가된다.

  그림 2-99의 횡직렬식은 앞에서 설명한 바와 같이, 덧붙이 용접을 높은 효율로 용접하는데 적합하며, 이 방식에서는 두 와이어가 서로 45° 경사를 가지고 각각 별도의 송급기구와 제어 장치로 제어된다. 전류는 하나의 전극 와이어에서 다른 전극 와이어로 흐르며, 용접물에는 흐르지 않고 아크의 복사열에 의하여 피용접물을 용융 용접하므로, 용입이 비교적 낮아 반판 용접에 적합하다.

3. 용접 재료

(1) 용접용 와이어

용접용 와이어는 비피복선이 코일 모양으로 감겨져 있으며, 이것은 용접기의 와이어 릴에 장진되어 외부로부터 한 가닥을 풀어 사용한다. 와이어는 표면에 산화물이나 유지 등이 없는 청결한 상태에서 사용해야 한다. 시판되고 있는 와이어는 팁(tip)이나 콘택트조 (contact jaw)와의 전기적 접촉을 양호하게 하고 더욱이 녹이 스는 것을 방지하기 위해 표면에 구리 도금을 하고 있다.

표 2-35에 일반적으로 사용되는 와이어의 지름과 사용전류 범위의 관계를 나타낸다.

표 2-35 와이어의 지름과 사용전류 범위

지름	in	3/32	1/8	5/32	3/16	1/4	5/16	3/8	1/2
	mm	2.4	3.2	4.0	4.8	6.4	7.9	9.5	12.7
용접전류번위 A		120 ~350	220 ~550	340 ~750	400 ~950	600 ~1600	1000 ~2200	1500 ~3400	2000 ~4800

표 2-36 구조용강 용접용 와이어의 대표 성분과 용도

심선의 종류	화 학 조 성 (%)					특 성 및 용 도
	C	Mn	Si	P & S	Mo	
린데 #43 린데 #35 린데 #60	0.08 0.13 0.08	0.3 1.05 0.5	0.03 0.03 0.03	0.03 이하 0.03 이하 0.03 이하	– – –	극연강이며, 연신율대, 설파밴드가 있는 강재, 큰 수축응력이 가해질 때의 용접, 가령 필렛 용접 등
린데 #36	0.13	1.95	0.03	0.03 이하	–	1층 또는 다층용접에 알맞는 만능봉이며, 연강 저합금강의 각종 판두께, 또한, 이들의 응력제거 처리를 하는 경우
린데 #40A	0.08	0.70	0.03	0.03 이하	0.5	고장력강의 보일러용 강재의 단층, 또는 다층용접
린데 #40	0.13	1.95	0.03	0.03 이하	0.5	고장력강의 용접한 그대로 또는 응력 제거 처리를 하는 경우, 다층용접에 의한 고장력강 보일러의 용접
린데 #29	0.13	1.05	0.30	0.03 이하	–	박판의 고속도용접, 고장력강용접, 단, 3층 이상의 다층용접에, 또는 설파밴드, 래미네이션이 있는 강재에 써서는 안된다.

① 저탄소강과 저합금강의 와이어

연강 용접용으로 가장 많이 사용되고 있는 저망간(0.5% 이하)계와 고망간(1.8~2.1%) 계의 전탄소 림드강(rimmed steel) 와이어이지만, 오늘날에는 중망간(1~1.5%)계도 사

용되고 있다. 표 2-36에 구조용강 용접용 와이어의 대표적 성분과 용도를 나타낸다. 외국 에서는, 러시아와 같이 림드강 와이어를 사용하기도 하나 또한, 독일과 같이 킬드강(killed stell)와이어를 사용하는 경우도 있다.

② 스테인리스강용 와이어

스테인리스강 와이어는 일반적으로 모재와 같은 조성(공금)이 사용되나, 산화되기 쉬운 STi나 Cb는 와이어에 함유시키지 않는다. 표 2-37에 서브머지드 아크 용접용 와이어의 한 보기를 나타낸다.

표 2-37 서브머지드 아크 용접 와이어의 한 예

와이어의 명칭		화 학 성 분 (%)						와 이 어 치 수 (mm ø)					
		C	Mn	Si	Cr	Mo	Ni						
탄소강용	US 36	0.13	1.95	0.03	–	–	–	2.4	3.2	4.0	4.8	6.4	7.9
	US 40	0.13	1.95	0.03	–	0.50	–	2.4	3.2	4.0	4.8	–	–
	US 40 A	0.08	0.70	0.03	–	0.50	–	2.4	3.2	4.0	4.8	–	–
	US 49	0.10	1.60	0.03	–	0.50	–	–	3.2	4.0	4.8	6.4	–
	SU 43	0.08	0.25	0.03	–	–	–	2.4	3.2	4.0	4.8	6.4	–
	SU 56	0.08	1.40	0.45	–	0.50	0.50	2.4	3.2	4.0	4.8	–	–
	US 47	0.08	0.65	0.03	–	–	–	–	3.2	4.0	4.8	6.4	–
저합금강용	US 40 A	0.08	0.70	0.03	–	0.50	–	2.4	3.2	4.0	5.8	–	–
	US 40	0.13	1.95	0.03	–	0.50	–	2.4	3.2	4.0	4.8	–	–
	US 49	0.10	1.60	0.03	–	0.50	–	–	3.2	4.0	4.8	6.4	–
	US 56	0.08	1.40	0.45	–	0.50	0.50	2.4	3.2	4.0	4.8	–	–
	US 511	0.07	0.45	0.20	1.40	0.50	–	–	3.2	4.0	4.8	–	–
	US 521	0.07	0.45	0.20	2.40	1.10	–	–	3.2	4.0	4.8	–	–
	US 502	0.07	0.45	0.20	5.50	0.55	–	–	3.2	4.0	4.8	–	–
스테인리스강용	US 308	0.05	1.80	0.40	20.0	–	10.0	2.4	3.2	4.0	4.8	–	–
	US 308 L	0.02	1.80	0.40	20.0	–	10.0	2.4	3.2	4.0	4.8	–	–
	US 309	0.08	1.80	0.40	24.5	–	13.0	2.4	3.2	4.0	4.8	–	–
	US 310	0.08	1.80	0.40	27.0	–	21.0	2.4	3.2	4.0	4.8	–	–
	US 312	0.10	1.80	0.40	29.0	–	9.5	2.4	3.2	4.0	4.8	–	–
	US 316	0.05	1.80	0.40	20.0	2.30	12.5	2.4	3.2	4.0	4.8	–	–
	US 316 L	0.02	1.80	0.40	20.0	2.30	12.5	2.4	3.2	4.0	4.8	–	–
	US 347	0.04	1.80	0.40	20.0	Cb1.00	10.0	2.4	3.2	4.0	4.8	–	–
	US 410	0.07	0.45	0.20	14.0	–	–	2.4	3.2	4.0	4.8	–	–
	US 430	0.07	0.45	0.20	19.0	–	–	2.4	3.2	4.0	4.8	–	–
덧붙이용	US 36	0.13	1.95	0.03	–	–	–	2.4	3.2	4.0	4.8	6.4	7.9
	US 40	0.13	1.95	0.03	–	0.50	–	2.4	3.2	4.0	4.8	–	–
	US 296	0.70	0.75	0.20	–	–	–	–	3.2	4.0	4.8	–	–

③ 기타의 와이어

기타의 비철금속 와이어로서는 실리콘, 청동 와이어(실리콘 청동, 아연도금 강재, 주물용), 탈산동 와이어(구리용) 알루미늄 청동 와이어(알루미늄 청동, 덧붙이용), 기타 니켈, 모넬, 잉코넬용 와이어 등이 있다.

와이어의 단면은 원형이며, 실체의 것이 일반적으로 사용되나 때로는 덧쌓기에 사용되는 띠모양으로 넙적한 것이나, 판을 원형으로 구부려 그 속에 용제를 채운 복합 와이어도 있다. 또, 와이어에는 전류를 통하지 않고, 단지 아크에 집어넣어 용가재로서 전극 와이어와 병용하는 경우가 있다. 와이어의 지름은 2.4~12.7㎜까지 있으며, 일반적으로 2.4~7.9㎜의 것이 많이 사용된다.

또, 와이어 코일의 치수와 중량은 표 2-38에 나타냄과 같이, 소코일(약칭 S)은 12.5㎏이고, 중코일(M)은 25㎏, 대코일(L)은 75㎏로 구분된다.

표 2-38 와이어 코일의 치수 및 중량

코일 명칭	중 량(㎏)	내 경(㎜)	폭(㎜)
소코일(S)	12.5 ± 2	$300 \pm {}^{15}_{0}$	$65 \pm {}^{0}_{10}$
중코일(M)	25 ± 3	$300 \pm {}^{15}_{0}$	$80 \pm {}^{0}_{15}$
대코일(L)	75 ± 3	$610 \pm {}^{30}_{0}$	$105 \pm {}^{0}_{20}$
초대형(XL)	100 ± 3	$630 \pm {}^{30}_{0}$	$105 \pm {}^{0}_{20}$

(2) 용접용 용재

용접용 용제(flux)는 용접부를 대기로부터 보호하여 아크를 안정시키고, 야금반응에 의하여 용착금속의 재질을 개선하기 위해 일종의 광물성 분말의 피복제이다. 한편, 이 용제는 미국의 린데(linde)사의 상품명으로 컴퍼지션(composition)이라 부른다. 일반적으로 용제는 시멘트와 같이 25㎏ 또는 50㎏ 들이로 포장되어 있거나, 200㎏ 들이 드럼통에 들어 있다. 또한, 용제는 사용 후 보관시 밀폐해서 건조한 장소에 보관해야 한다. 만일 부주의로 보관중 대기와 접촉하면 습기를 흡수하여 수분을 갖거나, 불순물이 혼입되면 용접시 아크열에 의하여 분해되어, 수소와 산소로 되어 기공(blow hole)이나 균열(crack) 등의 결함의 원인이 된다. 그러므로 용제는 사용 전에 150~200℃로 한시간 정도 건조시켜야 한다.

서브머지드 아크 용접용 용제는 일반적으로 다음과 같은 기능을 가져야 한다.

ⓐ 아크의 발생 지속을 촉진시켜 안정된 용접을 할 수 있을 것.

ⓑ 용착 금속에 합금 성분을 첨가시키고 탈산, 탈황 등의 정련 작업을 해서 양호한 용착 금속을 얻을 수 있을 것.

ⓒ 적당한 용융온도, 온도특성, 그리고 점성을 가져 양호한 비드를 얻을 수 있을 것.

ⓓ 용접 후 슬랙의 이탈성이 양호할 것.

ⓔ 적당한 입도를 가져 아크의 시일드 성이 양호할 것 등이다.

용제는 입자 상태의 광물성 물질이며, 제조법의 차이에 따라 용융형 용제(fused flux)와 소결성 용제(sintered flux), 그리고 혼성형 용제(본드 후락스 ; bonded flux) 등으로 구분된다.

① 용융형 용제

용융형 용제는, 광물성 원료를 아크로에서 1,300℃ 이상으로 가열하여 용해시킨 후 급냉 응고시켜 분쇄하여 적당한 입도(mesh)로 만든 것으로, 유리알 모양의 광택을 갖는다.

이 용제는 흡습성이 적은 것이 특징이며, 일반적으로 사용되는 입도는 그레드(grade) 50, 즉 (G 50)과 그레드 80(G 80)이다.

다음 표 2-39에 일반적으로 사용되고 있는 용융형 용제의 성분을 나타낸다.

표 2-39 용제의 성분

용제의 종류 화학성분	G 20	G 50	G 55	G 60	G 70	G 80	G 85	G 90	G 585	MF 38
SiO_2	54.52	40.20	18.08	46.28	45.76	37.95	37.72	36.90	40.09	38.60
MnO	0.30	40.69	46.09	42.52	9.21	7.20	9.98	28.46	25.74	21.36
S	0.042	0.028	–	–	0.046	0.025	–	0.022	–	–
FeO	1.03	2.93	2.75	–	1.21	1.60	1.62	4.06	–	–
CaO	31.82	6.21	3.27	2.14	28.16	25.30	21.24	9.17	11.83	18.63
MgO	9.24	0.90	0.79	1.39	6.39	12.10	0.53	0.09	–	3.68
Al_2O_3	3.81	3.42	5.06	3.87	7.01	10.55	6.78	19.78	4.74	1.73
BaO	–	2.36	–	–	–	–	0.22	0.10	–	–
TiO_2	0.20		21.20	0.24	–	0.60	15.93	1.14	8.13	3.07
Na_2O	0.40	tr	0.09	–	0.18	2.21	tr	0.22	–	–
K_2O	0.24	0.43	0.76	–	0.19	0.35	tr	0.45	–	–
F	0.70	2.38	–	2.43	tr	1.70	2.93	tr	2.64Ca F_2	9.96
P	0.011	0.061	–	–	0.046	0.025	–	0.022	–	–

용제의 입도는 표 2-40에 나타낸 바와 같으며, 표중 12×200이라 함은 12메시(mesh)에서 200메시 사이에 속하는 입도 구성인 것을 나타내며 또한, 20×D라 함은 20메시에서 매우 미세한 가루(Dust) 사이에 속하는 입도 구성인 것을 나타낸다.

표 2-40 용제의 입도

그레이드 번호	입　　　도
G　20	12×200, 20×200, 20×D
G　50	8×48, 10×150, 20×D
G　60	12×200
G　80	12×65, 20×200, 20×D
G　85	12×200
G　90	12×65, 20×200
MF 38	12×65, 20×D

대체로 용제의 입도는 용제의 용융성, 발생가스의 방출상태, 비드의 형상 등에 영향을 미치게 되나, 가는 입자의 것일수록 비드 폭이 넓고, 용입이 낮으며, 비드의 외형이 아름답게 된다.

용제의 선정은 용접 결과에 큰 영향을 미치게 된다. 즉 거친 입자의 용제에 강한 전류를 사용하면 시일드 성능이 나빠지고, 비드가 거칠며, 기공과 언더컷 등의 용접 결함이 생기기 쉽다. 그러므로 거친 입자는 낮은 전류에, 고운 입자는 강한 전류에 사용해야 한다.

표 2-41에 용접 전류와 용제 입도의 관계를 나타낸다.

이와같이 용제의 입도, 용제의 살포량은 용접 결과에 큰 영향을 미치게 된다.

표 2-41 용접 전류와 용제 입도의 관계

입　도	8×48	12×65	12×150	12×200	20×200	20×D
적정전류	600A〉	600A〉	500~800A	500~800A	800~1100	800A〈

그림 2-100에서 보는 바와 같이, 용제의 살포량이 너무 많으면 발생된 가스가 방출되지 못하여 기공의 발생 원인이 되며, 반대로 너무 작으면 아크가 노출되어 용접부가 보호되지 못해 비드 형상이 거칠고 기공 발생의 원인이 된다. 그러므로 가장 적합한 용제의 살포량은 아크가 노출되지 않고 발생된 가스가 자유로이 방출될 수 있어야 하며, 와이어 뒤쪽에서 연한 불꽃이나 연기가 빠져 나올 정도로 용제를 살포해야 한다.

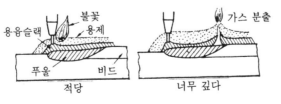

그림 2-100 용제의 살포 깊이

용접 종료 후에는, 살포된 용제의 일부가 용해되어 고체형 슬랙으로 비드 위를 덮고, 나머지 용제는 용제 회수기에 의하여 회수되어 다시 건조 후 사용된다. 회수된 용제는 야금 반응에 의해 성분이 변질되어 있으므로, 새로운 용제와 혼합해서 중요하지 않은 부분의 용접에 사용한다.

② 소결형 용제와 혼성용 용제

종래의 서브머지드 아크 용접용 용제 즉 용융형 용제는, 일반적으로 탄소강에는 우수하지만 저합금강이나 스테인리스강의 용접에는 반드시 우수하다고는 말할 수 없다. 오늘날 고장력강 특히 조질계의 강은, 강도가 매우 우수하지만 용융용 용제는 이들에게 적합하지 않으며, 용착금속의 탈산을 더 강하게 함과 동시에 정확하게 합금원소의 함유량을 조정할 필요가 있다. 또한, 스테인리스강의 용접에 있어서는 용융형 용제를 사용하면, 슬랙의 이탈이 곤란하고 크롬의 소모가 많아 화학성분이 규격 외로 변질된다. 그러므로 이와 같은 불합리적인 난점을 없애고 합리적인 용접을 하기 위하여, 최근에는 광물성 원료 및 합금 분말을, 규산 나트륨과 같은 점결제와 더불어 원료가 용해되지 않을 정도의 비교적 적은 상태(300~1,000℃)에서, 소정의 입도로 소결하여 제조된 소결행 용제가 널리 사용되고 있다. 이 용제는 페로 실리콘, 페로 망간을 함유하며, 강력한 탈산 작용이 있으며, 용착금 속에 대한 합금 첨가원소로서 니켈, 크롬, 몰리브덴, 바나륨, 등을 함유시킨 것으로, 기계적 성질의 조정이 자유로운 것이 그 특징이다.

따라서, 이 용제는 연강은 물론 고장력강, 저합금강, 스테인리스강의 용제로 적합하다. 이 종류의 용제는 소결(소성형 : baked flux) 또는 혼성형 용제(bonded flux)와 고온 소결형 용제가 있으며, 저온 소결형 용제는 비교적 낮은 300~400℃에서 소결하고, 고온 소결형 용제는 다소 높은 온도 즉(800~1,000℃)에서 소결하여 제조한다.

그림 2-101에 저온소결형 용제, 고온 소결형 용제 및 용융형 용제의 흡습곡선의 한 보기를 나타낸다.

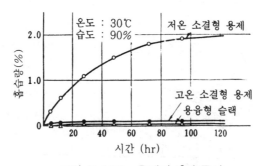

그림 2-101 용제의 **흡습곡선**

이 그림에서 보는바와 같이, 소결형 용제는 매우 흡습성이 큰 것이 특징이다. 그러므로 장마철 같이 습기가 많을 때나 대기 중에 장시간 방치해 두면 습기를 흡수하므로, 반드시 건조해서 사용해야 한다.

습기의 흡수량이 많으면 용제 중에 수분이 분리되어 기공, 균열, 은점(fish eye) 등의 용접 결함의 원인이 되므로 주의해야 한다. 보통 흡수량의 허용치는 0.5% 이하이다.

③ 와이어와 용제의 선정

피용접물의 종류나 재질, 이음의 형상, 치수, 용접조건(전류, 전압, 용접속도) 등에 대응하여 요구되는 용접부의 기계적, 기타의 제성질을 만족시키기 위해서는, 적당한 용제와 와이어의 선택에 있어 다음과 같은 점에 주의를 해야 한다.

a) 모재의 재질과 표면상태(녹, 스케일, 유지, 수분)

b) 이음 형상과 치수(판두께, 홈의 형상)

c) 용접 조건(용접전류, 전압, 속도)

만일 선정에 착오가 있으면 용접부의 기계적 성질이 저하되고, 기공, 균열 등의 결함이 생기는 일이 있다.

A) 구조용 강재

일반적으로 사용되는 구조용 저탄소 강재의 서브머지드 아크 용접에서는, 용접 금속에 대하여 요구되는 성능에 따라 용접 금속중에 적당량의 Mn이 함유되는 것을 목표로 하여, 용재와 와이어를 선정해야 한다. 저시리콘강 와이어를 사용하여 연강을 용접할 때, 원칙적으로 다음과 같은 조합이 양호한 용접 결과가 얻어진다.

a) 고망간 와이어(1.8~2.2% Mn)와 저망간 용제와의 조합(예, #36×G20)

b) 중망간 와이어(0.8~1.1% Mn)와 중망간 용제와의 조합(예, YWB×YF15)

c) 저망간 와이어(0.35~0.6% Mn)와 고망간 와이어의 조합(예, #43×G50)

다음 표 2-42에 판두께에 대한 와이어와 용제의 선정의 원칙을 나타내며, 표 2-43에 일반 구조용 강의 와이어 및 용제의 적용 보기를 나타낸다.

B) 저합금 고장력강

저합금 고장력강의 화학 조성에는 여러 가지가 있으나, 가장 많이 사용되는 보일러용과 압력용기용 고장력 탄소강 ASTMA 212-52T에 사용되는 와이어와 용제의 적당한 조합은 표 2-44와 같다. 용접금속 내의 탄소(C)의 %를 너무 크게 하지 않고 Mn, Mo, Cr 등에 의하여 강도를 유지하도록 한다.

또한, 인장강도 52~60kg/㎟의 Mn-Si계 고장력강의 2~3층 용접에 대하여는 #36(2% Mn)과 G80의 조합이 용착금속의 노치인성이란 점에서 바람직하고 또한, 인장강도 60~70kg/㎟를 갖는 Mn-Ni-Cr-Mo-V-Ti 계의 60kg 고장력강(판두께 20㎜)에는 #40(2% Mr-½% Mo)과 G80의 조합이 좋은 것으로 알려서 있다.

여기서 주의해야 할 일은, 60kg 이상의 고장력 강중에는 열처리에 의하여 강도를 증가시킨, 소위 열처리성 고장력강(조질강)이 있으나 이러한 종류의 것은 원래 합금원소가 약간 적으므로 용접금속의 강도를 확보하는 데는, 와이어와 용제의 조합에 주의하여 그 용착금속의 합금 성분량이 모재의 그것보다 많게 되도록 하여야 한다. 저합금 고장력강의 강도가 70kg/㎟ 이상에서는, 연강 와이어와 혼성형 용제의 조합이 성공을 거두고 있다.

표 2-42 판두께에 대한 와이어와 용제의 선정

판 두 께	와이어 (린데사)	용 제
6 ㎜ 이하	No. 29	G 50
6~25 ㎜	43	G 50
25 ㎜ 이상	36	G 80 또는 G 20

표 2-43 일반 구조용강의 와이어 및 용제의 적용

모재의 성질, 판두께 및 그 용도	대략의 용접 전류 속도	적 당 한 재 료
온수기, 저압가스 용기 등에 쓰이는 박강판(게이지판), 탄소강 또는 저합금 고장력강	600~800A 까지 2.5m/min 까지	# 29, G50, 8×48 고장력강을 용접한 그대로의 상태로서 큰 연신이 필요한 경우에는 # 43을 쓴다.
박판강 및 현강재로 조립한 구조물, 예를 들어 철도차량, 자동차 차체 등	1200A까지 0.25~25m /min	# 29 또는 43, G50, 8×48 또는 12×150
49kg/㎟까지의 인장강도를 갖는 재료로 만들어진 고압력 용기	양측부터 각 1층용접 또는 다층용접	두께 25mm까지의 2중 V-X형 맞대기 용접 또는 1200A 이하의 전류로 용접 가능한 맞대기이음, 특히 그 강재의 성질이 불명하거나 래미네이션의 존재가 고려되는 장소에는 #43과 G50(12×150), 50mm까지의 2중-X형 맞대기 용접 또는 1800A 이하의 전류로 용접 가능한 맞대기이음에서는 #36 또는 40A와 G80(12×150). 다층용접의 #43과 G50(12×150). 또한, 응력도법을 수반하는 경우는 #36 또는 40A와 G80(12×D)
최저인장강도 49 kg/㎟의 재료를 써서 만들어진 고압용기	다층용접 또는 양측부터 각1층 용기	응력제거처리를 하지 않는 경우 : #36 또는 40A와 G80(20×D) 다층용접 또는 양측 1층 용접 응력제거처리를 하는 경우 : #40 G20(12×D) 양측부터 1층용접 #40 또는 40A와 G80(20×D)의 다층용접
조 선 용	맞대기 및 작은 필렛용접	예를 들어 ABS, NK, LR에서는 12mm 이하에서는 #43 또는 36과 G50(12×150), 25mm까지는 #43과 G50(12×150), 25mm 이하에서는 #36과 G20 메시사이즈를 사용하면 전류에 따라 정한다.
다전극에 의한 파이프 용접	전 범 위	#36 또는 #35와 G85, G90

표 2-44 ASTM A212-52T 보일러 및 압력용기용 고장력 탄소강과
그 용접에 적당한 용제와 와이어

종 별	화 학 성 분 (%)			기 계 적 성 질		
	C	Mn	Si	항 복 점 kg/㎟	인장강도 kg/㎟	연신율 (8″) %
그레이드 A	0.28~0.33이하 (판두께에 의함)	0.90이하	0.15~0.30	24.6이상	45.7~54.1	20이상
그레이드 B	0.31~0.35이하 (판두께에 의함)	0.90이하	0.15~0.30	26.7이상	49.2~59.7	18이상

판 두 께	Oxweld 와이어	용 제	선정순위
10mm이하	# 29	G 50	1
	# 43	G 50	2
	# 36	G 20	대 용
10~25mm	# 36	G 80	1
	# 36	G 20	2
	# 36	G 70	대 용
10mm이하 응력제거	# 40 A	G 80	1
	# 40 A	G 90	2
	# 40	G 70, 80, 20	대 용

C) 보일러용 강판

34mm 이상의 판두께에 대해서는 다층 용접이 행하여진다. 모재에 의한 영향을 적게 하기 위하여 심선만으로 충분한 강도를 갖게 하여야 한다.

와이어는 #36, #40A, #40 등이 사용되며, 용제는 G80이 가장 많이 사용된다.

D) 스테인리스강

모재에 의한 회석과 탄화물의 입계석출에 의한 내산성열화에 주의하여야 한다. 이에 대해서는 표 2-37에 대표성분 및 용도를 나타낸다.

표 2-45 덧붙이용 와이어

경도범위 H_B	와이어 Oxweld	가공경화된 경도 H_B	열처리된 경도, 875℃부터 소입			용착금속조성 (%)		
			공 기	기 름	물	C	Cr	기 타
150~200	# 40	355	—	—	—	0.15	—	Mo-0.5
200~275	# 296	325	—	—	—	0.5	—	—
210~290	# 1730	350	277	490	520	0.3	1.0	Mo-0.25
220~275	# 1928	330	230	401	490	0.3	1.0	V-0.15
250~350	# 2437	365	375	444	495	0.25	0.5	Ni-1.75, Mo-0.25
275~400	# 2842	425	380	430	450	0.12	4.3	Mo-0.5
400~550	# 4254	525	—	—	—	0.25	7.0	—

E) 덧쌓기 및 표면 강화

덧쌓기를 목적으로 하는 경우에는 #36, #40 와이어와 G90, G80 용제가 사용된다. 내마모성을 얻기 위한 목적으로는, 경화성 와이어에 의한 표면경화 덧쌓기 용접(hard surfacing)의 경우는 그 경도에 따른 와이어를, 선정하고 필요에 따라 용접 후의 열처리를 한다. 표 2-45에 경도별의 사용 와이어를 표 2-46에 그 실체 사용의 보기를 나타낸다.

표 2-46 덧쌓기용 와이어의 적용 예

#36	주강, 단강의 마모부 보수 덧쌓기, 원심주조 파이프 주형 보수, 로울, 피스턴로드 및 피스턴링 홈의 보수 덧쌓기, 표면 경화의 사전 덧쌓기
#40	용접한 그대로도 #36으로 덧쌓기한 경우보다 높은 경도를 요할 때, 주강, 단강의 마모부보수 덧쌓기에 사용된다. 광산의 기관차타이어, 휘일의 보수, 로울넥크, 크레인의 휘일, 피스턴로드 및 수압기의 봉피스턴의 보수 덧쌓기
#296	크레인, 휘일, 피스턴링의 홈, 로울넥크 및 마모샤프트의 보수 덧쌓기, 고탄소강의 용접
#1730	로울, 피스턴로드, 피스턴링의 보수덧쌓기, 열처리 가능
#1928	#296으로 덧쌓기한 것보다 용착질은 평활하고 강인하다. 열처리가능, 피스턴 로드의 선단, 밸브의 축부, 로울넥크, 크레인 휘일, 분괴밀의 주축 등의 보수 덧쌓기
#2437	로울, 피스턴로드, 피스턴링의 보수덧쌓기, 열처리가능, 각층의 상부일수록 경도가 높아진다.
#4254	브레이크드럼의 덧쌓기, 드로오블록, 형강로울, 로울넥크, 코일러로울, 핀치로울의 보수덧쌓기

4. 용접부의 제성질과 결함

(1) 용접부의 제성질

① 용접부의 조직과 화학성분

서브머지드 아크 용접의 용접 금속은, 현저한 수지상 결정(dendride)이 용융경계(본드 ; bond)에 직각으로 비드 중앙 표면을 향하여 발달하고 있다. 그러나 하층 용접의 경우는, 다음 층의 용접열에 의하여 변태점 이상으로 가열된 작은 부분이 노마라이징(normal-izing)으로 되어 결정입이 미세화 된다.

서브머지드 아크 용접에서는, 용입이 매우 크므로 용접금속의 화학 성분은 모재의 영향을 비교적 강하게 받는다. 탄소강의 서브머지드 아크 용접에서는 와이어와 용제의 결합으로 각각 모재의 성분과 큰 차이 없는 성분을 갖는 용접 금속이 얻어지며 또한, 모재보다 뛰어난 기계적 성질이나 인성을 얻는 경우가 많으므로, 저합금 고장력강에 있어서도 가끔 연강용 와이어와 용제의 조합이 쓰인다.

용접 금속의 합금원소는 모재, 와이어 및 용제에서 도입되므로 그 화학성분은 용접 조건의 영향을 상당히 받는다. 즉 용접전류, 아크전압 또는 용접속도가 변하면 와이어와 용제의 용융비율, 모재의 열입량이 변하므로, 용접금속의 화학 성분도 변화하게 된다. 또한, 용접 층수에 따라 용착금속의 화학성분이 변화하는 것은 당연하다. 보기를 들면, 표 2-47은 다른 와이어와 용제의 조합에 대한 같은 모재(0.14% C, 0.58% Mn, 0.19% Si의 킬드 강)의 맞대기 용착부의 화학성분이 층수에 따라 변화하는 한 보기를 나타낸 것이다.

표 2-47 서브머지드 아크 용접 다층 용접금속의 화학성분
(모재 C 0.14, Mn 0.58, Si 0.19%)

Oxweld 와이어	Unionmelt 용제	판두께 (in)	시험자료 채취위치	화 학 성 분 (%)			
				C	Mn	Si	Mo
36	20	2	저 부	0.100	0.70	0.58	
			중 앙	0.086	0.68	0.87	
			두 부	0.068	0.64	1.09	
			모 재	0.14	0.58	0.19	
36	50	2	표면부터 1 1/2 in	0.095	1.46	0.18	
			〃 1	0.097	1.69	0.17	
			〃 1/2	0.099	1.54	0.06	
			두 부	0.094	1.36	0.12	
36	80	2 2/1	층 1	수 동 용 접			
			8	0.092	0.94	0.30	
			15	0.094	1.17	0.40	
			22	0.088	1.20	0.45	
			27	0.076	1.23	0.45	
36	85	2	저 부	0.092	0.98	0.44	
			중 앙	0.080	1.02	0.49	
			두 부	0.071	1.02	0.54	
			모 재	0.15	0.52	0.20	
36	90	2	층 1	0.14	0.94	0.31	
			6	0.10	1.51	0.25	
40	80	3/4	6층의 평균	0.076	1.10	0.30	0.42
		3 3/8	28~32층의 평균	0.12	1.45	0.38	0.42
40 A	80		20층의 평균	0.07	0.69	0.30	0.47

보기를 들어, 저탄소 고망간의 No36 와이어에 용제 G80을 조합한 경우, 초층은 모재 성분에 가까운 값을 나타내나, 층을 겹침에 따라 C의 양이 감소하고 Mn과 Si의 양이 증

가한다. Mn의 증가는 심선에 의하며 또한 Si의 증가가 용제의 주성분인 SiO_2의 환원에 의한 것이다. SiO_2가 가장 많은 G20 용제를 사용하면, Si의 증가가 현저하고 이음의 머리부분에서는 1%에 달하여 노치 인성이 저하함으로 G20은 다층 용접에 적합하지 않다. MnO를 주성분으로 하는 G50 용제를 쓰면, Si의 양을 낮게 유지할 수 있으나 Mn의 양이 과대하게 되므로, 일반적으로 No43, No40A의 저 Mn 와이어와 함께 사용된다.

② 용접부의 성능

서브머지드 아크 용접의 용착금속은, 용착한 그 상태에서도 인장 강도, 연성, 굽힘, 피로강도, 충격치가 다같이 양호하다. 이것은 용융부가 외기로부터 충분히 차단되고 또한, 용융시간이 길기 때문에 용제에 의한 적연작용이 잘되기 때문이다.

표 2-48에 판두께 42mm의 킬드강판(C:0.6, Mn:0.77, Si:0.17%)의 맞대기 서브머지드 아크 용접(#36×G80)과 수동 용접에 의한 용착금속의 화학성분과 노치인성의 비교를 나타낸다.

우선 화학성분에서 주목할 점은 그 수소 함유량이 적은 것이며, 수동 용접의 저수소계에는 미치지 못하나 일미나이트계에 비하면 현저하게 적고, 이 때문에 용접금속의 성질, 특히 인성이 뛰어나고 있다.

또한, 일반적으로 650℃의 응력제거 어니얼링(stress reling annealing)에 의하여 연전성과 인성이 증가하고 있다. 이것은 일미나이트계에서 특히 현저하지만 저수소계에서는 거의 변화하지 않는 것은 용접금속 내의 수소가스 방출이 유력한 원인이 되어있기 때문이다. 또한, 노치인성을 나타내는 V샤르피 천이 온도는 낮은 것이 좋지만, 표 2-47에 의하면 서브머지드 아크 용접에서는 과대한 수지상 결정 조직을 피하기 위하여 다층 용접의 층수를 증가시키는 것이 노치인성 향상에 유리하다. 약 30mm 이상의 두꺼운 판의 용접에서 특히 양호한 노치인성이 요구되는 경우에는, 1~2층의 용접을 피하고 가급적 층수를 증가시켜 용접하는 것이 좋다.

(2) 용접부의 변형 및 수축

서브머지드 아크 용접에서는 일반적으로 용착금속의 양을 감소할 수 있을 뿐만 아니라, 용접속도가 크기 때문에 모재를 과외로 가열하는 일이 적으므로, 용접에 의한 변형이 적어도 되는 잇점이 있다.

맞대기 이음에서는, 홈의 각도가 수동용접에 비하여 적으므로 수축량도 적다. 6~14mm 판두께의 V형홈 이음의 가로 수축은 약 0.3mm이고, 6~25mm의 X형 홈에서는 약 0.6mm 정도이다. 또한, 맞대기 이음의 앞뒤 양면 가열이 대략 맞먹으므로 각 변화가 수동 용접에 비하여 현저하게 작은 단점이 있다.

표 2-48 판두께 42㎜의 킬드강(0.16 C, 0.77 Mn, 0.17 Si)에 대한
서브머지드 아크용접과 수동 용접시이 용착부 화학성분과 노치인성의 비교

시 공 법	**위치	화 학 성 분 (%)					H+(∞/gr)		V 샤르피 천이온도 (℃)					
		C	Mn	Si	N+	O+			Tr15 §			Trs §		
							AW	AN	AW	100P	650A	AW	100P	650A
(A형)* 서브머지드 2층덧부침	T	0.15	1.18	0.24	.006	.040	.105	.007	-24	-20	-15	-23	-33	-25
	M	0.14	1.24	0.24	.006	.048	.048	.003	-38	-12	-12	-33	-33	-18
	B	0.14	1.07	0.28	.007	.047	.075	.003	-33	-45	-20	-21	-22	- 6
(B형)* 서브머지드 5층덧쌓기	T	0.08	0.68	0.28	.006	.063	.026	.002	-15	-32	-6	-22	-15	-30
	M	0.11	0.66	0.23	.007	.066	.013	.004	-47	-42	-28	- 7	-6	-10
	B	0.10	0.71	0.26	.005	.065	.012	.003	-40	-40	-11	- 7	-24	-37
(C형)* 서브머지드 9층덧쌓기	T	0.11	1.48	0.38	.006	.061	.012	.003	-30	-34	-28	-2	-30	- 0
	M	0.13	1.11	0.27	.007	.053	.013	.009	-46	-47	-30	-21	- 3	- 6
	B	0.15	1.05	0.31	.005	.049	.009	.003	-42	-42	-45	- 2	- 8	-17
(D형)* 수동용접일 미나이트계	T	0.10	0.53	0.08	.006	.083	.107	.002	-40	-48	-40	-20	-30	-12
	M	0.13	0.81	0.10	.007	.075	.160	.002	-35	-52	-30	-20	-16	- 2
	B	0.10	0.61	0.08	.007	.075	.098	.005	-42	-48	-40	-20	-30	-18
(E형)* 수동용접 저수소계	T	0.10	1.10	0.48	.005	.026	.006	.004	-55	-55	-44	-26	-32	-25
	M	0.13	0.94	0.47	.006	.031	.006	.002	-52	-45	-54	-23	-14	-30
	B	0.11	1.11	0.53	.009	.035	.004	.004	-64	-80	-48	-31	-32	-28
모 재	T	0.16	0.79	0.15	.010	.010	.012	—	—	—	—	—	—	—
	M	0.18	0.77	0.18	.008	.009	.018	—	—	—	—	—	—	—
	B	0.15	0.75	0.18	.008	.010	.016	—	—	—	—	—	—	—

주 : * 와이어 No.36과 용제 G80의 조합
　　 † 질소 및 산소는 용접한 그대로와 어니얼링후와 동일
　　　 AW…용접한 그대로
　　　 AN…어니얼링
　　 § Tr15…흡흡에너지가 15ft-lb(2.6kg/㎠)를 표시할 때의 온도
　　　 Trs…전단파면율이 50%를 표시하는 온도
　　　 AW…용접한 그대로, 100P…100℃ 서열, 650A…650℃ 응력제거어니얼링

(3) 용접부의 결합

서브머지드 아크 용접부에 생기기 쉬운 결함에는 기공(blow hole), 균열(crack), 언더컷(under cut) 등이 있다.

① 기공

기공은 비드 중앙에 발생되기 쉬우며, 그 주된 원인은 수소가스가 기포로서 용접 금속 내에 포함되기 때문이다. 그 대책으로는 수소원을 제거하기 위하여 와이어와 이음의 녹, 기름, 수

분, 습기 등의 제거가 필요하며, 더욱이 용제를 잘 건조시켜 습기를 완전 제거하는 것이 중요하다. 또한, 용접 전류를 증가시키고 용접 속도를 늦추어 용융금속의 응고 속도를 적게 하는 것도 유효하다. 은점(fish eye)도 수소가스가 원인이 되어 인장 파단면에 나타나는 결함이다.

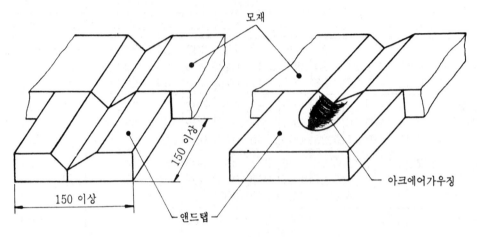

모재

150 이상

150 이상

앤드탭

아크에어가우징

그림 1-102 앤드탭 부착 예

슬랙

슬랙 잡입

그림 2-103 수평 필렛 용접 비드의 본드에 따라 발생한 슬랙 잡입현상

② 균열

균열에는 유황균열(sulphur crack)과 고온균열이 있다. 유황균열은 설파밴드(sulphur band)가 강한 강재(특히 림드강)를 용접했을 때 설파밴드에 의하여 용접금속 내에 생기는 터짐이다. 그 원인은 설파 밴드에 함유된 낮은 용접의 유화철(FeS)과 수소가스의 존재 때문이므로, 그 방지에는 설파밴드가 적은 세미킬드강 또는 킬드강을 사용하는 것이 좋으며 또한, 이음표면의 청소와 용제의 건조에 주의해야 한다. 또한, 각 층의 용입을 적게 하고 수동용접에 가깝게 하는 것이 매우 효과적이다.

또는 고온균열은 비드 내에 생기는 경우가 있다. 특히 용접의 시점과 단점에는 균열이 발생하기 쉬우므로, 용접선의 시점과 종점에는 크기 약 150㎜ 각 정도의 엔드탭(end tab)을 붙여 불량개소가 이음의 외측에 오도록 하여야 한다. 고온균열은 이음의 구속이 클 때 또한, 용접 금속내의 Si양이 클 때 특히 생기기 쉽다.

표 2-49 실제 용접에 있어서의 결함과 대책

결 함	결함과 원인	결함의 방지대책
비드의 용락	전류 과대 홈각도 과대 루우트면 부족 루우트 간격 과대	결함의 원인 재조정
볼록한 비드	전류 과대 전압 과소 홈각도 과소	결함의 원인 재조정
기 공	모재의 녹, 기름, 페인트, 기타의 오물 용제의 흡수 용제 중의 잡물 혼합 용제의 흡습 가접부의 불량 용제 살포량의 과부족 용접 속도 과대 와이어의 오손 극성 부적당(직류에만)	이음의 청소, 가열, 연마 용제의 건조 온제의 교환과 보충(회수시에 주의 한다.) 가접봉의 선정, 용제의 완전제거 용제 살포량의 조정 용접 속도도를 낮춘다. 와이어의 교환 또는 청결 극성을 바꾼다.
비드폭이 좁다.	전압 과소 용제 산포 폭이 협소	전압을 높인다. 용제의 살포 폭 조정
밧줄 모양의 비드	용접속도 과대 전압과대 필릿용접에서 와이어의 위치	용접 속도를 낮춘다. 전압을 낮춘다. 와이어의 위치조정
균 열	와이어, 용제 부적당 모재의 C량이 많으며, 용착 금속의 Mn이 낮을 때 열 영향부의 급열 급냉 와이어 중 C.S량이 많을 때 두꺼운 판의 1층에 생긴다(다층 쌓기 에서) 모재 성분의 편석 용접 순서 부적당에 의한 재료의 응력 볼록한 비드에 의한 내부 균열 필릿 용접에 의한 오목비드 루우트 간격 과대	Mn량이 많은 와이어 사용 모재의 C량이 많을 때에는 예열 예열, 입열 증대 와이어의 교환(사용전 조사) 층의 두께를 크게하여 수축 응력에 견디는 두께로 한다. 와이어, 용제의 조합을 바꾸어 전류 와 속도를 낮춘다. 용접 설계시의 조립, 용접순서 규정 에 주의 홈형상 용접 방법에 주의 전압을 낮춘다. 간격을 적게 한다. 수동 용접으로 시일드 한다.
슬랙 섞임	모재의 경사에 의한 용접 방향에 들어 감 다층 용접에서 비드 양측에 슬랙 잔류 이음의 시작과 끝에 슬랙의 섞임 용입이 부족하므로 비드의 슬랙 섞임 용접속도는 느림, 슬랙이 앞지른다. 다듬질 비드의 아크 전압이 높을 때 비드 표면에 슬랙을 섞임한다.	모재를 수평으로 한다. 오름길 방향 으로 용접한다. 와이어 위치에 주의 홈벽에 언더컷 이 생기지 않게 한다. 엔드탭의 판두께, 홈형상을 모재와 같게 한다. 전류조정 전류속도를 높인다. 전압을 낮춘다. 속도를 높인다. 때에 따라서는 2패스로 한다.

③ 언더컷

언더컷은 일반적으로 용접속도가 용접전류에 대하여 지나치게 빠를 때 생기기 쉽다. 완전 아래보기 필렛용접에서는 아크 전압을 높이면 언더컷이 생기기 쉽다. 용접전류, 용접속도, 그리고 아크 전압을 극도로 높게 하면 언더컷이 심하게 생길 뿐만 아니라, 내부에 있어서는 본드에 따라 슬랙이 잠입하게 된다. 균열이나 언더컷 등의 결함의 원인은 용제의 종류에도 크게 관계된다. 그림 2-103에 수평 필렛 용접 비드의 본드에 따라 발생한 슬래그 잠입 현상을 나타낸다.

표 2-49에 서브머지드 아크 용접에서 생기기 쉬운 결함의 원인과 그 방지 대책에 대하여 나타낸다.

2-8. 플라스마 용접법

1. 원리

기체를 가열하여 온도가 높아지면 기체 원자는 심한 열 운동에 의해 전리되어, 이온과 전자가 혼재되어 도전성을 띄게된다. 이 상태를 플라스마(plasma)라 부르며, 매우 높은 온도 상태로 된다. 이 높은 온도의 플라스마를 적당한 방법으로, 한 방향으로 분출시키는 것을 플라스마 젯트(plasma jet)라 부르고, 각종 금속, 특히 비철금속의 용접이나 절단 등의 열원으로 이용하는 것으로서, 이 플라스마 젯트를 용접의 열원으로 이용한 것이 플라스마 젯트 용접이며, 절단에 이용한 것이 플라스마 젯트 절단이다.

플라스마 아크는, 종래의 용접 아크에 비해 10～100배의 높은 에너지와 온도의 밀도를 가져, 1만～3만℃의 고온 플라스마가 쉽게 얻어지므로, 앞으로 비철금속의 용접과 절단에 기대가 크다 하겠다.

위에서 설명한 바와 같이, 플라스마 속에는 (+)의 전하입자인 정이온과 (-)의 전하입자인 전자가 각각 자유로이 혼합되어 운동하고 있다. 이 플라스마는 정전하의 밀도와 부의 밀도가 거의 같으므로, 플라스마 전체로서는 전기적으로 중성이 된다. 플라스마 아크 기둥의 외주부를 냉각된 노즐이나 고속의 가스 흐름에 의하여 냉각시키면 열 손실이 상당히 크게 되므로, 이 열 손실을 최소한으로 하기 위해서 아크 기둥의 단면을 수축하여 가늘게 만들어 자기 방위를 한다. 이때 아크 기둥이 일정한 전류 값을 유지하면 단면이 수축되어 전류 밀도는 증대된다. 또, 아크 기둥을 연속해서 유지하려면 아크 전압이 상승된다. 즉 아크 기둥을 냉각하면 아크 전압이 상승되고, 에너지 밀도가 매우 높은 온도의 아크 플라스마가 얻어진다. 이와 같은 아크의 성질을 열적 핀치효과(thermal pinch effect)라 부른다. 또한 아크 기둥에 흐르는 방전 전류에 의해 생긴 자성과 전류의 작용에 의하여, 전류 통로가 수축되어 아크 단면이 수축되고 가늘게 되어 에너지의 밀도가 증가된다.

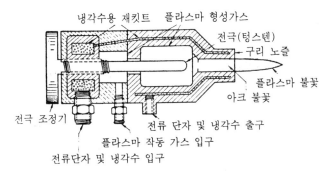

그림 2-104 플라스마 젯트 토오치

이와 같은 아크의 성질을 자기적 핀치효과(magnetic pinch effect)라 부르고 있다. 보통 대전류를 사용하는 아크 기둥에서는, 자기적 핀치 효과의 영향도 고려되나 열적 핀치 효과만큼 크지는 않다. 이와 같은 핀치 효과에 의해 수축되어 가늘어진 에너지의 높은 온도(약 10,000℃ 이상)의 아크 플라스마에 의해 모재를 가열용해 하여 용접, 절단 또는 용사 등을 한다.

그림 2-104에 플라스마 젯트의 발생원리를 나타낸다.

2. 플라스마 아크 용접장치

(1) 구성

플라스마 아크 용접 및 절단장치는, 용접 및 절단 공작법에 의하여 수동형과 자동형의 두 종류가 있으며, 토오치의 용량에서 표준형과 대용량형으로 구분되나, 어느 경우나 주된 구성은 같으며 그림 2-105에 나타내는 장치로 이루어져 있다.

① 토오치(용접 및 절단)
② 제어 장치
③ 고주파 발생 장치
④ 용접 전원
⑤ 토오치 냉각수 공급 장치
⑥ 가스 송급 장치
⑦ 토오치 탑재 대차(자동의 경우)

가) 토오치(Torch)

오늘날 공업적으로 실용되고 있는 플라스마 아크 용접 및 절단 토오치는, 일반적으로 텅스텐 전극측을 음극(-극)으로 하고 수냉된 동제 구속 노즐을 가지고 있다. 플라스마 아크를 조이는 작동 가스를 공급하는 방법에는 축류와 와류의 두 방식이 있으나 용접면의 품질, 용접능력, 전원의 용량을 고려하여 표준형에는 앞의 방식이, 대용량형에는 나중의 방식이 사용되고 있다.

그림 2-106에 플라스마 아크 토오치의 단면을 나타낸다.

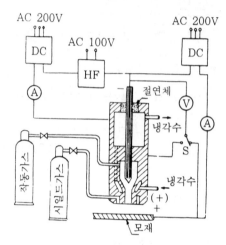

그림 2-105 플라스마 용접장치

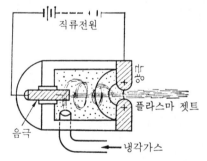

그림 2-106 플라스마 젯트의 발생 장치

표준형 토오치에서는, 전극을 토오치 내의 코렛트에 의하여 구속되어, 노즐의 중앙에 위치하여 토오치 상단의 조정기에 의하여 정확하게 조정된다. 구속 노즐에는 작동 가스의 유량, 전류 등에 의하여 적당한 구경의 것을 사용해야 하므로 분해 조립이 손쉽게 제조되어 있다. 큰 용량의 토오치는 최대 1,000A까지 사용할 수 있으므로, 텅스텐 전극은 수냉된 동으로 둘러싸여 언제나 노즐의 중앙에 위치하고 있으므로, 위치가 정확하고 그 모양이 극히 적다. 노즐은 표준형과 마찬가지로 직접 수냉식이며, 작동 가스나 전류에 따라 여러 형태의 것이 준비되어 있다. 또, 수동 용접 토오치는, 특히 형태가 작고 가벼우며 취급하기 편리하다. 토오치 본체와 직각의·길이 50cm의 토오치 손잡이가 있으므로, 가스 용접에 능숙하면 용이하게 취급할 수 있다.

나) 제어 장치

플라스마 아크의 안정된 기동을 하기 위하여, 기동시 고주파 불꽃방전에 의하여 파이롯트 아크라 불리우는 소전류 아크를, 전극과 구속노즐 사이에 발생시킨 후, 공작물에 주 아크를 이행시킨다. 이 조작과 동시에 전원의 투입 가스전자 밸브의 개폐, 고주파 발생장치의 개폐(자동의 경우 주행대차의 주행 개시) 등은 모두 기동 누름 보턴을 누르면 자동적으로 행해지며, 주 아크가 안정된 후에는 용접이 완료될 때까지 스스로 유지된다. 이 타제어 장치에는 가스 유량을 조정하는 유량계(flow meter), 냉각수 부족시 사고방지를 위한 후로우 스위치(flow switeh) 등이 조립되어 있다.

다) 용접 전원

이미 설명한 바와 같이 플라스마 아크는 자연 아크에 비하여 매우 아크 전압이 높으며 사용하는 토오치, 가스 유량, 가스의 종류에 따른 부하 전압을 가지는 수하 특성의 직류 전원이 필요하다. 특히 전원은 이 요구에 응하여 플라스마 아크 절단용으로 설계된 정지형 직류 전원이며, 표준형 절단 장치에는 400A의 전류값에 대하여 80V의 부하 전압을 가지며, 대용량형에는 35A에 대하여 180V의 부하 전압을 가지는 것이 절단 전원으로 쓰여지고 있다.

3. 특징과 적용

(1) 플라스마 아크의 종류

그림 2-107(a)에 표시한 것과 같은 이행형 아크(transferred arc)에서는, 텅스텐 전극과 모재 사이에서 아크를 발생시켜 핀치 효과를 일으키며, 냉각에는 아르곤 또는 아르곤과 수소의 혼합 가스를 사용하며, 열효율이 높고 큰 용량의 토오치의 제작이 가능하다. 또, 이 형식은 모재가 도전성 물질이어야 한다. 절단시에는 공기나 질소도 혼합하는 때가 많다.

또, 그림 2-107의 (b)에서 보는 바와 같이, 비이행형 아크(non transferred arc)의 경우는 텅스텐 전극과 동제 노즐과의 사이에서 아크를 발생시키는 형식으로, 플라스마 아크 안정도는 양호하며, 토오치를 모재에서 멀리하여도 아크에 영향이 없고 또, 비전도성 물질의 용융이 가능하나 효율은 낮다.

그림 2-107의 (c)는 이행형 아크와 비이행형 아크를 병용한 것으로, 중간형 아크 즉

반이행형 아크(semi transferred)라 부르고 있다. 일반적으로 용접에는 이행형 아크 또는 중간형 아크가 사용되며, 아르곤 가스는 아크 기둥의 냉각 작용과 동시에 텅스텐 전극을 보호한다.

아르곤에 몇 %의 수소를 혼입하면 수소는 아르곤에 비해 열 전도율이 크므로 열적 핀치 효과를 촉진하고 가스의 유출 속도를 증대시킴과 동시에 수소와 같이 2원자 분자 가스에서는, 아크열을 흡수하여 해리되어 원자 상태의 수소로 도면 모재 표면에서 냉각되어 본래의 분자 상태의 수소로 재결합할 때 열을 방출하므로 모재 입열을 증가시킨다.

그러나 모재의 종류에 따라서는 수소에 의한 용접 금속에 악영향도 고려해야 한다.

또, 수소는 폭발 범위가 큰 인화성의 가스이므로, 용기의 조정기 설치부, 토오치 수소 도관, 압력 조정기 등의 가스 누설에 주의를 하지 않으면 폭발 사고가 일어나기 쉬우므로, 취급에 앞서 각별한 주의를 해야 한다.

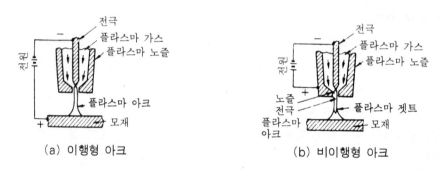

(a) 이행형 아크   (b) 비이행형 아크

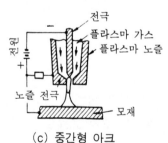

(c) 중간형 아크

그림 2-107 플라스마 아크의 종류

(2) 플라스마 아크 용접의 특징

이 용접법은 열에너지의 집중도가 좋고 높은 온도가 얻어지므로, 그림 2-108에서 보는 바와 같이 용입이 깊고 비드의 폭이 좁은 접착부가 얻어지고, 용접 속도가 빠른 것이 특징이다.

비드 형상은 그림 2-109에서 보는 바와 같이, 표면은 폭이 넓고 이면은 폭이 좁게 되어 있다.

용접 중 크레이터(crate) 부분에 그림 2-110에서 보는 바와 같이, 키 홀(key hole)이라는 작은 구멍이 생기며 이 구멍이 그다지 크지 않는 것이 양호한 용접결과를 얻을 수 있다.

그러므로 키홀의 상태를 항상 바르게 유지할 필요가 있다.

그림 2-108 플라스마 용접과 티그(TIG) 용접의 용입 비교

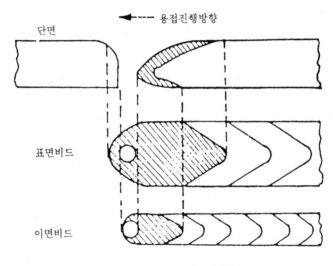

그림 2-109 비드 형상

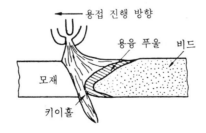

그림 2-110 키 홀의 단면

위에서 설명한 플라스마 아크 용접의 장단점을 살펴보면 다음과 같다.

① 특징

a) 플라스마 젯트의 에너지 밀도가 크고 안정도가 높으며 보유 열량이 크다.

b) 비드 폭이 좁고 용입이 깊다(TIG 용접에 비하여)

c) 용접속도가 크고 균일한 용접이 된다.

d) 용접 변형이 적다.

② 단점

a) 용접 속도를 크게 하면 가스의 보호가 불충분하다.

b) 보호 가스가 2중으로 필요하므로 토오치의 구조가 복잡하다.

(3) 플라스마 아크 용접의 적용

이 용접에서 용접 조건의 한 보기를 표 2-50에 나타내고, 그림 2-111에 스테인리스강에 I형 맞대기 용접할 때의 가장 알맞은 조건을 나타낸다.

표 2-50 플라스마 용접 조건의 한 예

재 질	판 두께 (mm)	전 류 [A](DC SP)	용접속도 (cm/min)	노즐지름 (mm)	플라스마가스유량 (ℓ /min)
스테인리스강 (STS 27)	3	200	40	2.8 M	3
	6	200	20	2.8 M	6
	6	300	25	3.5 M	5
	10	300	15	3.5 S	7
연 강 (SM 53)	6	200	22	3.5 S	3.5
	6	200	22	3.5 M	6
티 탄 (Ti)	2.4	180	55	2.8 M	4.5
	3.2	180	60	2.8 M	5
	4.8	190	40	2.8 M	5.5

이 용접에 가장 알맞은 모재는 스테인리스강, 탄소강, 티탄, 니켈, 합금, 구리 등이고 맞대기 이음에 의해 1층으로 용접을 하는 경우, 두께에 따라 충분한 입열을 가하지 않으면 용접 속도를 어느 정도 느리게 하여도, 속까지 녹지 않아 용융 부족을 일으킨다. 최대한 두께는 모재의 열 전도율, 비열 용융온도 등에 의해 크게 변화하므로, 모재에 따른 알맞은 판두께의 범위도 변화한다. 또, 시일드 가스의 종류에 따라서도 아크의 형상 입열이 크게 변하므로, 스테인리스강 등과 같이 아르곤 가스에 수소를 첨가할 수 있는 모재의 용접에 있어서는, 플라스마 용접의 특징이 최대한으로 발휘된다.

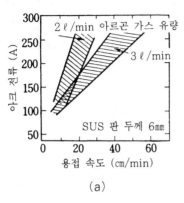
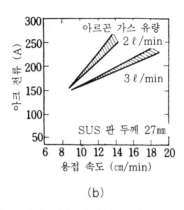

(a)   (b)

그림 2-111   스테인리스강의 플라스마 용접의 가장 알맞는 조건

티탄이나 구리의 용접에 있어서는, 아주 적은 양의 수소를 혼입하여도 용접부가 약화될 위험성이 있으므로, 수소의 혼입을 해서는 안 된다. 따라서 이와 같은 경우에는 수소 대신으로 불활성 가스 중에서 가장 가벼운 헬륨을 쓴다. 이 경우 헬륨 가스는 수소에 비해 플라스마에 작용하는 효과가 약화되기 때문에, 아르곤의 혼합비를 크게 할 필요가 있다.

일반적으로 헬륨 가스는 아르곤 가스에 의해 용접부의 실드 효과가 떨어지며, 같은 실드 효과를 얻으려면 가스 유량을 아르곤에 비해 1.5~2배로 증가시켜야 한다.

4. 플라스마 아크 용접의 안정과 위생

플라스마 아크 용접이나 절단 작업시 안전이나 위생상의 문제로 특히 아크 용접과 다른 점은 전원의 무부하 전압이 높은 점과, 질소 가스 절단에서 발생하는 유해가스의 발생 또는 플라스마 젯트에 의한 괴음 등이다. 기타의 차광이나 스패터(spatter), 흄(fume) 등의 발생에 대해서는 아크 용접과 같은 주위가 필요하다.

플라스마 아크 용접이나 절단에 사용되는 전원은 일반적으로 사용되는 아크 용접기 등에 비하여 2~5배의 높은 무부하 전압이 필요하다. 시판되고 있는 용접 장치에서는 2차축에 전압이 작용하고 있을 때는 제어 장치에 파이로트 램프에 점화되게 되어 있으나 충분한 주의가 필요하다. 플라스마 젯트에 의한 높은 금속음은 일반적으로 90~100혼 정도이지만 공장내 주파의 소음에 비하면 큰 문제는 되지 않는다.

질소 가스를 사용하여 플라스마 아크 절단시, 강한 아크열이나 자외선에 의하여 2산화 질소나 오존(O_3)이 발생한다. 하루 8시간 노동으로 노동자에게 장해가 없는 공기 중의 2산화 탄소의 최대 농도는 5PPM이며, 오전은 0.1PPM이라야 한다. 오존은 이산화탄소와 반응하며 매우 유해한 5산화 질소를 만들 가능이 있다.

한편 실제로 절단작업 중에 발생하는 유해가스는, 9m×15m×6m의 밀폐된 방에서 순

질소 가스를 사용하여 5% Mg가 합금된 알루미늄 합금의 6.4mm t를 플라스마 아크 절단
을 하여 아크 뒤쪽 450mm의 거리 판에 대하여 60° 위쪽에서 흄을 채취하여 분석한 결과
는 오존 0.10PPM 이산화질소 5.4PPM 정도이다. 다시 검지관식 측정법에 의하여 공장
내에서 아크로부터의 거리를 여러 가지로 바꾸어, 이산화질소를 측정한 결과를 표 2-51에
나타낸다.

이상의 결과에서 장소에 따라서는 이산화질소와 오존의 농도에 규정값 또는 그 이상에
달하고 있으나 헬멧내는 매우 적다.

그러나 장시간의 작업에서는 다시 증가될 것이 예상되어 수중절단에서의 질소 가스의
사용은 금해야 한다. 질소 가스를 사용하는 자동용접이나 절단작업에서는 환기 장치 등의
안전대책이 필요하다.

표 2-51 플라스마 아크로부터 각 거리에 있어서의 NO_2 농도

재 료	측 정 위 치	NO_2 농도(PPM)
스테인리스강 (판두께 12mm) N_2 가스 사용	아크 발생점부터 옆방향	12
	〃	7
	〃	0.5
	아크 발생점부터 위 방향	16
	〃	16
	아크 발생점부터 옆방향 35cm의 헬멧내	0.2

2-9. 전자 빔 용접법

1. 특징과 기초 특성

전자 빔 용접(Electron beam welding)은, 높은 진공도 중에서 고속의 전자 빔을 그
림 2-112와 같이 모재에 쬐어 그 충격열을 이용하여 용접하는 방법이다.

전자 빔 용접은 높은 진공($10^{-4} \sim 10^{-6}$mmHg)중에서 행하므로 대기와 반응하기 쉬운 재
료도 용이하게 용접할 수 있으며 또, 전자 빔은 렌즈로 가늘게 조여져 에너지를 집중시킬
수 있으므로 높은 용융점을 가지는 재료의 용접이 가능하다.

특히 그림 2-113에 나타냄과 같이, 아크용접에 비하여 용입이 깊은 점과 아크등에 비
하여 열이 집중되는 점이 특징이다. 표 2-52는 전자 빔과 아크와의 에너지 밀도를 비교한
것이다.

표 2-52 전자 빔 용접과 TIG 용접의 소요 열량 비교

용 접 법	전 압 (V)	용접전류 (A)	용접속도 (mm/min)	소요열량 W(min/mm)	용접폭 : 용입
전자빔 용접	90×10^3	5×10^3	250	1.8	0.65 : 1
TIG 용접	10	270	375	7.2	3.5 : 1

(1) 전자 빔의 물리적 성질

전자 빔은 광선과 같은 법칙에 따르므로 전자 렌즈(magnatic lens)에 에너지가 집중된다. 그러나 전자는 가속함에 따라 에너지를 증대할 수 있는 점에서 빛과 본질적인 차이가 있다. 또한, 전자 빔의 집속에 대해서는 가속전압을 높게 하는 것이 잘 조여진다. 빔의 지름은 거의 가속 전압의 평방근에 역비례하며, 빔 전류에 비례한다.

그리고 전자의 운동에너지의 대부분은 가열에 소비된다고 생각되며, 전자의 충격 압력은 계산상으로는 매우 적다.

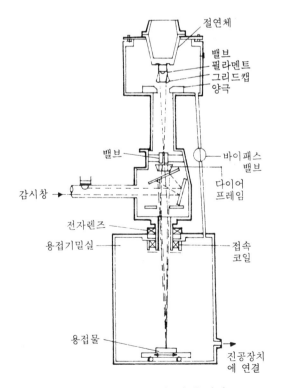

그림 2-112 전자 빔 용접기

즉, 빔 출력이 500W/㎟, 12,000V의 경우 1,530dyne/㎠ 또는 1.56g/㎠ 정도가 된다.

또, 전자의 침식깊이에 대해서는 가속전압 5~100KV의 범위에서는 수 미크론(micron) 정도로 근소하다.

X선 장해의 문제는, X선량은 가속전압에는 자승적으로 또, 빔 천류값에는 비례적으로 증가한다. 일반적으로 가속전압이 35KV 이하에서는 연 X선을 발생하나, 이것은 납유지나 기밀실 벽으로 방호할 수 있다. 60KV 이상이 되면 경 X선이 되어서 대책이 곤란하다.

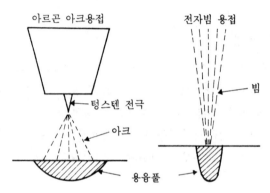

그림 2-113 용접법에 따른 용융 풀의 차이

(2) 전자 빔 용접의 특징

전자 빔 용접법에는 분위기 순도에너지의 집중화, 깊은 용입 등 다른 용접부에서 볼 수 없는 특징이 있으며 이 특징을 살린 독특한 적용이 고안되고 있다.

① 유해 가스량

전자 빔 용접법의 특징은 높은 진공중(10^{-4}~10^{-6}mmHg)에서 용접하는 점이다. 따라서 용접부가 대기중의 산소, 질소 등에 오염되지 않는다. 현재 용접에 사용되는 아르곤(Ar)의 순도를 99.98% 정도라고 보면 산소, 질소, 수소 등의 불순물이 아르곤 중에 함유되는 비율은 0.02%(200PPM)이다.

이것에 비하여 10^{-4}mmHg의 높은 진공중의 불순물은 0.13PPM(0.000013%)이 되므로 전자빔 용접에서는 대기에 의한 오염은 고려할 필요가 없다.

② 정밀 용접

빔 출력은 정확하게 제어할 수 있으므로, 박판에서 후판까지 광범위한 용입이 가능하다. 특히 마이크로(micro) 용접관계에서는 작은 물건의 용접을 점밀하게 할 수 있으며, 또한, 다듬질 정밀도를 정확하게 할 수 있는 점이 특징이다.

③ 깊은 용입

빔 용접에서는 용입이 깊은 것이 특징이다. 이 특징을 이용하면 종래 다층용접을 하였던 두꺼운 판도 단 한번의 일층으로 용접을 완성할 수 있어, 앞으로 두꺼운 판의 용접법으로 기대된다. 용접 입열이 같은 경우에도 출력이 클수록 깊은 용접이 얻어지며, 출력이 적어지면 용입은 아크 용접과 같아진다.

④ 성분변화

합금 성분이 모재 금속의 용접 부근에서 높은 증기압을 나타낼 때 용접으로 인하여 증발하는 결점이 있다. Al합금 중의 Mg, 철강 중의 Mn, Zr 합금 중의 Sn 등이 이들에 속하며, 성분 변화로 인하여 용접부의 기계적 성질이나 내식성의 저하를 가져올 위험성이 있다.

⑤ 용접결함

산소, 질소, 수소 등의 불순물을 다량으로 함유하는 금속에서는 증발 현상과 용접부의 냉각조건이 관련되어, 용접부에 기공 기타의 용접결함을 일으킬 가능성이 있다. 전자 빔 용접은 감압중의 용접으로 용입이 길으며 냉각속도가 **빠를**수록 문제가 된다. 그러나 가공재나 열처리에 대하여 소재의 성질을 저하시키지 않고 용접할 수 있는 점은 매우 우수하다 하겠다.

⑥ 가스의 제거

높은 진공중에서 용접하면 합금원소나 불순물이 휘발하여 성분이 변화된다. 휘발반응은 재료의 종류, 진공도, 가열온도와 시간 등에 따라 당연히 변화하나, 일반적으로 휘발물질의 증기압이 10^5기압 이상이 되면 빨리 진행된다. 따라서 산화물의 휘발반응을 이용한 탈산의 효과도 기대된다. 또, 금속 탈산제를 첨가하여 그 휘발 반응을 이용한 탈산의 효과도 기대된다. 또, 금속 탈산제를 첨가하여 그 휘발 반응을 이용하는 산소제거 등도 생각할 수 있다.

2. 전자 빔 용접장치

전자 빔 용접장치는 전자 빔을 발생하는 전자 빔 전(electron beam gun)과 공작물을 올려놓는 공작대(carriage)가 높은 진공의 용기 속에 밀폐되어 있으며, 이들을 용기 밖에서 자유로이 구동 제어하며 용접은 용기에 설치된 감시창을 통하여 공작물을 관찰하면서 진행한다. 이와 같은 진공이 필요한 이유는 10^{-3}mmHg보다 높은 기압의 분위기 속에서는 공간이 전리되어 방전 현상을 일으키기 때문이다.

그림 2-114는 전자 빔 건을 나타낸 것으로서, 높은 진공속에서 텅스텐 필라멘트(tungsten filament)를 가열시키면 많은 열전자가 방출되며, 이 전자의 흐름은 그리드(grid)에서 집속이 되고 애너드(aned)에 의해 가속되어 고속도의 전자 빔을 형성한다. 이 전자 빔은 다시 전자렌즈(magnetic lens)라 부르는 집속코일을 통하여 적당한 크기로 만들어

용접부에 조사한다.

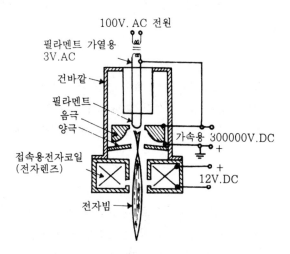

그림 2-114　전자 빔 건의 단면도

　가속된 강력한 에너지(energy)가 전자렌즈에 의해 극히 적은 면적에 집중적으로 조사되므로, 공작물의 조사부는 순간적으로 용융되어 극히 좁고 깊은 용입이 얻어진다. 그리고 가속전압을 높여 빔의 집중을 아주 좁게 하면 큰 에너지의 집중이 되므로 드디어 조사부가 짧은 시간에 증발하게 되어 고속의 절단이나 천공을 용이하게 할 수 있다.

　이와 같이 가열 면적이 극히 좁으므로 용접 변형이 적고 모재의 성질을 변화시키지 않고 용접할 수 있다. 또, 진공 속에서 용접을 하기 때문에 공기중의 유해한 원소(산소, 질소)가 용접 금속을 오염시키는 일도 없으므로 티탄(Tr), 모리브덴(Mo), 지르코늄(Zr), 탄탈(Ta) 등의 활성 금속이나 실리콘(Si), 게르마늄(Ge)등의 반도체의 재료도 용접할 수 있다.

　전자 빔 용접법을 크게 분류하면 두가지로 나눌 수 있다. 즉 하나는 용접분위기 즉 진공도에 의한 방법이며, 다른 하나는 전류와 전압 등의 전기적 분류방법이다.

$$
\text{전자 빔 용접}
\begin{cases}
\text{전기적인 분류}
\begin{cases}
\text{저전압 대전류형(미국식, 용접에 이용)} \\
\text{고전압 소전류형(독일식, 천공·절단에 이용)}
\end{cases} \\[2ex]
\text{진공도에 의한 분류}
\begin{cases}
\text{대기압형} \\
\text{고진공형}(10^{-3}\text{mmHg 이하}) \\
\text{저진공형}(10^{-4}\text{mmHg 이상})
\end{cases}
\end{cases}
$$

　현재 각국에서는 용접장치를 전기적으로 분류해서 가속 전압 70～150KV의 고전압 소전류형의 것과, 가속 전압 20～40KV의 저전압 대전류형의 것으로 크게 나눈다.

전자는 독일의 자이스(zaiss)사의 것이고, 후자는 미국의 사이키(sciaky)사의 것이다.

고전압형의 것은 전자 빔의 집속이 쉬워 천공이나 절단 등에 적합하며 전압이 높을수록 다량의 X선이 발생되므로 안전한 보호 장치가 필요하다.

한편 용접만을 하는 경우는 용접부의 온도가 비점에 달하도록만 하면 되는 관계로, 빔의 집중이 별 문제가 되지 않으므로 X선 장해의 위험이 없는 저전압형의 것이 좋다.

3. 전자 빔의 응용

전자 빔은 활성금속의 용접, 정밀 부품의 용접, 깊은 용입의 용접 등에 응용한다. 장치도 용도에 따라 고도의 전문화, 대형화의 방향으로 되어가고 있으며 재료도 금속을 위시하여 비철금속 부분까지 적용이 검토되고 있다.

(1) 천공

우선 천공에 대해서는 계기용 보석 베어링의 구멍뚫기($0.025 \sim 0.04\phi$)나 나일론사의 분출 노즐의 천공에 응용되고 있다. 천공에는 전자렌즈로 빔을 조이는 것이 중요하다. 현재 빔의 지름은 공작물 면에서 0.01㎟ 정도가 가능하다. 또한, 천공에는 단속 빔의 사용이 불가능하다.

두께 0.5㎜의 스테인리스강에 홈의 폭 0.05㎜, 길이 0.8㎜의 +자형의 홈을 팔 수 있으며, 이 홈의 폭과 길이의 비는 $1 : 10$ 이지만, $1 : 40$ 비율의 홈을 $2 \sim 3\%$의 정밀도로 가공할 수 있다.

(2) 후판의 용접

전자 빔 용접부는 용입이 깊다. 따라서 오늘날 후판의 용접에 실용화되어 가고 있으며, 판두께 125㎜의 알루미늄 합금의 맞대기 이음을 표면과 이면에서 각 1층으로 완전히 용입되는 용접이 가능하다. 이 때의 용접 조건은 30KV, 500MA 약 80㎝/min이며, 비드 폭은 약 5㎜이다.

또한, 스테인리스강의 판두께 50㎜정도의 맞대기 용접도 가능하다.

(3) 미크론(μ : micron : $1/1,000\text{㎜}$) 용접이 가능하다.

전자 빔은 에너지 밀도가 높으며 또한, 그 제어를 정밀하게 할 수 있으므로, 전자 공학 관련 마이크로(ml : micro) 부품의 정밀 용접에 응용되고 있다.

즉 8㎜의 정사각형의 세라믹(ceramics)판 위에 Cr-Ni 층을 증착시켜, 이것에 50μ의

폭의 홈을 파서 저항체를 만들거나 이것에 도선을 용접하고 있다. 전자 소자는 열에 민감
하므로 용접점만을 국부적으로 가열할 필요가 있다. 빔을 진동시키거나 파루스 제어가 행
해지나 스포트 용접(spot welding)에서는 용접시간이 수분의 1초이다.

2-10. 일렉트로 슬랙 저항과 일렉트로 가스 아크 용접법

1. 일렉트로 슬랙 저항 용접

(1) 원리

일렉트로 슬랙 저항 용접(Electro-slag resistance welding)은 용융 용접의 일종으로
서, 아크가 아닌 와이어와 용융 슬랙 사이에 통전된 전류의 저항열을 이용하여 용접을 하
는 특수한 용접법이다.

용접원리는 그림 2-115와 같이 용융 슬랙과 용융 금속이 용접부에서 흘러나오지 못하
도록 모재의 양측에 수냉식 구리판을 대어 미끄러져 올라가며, 와이어를 연속적으로 공급
하여 슬랙 안에서 흐르는 전류의 저항열로 와이어와 모재 용접부를 용융시키는 것으로서
연속 주조형식의 단층용접법이다.

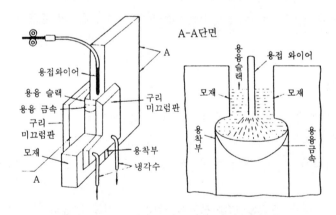

그림 2-115 일렉트로 슬랙 용접법의 원리

즉 아크를 발생시키지 않고 와이어와 용융 슬랙과 모재를 흐르는 전기 저항열 Q=
0.24EI cal/sec(E : 전극 팁과 모재 사이의 전압, I : 용접 전류)에 의하여 용접한다.

그림 2-115는 와이어가 하나인 경우(두께 120mm까지 가능)를 나타낸 것이며, 와이어를
2개 사용하면 100~250mm, 3개 이상 사용하면 250mm이상 두께의 용접도 가능하다.

(2) 특성

이 용접법의 주된 장점은 두꺼운 강판의 용접에 적합하며, 홈의 형상은 I형 그대로 사용되므로 용접홈 가공준비가 간단하며, 각변형이 적어 용접시간을 단축할 수 있으며, 능률적이고 경제적인 점이다. 그러나 용접부의 기계적 성질 특히 노치인성이 일반적으로 나쁘며 그 개선 방향이 문제점으로 남아 있다.

용접전원으로는 정전압형의 교류가 적합하며, 용융 슬랙이 형성되어 아크 발생이 멎는 준안정 상태에서는 스패터(spater)가 발생하지 않고 조용하며, 금속의 회수율은 100%이다.

용접 속도는 일반 아크 용접과 달라 상진 용접으로 다음 식으로 나타낸다.

$$V_s = \frac{\pi}{4} \frac{d^2 \sqrt{\ln}}{tb} (m/h)$$

위 식에서 V_s : 전극 와이어 공급속도, d : 전극 와이어 지름(㎜) 일반적으로 2.5~3 ㎜정도, t : 판 두께(㎜) 일반적으로 50~80㎜ 정도, b : 루트간격(㎜) 약 28~34㎜, n : 전극 와이어의 가닥수(1~3가닥)

와이어의 송급 속도의 대수와 용접 전류와의 사이에는 직선적인 관계가 있어 와이어 송급속도를 크게 하면 용접전류는 크게 되나 용접의 안정성은 나쁘게 된다. 또, 강철 와이어 1㎏당 소비 전기 에너지는 와이어 송급 속도가 크게 되면 저하된다. 즉 송급 속도가 200 에서 400m/h로 2배가 되면 전기 에너지의 값은 20%이상으로 감소된다.

용접금속의 용입은 그림 2-116에 나타냄과 같이 "a"의 값으로 나타낸다. 이 용입은 전압에 의하여 크게 변화한다. 즉 전압이 높아지면 용입은 깊어진다.

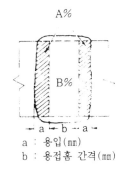

a : 용입(㎜)
b : 용접홈 간격(㎜)

그림 2-116 일렉트로 슬랙 용접 금속의 융합과 용입

이 용접법은 서브머지드 아크 용접의 경우와 비교하여 후락스의 소비량이 매우 적다. 와이어 소비량의 약 1/20 정도이다.

용융 슬랙의 최고 온도는 1,800℃내외이며 용융 금속의 온도는 용융 슬랙과 접촉되는 부분이 가장 높으며, 약 1,750℃정도로 슬랙과 용융 금속과의 야금 반응은 비교적 진행되지 않는다. 따라서 용융 금속은 일반적으로 와이어와 모재의 단순한 혼합물이라 보여지므로 그 개략적인 화학성분을 계산할 수가 있다.

그 혼합비율은 그림 2-117에서 일반적으로 A=40%가 모재, B=60%가 와이어로 이루어진다.

용접금속은 일반적으로 슬랙의 잠입이 실제로 발생하지 않으며 기공이 적고 수소나 질소의 함유량이 적다. 그저나 림드강(Yimmed steel)의 용접은 곤란하며 와이어의 재료로서 킬드강(killed steel)을 사용할 필요가 있다.

이 용접 방법에 의한 용접열 사이클은 그림 2-117에 나타냄과 같이 매우 완만하며 용접부의 경화는 적으나 결정입이 거칠고 노치인성이 저하하는 경향이 있다. 또, 조질강을 용접한 경우에는 넓은 연화층을 일으켜 이음효율이 떨어질 염려가 있다. 즉 위에서 설명한 특성을 간추려 보면 다음과 같다.

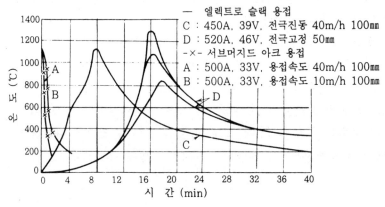

그림 2-117   본드 부근의 일렉트로 슬랙 용접 열 사이클과
서브머지드 아크 용접 열 사이클의 비교

① 매우 능률적이다.

전극 와이어는 φ3.0mm정도이지만 2~3가닥을 전극으로 사용하거나 판두께의 방향으로 적극 와이어를 왕복 이동시키면서 용접하는 경우도 있다. 때에 따라서는 띠모양의 전극 (band wire)를 사용하기도 한다.

② 후락스 역할이 크다.

후락스는 아크를 에워싸 용접부근의 후락스는 용융되어 전극과 모재 사이에 저항열을 발생시킨다. 또, 최초에 공급한 후락스는 용융금속부를 에워싸고 상승하므로 후락스의 소모량이 극히 적다.

③ 용접부의 기계적 성질이 양호하다.

단일종의 주조에 가까운 용접법으로 용접부는 수직이나 그것에 가까운 상태가 아니면 사용할 수 없다.

(3) 용접 장치

일렉트로 슬랙 용접장치의 기종은 매우 다양하며 이것을 분류하면 안내 레일형, 무 레일형, 원둘레 이음 전용형, 간이경량형 등이 있다.

이들 가운데 안내 레일형은 가장 기본적이며 표준형이라고 말할 수 있으며 그 구조는 용접전원, 안내 레일, 제어상자, 와이어 송급장치, 냉각장치 등으로 구성되어 있다.

무 레일형은 그림 2-118과 같이 모재의 용접홈 자체를 안내하여 용접기 본체가 주행하는 것으로 수직 또는 경사평면, 곡면 등 어느 경우나 맞대기 이음을 할 수 있으며, 원둘레 이음 전용형에는 원통의 위쪽에 설치된 보에서 용접기 본체를 매달은 형식과 수직 난내 레일로 지지하는 것이 있다.

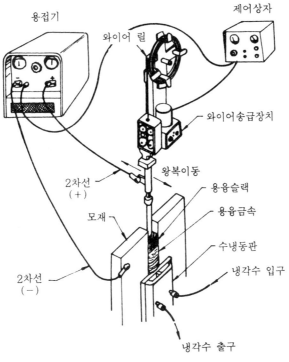

그림 2-118 소모 노즐식 용접장치(무 레일형)

간이 경량형에는 마그넷 주행형이 있으며, 이것은 형태가 작고 간편하여 판두께 20~60㎜정도의 용접에 적합하다. 또, 이것은 구동 모우터를 모재에 부착하기 위한 2개의 전자석을 가지고 있다.

이외에 특수한 것으로 18개의 여러전극으로 판두께 1,000㎜까지 용접이 가능한 다전극
식과 평판 전극식(두께 12㎜, 최대폭 280㎜)등도 있다.

(4) 용접 방법

소모 노즐식은 소련에서 개발된 용접으로, 동재의 노즐 대신에 강 파이프의 노즐을 사용
하여 용접 와이어를 강파이프 노즐 속을 통하여 송급하면 강파이프 자체도 용융시키는 방
법이다. 또한, 살이 두꺼운 강 파이프에 용제를 도포한 피복 소모 노즐을 사용하는 방법도
있다. 이 피복제는 슬랙의 생선과 탈산제나 합금원소 첨가 등으로 좋은 용접결과를 얻을
수 있다.

교류나 직류의 수하특성 전원을 사용할 때에는, 와이어 송급장치는 전압제어 방식으로
하고 정전압 특성의 전원을 사용할 때에는 정속도 와이어 송급장치로 한다.

비소모 노즐식을 송급 와이어의 안내 역할만을 하며 노즐은 용융되지 않는다. 그러므로
용접 속도가 소모노즐식에 비하여 느리거나 노즐을 갈아 끼울 필요성이 없어 연속적인 용
접을 진행할 수 있고, 용접 이음부의 결함을 방지할 수 있는 이점이 있다.

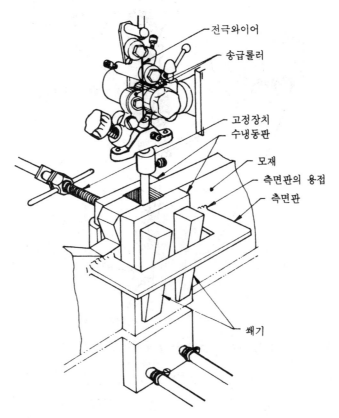

그림 2-119　용접전 조립상태(비소모 노즐식)

A) 조립시 주의할 점

그림 2-119는 비소모 노즐식 용접방법으로 용접전 정확한 조립을 나타낸 것으로 다음
과 같은 주의사항이 필요하다.

ⓐ 수냉 동판과 모재사이에 용융금속이 유출되는 일이 없도록 정확한 조립을 해야 한다.

ⓑ 용접 끝단부는 수축공 등 결함이 발생되므로 20~30㎜정도 보조판(End tap)을
대고 용접해야 한다.

ⓒ 용접 시작시에는 아크 용접열을 이용하므로 용제를 20~30㎜정도 미리 살포한 후
용접을 시작하고 아크가 불안정한 경우 용제를 소량 다시 첨가한다.

ⓓ 노즐 삽입시 중심이 일치하지 않으면 한쪽면에만 용입과다 현상이 발생되어 용융
금속이 유출될 위험이 있다.

ⓔ 용접을 중단할 경우 보수가 어려우므로 작업도중 용접이 중단되는 일이 없도록 사
전준비에 만전을 기해야 한다.

B) 용접 재료

ⓐ 용접용 와이어

연강용접에 사용되는 와이어는 서브머지드 아크 용접에서 사용하는 것과 같은 것
을 사용한다. 이것은 탄소(C) 0.10~0.18%, 망간(Mn) 0.35~1.10%의 저합금
강으로 이루어진다. 또, 고장력강에는 탄소(C) 0.35%이하, 망간(Mn) 1.20% 이
하, 규소(Si) 1.20% 이하, 크롬(Cr) 0.2~0.6%, 모리브덴(Mo) 0.6% 이하의
것을 사용한다.

와이어의 지름은 2.5~3.2㎜정도의 실체 와이어(솔리드 와이어) 또는 복합 와이어
(콤바인드 와이어)를 코일(coil)모양으로 감은 것이 사용된다.

ⓑ 용접용 용제

일렉트로 슬랙 용접용 용제(flux)는 일반적으로 서브머지드 아크 용접에 비하여
소모량은 1㎏의 용착금속에 대하여 약 50g정도로 매우 적다.

표 2-53 일렉트로 슬랙 용접용 용제의 화학성분(%)

용 제	AN-8	AN-22	FZ-7	용 제	AN-8	AN-22	FZ-7
SiO_2	33~36	18~22	46~48	Na_2O또는 K_2O	−	1.3~1.7	0.6~0.8
Al_2O_3	11~15	19~23	~3	P	0.15 이하	0.15이하	0.15 이하
MnO	21~26	7~9	24~26	FeO	~1.5	~1.0	~1.5
CaO	4~7	12~15	16~18	CaF_2	13~19	20~24	5~6
MgO	5~7	12~18	16~18	S	0.15 이하	0.15 이하	0.15 이하

용제는 가능한 한 많은 양의 슬랙을 생성하여 수냉 동판과 용착금속과의 경계에

슬래의 얇은 막을 만드는 것이 좋다. 용제의 주성분으로는 산화규소(SiO_2), 산화 망간(MnO), 산화알미늄(Al_2O_3) 등으로 되어 있다. 표 2-53은 일렉트로 슬랙 용 접용 용제의 화학 성분을 나타낸다.

2. 일렉트로 가스 아크 용접

(1) 원리

일렉트로 가스 아크 용접(electro gas arc welding)은 일렉트로 슬랙 저항 용접의 특 징 있는 조작과 이산화 탄산가스 아크 용접, (CO_2 gas arc welding)을 조합한 아크용접 의 일종이다.

일렉트로 슬랙 저항 용접이 용제를 사용하여 용융 슬랙속에서 전기저항열을 이용하고 있는데 비해, 일렉트로 가스 아크용접은 그림 2-120과 같이 주로 이산화탄소를 보호 가 스로 사용하여 이산화탄소 분위기 속에서 아크를 발생시키고 그 아크열로 모재를 용융시 켜 접합한다.

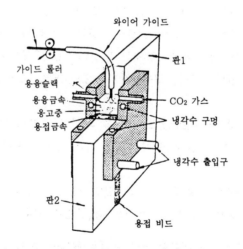

그림 2-120 일렉트로 가스 아크 용접의 원리

이 용접법은 이산화탄소를 사용하고 일렉트로 슬랙 저항 용접과 같이 수냉식 동판을 사 용하고 있으므로, 이산화탄소 엔크로즈 아크 용접(CO_2 enclosed arc welding)이라고도 한다.

(2) 특징

일렉트로 가스 아크 용접은 수동용접에 비하여 약 4~5배의 용접속도를 갖으며, 용착금속량은 10배 이상이나 된다. 또, 수동용접의 수직자세에서는 용접금속의 낙하나 스패터 등의 손실을 고려해야 하나, 일렉트로 가스 아크 용접에서는 전혀 고려할 필요가 없으므로 결과적으로 용착효율 95% 이상이 된다.

① 판두께에 관계없이 단층으로 수직상진 용접한다.

② 판두께가 두꺼울수록 경제적이다.

③ 용접홈의 기계가공이 필요 없으며 가스절단 그대로 용접할 수 있다.

④ 용접장치가 간단하며 취급이 쉽고 고도의 숙련을 요하지 않는다.

⑤ 용접속도는 자동으로 조절된다.

⑥ 정확한 조립이 요구되며 이동용 냉각동판에 급수장치가 필요하다.

⑦ 스패터 및 가스의 발생이 많고 용접 작업시 바람의 영향을 많이 받는다.

⑧ 수직상태에서 가로경사(수평경사) 60~90° 용접이 가능하며, 수평면에 대해서 45~90° 경사 용접이 가능하다.

(3) 용접장치

일렉트로 가스 아크 용접 장치의 기종은 여러 종류가 있으며 이것을 분류하면 안내 레일형, 무레일형, 원둘레 이음전용형, 간이 경량형 등이 있다. 그림 2-121에서와 같은 안내 레일형이 가장 많이 사용되고 있으며 이것을 표준형이라고도 한다.

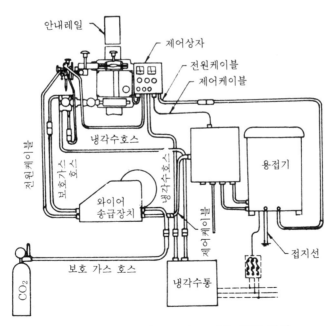

그림 2-121 일렉트로 가스 아크 용접 장치

이 안내 레일형의 구조로는 용접전원과 와이어 송급장치, 제어장치, 용접토오치, 냉각수 공급장치, 가스 조정기와 공급호스, 안내레일 등으로 구성되어 있다.

(4) 용접 방법

V형 맞대기 용접은 그림 2-122에서와 같이, 개선면 뒤쪽에 뒷댐재(backing)를 부착하고 그 전면에서 수냉장치가 구비된 동판을 부착한 후, 용접속도와 동일하게 움직이면서 용융금속의 용락을 방지하며 용접을 진행한다.

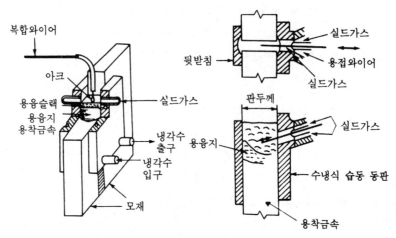

그림 2-122　일렉트로 가스 아크 용접법

용재가 들어있는 와이어(복합 와이어 : conbined wire)가 일정한 속도로 공급되면 그 선단과 모재 또는 용융금속 표면과의 사이에서 아크가 발생된다. 이때 보호가스는 모재사이의 틈속으로 보내져 아크와 용융금속을 보호하게 된다.

보호가스는 아르곤(Ar), 헬륨(He), 이산화탄소(CO_2) 또는 이들을 혼합한 가스를 사용하나, 주로 사용되는 가스는 CO_2 가스를 많이 사용하고 있다. 가스의 유출량은 CO_2 가스의 경우 $25 \sim 30 \, \ell/\text{min}$ 정도가 적합하다.

(5) 용접 시공

A) 조립방법

ⓐ 조립정도 유지는 2㎜이하가 되어야 한다.

ⓑ 받침재(strong back)조립은 용접선에 따라 300~400㎜ 간격으로 개선면 뒤쪽에 조립한다.

ⓒ 용접 시단부와 종단부에는 재질이 모재와 같은 보조판을 그림 2-123과 같이 설치

한다.

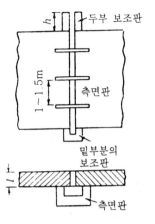

그림 2-123 용접전의 보조공작

ⓓ 개선면 내부에는 가용접을 해서는 안되며, 홈의 각도는 철판의 두께에 따라 30~
50±5°를 유지해야 한다.

ⓔ I형홈의 루트 간격은 12~22㎜, V형홈의 루트 간격은 1~7㎜가 적합하다.

ⓕ 개선형상에 알맞는 수냉 동판을 선택해야 한다.

ⓖ 풍속 3m/sec이상에서는 바람막이 장치를 설치해야 한다.

2-11. 스터드 용접

1. 원리와 구조

스터드(stud)라 함은 압정, 장식못, 장식 보턴 등을 의미하나 용접에서는 볼트, 환봉,
핀(pin) 등을 말한다. 그림 2-124에 스터드의 여러 가지 종류를 나타낸다.

스터드를 용접하는 방법에는 저항 용접법, 가스 용접법, 축격 용접법 등이 있으나, 스터
드 용접(stud welding)은 모재와 스터드 사이에서 아크를 발생시켜 이 아크 열로서 모재
와 스터드 끝면을 용융시켜, 스터드를 모재에 눌러 융합시켜 용접을 행하는 자동 아크 용
접의 일종이다. 이 용접이 보통 아크 용접과 다른 점은 스터드의 끝에 아크의 안정이나 탈
산의 역할을 하는 용제를 충전하거나 용제를 방사하여 부착시킨다. 또, 아크가 발생하는
외주에는 내열성의 도기로 만든 페룰(ferrule)로 포위하는 점이다.

이 용접법은 상품명으로 사이크 아크(cyc arc) 또는 넬슨(Nelson)등의 이름이 있다.

그림 2-124　여러 가지의 스터드

　그림 2-125에 나타낸 것은 간단한 스터드 용접기인데, 그 구성은 용접건(welding gun) 및 스터드 용접 헤드(stud welding head), 모든 세기를 조정하는 제어장치, 스터드, 페룰, 용제 등으로 되어 있다.

　용접 전원으로는 직류, 교류, 어느 것이라도 사용되나 현장 용접에서는 용접 전류 케이블이 길어 이것에 수반되어 전압 강하, 아크의 불안정 등이 문제가 되어 현재에는 세렌 정류기를 사용한 직류 용접기가 많이 사용되고 있다.

　용접건(welding gun) 끝에 스터드를 끼울 수 있는 스터드 척(stud chuck), 내부에는 스터드를 누르는 스프링 및 잡아당기는 전자석(solenoid), 통전용 방아쇠(trigger) 등으로 구성되어있다. (그림 2-126 참조)

　용접을 하고자 할 때는 먼저 용접건의 스터드척에 스터드를 끼우고 스터드 끝 부분에는 페룰이라고 불리우는 둥근 도자기를 붙인다.

　다음에 통전용 방아쇠를 당기면 전자석의 작용에 의해 스터드가 약간 끌어 올려진다. 이때 모재와 스터드 사이에서 아크가 발생되어 쌍방이 용융된다.

아크 발생 시간(통전 시간)은 모재의 두께 및 스터드의 지름에 알맞게 미리 제어 장치로 조정해 두면, 소정 시간아크가 발생된 후 소멸됨과 동시에 전자석(솔레노이드)에 전류가 차단됨으로 스터드를 잡아당기던 것이 스프링에 의해 용융 풀에 눌러지므로 용접이 된다. 최후에 스터드에서 척을 빼고 페룰을 파괴하여 제거하면 용접이 완료된다. 일반적으로 아크 발생 시간은 0.1~2초 정도로 한다.

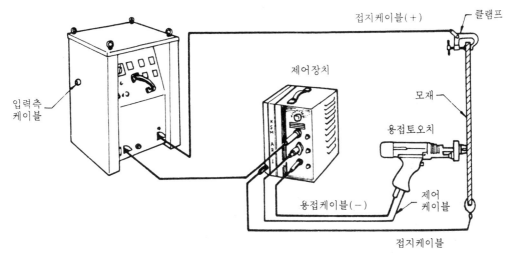

그림 2-125　스터드 용접장치

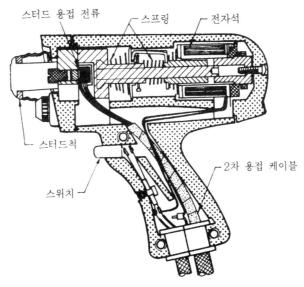

그림 2-126　스터드 용접 토오치(gun)의 단면도

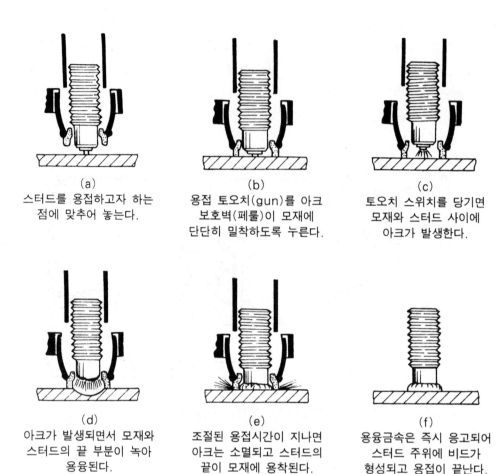

(a)
스터드를 용접하고자 하는 점에 맞추어 놓는다.

(b)
용접 토오치(gun)를 아크 보호벽(페룰)이 모재에 단단히 밀착하도록 누른다.

(c)
토오치 스위치를 당기면 모재와 스터드 사이에 아크가 발생한다.

(d)
아크가 발생되면서 모재와 스터드의 끝 부분이 녹아 용융된다.

(e)
조절된 용접시간이 지나면 아크는 소멸되고 스터드의 끝이 모재에 용착된다.

(f)
용융금속은 즉시 응고되어 스터드 주위에 비드가 형성되고 용접이 끝난다.

그림 2-127 스터드 용접 방법

(1) 스터드

스터드는 보통 5~16mm ∅ 정도의 것이 많이 쓰이며 용도에 따라 여러 가지가 있다. 용접부의 형상은 대부분 원형이며 용접성 때문에 형상 치수에 제약을 받는 장방형이다. 스터드의 끝부분은 그림 2-128에 표시한바와 같이, 탈산제를 충진 또는 부착시켜 용접부의 기계적 성질을 개선하고 있으며 용접부의 단면적이 증가함에 따라 용접성도 증가된다.

(2) 페룰

페룰은 내연성의 도기로 만들며 그 지름은 스터드의 지름보다 다소 크고, 모재와 접촉하는 부분은 그림 2-129에 나타낸 것과 같이 홈이 파져 있다. 이 홈은 페룰 내부에서 아크열 때문에 발생된 가스를 방출함과 동시에 내부의 공기를 볼아내어, 이것에 의한 피해를 막기 위함이다. 또, 용접부가 페룰로 둘러싸여 있기 때문에 열 방출이 원만해지는 효과도 있다.

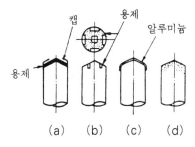

그림 2-128 스터드 끝 부분의 처리

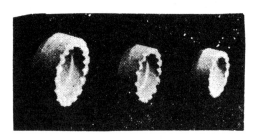

그림 2-129 페룰의 형상

2. 스터드 용접의 적용 및 특성

스터드 용접에서는 탭작업, 구멍 뚫기 등이 필요없이 모재에 볼트나 환봉을 용접할 수 있기 때문에, 그 응용 범위는 철골 구조 관계(교량의 합성이나 철골 건축의 합성에 이용되는 스터드), 건축관계, 조선 관계, 자동차, 전기 관계, 기타 보일러 집진장치, 맨 홀 볼트 등에 이용되고 있다.

이 용접의 특징을 열거하면 다음과 같다.

ⓐ 아크 열을 이용하여 자동적으로 단시간에 용접부를 가열 용융해서 용접하는 방법이므로 용접 변형은 극히 적다.

ⓑ 용접 후의 냉각 속도가 비교적 빠르므로 모재의 성분이 어느 것이든지 용착 금속부 또는 열 영향부가 경화되는 경우가 있으나 C : 0.2%, Mn : 0.7% 이하이면 균열의 발생이 없다.

ⓒ 통전 시간이나 용접 전류가 알맞지 않고 모재에 대한 스터드의 눌리는 힘이 불충분할 때에는 외관상으로는 별 지장이 없으나, 양호한 용접결과는 얻어지지 않는다. 그러나 알맞는 조건하에서 작업을 하면 항상 양호한 용접 결과가 얻어진다.

ⓓ 철강 재료 외에 구리, 황동, 알루미늄, 스텐리스강에도 적용된다.

이 용접에 쓰이는 스터드와 모재의 재질은 아크 용접이 되는 재질이면 가능하나 용접후의 냉각 속도가 빠르기 때문에 제한되는 경우도 있다.

대체적으로 모재가 급열 급냉되기 때문에 저탄소강이 좁고 고탄소 강은 용접부 또는 열영향부의 경도가 높아진다. 표 2-54는 스터드 및 모재의 재질에 대하여 스터드 용접이 되는 것을 직선으로 연결한 것이다. 스테인레스강은 연강에 비하여 아크 발생시에 단락(short)되기 쉽기 때문에, 연강의 경우보다 전류값을 크게 하여 시간을 짧게 하고 스터드와 모재 사이의 간격을 크게해서 용접하는 것이 좋다.

표 2-54 스터드 용접이 되는 재질

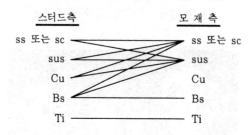

제 3 장
기타의 용접법

3-1. 테르밋 용접법

1. 기초

테르밋 용접법(thermit welding process)이란 원리적으로는 산화금속과 알루미늄 사이의 탈산반응을 용접에 응용한 것으로, 강철용 테르밋제의 보기를 들어 설명하면 다음식의 화학반응을 기본으로 한다.

$$3Fe_3O_4 + 8Al = 9Fe + 4Al_2O_3 + 702.5kal$$

$$Fe_2O_3 + 2Al = 2Fe + Al_2O_3 + 189.1kcal$$

$$3FeO + 2Al = 3Fe + Al_2O_3$$

반응은 매우 강렬하며 생성되는 철의 이론적 온도는 약 3,000℃에 도달한다. 반응자체는 폭발적이 아니며, 더욱이 반응개시에 약 1,000℃를 필요로 하므로 그 취급은 비교적 안정한다.

실제로 쓰여지고 있는 강철용 테르밋제는 산화철 분말(FeO, Fe_2O_3, Fe_3O_4)과 알루미늄 분말의 혼합물에 반응시간과 생성물의 온도를 적당하게 제어함과 동시에, 용착금속의 기계적 성질을 각 사용목적에 적합하게 하기 위하여 연강편 합금철 등을 가한 것으로 점화재(과산화바륨, 알루미늄 등의 혼합 분말)에 의하여 반응을 시작시킨다. 이때의 생성강의 온도는 2,100℃정도이다.

이 용접법은 대별하면 다음의 3종류로 분류된다. 즉 용융철을 합금의 목적에 사용하지 않고 슬래그나 용융철의 열을 이음면의 가열에만 사용하여 압접하는 가압 데르밋법, 용착강을 주형으로 둘러 싸여진 이음부에 주입하여 용접하는 용융 테르밋법, 그리고 맞대기 단면중의 일부는 용융 테르밋법 나머지는 가압 테르밋법에 의하여 한 용접부를 형성하는 조합 테르밋법 등이다.

2. 가압 테르밋법

가압 테르밋법(pressure thermit welding)은 테르밋 반응에 의해서 만들어진 반응 생성물에 의해 모재의 끝면(용접부)을 가열하고, 센 압력을 가하여 접합하고자 하는 일종의 압접이다. 이 방법은 먼저 모재의 양끝면을 깨끗이 청소하고 주철제 주형으로 포위하여 용융 금속과 슬랙의 비중차를 이용해서, 모재와 주형의 내면이 슬래그로 채워져 용융금속에는 접하지 않도록 용융 슬랙을 이용하여 급가열하고, 모재 양끝면에 압력을 가하여 압접하는 것이다. 그러므로 이 용접법에서는 용융금속은 전혀 쓰이지 않는다.

3. 용융 테르밋법

용융 테르밋법(fusion thermit welding)은 현재 가장 널리 사용되고 있는 방법으로, 테르밋 반응에 의해서 만들어진 용융금속을 접합 또는 덧붙이 용접에 이용하고자 하는 것으로 그 구조는 그림 3-1에 나타냄과 같다.

미리 준비된 용접 이음에 적당한 간격을 주고 그 주위에 주형을 짜서 예열구로부터 나오는 불꽃(프로판 불꽃, 가소린 불꽃)에 의해 모재를 적당한 온도까지 예열(강의 경우는 $800 \sim 900℃$)한 후, 도가니 테르밋 반응을 일으켜 용해된 용융 금속 및 슬랙을 도가니 밑에 있는 구멍으로 유입시켜 이음 주위에 만든 주형속에 주입하여 용접홈 간격 부분을 용착시킨다.

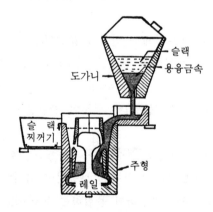

그림 3-1 용융 테르밋 용접

예열은 모재와 용융금과의 접촉 촉진이나 접합부의 냉각 속도를 완화시켜 야금적 성질을 개선하고 주형의 건조 등에 필요하다.

용접 후 주형을 제거하고 주입 구멍과 라이저 구멍 등을 제거 그라인더로 연삭 제거하여 완성한다.

(1) 도가니

그림 3-2는 테르밋 용접용 도가니(crucible)의 한보기를 나타낸 것으로, 강판으로 제작된 깔때기 모양의 외판 라이너와 심플(simple) 등이 그 주요부분이다.

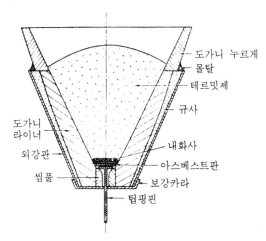

그림 3-2 테르밋 용접용 도가니

테르밋제는 도가니 라이너 내에서 반응하므로, 이 부분은 매우 높은 온도의 용융금속과 슬랙과 접촉하므로 용접결과에도 큰 영향을 미친다. 따라서 도가니 라이너의 성질로서는
ⓐ 용융온도가 높은 것, ⓑ 열 충격 저항이 우수할 것, ⓒ 침식에 대한 저항이 높아야 한다.

표 3-1 도가니 라이너의 화학성분

성분＼구분	국 산	독일산	미국산	성분＼구분	국 산	독일산	미국산
SiO_2	4.5	3.16	6.04	Cr_2O_3	—	0.08	0.11
FeO	—	tr	1.34	K_2O	—	tr	tr
Fe_2O_3	1.15	2.32	2.49	Ig, Ioss	—	0.08	2.78
Al_2O_3	2.63	5.58	1.27	T・Fe	—	1.62	2.78
CaO	1.01	15.58	14.74	Na_2O	—	0.02	0.05
MgO	90.7	71.46	70.56				

현재 쓰이고 있는 도가니 라이너는 표 3-1과 같은 것들이 있다.

(2) 예열기

미국에서 대형 기계부품의 테르밋 용접에 사용되고 있는 예열기는, 연료를 넣은 탱크

(tank)에 압축공기를 공급하여 기름면에 압력을 가함과 동시에, 토오치(tarch)의 선단에서 공기를 분출시켜 연료를 흡인하여 이것을 분무화(스프레)하는 것이다.

또한, 주로 독일에서 레일(rail)의 접합에 사용되는 것은 휘발유, 프로판, 기타의 연료를 사용하는 것으로 원리적으로는 토오치램프(torch lamp)와 같은 선단부에 연료의 예열 부분을 가지며, 휘발유를 사용할 때에는 이것을 기화하여 주형 내부에서는 연소를 용이하게 하고 있다.

이외에 레일 용접용의 것으로 독일, 프랑스 등에서 레일의 머리 부분에서 가열하는 휘발유와 공기용 또는 프로판과 산소용 등의 예열장치가 있다.

(3) 주형사

주형사는 100메시(mech)정도의 규사를 주성분으로 한 것으로, 생형의 경우는 8%정도의 물외에 점결제로서 8%정도의 벤트나이트를 가한다. 또, 최근 구미에서는 특히 레일용접과 같이 피용접물의 형상 치수가 대개 같으며, 더욱이 용접개소가 많을 경우 공장에서 미리 제조된 건조형을 사용하는 경우가 많다.

어느 경우나 주형사가 적당하지 않으면 용접금속 내에 공기, 슬랙의 잠입 등의 결함이 생기며 예열중이나 주입시에 주형이 파손하는 위험이 생긴다.

(4) 테르밋제

테르밋제는 본용접에 있어서는 매우 중요한 위치를 차지하는 것으로, 이것에 관한 연구는 세계 각국이 앞을 다투어 실시하고 있다. 그러나 연구 발표는 아직 적다. 이들의 연구는 주로 테르밋제 중의 각성분이 용접금속의 제성질에 미치는 영향을 명백히 한 것이다.

오늘날 시판되고 있는 테르밋제는 레일용, 주철용과 구리용 등이며, 미국에 있어서는 산화철과 알루미늄 분말의 가열용 플레인 테르밋(plain thermit)과 플레인 테르밋에 Mn, 연강조각 등을 가한 것의 주강, 연강 후판, 레일 등의 용접용의 훠징 테르밋(forging thermit), 플레인 테르밋에 훼로 실리콘, 연강조각 등을 가한 것의 주철 용접용의 캐스트 아연 테르밋(cast iron thermit), 내마모성 덧쌓기용(wabbler themit) 그리고 구리용, 레일용, 일반 덧쌓기용 기타 용접하는 모재 재질에 적합한 여러 가지 테르밋제 등이 있다.

4. 적용과 특징

테르밋 용접법은 주로 레일의 접합 차축, 선박의 선미 프레임(Stern-frame) 등 비교적 큰 단면을 가진 주조나 단조품의 맞대기 용접과 보수용접에 사용되며, 구리 계통으로는 주로 전기 용품 재료의 이음 분야에 이용되고 있다. 또, 구리와 철강과의 용접에도 사용된다. 그 특징은 다음과 같다.

ⓐ 용접작업이 단순하고 용접결과의 제현성이 높다.

ⓑ 용접용 기구가 간단하고 설비비가 쌓여 작업장소의 이동이 쉽다.

ⓒ 용접시간이 짧고 용접 후 변형이 적다.

ⓓ 전기가 필요 없다.

ⓔ 용접 이음부의 홈은 가스 절단한 그대로도 좋고 특별한 모양의 홈을 필요로 하지 않는다.

ⓕ 용접 비용이 싸다.

위와 같은 여러 특징이 있어 레일 및 전선 등의 현장 용접이나 대형 부재의 현장조립 또는 보수용접에 대단히 편리하므로 많이 활용되고 있으며 또, 덧살올림 용접에도 적용되고 있다.

3-2. 레이저 용접

1. 원리

레이저(laser)라는 말은, 유도 방사에 의한 광의 증폭기(light amplification by stim-ulated emission of radiation)의 첫 글자를 따서 부친 말이다.

레이저 광은 보통 전구에서 발산하는 빛과 같이 필라멘트(filament)의 각 원자에서 제 각기 흩어져서 방출된 빛을 한곳에 모은 것이 아니고, 각 원자에서 방출되는 빛의 위상을 가지런하게 하여 이들의 중첩 작용으로 진폭을 증대하고 완전히 평면파로 되게 한 것으로 보통 전파와 같이 복사된다. 따라서 이들의 레이저 광은 코허렌트(coherent)로서 아주 먼 곳까지 흐트러짐이 없이 진행되게 하는 것이다.

예를 들면, 레이저 광을 지구에서 달까지 보낸다면 달 표면상에 약 $1km^2$정도의 면적만큼 퍼지는 정도라 한다. 그러나 정확하게 말하자면 이 값은 파장의 크기나 발생 장치의 특성에 좌우되는 것으로 개념상의 이야기인 것이다. 레이저광은 오늘날 3,000Å정도의 자외 영역에서부터 파장이 긴 수 KC정도까지의 영역에 적당한 파장으로 발전시키는데 성공하였다. 먼 적외 즉 아주 먼 적외영역 이하의 긴 파장의 빛은, 일찍이 전자파로서 레이저보다는 메저(MASER)인 것이다. 즉 이 메저는 레이저의 light의 L 대신에, Micro wave의 M으로 바꾸어 놓은 것으로 원리적으로는 어느 것이나 같으며, 유도 방사현상을 이용한 코허렌트된 전자파의 증폭 발진을 일으키는 장치인 것이다.

레이저는 종래의 진공관 방식과 매우 성질이 다른 증폭 발진 방식으로 원자와 분자의

유도방사 현상을 이용하여 얻어진 빛으로, 강력한 에너지를 가진 접속성이 강한 단색 광선
이다.

레이저 용접(laser welding)은 레이저에서 얻어진 강렬한 에너지를 가진 접속성이 강
한 단색 광선을 이용하는 방법이다.

2. 레이저 용접 장치

레이저 용접은 루비 레이저와 CO_2가스 레이저(가스 레이저)의 두 종류가 있다. 루비레
이저는 지름 10㎜, 길이 100㎜정도의 루비의 한편에 금속 증착막을 만들어 한쪽은 완전
반사면이고 다른 한쪽은 반투명으로 한다. 이것에 대량의 축전기로부터 파루스 광을 주어
루비내에서 반사 왕복을 반복시키면 발진 증폭한 광선이 생겨 집중 렌즈를 통하여 용접부
에 조사된다.

루비의 화학조성은 약 0.05% 중량의 크롬 이온을 가지는 $AL_2O_3(Al_2O_3 + 0.05\%)$이
다.

그림 3-3은 루비 레이저 용접 장치를 나타낸 것이다.

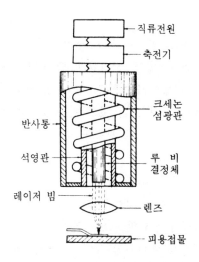

그림 3-3 루비 레이저 용접장치

가스 레이저로는 CO_2가스 레이저(CO_2 gas laser)가 사용된다. 장치는 전원에서 변압
기를 지나 전류하여 축전기에 충전하여 Xe관(섬광관)램프에 방전 발광시키면 루비봉 중에
서 빛 발진 증폭된다.

그림 3-4는 CO_2 가스 레이저 용접의 장치이다.

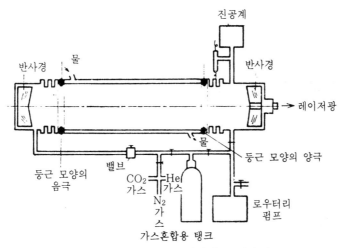

그림 3-4　CO₂가스 · 레이저 용접장치

3. 응용

레이저는 가는 선이나 작은 물체의 용접, 박판의 용접에 적용된다.

모재의 재질은 Cu, Ni, Sn, Al, W, Ti 등에 대하여 좋은 결과를 나타낸다. 출력이 크면 중후판의 용접도 가능하며 원격 조정이 용이하므로 여하한 곳에서도 용접의 이용이 가능하다.

이외에 레이저는

ⓐ 우주 통신, 로켓트의 추적, 과학계산기, 계측기 등에 사용된다.

ⓑ 사진술, 분광, 분석, 의학과 생물학의 응용에도 사용된다.

ⓒ 다이아몬드의 천공, 절단, 금속과 비금속의 증발 등에 응용할 수 있다.

4. 특성

ⓐ 광선이 용접의 열원이다.

광선의 제어는 원격 조작을 할 수 있으며 진공 중에서의 용접이 가능하고 투명의 것이다. 또한, 육안으로 보면서 용접을 할 수 있는 점등이 광선 용접의 특징이다.

ⓑ 열의 영향 범위가 좁다.

광선을 집광 렌즈에 의하여 용접부에 안내하므로 지향성이 좋으며 집중성이 높으므로 열의 발생이 국부적이다. 루비레이저의 경우는 파루스 광 등으로 스폿용접이 되나 CO₂가스 레이저는 연속용접으로 된다.

열 영향이 좁은 것은 용접재의 기계적 성질에 변화를 주는 일이 적으므로 작은 물건, 정밀 부품의 용접에는 없어서는 안될 용접법이다.

3-3. 원자 수소 아크 용접법

1. 원리

원자 수소 아크용접(atomic hydrogen arc welding)은, 1911년 미국의 랭뮤어(Langmuir)에 의해 발명된 것으로 분자상태의 수소를 원자상태의 수소로 해리시켜, 이것이 다시 결합해서 분자 상태의 수소로 될 때에 발생하는 열을 이용하여 원자 상태 및 분자 상태의 수소 가스 분위기 내에서 행하는 용접 방법이다. 즉 다음과 같은 변화가 일어난다.

$$\underset{\text{(분자상태)}}{H_2} \overset{\text{(흡열)}}{\longrightarrow} \underset{\text{(원자상태)}}{2H} \overset{\text{(발열)}}{\longrightarrow} \underset{\text{(분자상태)}}{H_2}$$

위 식과 같이 수소 가스 분위기 속에 있는 2개의 텅스텐 전극봉 사이에서 아크를 발생시키면, 아크의 고열을 흡수하여 수소는 열 해리되어 분자 상태의 수소 H_2가 원자상태의 수소 2H로 되며, 모재 표면에서 냉각되어 원자 상태의 수소 H_2가 다시 결합해서 분자상태로 될 때, 방출되는 열 3,000~4,000℃를 이용하여 용접하는 방법이다.

따라서 텅스텐봉은 다만 아크 불꽃만 발생시키는 것으로, 그 용융점이 대단히 높아(약 3,000℃정도) 용융되지 않으므로 그 소모는 대단히 적다. 이 용접에서 피용접물은 수소 가스로 싸여 공기를 완전히 차단한 속에서 용접이 행해지므로, 산화 질화의 작용이 없기 때문에 종래에는 용접이 매우 곤란하다고 알려진 특수 합금이나 얇은 금속판의 용접이 용이하게 되고, 또, 연성이 풍부하고 우수한 금속 조직을 가진 용접이 되므로 표면이 미려하고 다듬질이 필요치 않은 등의 여러 가지 특성을 가진다.

2. 용접장치

원자 수소 아크 용접법의 용접장치는 용접전원, 전극 홀더, 수소 가스 실린더, 그리고 기타 부속품들이 그림 3-5와 같이 접속되어 있다.

(1) 용접기(welder)

아크를 발생시키기 위해서 전원으로 교류나 직류를 사용하고 있다. 개로 전압은 대단히 높아 직류일 때는 250V, 교류에서는 300V를 필요로 한다. 이런 점에서 직류를 사용하는 편이 좋은 것 같으나 원자수소 아크 용접에서는 아크 자신으로 용접하는 것이 아니고 수소 가스를 해리하기 위한 열을 공급하는 것이므로, 직류를 사용하면 극성 때문에 한 쪽의 전극이 빨리 소모되어 아크를 연속적으로 발생시키는 것이 곤란한 결점이 있기 때문에 교류(AC)가 많이 사용되고 있다.

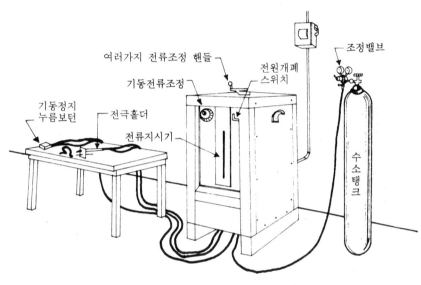

그림 3-5 원자 수소 용접 장치

(2) 전극 홀더

그림 3-6은 전극 홀더(holder)를 나타낸 것으로 절연 재료로 만들어진 손잡이에 2개의 전극봉을 끼우며 수소 가스 분출구, 전극의 간격 조정용 레버, 가스 조정용 밸브 등이 붙어있고 전류를 흐르게 하는 케이블, 수소, 가스를 보내는 호스 등이 붙어 있다. 전극봉은 텅스텐봉을 사용하며 굵기는 1.6㎜, 3.2㎜ 그리고 5㎜가 있으며 길이는 어느 것이나 다같이 300㎜의 것을 쓰는 것이 일반적이다.

(3) 용접법

전극 홀더에 텅스텐 전극을 끼우고 텅스텐 용접 전류를 전극에 알맞게 조정한 다음(ϕ 1.6㎜의 것에는 35A이하) 수소가스를 감압 밸브로 0.7kg/㎠가 되게 조절한다.

이와 같은 준비가 되면 홀더의 레버를 잡아 당겨서 텅스텐 전극봉의 간격을 어느 정도로 한 다음 기동용 버튼을 누르면 전극봉에 300V의 전압이 걸린다. 전극 홀더의 가스 밸브를 조금 열고 수소 가스를 분출시키면서 전극봉 사이에서 아크가 발생되며 아크에 의해서 수소 가스가 점화된다. 이때에 발생되는 수소불꽃의 길이를 70㎜정도가 되도록 조정한 후 전극 사이를 몇 회 개폐시키면 불꽃은 안정된다. 이때 수소의 분출량이 너무 많으면 수소 가스의 손실이 크며, 너무 적으면 용접이 불완전하고 또, 텅스텐 전극봉의 소모도 많아지므로 이것을 알맞게 조정해야 한다. 이 조정은 불꽃이 발생하면 가스 밸브에 의하여 가스 불꽃량을 서서히 적게 하면 텅스텐 전극봉의 끝이 조금씩 용융되는 상태가 되는데, 이 때 다시 가스 불꽃량을 증가시켜 전극봉이 용융하지 않게 되는 한계점에 도달하게 한다. 이 때가 적당한 가스 분출량이다.

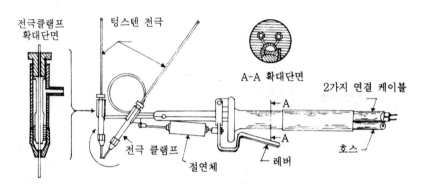

그림 3-6　원자 수소 아크 용접 홀더

용접방법은 일반적으로 산소, 아세틸렌 용접의 요령과 거의 같다. 피용접물과 전극봉 끝과의 간격은 약 5㎜쯤 되게 한다. 또, 2개의 텅스텐 전극봉 간격을 크게 하면 불꽃의 열량이 증가하고 작게 하면 발열량도 적어진다.

3. 특징과 적용

원자 수소 아크 용접은 강한 환원성을 가진 원자 수소 분위기 속에서 용접을 하는 것이므로, 용접부에 산소나 질소 등이 침투하지 않고 홈이 없는 치밀하고 연성이 풍부하며 표면이 깨끗한 용착 금속을 얻을 수 있다. 또, 발열량이 높기 때문에 용접 속도도 빠르고 변형도 적은 장점이 있다. 그러나 불활성 가스 아크 용접법, 전기 저항 용접법 기타 용접법이 발전되어 널리 이용됨에 따라 토오치 구조의 복잡성, 기술적인 난점, 비용의 과다 등으로 오늘날 차차 응용범위가 축소되고 있다.

탄소강에서는 1.25%의 탄소 함유량까지 크롬강에서는 크롬 40%까지 용접이 가능하며 크롬-니켈 스텐리스강에서는 현재도 일부에서 사용되고 있다. 이 밖에 구조용 특수강, 공구강 경질 합금강 용접 등 특수한 용도에 이용되고 있다.

이 용접법은 다음과 같은 용접에 알맞다.

ⓐ 고도의 기밀, 유밀, 수밀을 요하는 내압 용기

ⓑ 내식성을 필요로 하는 곳

ⓒ 고속도강 비트 절삭 공구의 제조

ⓓ 일반 공구 및 다이스의 수리

ⓔ 스텐리스강 기타 크롬, 니켈, 모리브텐 등을 함유한 특수 금속

ⓕ 용융속도가 비교적 높은 금속 예를 들면 이리듐, 오스미늄, 핵금, 기타 비금속 재료의 용접

ⓖ 니켈이나 모넬메탈, 황동과 같은 비철금속

ⓗ 주강이나 청동, 주물의 흠을 메꿀 때의 용접 등이다.

3-4. 용사와 플라스틱 용접법

1. 용사

(1) 개요

금속이나 금속화합물의 미분말을 가열하여 반용융 상태로 하여 분출시켜 밀착 피복하는 방법을 용사(metallizing)라 한다.

용사재의 형상에는 심선식과 분말식이 있으며, 이들에게 사용되는 용사 건은 서로 다르다. 용사재의 가열 방법에는 종래의 가스 불꽃 혹은 아크 불꽃을 이용하는 방법과 오늘날에 발달한 플라스마를 이용하는 방법이 있다. 가스 불꽃을 사용하는 방법은 용접이 약 2,800℃이하의 금속합금 혹은 금속산화물의 용사에 이용되며, 플라스마 용사는 초고온이 얻어지는 젯트(jet) 플라스마로서 속도가 음속에 가까운 높은 용접의 재료를 고속으로 분출시킬 수 있으므로, 고밀도 고밀착이 되어 높은 강도의 피막을 만들 수 있다. 그리고 플라스마 용사에는 동작 가스로 불활성 가스를 사용하므로 용사재의 산화가 거의 없다. 용사는 내식, 내열, 내마모 혹은 인성용 피복으로서 넓은 용도를 가지고 있으며 기계 부품, 항공기 로켓트 등의 내열피복용으로 사용되고 있다.

(2) 용사법

용사법은 용사 열원에 의하여 가스 불꽃을 사용한 용사법, 아크를 사용한 용사법, 그리고 플라스마 젯트를 사용한 용사법 등으로 구분된다.

① 가스 불꽃을 이용한 용사법

　이 용사법은 주로 산소·아세틸렌 불꽃이나 산소·수소 불꽃 등으로 용사재를 용융시켜 이것을 노즐(nozzle)에 이끌어 압축공기로 용사하는 방법이다. 용사재의 형식에 의하여 용융식, 선식, 분말식으로 나누어진다.

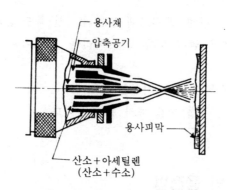

그림 3-7 가스 불꽃 용사 장치

　용융식은 처음부터 용융된 금속을 압축공기로 분출시키는 방식이다. 주로 융점이 낮은 주석, 납 등의 용사에 적합하다. 선식을 그림 3-9와 같이 산소·아세틸렌 불꽃 등으로 철 사모양의 용사재를 용융시켜 압축공기로 분출시키는 방식으로, 주로 금속의 용사에 적합하며 비금속 재료의 용사도 가능하다.

　분말식은 분말상태의 용사재를 용융시켜 압축공기로 분출시키는 방식이다.

　이 방법은 선재의 인발제작이 곤란한 금속이나 비금속재의 용사에 적합하다.

② 아크를 이용한 용사법

　이 용사법은 일반적으로 전기 용선식이라고 불리워지고 있는 것이다. 두 개의 금속선(용사재)를 자동 공급하여 노즐의 선단에서 용사재를 접촉시켜 연속적으로 아크를 발생시키면서 녹여, 이 녹은 금속을 압축공기 등으로 스프레이 상태로 하여 분출시키는 방식이다.

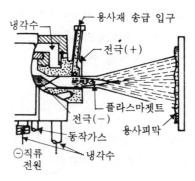

그림 3-8 플라스마 용사법

③ 플라스마 젯트를 사용한 용사법

고온 고속의 플라스마 젯트를 사용하나 용사법에서는 그림 3-8과 같이 텅스텐 전극(-극)과 노즐을 겸한 전극(+극)의 사이에 발생한 플라스마 젯트에 의하여 용사재를 용융시킴과 동시에, 고속의 플라스마 젯트류로 분출시키는 방법이다. 이 용사법은 융점이 높은 금속이나 비금속 재료의 용사가 용이하다. 또, 이 용사법은 동작가스에 불활성 가스를 사용하므로 산화물의 생성이 적다. 이 용사법은 금속재료의 용사는 물론 산화물(Al_2O_3, ZrO_2 등), 탄화물(TiC, WC 등)의 용사에도 쓰인다.

(3) 용사 재료

용사 재료에는 금속, 탄화물, 규화물, 질화물, 불화물과 산화물이 있으며 그 외에 범랑과 유리 등이 있다. 용사 재료의 선정에 있어서 그 사용 목적은 물론 용사재료와 모재의 열팽창 계수와 융점이 일치하여야 하는 것이다.

표 3-2는 용사 재료와 모재가 서로 짝이 될 수 있는 관계를 나타낸 것이다.

표 3-2 용사 재료와 모재

용 사 재 료	모 재
1. 산화물 : Al_2O_3, ZrO_2, SiO_2, BeO, MgO, Al_2O_3-SiO_2, ZrO_2-SiO_2, 기타	요업재료, 플라스틱, 강, 인코넬, 몰리브덴, 알루미늄, 마그네슘, 헬륨, 혹연, 구리
2. 탄화물, 질화물 : TiC, BiC, B_4C, WC, Si_3N_4, Tic-B_4C	인코넬, 스테인리스강, 지르코늄, 혹연
3. 불화물 : TiB, TiB_2, ZrB, Mo, B, WB, W_2B, TaB_2 불화물과 금속의 혼합물	인코넬, 스테인리스강, 지르코늄, 몰리브덴
4. 금속 : Cr, W, Ti, Ni, Cd, Mo, Si, Ta, Nb, Al, B, Cr-Ni 합금, 기타	구리, 스테인리스강, 인코넬, 몰리브덴, 지르코늄, 요업재료, 혹연

2. 플라스틱 용접법

(1) 플라스틱의 종류와 용접성

플라스틱은 용접용 플라스틱과 비용접용 플라스틱으로 크게 나눌 수 있다.

용접용 플라스틱을 열가소성 플라스틱이라 하며 비용접용 플라스틱을 열경화성 플라스틱이라 한다. 열가소성 플라스틱이란, 열을 가하면 연소하여 더욱 가열하면 매우 유동성이 좋아지고 열을 제거하면 온도가 내려가 처음 상태의 고체로 변화는 것을 말한다.

열경화성 플라스틱이란, 열을 가해도 연소되지 않고 더욱 열을 가하여 온도를 상승시키면 유동하지 않고 분해되며 가한 열을 제거해도 처음상태의 고체로 복귀하지 않은 플라스틱을 말한다. 따라서 열가소성 플라스틱은 용접이 가능하며 보통 용접용 플라스틱이라 부른다. 열경화성 플라스틱은 현재로는 용접이 불가능한 것으로 알려져 있다.

용접용 열가소성 플라스틱은 우리들의 생활과 밀접한 관계를 가지고 있는 것으로 폴리염화비닐, 폴리에틸렌, 폴리아미드, 폴리프로필렌, 메타크릴, 불소수지 등이 있으며, 비 용접용 열경화성 플라스틱에는 페놀, 요소, 메라민, 폴리에스테르, 규소수지 등이 있다.

(2) 열풍 용접(hot gas welding)

① 개요

열가연성 플라스틱은 적당한 온도로 가열시키면 용융되고 냉각시키면 다시 고체가 되므로, 용융중에 피용접부를 서로 접촉시켜 두면 냉각후에 두 부분은 한덩어리가 되어 용융용접과 같은 효과를 얻을 수 있다. 피용접 부재 사이를 홈을 만들고 충진제를 사용하여 홈용접이 가능한 것은 금속의 용접에서와 같다.

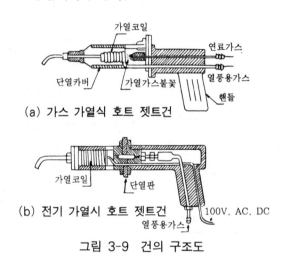

(a) 가스 가열식 호트 젯트건

(b) 전기 가열시 호트 젯트건

그림 3-9 건의 구조도

열가소성 플라스틱은 보통 전기 절연체이므로, 피용접 부재를 한쪽의 전극으로 취하여 전기를 공급하면서 용접을 하는 아크 용접이나 전기저항 용접과 같은 직접 전기를 통하는 방법을 플라스틱 용접에서는 사용할 수 없다. 피용접물의 가열 방식으로 가장 간단한 것은 적당한 온도로 가열된 열풍을 이용하는 것이다.

② 용접 방법

압축공기, 아르곤(Ar) 그 밖의 가스가 용접토오치 혹은 열풍 젯트건이라 불리는 가열기에 이송되어, 피용접 플라스틱에 정당한 온도가 가열된 것을 세게 불어내어 그 열풍을 피용접부와 용접봉에 분출시키면서 용접한다. 열풍젯트건을 가열 방식에 의하여 분류하면 가스 가열방식과 전기 가열방식이 있다.

열풍가스 온도는 표 3-3과 같이 각 플라스틱에 대하여 적당한 온도를 표시한다.

표 3-3 피용접 플라스틱 가열기구의 표면온도

피용접 플라스틱	표면온도 (℃)
경질 폴리염화비닐	210~250
연질 폴리염화비닐	180~220
저압법 폴리에틸렌	230~270
중압법 폴리에틸렌	220~260
고압법 폴리에틸렌	190~230

열풍 젯트건의 종류는 그림 3-9와 같으며, 용접법은 그림 3-10과 같이하고 피용접 플라스틱의 판두께에 따라서 표 3-4와 같이 용접봉과 용접홈 부분을 만들고, 표 3-4와 같은 온도 범위내에 적당한 온도를 조절하여 열풍을 용접홈 부분과 용접봉에 분출 용융시키며 결합시킨다. 현재 가장 많이 쓰여지고 있는 폴리염화비닐계 플라스틱의 표준 용접 조건을 표 3-5에 나타낸다.

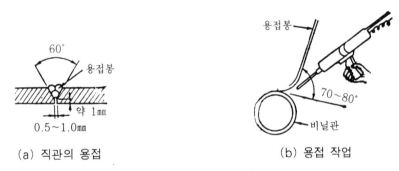

(a) 직관의 용접   (b) 용접 작업

그림 3-10 열풍 용접법

표 3-4 열풍 용접법의 용접 조건

재료의 두께 (mm)	맞대기 용접의 간격 (mm)	용접봉의 지름 (mm)	호트 젯트 건의 노즐 지름 (mm)
2.4~3.1	0.8~1.6	3~4	3~4
3.2~4.1	0.8~1.6	4~5	4~5
6.4~9.5	0.8~1.6	5~6	5~6

③ 열풍의 종류

열풍용 가스로서 상대의 플라스틱 재질을 침식하지 않게 하는 것이 필요하다. 폴리염화비닐 용접용에는 압축공기, 질소, 수소, 산소, 탄산가스 등이 있고, 폴리에틸렌 용접에는 질소가스가 있다. 용접부의 세기는 산소가열의 것이 최고이고 탄산가스 가열의 것은 최저이다. 압축 공기 가열은 용접부가 건전하고 비용도 염가로 되기 때문에 보통 많이 쓰인다.

표 3-5 폴리염화비닐의 표준 용접 조건

판두께 (mm)	홈 조건		용 접 자 세	비 드 총 수	용접봉 지 름 (mm)	용접가 스압력 (kg/cm²)	용접가 스온도 (℃)	용 접 속 도 (mm/sec)	용접봉 소비량 (g/m)	이 음 강 도 (kg/mm²)	이 음 효 율 (%)
	홈 각	루 트 간 격 (mm)									
2	V형 〃60°	0.5	아래 보기	4	3	0.10	200	2.0	33.2	5.2	91
4	〃60°	1.0	〃	6	3	0.14	202	1.5	49.8	4.7	82
6	〃60°	1.5	〃	8	3	0.19	210	1.4	66.4	4.2	66
8	〃60°	2.0	〃	10	3	0.21	217	1.3	83.0	3.6	63
10	〃60°	2.5	〃	12	3	0.21	220	1.3	99.6	3.1	54

(3) 열기구 용접(heated tool welding)

전기저항 가열기, 열판, 환상 가열기, 납땜 인두 등의 고온 가열체를 플라스틱의 용접면에 접촉시켜 그 곳의 온도가 용융점에 도달하면 가열기구를 떼고 양쪽 용접면을 서로 맞대여 적당한 가압력을 주어 결합시킨다. 플라스틱은 가열 후 가압력을 주는 시간이 가급적 빠를수록 좋으며 1~2sec 정도로 한다. 가압력은 0.35~0.70kg/cm²가 보통이고 가압시간은 용접이 완료할 때까지로 한다. 가열기구는 니켈 도금한 구리 혹은 알루미늄 등이 사용되며, 가열온도는 200~370℃범위에서 정확히 조절되어야 한다. 또한, 가열체를 직접 피용접물에 접촉하지 않고 약간의 간격을 두어 가열체가 방사하는 복사열을 사용하여 피용접물을 가열하는 방법도 이용되고 있다. 이때 가열체의 표면 온도는 접촉방식일 때보다 온도를 높게 해야 하며 일반적으로 550℃전후가 적합하다.

(4) 마찰 용접(friction welding)

두 피용접물을 마찰하면서 접합하면 마찰열이 발생하여 이것에 의해 양쪽 플라스틱은 접촉면의 부분이 연화되어 용접되기 시작하고, 이때 압력을 주면 양쪽 플라스틱은 서로 밀림과 동시에 마찰 접촉시키는 동작을 끝내면 용접이 완료된다. 마찰용접의 가장 보편적인 것은 선회 용접(spin welding)으로, 이 방법은 한편의 용접재는 회전하고 또, 한편은 고정되어 있으며, 양쪽 부분의 상대 회전속도와 압력의 조절로 용접효과를 나타내고 있다.

발열량은 접촉면의 표면 속도, 접촉압력, 접촉시간의 영향을 받으므로 원통형 이음의 표면 속도는 직경과 회전수로 결정한다. 회전 원통의 평평한 단면의 유효한 표면 속도는 외면 원주 속도의 2/3가 된다.

표 3-6 마찰 용접 조건

용접용 플라스틱	평균표면속도(m/sec)	가압력(kg/cm²)
나 이 론	2~15	2~10
아 세 탈	2~11	2~10
아크릴수지	3~11	1~9
폴리에틸렌	2~18	1~7

표 3-7 선회 마찰 용접의 강도(모재비 %)

용접물질	폴리에틸렌	아 크 릴	폴리아미드	아 세 탈
폴리에틸렌	70~95			
아 크 릴		70~90		30~40
폴리아미드			50~70	20~60
아 세 탈		30~40	20~60	30~70

표 3-6에 플라스틱의 마찰 용접조건을 나타내고, 표 3-7에 선회 마찰용접의 강도를 나타낸다.

(5) 고주파 용접(high frequency welding)

이 용접은 고주파 전류에 의한 열과 가압력을 동시에 사용하는 용접법으로, 2개의 평판전극 사이에 겹쳐 놓은 플라스틱 피막을 끼우고 전극간에 고주파 전계를 가압하는 것으로, 유전체인 플라스틱 속으로 고주파 전계의 각 싸이클을 따라서 유전 현상이 일어나 전자의 왕복운동이 반복된다. 전자의 왕복운동은 플라스틱의 문자저항에 의해 저해되어 발열이 일어난다. 이 열에 의해 플라스틱은 연화되어 용융되며, 이때 플라스틱의 접촉부에 압력을 가하면 피막의 용접이 이루어진다.

그림 3-11에 플라스틱의 고주파 스포트 용접을 나타낸다. 고주파 용접은 플라스틱의 분극성이 강하면 강할수록 용접하기 쉽고, 폴리염화비닐은 용접성이 좋은 재질이며, 폴리아미드계, 섬유소계, 염화비닐계 등도 비교적 용접성이 좋다.

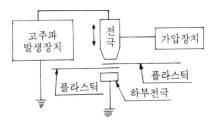

그림 3-11 플라스틱 고주파 스포트 용접

3-5. 저온 용접법

1. 원리

저온 용접(low temperature welding)은 스위스의 와셔만(R. D. wasserman)에 의하여 개발되어 실용화된 것으로, 특수한 용접봉을 사용하여 일반 가스 용접 및 아크 용접보다 낮은 온도(가스 용접 : 200~900℃, 아크용접 : 60~125A)에서 용접하는 용접법이다.

용접봉은 모재와 같은 계통의 공정합금(eutectic alloy)을 사용하며, 이 공정 합금은 용융점이 모재보다 낮으므로 경남땜의 일종에 가까운 용접법이라 하겠다.

2. 용접법의 특징

ⓐ 용접봉은 모재와 같은 계통의 공정 합금을 사용한다.

ⓑ 이 공정 합금은 용융점이 모재보다 낮으므로 용접봉으로서 첨가재(filler metal)의 역할을 한다.

ⓒ 일반적으로 모재의 용융점보다 낮은 온도에서 용접하므로 모재의 변질과 변형이 적다.

ⓓ 용접시 모재를 예열(preheating)한 후 용접을 실시한다.

ⓔ 용접봉은 공정 합금을 사용하므로 유동성이 크고 결정이 치밀하여 강도가 큰 장점을 가진다.

이 용접법에서는 용접봉의 선택이 중요하다. 표 3-8에 저온 용접봉의 종류를 나타낸다.

저온 용접 작업은 가스 용접 토오치로 모재를 가열하고 용접봉을 용해시켜(가스용접 또는 아크 용접) 접합한다. 이 때에 용제를 첨가하여 산화를 방지하면서 모재와 잘 접착되도록 한다. 이때 용제는 분말 또는 띠 모양의 것을 사용하거나 용접봉에 피복하여 사용한다.

표 3-8 공정 저온 용접봉의 종류(봉의 지름 3.2mm 사용)

종 별 번 호			주 성 분	용착온도(℃)와 적정전류(A)	인장력 kg/㎟	용 도
주 철	가 스	14FC	Fe, C, Si, Mn	760~870	28	주철
	〃	15	Zn, Sn	230~320	11	주철, 주강, 강, 동합금
	아 크	27	Fe, Mn	AC, DC 60~120	42	주철, 강
	〃	244		AC, DC 65~125	43	주철, 동, 강
강 · 합 금 강	가 스	16FC	Cu, Zn, Ni	750~800	70	강, 공구강
	〃	1800	Ag, Cu, Zn, Cd	600	63	강, 스테인리스강
	아 크	670	Fe, Cr, Ni	AC, DC 75~125	67	스테인리스강
	〃	6000	Fe	AC, DC 60~125	48	연강

제 4 장

가스 용접과 절단법

4-1. 가스 용접 기재

1. 연료 가스

가스 용접에 쓰여지는 연료가스는 일반적으로 다음과 같은 성질을 가지고 있어야 한다.
ⓐ 불꽃의 온도가 높아야 한다.
ⓑ 연소 속도가 빨라야 한다.
ⓒ 발열량이 커야 한다.
ⓓ 용융금속과 화학반응을 일으키지 말아야 한다.

표 4-1 각종 연료가스의 성질

가스의 종류	분자식	비중공기 =1.000 온 도 (15.5℃)	비용적 (m^3/kg) 압력 (760 mmHg) 온 도 (15.5℃)	밀 도 (kg/m^3) 압력 (760 mmHg) 온 도 (15.5℃)	발열량 (Kcal/m^3) 압력(760mmHg) 온도(15.5℃)		공기와의 이론불꽃 온 도 (℃)	정 압 생성열 (kcal/m^3)
					총 발열량	실 제 발열량		
아세틸렌	C_2H_2	0.9056	0.901	1.109	13204	12759	2632	2025
메 탄	CH_4	0.5545	1.475	2.677	8120	8120	2066	918
에 탄	C_2H_6	1.0494	0.778	1.283	15688	14353	2104	1210
프 로 판	C_3H_8	1.5223	0.537	1.862	22340	20559	2116	1488
부 탄	C_4H_{10}	2.0100	0.406	2.460	29035	26801	2132	1800
수 소	H_2	0.0696	1.776	0.084	2899	2448	2210	—

많은 가스중 위와 같은 조건을 만족시키는 것은 아세틸렌과 수소뿐이며, 그 중에서도 아세틸렌은 용접용 연료로서 특히 우수하므로 일반적으로 가스 용접용 연료라 하면 아세틸

렌을 연상하게 된다.

　그러나 가스 용접과 비슷한 작업의 경남땜, 가스 절단 등에서 프로판(C_3H_8), 부탄 (C_4H_{10}), 천연가스, 도시가스 등이 쓰여지는 경우가 있으며 특히 프로판, 부탄 등의 LPG 는 오늘날의 석유화학의 발달에 수반하여 값이 싼 열에너지원으로 가스 절단, 가열의 분야 에서는 매우 높이 평가되고 있다. 표 4-1에 각종 연료가스의 성질을 나타내고 표 4-2에 각종 연료 가스의 발화온도와 연소 한계를 나타낸다.

표 4-2　각종 연료가스의 발화온도와 연소한계

가스의 종류	대기압에서의 발화온도(℃)		대기압, 실온에서의 vol%연소한계			
	산 소 중	공 기 중	산 소 중		공 기 중	
			상 한	하 한	상 한	하 한
아세틸렌	416~440	406~440	2.8	93.0	2.5	80.0
메　　탄	556~700	650~750	5.4	59.2	5.0	15.0
에　　탄	520~630	520~630	4.1	50.5	3.2	12.4
프 로 판	490~570	515~543	-	-	2.4	9.5
부　　탄	610	493~577	-	-	1.9	8.4
수　　소	580~590	580~590	4.7	93.9	4.0	74.2

(1) 아세틸렌

　아세틸렌(C_2H_2)은 3중 결합을 가지는 불포화 탄화수소이며, 향기를 가지며 공기보다 다소 가벼운 무색의 가스이다.

　삼중결합을 가지므로 매우 불안전하며 가열, 압축, 충격 등 약간의 부주의로 손쉽게 분 해 폭발을 일으킬 위험성을 가지고 있다.

$$C_2H_2 = 2C + H_2 + 54.194kcal$$

　분해 폭발은 관의 지름이 클수록 또, 초압이 높을수록 발생되기 쉽다.

　그림 4-1에 관의 지름과 초압의 관계를 나타내고, 그림 4-2에 초압과 발화 온도의 관 계를 나타낸 것이다.

　또, 아세틸렌은 구리나 은 등과 화합하여 아세틸렌-동 등을 조성하며, 이 금속 화합물도 충격, 가열 등에 의하여 분해 폭발을 일으킨다. 따라서 아세틸렌의 배관을 실시할 때에는 관의 지름을 가능한 한 가늘게 하고, 관의 이음 부품 등에는 동함유량 62%를 초과한 재 료를 사용해서는 안된다. 또, 당연히 관내의 압력도 가급적 낮아야 하며, 최고 1.3kg/㎠를 넘지 않아야 한다.

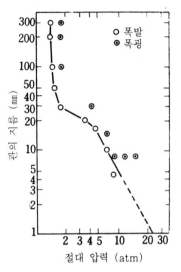

그림 4-1 아세틸렌 분해 폭발 한계와 파이프 직경과의 관계

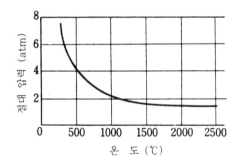

그림 4-2 분해 폭발에 대한 압력과 온도의 관계

(2) 아세틸렌의 발생

아세틸렌의 공업적 제조에는 메탄의 열분해에 의한 것이나, 수소나 탄소로부터 직접 합성하는 것들이 있으나, 용접용 아세틸렌은 거의 칼슘카바이드(calcium carbide)와 물을 반응시켜 발생하는 것이다. 즉

$$CaC_2 + 2H_2O = C_2H_2 + Ca(OH)_2 + 29.95kcal$$

아세틸렌을 발생하는 장치를 아세틸렌 발생기라 부르며, 물과 카바이드의 반응법과 구조 발생가스의 압력 등에 의하여 분류된다.

① 물과 카바이드의 반응방법에 의한 분류

다량의 물속에 카바이드를 주입하여 아세틸렌을 발생시키는 것을 투입식이라 하고, 카바이드에 물을 주입하는 것을 주수식이라 부르며, 그외에 카아비드를 구럭안에 넣어 물에 담갔다 꺼냈다 하는 것을 침지식 발생이라 부른다. 그림 4-3에 이들 가스발생기의 보기를 나타낸다.

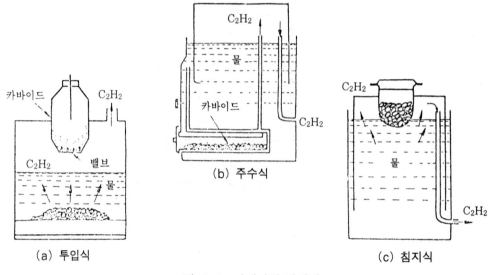

(a) 투입식   (b) 주수식   (c) 침지식

그림 4-3 아세틸렌 발생기

투입식은 미국에서 많이 쓰여지며 우리 나라와 일본에서는 침지식과 주수식이 많이 쓰여지고 있다.

위 식에서 아는 바와 같이 아세틸렌의 발생에는 많은 열을 수반하여 아세틸렌의 온도가 상승한다.

이것은 안전성이나 아세틸렌의 순도에서도 바람직하지 못하다. 따라서 발생기의 형식으로서는 투입식이 더욱 바람직하다 하겠다.

주수식은 가스의 온도상승, 순도저하 그리고 아세틸렌의 지연발생 등의 결정이 있으나 주수식은 자동조절이 용이하므로 많이 쓰여지고 있다.

또한, 침지식도 가스 발생이 자동조절이 용이하므로 주수식 못지 않게 많이 쓰여지고 있다.

② 구조에 의한 분류

발생가스에 의하여 기종이 상승하여 가스량을 조절하는 것도 기종식 발생기라 부르며 상승기종을 가지지 않고 발생가스 압력에 의하여 강제적으로 발생기내의 수위를 상승시켜 가스량을 조절하는 것을 무기종식 발생기라 부른다. 그림 4-4의 (A)에 유기종 침지식 발생기의 구조를, 그리고 (B)에 무기종 침지식 발생기의 구조를 나타낸다.

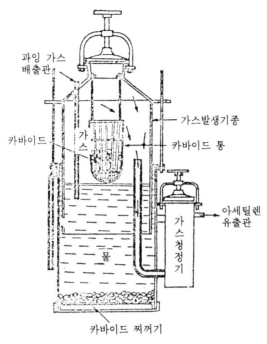

과잉 가스
배출관

가스발생기종

카바이드

가
스

카바이드 통

아세틸렌
유출관

가
스
청
정
기

물

카바이드 찌꺼기

그림 4-4(A) 유기종 침수식 발생기의 내부

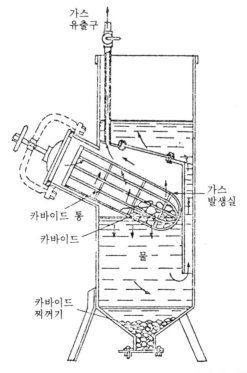

가스
유출구

카바이드 통

가스
발생실

카바이드

물

카바이드
찌꺼기

그림 4-4(B) 무기종 침지식 발생기의 내부

③ 압력에 의한 분류

발생가스 압력이 $0.07kg/cm^2$ 미만의 발생기를 저압식 발생기라 부르며, 이것에 해당하는 것은 거의 무기종식 발생기이다. 또, 발생가스 압력이 $0.07 \sim 1.3kg/cm^2$의 발생기를 중압식 발생기라 부르며 무기종식의 것이 많다.

(3) 카바이드

카바이드(CaC_2)는 산소-아세틸렌 용접에 쓰이는 칼슘 카바이드를 일반적으로 부르는 명칭이다.

1892년 캐나다에서 처음 공업용으로 제조되었으며, 제조법으로는 생석회(CaO)라 하는 석회석($CaCO_3$)을 구운 것에 탄소(코우크스, 목탄)를 섞어서 전기로에 넣어 3,000℃ 이상으로 가열하면 용융 화합된다. 이것을 강철제로된 통에 넣어 냉각시킨 후에 적당한 크기로 만들어 용기에 넣어서 시판하고 있다.

① 카바이드의 성질

순수한 카바이드는 무색 투명한 모양의 물질이며 이것에 물을 작용시키면 이론적으로 양질의 카바이드 1kg에서 348ℓ의 아세틸렌 가스(acetylene gas)를 발생한다. 그러나 실제로 시판되고 있는 것은 수%의 불순물을 포함하고 있어 회갈색이나 회흑색을 띤다. 불순물로 인화 수소를 포함하고 있으므로 습기가 있는 공기중에서 악취를 낸다. 비중은 2.2~2.3이며 순도가 나쁘면 비중이 증가한다. 카바이드의 일반적인 성질을 살펴보면 다음과 같다.

ⓐ 원측은 무생 투명이나 빨강이나 파란색을 띠는 것도 있다.

ⓑ 조직은 일반적으로 괴상결정이며, 때에 따라서는 해면모양으로 된 것도 있다.

ⓒ 돌처럼 단단하며 비중은 약 2.2~2.3 정도이다.

ⓓ 물이나 수증기와 작용하면 아세틸제 가스를 발생하고 생석회가 남는다.

$$CaC_2 + H_2O \longrightarrow C_2H_2 + CaO$$
(카바이드 64g) (물 18g)   (아세틸렌 26g) (생석회 56g)

즉, 64g의 카바이드와 18g의 물에서 56g의 생석회와 26g의 아세틸렌 가스가 발생된다. 그러나 실제로는 발생기내에 물이 많으므로 생석회는 다시 물을 흡수하여 소석회가 된다.

$$CaC_2 + 2H_2O \longrightarrow C_2(OH)_2 + C_2H_2$$
(카바이드 64g) (물 36g)   (소석회 74g) (아세틸렌 26g)

카바이드가 물과 작용하는 경우 열이 발생되어 물의 온도가 높아진다. 즉 64g의 카바이드가 분해작용으로 30.4kcal의 열을 발생하므로, 1kg에서는 475kcal의 열이 발생되어

47.5ℓ의 물을 10℃상승시킨다. 이상과 같은 카바이드 규격을 표 4-3과 표 4-4 그리고 표 4-5에 나타낸다.

표 4-3 카바이드의 가스 발생량

품 별	아세틸렌 가스 발생량(l/kg)
1호	290 이상
2호	260 이상
3호	230 이상

표 4-4 카바이드 중의 불순물

종 별	인화수소 (%)	유화수소 (%)
1종	0.05% 이하	0.25% 이하
2종	0.17% 이하	0.25% 이하
3종	0.10% 이하	0.25% 이하

표 4-5 카바이드 덩어리의 크기

덩어리별	덩어리의 크기		하한이상의 덩어리 양	분말 포함량
	상 한	하 한		
대	120mm	80mm	85% 이상	5% 이하
중	80mm	25mm	85% 이상	5% 이하
소	25mm	5mm	85% 이상	5% 이하

② 카바이드의 취급법

카바이드는 물 또는 공기와 접촉되면, 아세틸렌 가스를 발생하고 그때 발생하는 열로 팽창폭발을 일으킬 위험성이 있으므로 취급시나 저장시에 특별한 주의를 해야 한다.

일반적으로 시판되고 있는 카바이드는 18ℓ의 통에 22.5kg이 든것과 작은 드럼통에 45kg이 들어 있는 것이 있으나, 어느 것이나 습기가 닿지 않게 밀폐되어 있어야 한다. 보통 카바이드를 저장할 때는 건조하고 위험성이 없는(가솔린, 유류, 목재, 종이 등이 없는 곳) 곳에 보관해야 하며, 저장시 창고에는 화기 및 주수엄금 이라는 팻말을 붙여야 한다.

일반적으로 카바이드를 사용할 때, 통에 공기와 수분이 들어가 공기와 아세틸렌의 혼합 가스가 가득 차게 되므로 취급시에 다음 사항에 주의해야 한다.

ⓐ 운반시 마찰이나 충격을 주지 말 것

ⓑ 카바이드 통을 개봉한 때는, 타격적인 힘을 가하지 말고 전단가위로 정숙히 전단 개봉할 것

ⓒ 통이 부풀어 있으면 내부에 아세틸렌 가스가 발생되어 있는 상태이므로, 옥외의 통풍

이 좋은 곳에서 개봉할 것

ⓓ 개봉 후 다시 보관할 때에는 뚜껑을 잘 닫아 습기가 침투되지 않도록 할 것

ⓔ 카바이드 분말은 위험하므로 안전한 곳에 처리할 것

(4) 아세틸렌의 청정

카바이드에는 유화물, 인화물 등의 불순물이 함유되어 있으므로 이것들에서 발생하는 아세틸렌 가스에도 유화수소, 인화수소와 같은 용접에 해로운 불순물이 함유되어 있다.

표 4-6 아세틸렌 가스의 성분

가스의 종류	용 량 (%)	가스의 종류	용 량 (%)
아세틸렌	99.36	인화수소	0.14
산　소	0.10	암모니아	0.01
질　소	0.10	메　탄	0.04
수　소	0.06	일산화탄소	0.01
황화수소	0.10	기　타	0.08

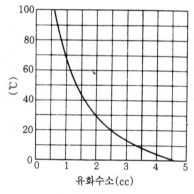

그림 4-5 1cc의 물에 용해되는 유화수소(cc)

유화수소는 그림 4-5에서 보는 바와 같이 냉수에 잘 용해되므로 아세틸렌을 물속을 통과시키는 것만으로 거의 제거되나, 인화수소는 물에 잘 녹지 않으므로 화학적으로 제거해야 한다. 화학적 제거방법에는 여러 가지가 있으나 염화제2철을 사용하여 산화물로서 제거하는 것이 많다.

$$PH_3 + 8FeCl_3 + 4H_2O = H_3PO_4 + 8FeCl_2 + 8HCl$$

대표적인 시판 청정제의 조성은 표 4-7과 같으며, 이것들은 청정능력이 없어져도 일광에 쪼이면 다시 사용할 수 있다. 아세틸렌 소비량에 대한 청정제의 양은 그 품종에 의하여 다르며, 리가솔은 표 4-8과 같으며 청정제층의 두께는 350㎜이상으로 해야 한다.

표 4-7 청정제 조성

조 성	상 품 명		
	가다리솔	에 피 렌	리 가 솔
염 화 제 2 철	26.4	13.0	3.18
염 화 제2수은	0.8	0.07	0.10
산 화 철	9.0	3.2	–
2 산 화 망 간	0.2	–	–
작 산 철	–	–	0.60
작 산 동	–	–	0.28
작 화 동	–	–	0.23
염화마그네슘	–	–	0.20
염 화 바 륨	–	–	0.10
규 조 토	30.0	21.6	30.0

※ 표 내의 수치는 중량비례를 표시한다.

그림 4-6에 화학적 청정법의 청정기의 내부구조를 나타낸다.

표 4-8 리가솔

가 스 유 량 (m⁵/h)	사 용 량 (kg)	
	최 저	표 준
15	250	400
30	500	700
45	750	1000
60	1000	1200

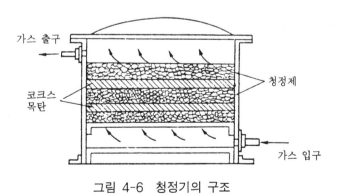

그림 4-6 청정기의 구조

(5) 안전기

안전기(safety device)는, 아세틸렌 발생기를 사용하여 용접 작업을 할 때 산소의 압력이 아세틸렌의 압력보다 높기 때문에 팁, 토오치의 기능 불량, 토오치의 취급상 잘못으로 인하여 산소가 토오치의 혼합실에서 아세틸렌 호우스를 통하여 발생기 속으로 들어가는 역류현상을 막는 것이다.

만일, 역류 현상이 발생하면 아세틸렌이 산소와 혼합되어 폭발의 위험성을 갖는다. 이 역류현상은 용접작업에서 폭발이 일어나는 원인의 80~90%를 차지하므로 역류를 막지 않으면 안된다. 만일, 역류로 인하여 역화(back fire)가 되면 순식간에 발생기가 폭발하여 막대한 피해를 가져온다. 이것을 방지하기 위하여 발생기와 토오치 사이에 안전기를 설치하여, 발생기를 향하여 역류되는 산소나 혼합가스로 인한 인화 폭발을 안전기에 의해 대기 중으로 방출시켜 가스 발생기에 위험이 일어나는 것을 막는 작용을 한다.

역류, 역화, 인화의 주된 원인을 열거하면 대략 다음과 같다.

ⓐ 토오치의 성능이 불량할 때

ⓑ 토오치의 연결 나사 부분이 풀렸을 때

ⓒ 팁에 석회가루 기타 먼지 등 불순물에 의하여 막혔을 때

ⓓ 토오치 취급을 잘못했을 때

ⓔ 팁이 과열되었을 때

ⓕ 아세틸렌 가스의 공급이 부족할 때

① 안전기의 종류와 작동

안전기는 사용 아세틸렌의 압력에 따라, 저압식 발생기에는 수봉식 안전기가 사용되고 중압식 발생기에는 스프링식 안전기가 사용된다. 그림 4-7에 수봉식 안전기의 내부 구조를 나타낸다.

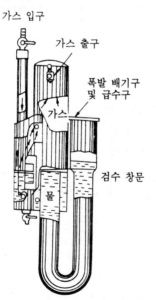

가스 입구

가스 출구

폭발 배기구 및 급수구

가스

검수 창문

물

그림 4-7 수봉식 안전기의 내부 구조

ⓐ 수봉식 안전기

그림 4-8은 수봉식 안전기의 작동원리를 표시한 것이다.

그림 4-8(a)는 안전기의 정상가동 상태를 나타낸 것으로, 발생기에서 나온 가스는 가스 입구 호스를 지나 안전기로 들어와 일정한 높이의 물속을 통하여 출구를 지나 토오치로 나아간다. 이때 가스 도입관의 하단에서 용기내의 물의 표면까지의 높이를 유효수주라 하며, 일반적으로 25㎜ 이상으로 규정하고 있다.

그림 4-8(b)는 어떤 원인에 의해, 고압의 가스(산소나 혼합가스)가 가스 출구로부터 역류되면 안전기 내의 압력이 높아져 안전기 내의 수면을 가스가 누르게 되므로 배기관의 수위가 반대로 상승되며, 일정 압력을 지나면 가스는 배기관에서 대기로 방출된다. 이때 도입관 쪽으로 물이 역류되어 가스와 발생기의 가스가 차단이 된다. 역화 등과 같이 급격한 폭발을 일으키게 되면 안전기내에 강한 폭발 압력이 가해져 급격히 배기관이 물을 밀고 안전기 밖으로 방출된다.

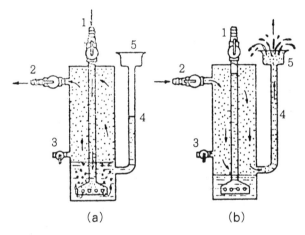

그림 4-8 저압식 수봉 안전기

ⓑ 스프링식 안전기

아세틸렌의 압력이 중압이 되면 저압식처럼 배기관을 물로서 대기와 차단하기는 곤란하다. 그러므로 대기와의 차단을 그림 4-9에 나타냄과 같은 구조를 가진 다이어프램 스프링식에 의해서 행한다. 또, 도입관으로 역류되는 가스를 물로서 막기 곤란하므로 역류 방지 밸브가 설치되어 있다.

② 수봉식 안전기의 취급법

위에서 설명한 바와 같이, 안전기는 산소나 혼합 가스의 역류 및 역화를 방지화는 안전장치로 이것을 사용할 때 세심한 주의를 하지 않으면 안전기로서의 구실을 할 수 없으므로 다음 사항을 준수해야 한다.

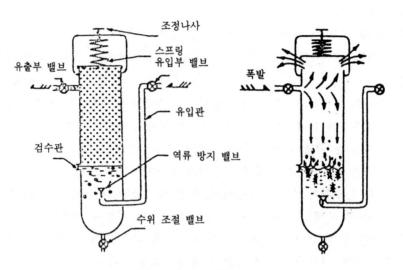

그림 4-9　스프링식 안전기

ⓐ 반드시 주수구로 물을 기준선까지 넣을 것.

ⓑ 수봉관에 규정된 선까지 물을 넣을 것.

ⓒ 가스 입구 도입관에 청정기의 도관을 접속시키고 콕크를 연다.

ⓓ 출구 콕크를 열어서 혼합가스를 배출한 후 토오치로 가는 고무관을 끼운다.

ⓔ 수위는 작업전에 반드시 점검하며 알맞는 수위로 한 후에 작업을 시작할 것.

ⓕ 안전기는 수직으로 위치하게 설치하고 작업중에 수위가 보이는 위치에 둘 것.

ⓖ 1개의 안전기에는 반드시 1개의 토오치만을 설치할 것.

ⓗ 가스의 누예검사는 반드시 비누물을 사용할 것.

ⓘ 작업중에 수봉관의 물이 넘쳐흐르면, 토오치로부터의 역류나 가스 발생 압력의 상 승으로 인한 것이므로 반드시 작업을 중지하고 원인을 조사한 후 작업을 할 것.

ⓙ 한냉시에 안전기내의 물이 얼었을 때는 따뜻한 물이나 증기로 녹인 후 사용할 것.

(6) 용해 아세틸렌

아세틸렌은 발생기에서 발생한 것을 직접 사용하면 불순물이 많이 함유되어 있고 또한, 취급상 매우 위험하다. 그러므로 아세틸렌을 청정기를 통과시켜 불순물을 제거한 다음 용 기(bombe 또는 cylinder)에 충진하여 사용한다.

아세틸렌은 가스체로 용기에 충진하면 충격이나 열을 받아 분해되어 폭발할 위험성이 있으므로 아세톤에 용해시켜 용기속에 채운다. 즉 그림 4-10에서 보는 바와 같이 용기속 에 다공질 물질(규조토, 목탄 분말, 아스베스트)을 가득 채우고, 이것에 아세톤을 포화 흡 수시키고 포화 흡수된 아세톤에 아세틸렌을 용해시킨다. (1용적의 아세톤은 15℃ 1기압하에서 약 25용적의 아세틸렌을 용해하고 또한, 15℃ 15기압에서는 아세톤 1용적에 아세틸렌 375용적을 용해하는 성질이 있다.) 이 때의 압력은 15℃에서 15기압이 된다. 이것을 용해 아세틸렌(dessolved acetylene)이라 하며, 가스체 아세틸렌과 달리 안전하게 용기에 저장할 수 있다.

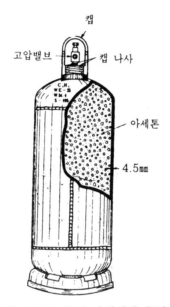

그림 4-10 용해 아세틸렌 용기

그림 4-11에 용해아세틸렌 제조 과정을 나타낸다.

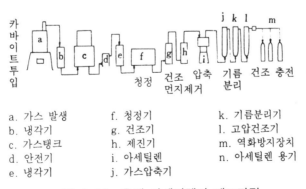

a. 가스 발생	f. 청정기	k. 기름분리기
b. 냉각기	g. 건조기	l. 고압건조기
c. 가스탱크	h. 제진기	m. 역화방지장치
d. 안전기	i. 아세틸렌	n. 아세틸렌 용기
e. 냉각기	j. 가스압축기	

그림 4-11 용해 아세틸렌의 제조과정

아세틸렌 용기의 용량은 15ℓ, 30ℓ, 50ℓ 등이 있으나 일반적으로 용접용에는 30ℓ가 사용된다. 즉 30ℓ의 아세틸렌 용기속에는 4500ℓ의 아세틸렌이 충진되어 있다.

아세틸렌 용기에는 내용적이나 아세톤의 양 등이 같다고 하더라도, 충진되는 아세틸렌의 양은 다르다. 이는 아세틸렌이 아세톤(acetone)에 용해되는 양이 온도변화에 따라 다르기 때문이다. 그러므로 용기내의 가스량은 중량에 의해 측정하게 된다. 즉 아세틸렌을 충진했을 때의 용기 전체의 중량 Akg과, 아세틸렌을 충진하기 전의 용기 자체의 중량 Bkg과의 차이가 충진된 아세틸렌의 무게이다. 용해 아세틸렌 1kg을 기화하면 15℃ 1기압일 때의 용적은 910ℓ가 된다. 그러므로 아세틸렌의 양 xℓ는 다음과 같이 계산할 수 있다.

즉 $x\ell = 910\ell \times (A-B)$

용해 아세틸렌은 발생기에 의한 아세틸렌보다 다음과 같은 장점을 가진다.

ⓐ 운반이 쉽고 발생기 및 부속장치가 필요없다.

ⓑ 아세틸렌과 산소의 혼합비 조절이 쉽고 경제적이다.

ⓒ 고압 토오치를 사용할 수 있다.

ⓓ 순도가 높고 좋은 용접을 할 수 있다.

ⓔ 안전성이 높아 안전장치가 필요없다.

그러나 용해 아세틸렌을 사용할 때는 가열, 충격과 불의 접근을 금해야 하며, 용기를 옆으로 뉘어서 사용하는 일이 없도록 해야 한다.

용해 아세틸렌을 사용할 때의 주의 사항은 다음과 같다.

ⓐ 용기 사용시나 저장시에는 반드시 똑바로 세우고 통풍이 양호하고 직사광선이 쬐이지 않은 장소에 보관한다.

ⓑ 용기의 두께가 4.5mm정도 이므로 취급이 난폭하여 운반시 충격을 주거나 떨어뜨리면 파손이나 폭발의 위험성이 크므로 정숙하게 취급해야 한다.

ⓒ 용기밸브를 열때는 전용 핸들로 1/4~1/2 회전만 시키고 핸들은 밸브에 끼워놓은 상태에서 작업한다.

ⓓ 가스 사용량은 1,000ℓ/h 이내로 하고, 사용압력은 1kg/cm² 이내로 하는 것이 작업 능률이나 경제성에 좋다. 즉 6,000ℓ이상이 들어 있는 용기를 6시간 이하로 사용하지 말아야 한다.

ⓔ 용기에 설치할 압력 조정기(pressure requrator) 및 고무 호우스(hose)는 산소용과 혼용되지 않도록 해야 한다. 또, 가스의 사용을 중지할 때는 토오치의 밸브만을 닫지 말고 용기 밸브를 반드시 닫아야 한다.

ⓕ 모든 가스 계열의 가스 누예검사는 반드시 비누물을 사용하여 검사한다.

ⓖ 용해 아세틸렌은 가연성 가스이므로, 저장중은 물론 작업중에도 밸브에서 가스가 새는 것을 주의하고, 용기 부근에 화기를 가까이 하거나 기름걸레와 같이 타기 쉬운 물건을 두거나 또, 전기 용접장치 가까이에 설치하지 말 것.

ⓗ 용기의 가용 안전 밸브는 70℃에서 녹게 되므로, 끓은 물을 붓거나 증기를 씌우거나 난로 가까이에 두지 말아야 한다.

ⓘ 사용 후는 반드시 약간의 잔압(0.1kg/㎠)을 남겨서 밸브를 안전하게 닫고 밸브 보호 캡을 씌워 두어야 한다.

ⓙ 용해아세틸렌을 사용할 때에는 반드시 가스 진화용 소화기를 비치해야 한다.

(7) 수소

수소는 무색 무미 무취의 기체이며 공업적으로는 물의 전기분해에 의하여 제조되어, 고압용기에 충진(35℃, 150기압)하여 공급된다. 단, 수소불꽃의 연소속도는 그림 4-12에 나타냄과 같이 아세틸렌보다 크나 불꽃의 온도는 낮다.

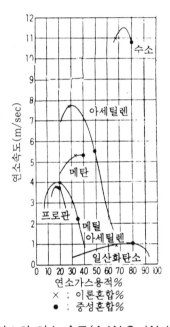

그림 4-12 각종 가스의 연소 속도(A.W.S. Welding Handbook)

탄화수소의 연소와 달라 탄소가 나오지 않으므로 탄소의 존재를 꺼려하는 납의 용접에 쓰여진다. 용접에의 이용도는 저하되고 있다. 그러나 용이하게 높은 압력이 얻어지므로 수중절단의 예열용으로 많이 쓰여지고 있다.

$$2H_2 + O_2 = 2H_2O + 115.6kcal$$

수소는 일반적으로 다음과 같은 성질을 가지고 있다.

ⓐ 무색 무미 무취이며 인체에 해가 없다.

ⓑ 수소는 0℃, 1기압에서 1ℓ의 무게는 0.0899g으로 물질 중에서 가장 가볍다(비중은 공기를 1로 볼 때 수소는 0.0695이다.)

ⓒ 확산 속도가 크므로 실내에서 퍼지기 쉽고, 작은 구멍이나 얇은 막을 통해서 외부로 누설되기 쉽다.

ⓓ 수소는 아세틸렌 다음으로 폭발범위가 넓다(산소 1, 수소 2의 비율로 혼합될 때 혼합 폭발이 가장 강하다.)

각 기체의 혼합 폭발 한계를 나타내면 표 4-9와 같다.

표 4-9 혼합 기체의 폭발한계

기 체	공기중의 기체 함유량 (%)
수 소	4~74
메 탄	5~15
프 로 판	2.4~9.5
아세틸렌	2.5~80

(8) 프로판 가스

순수한 프로판 가스는 C_3H_8로 나타내지는 포화탄화 수소이지만, 일반적으로 불리우는 프로판은 프로판 외에 프탄(C_4H_{10}), 프로필렌(C_3H_6) 등을 적당하게 다량으로 함유한 액화석유 가스(LPG ; liguefied petroleum gas)로 석유정제시 부산물적으로 분류된다.

다량으로 생산되기 때문에 가격이 싸고 또, 포화계 탄화수소이므로 분해 폭발의 위험이 적어 아세틸렌에 비하여 안전하다. 또한, 액화성이 있으므로 대량의 가스를 용이하게 저장 운반할 수 있다.

프로판의 연소는 $C_3H_8+5O_2=3CO_2+4H_2O+488kcal$이므로 연소의 제1단계에 있어 C_3H_8의 분해 반응에 흡열 반응이 있으므로, 불꽃 온도가 아세틸렌에 비하여 낮고(공기와의 혼합 연소 온도는 약 1,300℃이고 산소와는 약 2,800℃에 달한다) 또, 집중성이 없는 결함을 가지고 있다. 또한, 연소에 의해 대량의 수증기가 발생되어 연소가스의 성질이 산화성을 가지므로 용접에는 적합하지 않다.

프로판 가스의 일반적인 성질은 다음과 같다.

ⓐ 공기보다 무겁다(비중이 1.5)

ⓑ 액체인 때는 물보다 무겁다(약 0.5배 무겁다)

ⓒ 완전 연소에 필요한 산소의 량은 약 1 : 6.5이다.

ⓓ 액체 프로판이 기체 프로판으로 되면 체적은 250배로 팽창한다.

2. 산소

산소는 공기중에 용적으로 약 21% 존재하며, 일반적인 연소를 일으키기에는 충분하나 가스 용접과 같이 강렬한 연소를 필요로 할 때에는 공업적으로 제조된 순도 99.5% 이상의 것이 필요하다.

산소의 공업적 제조법에는 물을 전기 분해하는 것과 액체 공기의 분류에 의한 것이 있다.

산소는 무색 무미 무취의 기체로, 1ℓ의 중량은 0℃ 1기압에서 1.429g이고, 공기보다 약간 무거우며 비중이 1.105의 기체이다. 산소는 그 자신은 연소하지 않으나, 아세틸렌 가스와 화합하여 아세틸렌의 연소를 도와주는 역할을 한다.

산소의 융해점은 -219℃, 비등점은 -183℃이고, -119℃에서 50기압 이상으로 압축하면 담황색의 액체로 된다.

(1) 기체 산소

산소는 일반적으로 강철제 고압용기에 충전한 압축 산소로서 공급되며, 충전압력은 35℃에서 150기압이다. 용기의 크기는 보통 충전되는 산소의 대기압 환산용적을 ℓ로 표시한다. 일반적으로 쓰여지는 용기는 표 4-10과 같다.

표 4-10 산소 용기의 크기

호 칭 (ℓ)	내 용 적 (ℓ)	직 경 (mm)		높 이 mm	중 량 (kg)
		외 경	내 경		
5000	33.7	205	187	1825	61
6000	40.7	235	216.5	1230	71
7000	46.7	235	218.5	1400	74.5

(2) 액체 산소

표 4-10과 표 4-11에서 보는 바와 같이 기체 산소에서는 용기 중량이 충전 산소 중량의 10배 정도가 되며 많은 양을 사용하는 곳에서는 용기의 운반 관리가 용이하지 못하다.

표 4-11 액체 산소와 기체 산소

가스 \ 구분	액 체		기 체		
	ℓ	kg	m³(0℃), 1at	m³(15℃), 1at	m³(35℃), 1at
산소 O₂ (32)	1	1.14	0.798	0.842	0.900
	0.877	1	0.6998	0.738	0.7898
	1.254	1.429	1	1.055	1.129
	1.189	1.355	0.948	1	1.0699
	1.111	1.266	0.886	0.935	1

이것에 비하여 액체 산소에서는 표 4-12에서 보는 바와 같이, 용기 중량은 충전 산소량

과 거의 비슷하다. 따라서 많은 량을 소비하는 곳에서는 액체산소를 사용하는 것이 유리하다. 또한, 기체 산소에서는 용기에 충진할 때 사용하는 압축기의 윤활유로서 물을 사용하므로 수증기에 의한 순도 저하를 막을 수 없으나, 액체 산소에서는 이와 같은 일이 없으며 99.8%이상의 높은 순도를 얻기가 곤란하다.

표 4-12 액체 산소 중량

충 진 량			용 기 중 량 (kg)
액 체 량 (ℓ)	중 량 (kg)	15℃, 1at 환산기체 (㎥)	
100	114	84.2	102
1145	1305	964.0	1700~1800
2140	2439	1801.8	2000~2600
4500	5130	3789.0	5500~6200
8100	9234	6820.2	7300~8600

(3) 산소 용기의 구조

산소 용기는 본체 밸브 캡의 3부분으로 되어 있고, 이음매가 없는 강철재로 제조되어 있으며 매 3년마다 검사를 받아야 한다. 용기 밑 부분의 형상은 볼록형, 스커트형(skirt type)오목형이 있으며, 일반적으로 오목형이 많이 쓰여지고 있다.

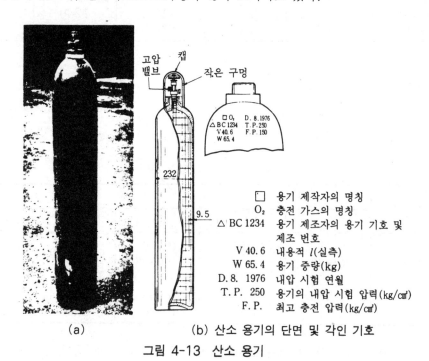

□	용기 제작자의 명칭
O_2	충전 가스의 명칭
△ BC 1234	용기 제조자의 용기 기호 및 제조 번호
V 40.6	내용적 ℓ(실측)
W 65.4	용기 중량(kg)
D. 8. 1976	내압 시험 연월
T. P. 250	용기의 내압 시험 압력(kg/㎠)
F. P.	최고 충전 압력(kg/㎠)

(a)　　　　　　(b) 산소 용기의 단면 및 각인 기호

그림 4-13 산소 용기

한편 용기의 윗부분에는 그림 4-13에서 보는 바와 같이,

ⓐ 용기 제조자의 명칭 또는 상호

ⓑ 충전 가스의 명칭

ⓒ 용기 제작자의 용기 기호 및 제조 번호

ⓓ 내용적(ℓ)

ⓔ 제조 연월일

ⓕ 내압 시험 압력(숫자만)

ⓖ 최고 충전 압력

ⓗ 용기 중량(밸브 및 캡을 포함하지 않음)

또한, 용기에는 충전된 가스의 종류에 따라 용기외면 전부 혹은 일부에 표 4-13과 같이 색칠을 하여 충전 가스를 구분하고 있다.

표 4-13 충진가스 용기의 색별

가스의 명칭	도 색	가스 충진 구멍에 있는 나사의 좌우	가스의 명칭	도 색	가스 충진 구멍에 있는 나사의 좌우
산 소	녹 색	우	암모니아	백 색	우
수 소	주 황 색	좌	아세틸렌	황 색	좌
탄산가스	청 색	우	프 로 판	회 색	좌
염 소	갈 색	우	아 르 곤	회 색	우

(4) 산소 용기용 밸브

산소 용기의 밸브는 황동 단조품이 사용되고 있으며, 가스 방출구에 조정기를 설치하는 나사의 구조에 따라 그림 4-14와 같이 프랑스식과 독일식의 두가지가 있다. 또, 가스 시일링의 구조에 따라 직통식과 다이어프램식의 2가지가 있다.

(5) 산소 용기 취급상의 주의

산소 용기속의 산소 가스는 고압으로 되어 있으므로 취급상 다음 사항에 주의를 해야 한다.

ⓐ 산소는 지연성 가스이므로 다른 가스와 혼합된 것에 점화하면 급격한 연소를 일으킬 위험이 있다. 그러므로 다른 가열성 가스와 함께 저장을 해서는 안된다. 또, 사용중 산소의 누설에 주의해야 한다.

ⓑ 취급시 충격이나 타격을 주거나 넘어뜨리면 용기가 파열되어 폭발을 일으키면서 막대한 재해를 가져오므로 조심성 있게 다루어야 한다.

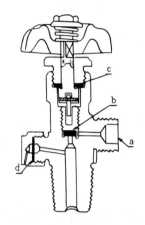 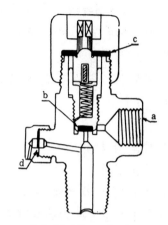

(a) 프랑스식 고압 밸브   (b) 독일식 고압 밸브

a. 고압산소출구(압력조정기 설치구 또는 가스충진구)
b. 고압밸브시이트(플라스틱)
c. 누설방지패킹
d. 안전밸브(가스용기의 내압 시험의 80%의 압력으로 파손한다.)

그림 4-14 고압 밸브 분해

ⓒ 용기는 항상 40℃ 이하를 유지하여야 하므로, 직사광선이나 화기가 있는 고온 장소에 두고 작업하거나 방치하지 않도록 할 것.

표 4-14에 산소압력과 온도와의 관계를 나타낸다.

표 4-14 압력과 온도와의 관계

온도 ℃	-5	0	5	10	20	30	35	40
지시압력 (kg/㎠)	130	133	133.5	137.5	142.7	147.5	150	152.4

ⓓ 용기를 이동할 때에는 반드시 밸브를 잠글 것
ⓔ 기름 등이 용기 밸브나 조정기 등에 부착되지 않도록 할 것
ⓕ 산소를 사용한 후 용기가 비었을 때는 반드시 밸브를 잠가둘 것
ⓖ 용기내의 압력이 너무 상승되지 않도록(170kg/㎠ 이상)할 것.

만일, 압력이 너무 상승되면 밸브의 안전판이 파괴되어 안전 밸브로 산소가 분출되어 나가게 되므로 이런 경우에는 다음과 같은 조치를 해야 된다.

㉠ 분출구를 안전한 방향으로 향하게 한다.
㉡ 분출이 끝나면 안전 밸브의 불량을 기재하여 충전소로 산소 용기를 보낸다.
ⓗ 산소 분출중에는 손을 분출구에 대지 말 것
ⓘ 추운 겨울에 산소 밸브가 얼어 산소의 분출이 나쁘거나 나오지 않는 경우에 화기를

사용해서는 안되며 더운 물, 증기 등으로 가열하여 녹일 것

　　ⓙ 밸브의 개폐는 정숙하게 하고 산소의 누설은 반드시 비눗물로 조사해야 한다.

3. 압력 조정기

　산소 아세틸렌 다같이 용기나 기타의 공급원으로부터의 압력은 실제로 사용하는 압력보다 높으며, 더욱이 용기의 경우에는 그 충진량의 감소에 의하여 압력도 저하한다. 따라서 주어진 작업토오치의 능력에 따라 일정한 압력에 감압 조정하는 장치가 필요하다. 이것이 압력 조정기(pressure requlator)이다.

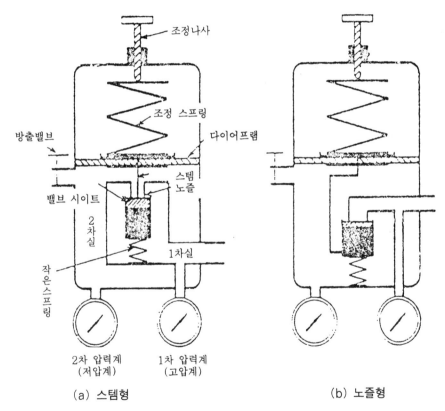

그림 4-15 압력 조정기의 기본적인 구조

(1) 압력 조정기의 기본적인 구조

　압력 조정기에는 그림 4-15에 나타냄과 같이 두 개의 기본적인 형태가 있다.

　그림 4-15의 (a)와 같이 밸브 시이트가 1차측에 있는 것을 스템형, 그림 4-15의 (b)

와 같이 2차 측에 있는 것을 노즐형이라 부르며, 1차측 압력의 변화에 따라 2차측 압력의 변화는 반대가 된다. 일반적으로 프랑스식 조정기라고 불리우는 것은 스템형이며 독일식 조정기는 노즐형이다.

(2) 프랑스식 조정기의 작동 원리

프랑스식 압력 조정기의 내부 구조를 나타내면 그림 4-16의(A)와 같으며, 그 작동 원리를 그림 4-16(B)에서 살펴보면 다음과 같다.

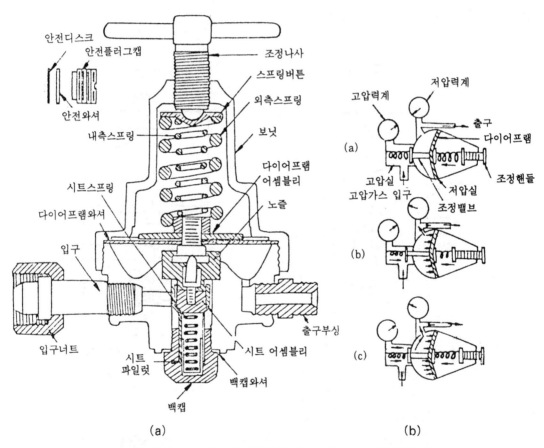

(a)　　　　　　　　　　　　　　　(b)

그림 4-16　프랑스식 압력조정기의 내부 구조 및 작동 원리

① 압력 조정기를 용기에 설치하여 용기 밸브를 열면 가스는 압력 조정기의 고압실(1차 기밀실)에 들어온다. 이때 가스 압력과 밸브 스프링의 힘에 의해 가스는 저압실(2차 기밀실)로 유입하지 못한다.

② 압력 조정기의 핸들을 시계 바늘 방향으로 돌리면, 누르는 힘으로 조정 스프링에 힘이 생겨 다이어프램을 통하여 시이트를 누르므로 고압실의 가스가 저압실로 들어간다. 저

압실은 고압실보다 넓으므로 가스가 팽창하여 압력이 낮아진다.

　③ 저압실에 들어온 가스는 다이어프램면을 누르므로 조정 스프링은 압축되고 조정 밸브는 닫히게 되어 원상태로 되며, 가스의 유입은 정지되어 저압실의 압력은 조정 스프링의 세기에 해당하는 압력으로 설정된다.

　④ 용접 토오치의 출구 밸브를 열어 가스를 사용하면 저압실의 압력은 저하되어 다시 조정 스프링의 힘에 의해 조정 밸브를 밀어 열므로 고압실에서 저압실로 가스가 들어온다.

　이상의 동작으로 저압실의 압력은 조정 스프링의 장력에 해당하는 압력(조정압력)으로 평형을 유지하면서 흘러 들어오게 된다.

(3) 독일식 조정기의 작동 원리

　그림 4-17에 독일식 압력 조정기를 그리고 그림 4-18에 그 작동 원리를 나타낸다.

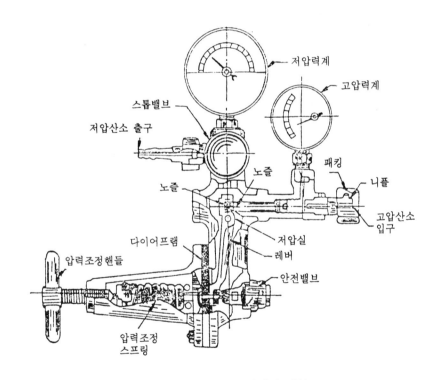

그림 4-17　독일식 조정기의 내부

　그림 4-18에서 조정기의 작동 원리를 살펴보면 다음과 같다.

　가스 용기에 조정기를 설치하고 용기밸브를 열면 가스는 밸브 시이드에 부딪치고 고압계를 움직여 용기 내의 압력을 지시한다. 용접 작업에 필요한 압력으로 조정하려면, 조정 핸들을 천천히 오른쪽으로 돌리면 조정 스프링은 압축되어 다이어프램을 눌러 지지대는 지정 핀을 중심으로 하여 움직이므로, 밸브 시이트가 열려 가스는 조정실로 들어와 팽창하므로 압력이 낮아지며 이 압력이 저압계에 나타난다. 필요한 압력으로 조정되면 도관을 연결 도치에 이끌어 사용한다.

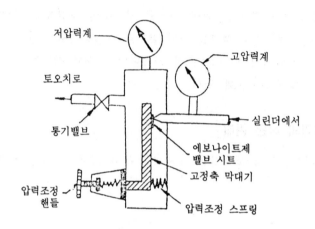

그림 4-18　독일식 압력 조정기의 작동

(4) 압력 조정기의 구비조건

압력 조정기는 다음과 같은 점을 갖추고 있어야 한다.
ⓐ 동작이 예민할 것
ⓑ 조정 압력은 용기 내의 가스량이 변화하여도 항상 일정할 것.
ⓒ 조정 압력과 사용 압력과의 차이가 작을 것
ⓓ 사용시 빙결하는 일이 없을 것
ⓔ 가스의 방출량이 많아도 유량이 안정되어 있을 것

(5) 압력 조정기 취급상의 주의

조정기는 고압 용기 배관에 설치되어 있으므로 세심한 주의를 하지 않으면 고장을 일으키고 재해의 원인이 되므로 가스의 성질, 조정기의 구조 등을 잘 익히고 취급해야 한다.
① 가스 용기에 조정기를 설치할 때는 반드시 밸브를 가볍게 2, 3회 열어서 조정이 설치구에 있는 먼지를 제거한다.
② 압력 조정기 설치구 나사부나 조정기의 각부에 그리스나 기름 등을 사용하지 말 것
③ 조정기를 견고히 설치한 다음 조정핸들을 풀고 밸브를 조용히 열 것
④ 가스의 누설이 있을 때는 즉시 밸브를 닫고 다시 조일 것. 그래도 가스가 누설되면 책임자에게 연락 조치를 취할 것(누설 검사는 반드시 비눗물을 사용한다.)

⑤ 취급시에 기름이 묻은 장갑 등을 사용하지 말 것

4. 가스 도관

가스 도관이라 함은, 산소 또는 아세틸렌 가스를 용기 또는 발생기에서 청정기 안전기를 통하여 토오치까지 송급할 수 있게 연결관 관을 말하며, 도관에는 강관과 고무 호우스의 두가지가 있다.

(1) 도관의 구조

도관은 산소 및 아세틸렌의 소비량에 알맞은 지름의 것을 사용하며 일반적으로 고무관이 많이 사용된다.

그러나 원거리용 및 옥외에서의 접속용에는 가스 통로의 산화방지를 위한 아연 도금의 강관이 쓰이고 있다.

가스 도관은 산소 및 아세틸렌 가스의 혼용을 막기 위하여 산소용에는 검은색을, 아세틸렌용에는 적색을 칠하여 사용하고 있다.

도관 속을 흐르는 가스의 유동에 대한 저항은 길이에 비례하고, 단면적에 반비례하기 때문에 강관의 지름은 충분한 여유가 있어야 하며, 길이는 필요 이상으로 길게 하지 말고 이음의 수도 최소로 하며, 굴곡 부분이 적은 것이어야 한다. 이외에 도관을 땅 속에 매몰하는 경우는 배수 코크를 설치해야 한다.

가스 용접용 도관의 크기는 안지름 9.5㎜, 7.9㎜, 6.3㎜의 3종류가 있으며 보통 토오치에는 7.9㎜, 소형 토오치에는 6.3㎜, 길이가 5m 정도의 것이 쓰인다.

그림 4-19에 산소용 도관의 부분 단면도를 나타내고, 그림 4-20에 가스도관과 조임용 밴드(band)를 나타낸다.

산소용 고무 도관은 고압에 견디어야 하므로 그림 4-19에 나타냄과 같이 직물이 들어 있어야 하며, 아세틸렌용 고무도관은 산소에 비하여 사용 압력이 낮으므로 직물이 들어 있지 않은 것도 사용되고 있다(산소용은 90kg/㎠, 아세틸렌용은 10kg/㎠의 내압 시험에 합격하여야 한다).

그림 4-19 산소용 호우스

그림 4-20 가스 호오스와 조임 밴드

(2) 가스 도관 취급상의 주의

① 고무 도관의 길이는 가스의 송급량에 관계되므로 필요 이상 길게 하지 말 것(일반적으로 5m가 적정)
② 도관에 굽은 부분이 많으면 가스의 흐름이 나빠지므로 가급적 굽은 부분이 없게 할 것
③ 고무 도관 위를 무거운 수레차가 통행하거나 발로 밟지 말 것
④ 고무 도관 이음부의 가스 누설을 방지하기 위하여 반드시 조임용 밴드를 사용할 것
⑤ 도관 내부의 청소는 반드시 압축 공기를 사용하고 다른 가스를 사용하지 말 것
⑥ 고무 도관의 빙결은 더운물이나 스팀에 의하여 녹이고 화기는 사용하지 말 것
⑦ 가스의 누설은 반드시 비눗물로 검사한다.

5. 가스 용접 토오치

용접 토오치는 산소와 아세틸렌을 혼합실에서 혼합하여 팁(tip)에서 분출 연소하여 용접을 하게 하는 것이다.

용접 토오치에는 아세틸렌 압력에 의하여 저압식과 중압식이 있으며, 구조에 따라서 KS 규격에 A형은 니들 밸브(needle valve)를 가지고 있지 않은 것(독일식)과 B형은 니들 밸브를 가지고 있는 것(프랑스 식)으로 분류하고 이것에는 대, 중, 소형과 피스톨형이 있다. 이들을 도표로 나타내면 다음 표와 같다.

(1) 저압식 토오치

아세틸렌 가스 발생기에서 발생된 가스를 사용하는 경우에 저압식 토오치를 주로 사용한다. 저압식 토오치는, 아세틸렌 가스 압력이 발생기 아세틸렌 가스 사용시에는 0.07kg/㎠이하, 용해 아세틸렌 가스 사용시에는 0.2kg/㎠ 미만으로 낮기 때문에 산소 기류에 의해 아세틸렌 가스를 흡인하여 산소와 아세틸렌 가스를 혼합하고 있다.

바꾸어 말하면, 인젝터 노즐(injector nozzle)에서 분출되는 고압 산소의 기류에 의해 주변이 부압(-압력)으로 되기 때문에 아세틸렌 가스가 흡인되어 혼합실에서 혼합되는 것이다. 그림 4-21에 나타냄과 같이 인젝터는 토오치 본체의 속에 있으며, 니들 밸브에 의해 압력 유량을 조절하는 것을 가변압식 토오치(B형 프랑스 식)라 한다.

<u>저압식 Torch와 고압식 Torch의 구분</u>

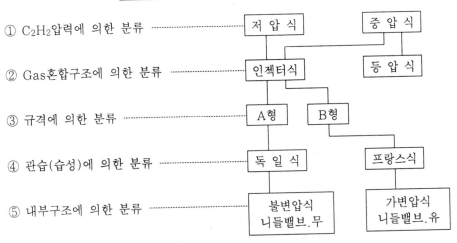

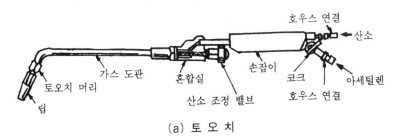

(a) 토 오 치

(b) 혼 합 실

그림 4-21 토오치의 각부 명칭

① 가변압식 토오치(B형)

가변압식 토오치는 니들 밸브가 인젝터 속에 있어 이것으로 산소의 유량을 조절하는 것으로, 우리 나라의 중소기업의 용접소에서 많이 사용되고 있으며 어느 토오치나 팁의 구멍 지름이 다른 팁을 바꾸어 사용하게 되어 있다. 또한, 그림 4-22에서와 같이 중앙의 산소 분출 노즐에 니들 밸브가 있어, 이것을 전후로 이동시키므로 인하여 노즐의 단면적이 변화 되어 분출하는 산소의 압력이 변하므로 주변의 부압도가 변화한다. 이것에 의해 아세틸렌 가스는 주변의 부압 부분에 흡인되어 그 양을 변화시키는 것이며 또, 아세틸렌 가스의 흡 인량을 변화시키므로 인하여 불꽃의 세기를 변화시킨다.

이 토오치의 특징을 살펴보면, 바꾸어끼는 팁이 매우 작아 바꾸어 끼우기가 편리하고 또한, 토오치 제작의 구조가 간단하며 가벼우므로 작업이 매우 용이하다.

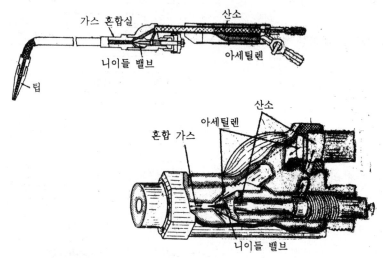

그림 4-22 저압 가변압식 토오치의 인젝터 일부의 단면

② 불변압식 토오치(A형)

불변압식 토오치는 팁의 머리에 인젝터와 혼합실이 있기 때문에, B형 보다 구조가 간단 하고 불꽃을 끄는 코크와 아세틸렌 조절 밸브 어느 것이나 다 토오치를 쥐는 오른손으로 조작할 수 있는 편리한 점이 있으므로 우리 나라에서 널리 사용되고 있다.

이 형식의 토오치는 분출 구멍의 크기가 일정하다. 이 때문에 팁의 능력을 변경할 수 없 으며 팁 혼합식, 산소 분출 구멍에 따른 흡인장치가 한개 조의 장치로 되어 있다. 이것을 팁이라 하며 이 팁을 바꿈으로서 동일한 토오치로 다른 능력의 불꽃을 얻을 수 있다. 이 경우 산소의 압력을 조정기에 의해 조정하지 않으면 안된다. 팁의 교환은 B형에 비해서 불편하나 한번 바꾸면 계속해서 안정된 상태로 사용할 수 있다.

이 토오치의 구조는 그림 4-23과 같으며 그 특징으로는 인젝터가 팁 속에 들어 있으므 로 혼합 가스의 통로가 짧아 역화를 일으켜도 인화될 염려가 적다. 그러나 팁의 구조가 복잡하고 다소 무겁다.

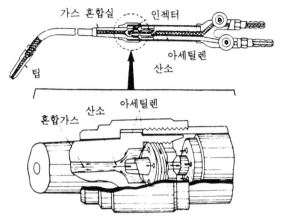

그림 4-23 저압 불변압식 토오치의 단면도

(2) 중압식 토오치

아세틸렌 압력 0.07~1.3kg/㎠ 정도에서 사용하는 용접 토오치로, 중압에 인젝터를 가지고 있어 산소에 의해 아세틸렌의 흡인력이 전혀 없는 것과 약간 있는 것이 있다. 앞의 것을 등압식 토오치, 뒤의 것을 세미인젝터식 토오치라고 한다. 어느 것이나 근년에 발달한 것으로 우리 나라에서는 그다지 쓰여지고 있지 않다.

중압식 토오치에서는 산소 압력을 아세틸렌 압력과 등압으로 하거나 약간 높은 정도로 조정한다. 필요 이상으로 산소를 높게 하면 산소가 아세틸렌 쪽으로 역류할 위험성이 있다. 따라서 저압식 토오치만을 사용하든 작업자는 중압식 토오치를 사용할 때에는 이상과 같은 점에 주의하여 취급해야 한다.

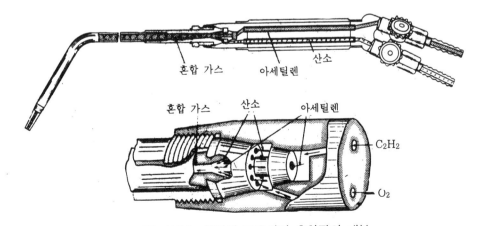

그림 4-24 중압식 토오치의 혼합장치 내부

또, 저압식 토오치를 중압 아세틸렌 가스로 사용하면 각 접속부 기타에서 가스의 누설이 없도록 주의하면 거의 문제없이 사용할 수 있으나, 중압용으로 설계된 토오치를 저압 아세틸렌에 사용하는 것은 매우 위험하다. 혹시 잘못 사용하면 산소가 아세틸렌 쪽으로 역류하여 사고의 원인이 된다.

(3) 토오치의 능력

토오치의 능력을 나타내는데는 일반적으로 팁의 크기, 즉 팁의 번호를 가지고 나타낸다. 이 방법에는 2가지가 있다.

즉, 독일식(A형)과 프랑스식(B형)에 따라 표시법이 다르다.

독일식 토오치의 팁의 번호는 연강판의 용접이 가능한 두께를 표시하는데, 가령 10번은 10mm의 연강판이 용접이 가능한 것을 표시하고 있다.

프랑스식 토오치는 산소 분출구에 니들밸브(needle valve)를 가지고 있으며, 산소 분출구의 크기를 팁에 맞추어서 어느 정도 조절할 수 있게 되어 있다. 더구나 산소 분출구가 토오치에 설치되어 있으므로 팁이 소형 경량으로 작업하기가 쉽다. 프랑스식 팁의 번호는 팁에서 불꽃으로 되어 유출되는 아세틸렌의 유량(ℓ/h)을 표시한 것으로, 연강판의 용접 가능한 판 두께는 팁 번호의 1/100에 해당하므로, 1000번은 약 10mm의 연강판을 용접하는데 가장 적합한 팁이다.

표 4-15와 표 4-16에 저압식 토오치의 팁의 KS규격을 나타낸다.

표 4-15 A형 토오치의 사용 압력

형 식	팁 번 호	산소압력 (kg/cm²)	아세틸렌 압력(kg/cm²)	판 두 께 (mm)
A1호	1 2 3 5 7	1.0 〃 〃 1.5 〃	0.1 〃 〃 〃 0.15	1~1.5 1.5~2 2~4 4~6 6~8
A2호	10 13 16 20 25	2.0 〃 2.5 〃 〃	0.15 〃 0.2 〃 〃	8~12 12~15 15~18 18~22 22~25
A3호	30 40 50	3.0 〃 〃	0.2 〃 〃	25이상 〃 〃

《참고》 A형 팁의 번호는 용접이 가능한 모재의 두께를 표시한다.
     B형 팁의 번호는 1시간에 소비하는 아세틸렌의 양을 ℓ로 표시한다.

표 4-16 B형 토오치의 사용 압력

형 식	팁 번 호	산소압력 (kg/cm²)	아세틸렌 압력 (kg/cm²)	판 두 께 (mm)
B0호	50	1.0	0.1	0.5~1
	70	〃	〃	1~1.5
	100	〃	〃	
	140	〃	〃	1.5~2
	200	〃	〃	
B1호	250	1.0	0.1	3~5
	315	1.5	〃	
	400	〃	〃	5~7
	500	〃	0.15	
	630	〃	〃	7~10
	800	2.0	〃	
	1000	〃	〃	9~13
B2호	1200	2.0	0.15	
	1500	2.5	〃	12~20
	2000	〃	0.2	
	2500	〃	〃	20~30
	3000	3.0	〃	
	3500	〃	〃	25이상
	4000	〃	〃	

(4) 토오치 취급상의 주의

ⓐ 소중히 다루어야 한다.

ⓑ 토오치에 먼지가 들어가지 않도록 주의한다.

ⓒ 팁은 언제나 청결하게 청소하여 항시 정상적인 불꽃이 나오게 한다.

ⓓ 사용전에 누예여부를 비눗물에 담가 점검한다.

ⓔ 팁이 과열되면 아세틸렌 밸브를 잠그고 산소만 약간 나오게 하여 물에 담가 냉각시킨다.

ⓕ 토오치 목부분에는 기름을 묻히지 말 것

ⓖ 함부로 분해하지 말 것. 특히 나사부분의 취급에 주의를 할 것

ⓗ 점화한 후에 토오치를 함부로 휘두르지 말 것

ⓘ 사용후는 완전히 소화한 후 팁의 손상에 주의하여 정숙히 보관한다.

(5) 역류, 역화, 인화

① 역류

토오치의 인젝터에서 팁까지 사이에 먼지나 기타 다른 물질이 있어 막히게 되면, 산소가 아세틸렌 가스 호스 쪽으로 흘러 들어가 안전기까지 미쳤을때 만일, 안전기의 기능이 불안전하면 산소는 아세틸렌 발생기까지 도달하여 폭발을 일으키게 된다. 이것을 역류(contra flow)라 부른다. 이 역류를 방지하기 위해서는 항상 토오치의 청소를 잘하고 과열을 막아 냉수에 식혀야 한다. 한편 역류가 일어났을 때는 즉시, 토오치의 산소 밸브 및 아세틸렌 밸브를 닫고 이어서 안전기와 발생기 사이의 콕크(cock)를 잠근다. 그러나 용해 아세틸렌에는 안전기를 사용하지 않아도 이같은 사고는 발생되지 않는다.

② 역화

역화(back fire)는 토오치의 취급이 잘못될 때 순간적으로 불꽃이 토오치의 팁 끝에서 빵빵 또는 팡 소리를 내며 불길이 기어들어 갔다가 곧 정상상태가 되든가 또는 불길이 꺼지는 현상을 말한다. 역화가 발생하는 것은 작업물에 팁의 끝이 접촉되었을때, 가스 압력이 적당하지 않을때, 팁 끝이 과열되었을때, 팁의 이음부가 완전히 죄어지지 않았을때 일어난다. 이때에는 먼저 아세틸렌 밸브를 닫고 다음에 산소 밸브를 닫으며 팁이 과열되었을 때는 산소만 약간 분출시키며 수중에서 냉각시킨다.

③ 인화

인화(flash back)는 불꽃이 혼합실까지 밀려들어가는 것으로, 이것이 다시 불안전한 안전기를 지나 발생기까지 인화되어 폭발을 일으켜 부상자를 낼 정도의 큰 사고를 일으키는 일까지 있다.

인화가 일어나면 곧 토오치의 산소 밸브를 닫은 다음 아세틸렌 밸브를 닫아 혼합실내의 불을 끄는 것이 가장 좋다. 이어 조정기의 밸브를 닫고 인화의 원인을 조사하여 안전조치를 취한 후 다시 점화하여야 한다.

인화의 원인은 팁의 과열, 팁끝의 막힘, 팁 연결의 불충분, 먼지의 부착, 가스 압력의 부적당, 호스의 비틀림 등이 있다.

일반적으로 인화나 역화의 발생 원인은, 산소와 아세틸렌의 분출압력(속도)이 불꽃의 연소속도 보다 느리기 때문에 발생한다. 따라서 가스의 압력이 부족할 때에는 특히 인화나 역화의 발생에 주의를 해야 한다.

(6) 기타의 가스 용접 기재

① 가스 용접용 공구

가스 용접에는 위에서 설명한 것 외에 여러 가지 기구 부속품이 쓰여진다. 즉 용접 지그(welding jig), 슬래그 해머(slag hammer), 쇠솔(wire blush), 라이터(lighter) 팁 크리너(tip cleaner)등이 미리 준비되어 있어야 한다.

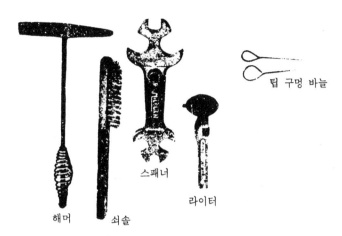

스패너

팁 구멍 바늘

라이터

해머 쇠솔

그림 4-25 용접용 각종 공구

② 가스 용접용 안전기구

용접 작업자는 안전 위생면에서 앞치마(apron), 장갑(leather glove), 작업모자(work cap), 발카바(skin cover), 보호 안경(shade goggles) 등은 매우 중요한 기재이다. 이들의 선택에 있어서는 안전위생 규칙에 의하여 KS 규격품 등 신뢰성이 있는 것을 사용해야 한다. 특히 차광 안경은 가스 용접용 불꽃의 유해한 적외선과 자외선의 피해를 방지하기 위하여 사용하며, 차광능력은 차광 번호에 의하여 등급이 지어져 있다. 표 4-17에 보호 안경의 차광번호와 사용처를 나타낸다.

표 4-17 보호 안경의 차광 번호와 사용처

차광번호	전기용접 및 절단작업		가스용접 및 절단작업
2.5 3 4	산란 또는 측사광을 받는 작업	—	—
5	—	저항 용접의 작업	약휘도의 작업
6 8 9	일반적으로 200A 미만의 아크 작업	—	강휘도의 작업
10	—	일반적으로 200~400A 미만의 아크 작업	
11 12 13 14	일반적으로 400A 이상의 아크 작업	—	—

보통안경 형태의 것을 쓰고 작업을 할 때 측면 사광선을 받게 되면, 측면 시일드가 붙어 있는 아이컵(eye cup)형의 것을 사용하여야 하고, 차광도 번호가 큰 필터(filter)인 차광도 번호 10이상을 사용할 때는 차광도 번호보다 작은 번호의 것을 2장 겹쳐서 차광도 번호에 해당하도록 만들어 사용하는 경우도 있다(그림 4-27 참조).

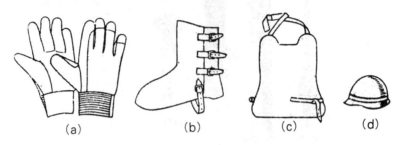

(a)   (b)   (c)   (d)

그림 4-26 보호 기구

그림 4-27 아이컵형 차광 안경

7. 가스 용접 재료

(1) 용접봉

가스용접용 용접봉은 원칙적으로 모재와 같은 용착금속을 얻기 위하여 모재와 조성이 동일하거나 비슷한 것이 사용되지만, 용접부는 용접중에 금속학적 현상 때문에 용착금속의 성분과 성질이 변화하므로 용접봉에 성분과 성질의 변화를 보충할 성분을 포함하고 있는 경우도 있다. 용접봉을 용가재(filler metal)라고도 하며, 보통 비피복 용접봉이지만 아크 용접봉과 같이 피복된 용접봉도 있고 때로는 용제(flux)를 심선내부에 넣은 복합심선을 사용할 때도 있다. 가스용접은 산화 불꽃이 되기 쉬운데다 공기 중의 산소를 흡수하여 용융금속이 산화되는 경우가 많으며, 용착금속은 산화물을 포함하여 메지게 되는 결정이 있다. 이러한 결점을 방지하기 위해 중성 불꽃 혹은 산화 불꽃을 사용하며 또한, 용제를 필요로 하고 있으나 연강의 가스 용접에서는 용제가 필요없다. 용접봉을 선택할 때는 다음 조건에 알맞은 재료를 선택해야 한다.

ⓐ 될 수 있는 대로 모재와 같은 재질이어야 하며, 모재에 충분한 강도를 줄 수 있을 것

ⓑ 기계적 성질에 나쁜 영향을 주지 않아야 하며, 용융온도가 모재와 동일할 것

ⓒ 용접봉의 재질 중에 불순물을 포함하고 있지 않을 것

연강용 가스 용접봉에는 아크 용접봉의 심선과 같이 인이나 황 등의 유해성분이 극히 적은(0.040% 이하) 저탄소강이 사용된다.

표 4-18에 연강용 용접봉의 종류와 봉끝의 색별을 나타내고, 표 4-19에 가스 용접봉의 성분을 나타낸다.

표 4-18 연강용 용접봉의 종류, 기계적 성질 및 봉끝의 색

용접봉의 종류	시험편의 처리	인장강도 (kg/㎟)	연 신 율 (%)	봉끝의 색
GA 46	SR NSR	46 51	20 17	적
GA 43	SR NSR	43 44	25 20	청
GA 35	SR NSR	35 37	28 23	황
GA 46	SR NSR	46 51	18 15	백
GB 43	SR NSR	43 44	20 15	흑
GB 35	SR NSR	35 37	20 15	자
GB 32	NSR	32	15	녹

표 4-19 가스용접봉의 성분

피용접재료	용접봉의 성분(%)					
	C	Si	Mn	P	S	Ni
연강, 주강	0.05~0.25	<0.06	0.3~0.6	<0.03	<0.03	
고탄소강(0.6~1.0%C)	0.15~0.30	0.1~0.2	0.5~0.8	<0.04	<0.04	3.35~3.75
주철	3.0~3.5	0.35	0.5~0.7	<0.8	<0.06	
황동	피용접 재료와 같은 재료					
알루미늄	알루미늄에 소량의 인을 첨가					

연강 중에 포함되어 있는 가스용접봉의 성분은 모재에 다음과 같은 영향을 끼치므로 주
의를 해야 한다.

ⓐ 탄소(C) : 강의 강도를 증가시키나 연신율, 굽힘성 등이 감소된다.

ⓑ 규소(Si) : 기공은 막을 수 있으나 강도가 떨어지게 된다.

ⓒ 인(P) : 강에 취성을 주며 강인성을 잃게 하는데 특히, 암적색으로 가열한 경우는
대단히 심하다.

ⓓ 유황(S) : 용접부의 저항력을 감소시키고 기공의 발생이 쉽다.

ⓔ 산화철(Fe_3O_4) : 용접부 내에 남아서 거친 부분을 만들므로 강도가 떨어진다.

표 4-20은 용접봉의 종별을 나타내며 규격 중 GA와 GB는 가스용접봉의 재질에 대한
종류이며, 46과 43등의 숫자는 용착금속의 최소인장강도 46kg/㎠과 43kg/㎠이상이라는
것을 의미한다. 또, NSR은 용접한 그대로 응력을 제거하지 않은 것을, SR은 625±25℃
에서 1시간 동안 응력을 제거한 것을 뜻한다. 용접봉의 지름은 보통 1~6mm인 것이 사용
되며, 모재의 두께에 따라 〈표 4-21〉과 같이 선택 사용된다. 판의 두께와 토오치의 용량
에 따라 알맞은 지름의 것을 택하여야 하며, 일반적으로 모재의 두께가 1mm이상일 때 용
접봉의 지름을 결정하는 방법의 하나로 다음 식을 사용한다.

$$D = \frac{T}{2} + 1 \quad \text{단 D : 용접봉의 지름(mm)} \quad T : \text{판두께(mm)}$$

연강용 용접봉의 표준치수는 1.0, 1.6, 2.0, 2.6, 3.2, 4.0, 5.0, 6.0 등 8종류이며
길이는 1,000mm이다.

표 4-20 연강용 용접봉의 기계적 성질(KSD 7005)

용접봉의 종류	시험편의 처리	인장 강도 (kg/㎟)	연 신 율 (%)
GA46	SR NSR	46 이상 51 〃	20 이상 17 〃
GA43	SR NSR	43 이상 44 〃	25 이상 20 〃
GA35	SR NSR	35 이상 37 〃	28 이상 23 〃
GA46	SR NSR	46 이상 51 〃	18 이상 15 〃
GB43	SR NSR	43 이상 44 〃	20 이상 15 〃
GB35	SR NSR	35 이상 37 〃	20 이상 15 〃
GB32	NSR	32 이상	15 이상

SR : 응력을 제거한 것
NSR : 응력을 제거하지 않은 것의 기호

표 4-21 모재 두께에 따른 용접봉의 지름 선택

모재의 두께	2.5이하	2.5~6.0	5~8	7~10	9~15
용접봉의 지름	1.0~1.6	1.6~3.2	3.2~4.0	4~5	4~6

2. 용제

용제(flux)는 용접중에 생기는 금속의 산화물 또는 비금속 개재물을 용해하여, 용제와 결합시켜 용융 온도가 낮은 술래그를 만들어 용융 금속의 표면에 떠오르게 하여 용착금속의 성질을 양호하게 하는 것이다. 이 용제는 건조한 분말 페스트(paste) 또는, 미리 용접봉 표면에 피복한 것도 있다. 일반적으로 분말을 물 또는, 알코올로 반죽을 하여 용접 전에 브러시로 용접할 홈과 용접봉에 발라서 사용한다.

(1) 강의 용접에서는 산화철 자신이 어느 정도 용제의 작용을 하기 때문에 일반적으로 용제를 사용하지 않는다. 그러나 충분한 용제 작용을 돕기 위하여 붕사($Na_2B_4O_7$), 규산나트륨($NaSiO_3$) 등이 사용된다.

(2) 고탄소강 주철 등의 용접에는 탄산수소나트륨($NaHCO_3$), 붕산(H_3BO_3), 붕사, 유리분말 등이 사용된다.

(3) 구리와 구리합금 등의 용접에는 붕사, 붕산, 플루오르화나트륨(NaF), 규산나트륨 등이 사용된다.

(4) 경합금의 용접에는 염화리튬($LiCl$), 염화칼슘(KCl), 식염($NaCl$), 플루오르화나트륨(Sodium fiuoride) 등의 혼합물로 된 용제가 사용된다. 특히 알루미늄의 용제로서 $LiCl=15\%$, $KCl=45\%$, $NaCl=30\%$, $KF=10\%$의 성분을 혼합한 것을 사용하기도 한다. 용제는 단독으로 사용하기도 하나 용제는 혼합제로 사용하는 것이 결과가 좋을 때가 많다. 용제는 용접 직전에 모재나 용접봉에 엷게 바른 다음 불꽃으로 태워서 쓰고 지나치게 많은 양을 쓰는 것은 도리어 용접 작업에 해롭다.

금속보다 그 산화물의 용융점이 높으면 그대로는 완전한 용접이 곤란하다. 강 이외의 많은 금속은 그 산화물보다 용융점이 낮기 때문에 산화물을 제거하기 위하여 용제가 중요한 역할을 한다.

4-2. 가스 용접 기법

1. 가스 용접 작업 일반

산소-아세틸렌 용접을 하기 위해서는 산소와 아세틸렌 용기, 압력조정기(regulator) 도
관, 용제, 그리고 모재의 재질과 판두께에 따라 적절한 토오치와 팁(tip), 사용공구 및 안
전 보호구 등을 준비해야 한다.

(1) 가스 용접 불꽃 조정

① 산소와 아세틸렌 용기의 고압밸브를 열어 마개쇠의 먼지를 불어 날리고, 조정기 설치
부를 깨끗이 한다. 고압밸브를 열때 밸브 출구 쪽에 서지 않도록 한다.

② 압력조정기를 각각의 용기에 가스의 누설이 없도록 정확하게 설치한다.

③ 적색 호스는 아세틸렌 조정기에, 청색(검은색) 호스는 산소 조정기에 밴드(band)를
사용하여 정확하고 단단하게 접속시킨다.

④ 용접 토오치에 호스밴드를 사용하여 단단히 호스를 접속한다.

⑤ 각부의 접속이 완료되면 고압밸브, 압력 조정기를 열어 호스나 토오치 내부에 사용압
력을 가하여 비눗물을 사용하여 모든 접속부에 칠해 가스 누설의 유무를 점검한다.

⑥ 먼저 산소와 아세틸렌 조정기가 닫혀 있는가를 확인하고 용기의 고압밸브를 조용히
열어준다. 아세틸렌 용기의 고압밸브는 1회전 이상 돌리지 말아야 하며 이어서, 아세틸렌
토오치 밸브를 열어 압력조정기의 저압 게이지를 보면서 사용압력($0.1 \sim 0.3 kg/cm^2$)으로 조
정한다. 산소도 저압 게이지를 조정 압력을($3 \sim 4 kg/cm^2$) 이하로 조정한다.

⑦ 토오치의 아세틸렌 밸브를 열고 다음에 산소 밸브를 조금 열어 소량의 산소를 혼합
하여 점화 라이터로 점화한다.

⑧ 토오치에 점화한 후 산소 밸브를 조금씩 열어 산소를 증가시키면, 불꽃은 날개 모양
의 백색 불꽃이 없어지고 불꽃의 흰색 부분에 청백색의 바깥불꽃이 둘러싸일 때가 중성
불꽃이다. 다시 산소를 증가시키면 불꽃의 흰색 부분이 점차 짧아지고, 바깥 불꽃이 어둡
게 되는데 이때가 산화 불꽃이다. 산소, 아세틸렌 불꽃을 조정할 때는 불꽃의 색과 불꽃
흰색 부분인 백심의 길이를 보면서 조정한다.

(2) 용접 작업이 끝난 후 처리

토오치의 아세틸렌 밸브 및 산소 밸브를 잠근 후 용기의 고압 밸브를 잠근다 토오치의
아세틸렌 밸브를 열어 압력 조정기, 호스 및 토오치 내의 잔류 가스를 방출시킨 후 밸브를
잠그고, 아세틸렌 압력 조정기의 지침이 $0 kg/cm^2$이 된 것을 확인 후 조정나사를 푼다. 산
소도 아세틸렌과 마찬가지로 압력 조정기의 지침을 확인 한 후 조정나사를 풀어준다.

2. 전진법과 후진법

산소-아세틸렌 용접은 용가재로 용접봉을 사용하고 적당한 용제를 첨가하여 토오치의 가스 불꽃에 의하여 모재를 용융시키면서 용접을 진행하는 비용극식 아크 용접법과 유사하다. 산소-아세틸렌 용접법은 용접진행 방향과 토오치의 팁이 향하는 방향에 따라 전진법 (forward method)과 후진법(back hand method)으로 나누어진다.

(1) 전진법(좌진법 : forward method)

전진법은 그림 4-28과 같이 토오치를 오른손에 용접봉을 왼손에 잡고 오른쪽에서 왼쪽으로 용접해 나가는 용접법을 말한다.

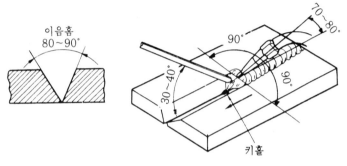

그림 4-28 전진법

또, 왼쪽 방향으로 움직인다고 하여 좌진법이라고도 한다.

이 방법은 비드와 용접봉 사이에 팁이 있어 불꽃이 용융풀(molten pool)의 앞쪽을 가열하기 때문에 용접부가 과열되기 쉽고, 일반적으로 변형이 많고 기계적 성질도 떨어진다. 판두께 5mm이하의 맞대기 용접이나 변두리 용접에 쓰이며 또, 비철금속이나 주철, 금속덧붙이 용접 등에 사용된다.

(2) 후진법(우진법 : back hand method)

후진법은 그림 4-29와 같이 토오치와 용접봉을 오른쪽으로 용접해 나가는 방법을 말한다. 또, 오른쪽 방향으로 움직인다고 하여 우진법이라고도 한다. 이 방법은 용접봉을 팁과 비드 사이에서 녹이므로 용접봉의 용해에 많은 열이 빼앗기므로 용접봉이 녹아 떨어짐에 따라 팁을 진행시켜야 하므로 풀을 가열하는 시간이 짧아져 과열되지 않은 이점이 있으며, 용접변형이 적고 용접속도가 빠르며 가스 소비량도 적다. 전진법에 비해 기계적 성질이 우수하고 두꺼운 판의 용접에 적합하다. 비드 표면이 매끈하게 되기 어렵고 비트 높이가 높아지기 쉽다.

전진법은 용접봉의 소비가 비교적 많고 용접 시간이 긴데 비하여, 후진법은 용접봉의 소비가 적고 용접 시간이 짧다. 표 4-55에 전진법과 후진법을 비교하여 나타낸다.

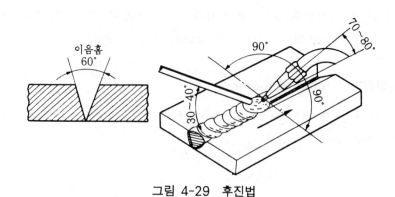

그림 4-29 후진법

표 4-55 좌진법과 우진법의 비교

항 　 목	좌 진 법 (전진)	우 진 법 (후진)
열이용율	나쁘다.	좋다.
용접 속도	느리다.	빠르다.
비이드의 모양	매끈하지 못하다.	보기좋다.
소요홈 각도	크다(예 80°)	작다(예 60°)
용접변형	크다.	작다.
용접가능판 두께	얇다(5mm까지)	두껍다.
용착금속의 냉각도	급랭	서냉
산화의 정도	심하다.	약하다.
용착금속의 조직	거칠어진다.	미세하다.

4-3. 가스 절단법과 가스 가공법

1. 가스 절단법

(1) 가스 절단의 원리

　가스 절단은 강철을 산소 절단 기류의 산화 반응에 의하여 절단하는 방법이다. 이 산화 반응은 강철을 어떤 온도 이상 가열(약 800~1,000℃)하여 산소 중에 방치하면 강철이 연소하는 것을 도와서 산화철로 변하면서 강열한 반응열을 발생하는 것이다.

　즉, 강철을 미리 800~1,000℃로 예열하여 이곳에 절단 토오치의 팁 중심에서 순도 높은 산소를 분출시키면 철강에 접촉하여 급격한 연소 작용을 일으켜 철강은 산화철이 되며 이때, 산소 기체의 분출력에 의해 산화철이 밀려나므로 2~4mm의 부분적인 홈이 생긴다. 이와 같은 작업을 반복하면 절단이 되는 것이다. 절단시의 절강의 반응 화학식은 다음과 같다.

$$Fe + \frac{1}{2}O_2 = FeO + 64.0kcal$$

$$2Fe + \frac{3}{2}O_2 = Fe_2O_3 + 190.7kcal$$

$$3Fe + 2O_2 = Fe_3O_4 + 266.9kcal$$

철판의 두께가 두꺼울수록 산소의 양이 많이 필요하다. 철강이 절단되려면 위의 화학 반응식과 같이 항상 새로운 산소가 반응되어야 하며, 용융 금속이 산소의 분출력에 의하여 밀려나가야 양호한 절단부를 얻기 위해서는 다음과 같은 문제들을 잘 고려하여야 한다.

ⓐ 산소의 순도와 소비량

ⓑ 절단 속도와 효율

ⓒ 절단면 외관과 드래그(drag)

ⓓ 강판의 예열 온도와 예열 불꽃

ⓔ 팁의 형상

즉, 가스 절단면의 양부는 토오치의 팁형상, 절단 속도와 예열의 적부에 좌우된다.

2. 가스 가공법

금속 표면을 불꽃을 이용하여 홈을 파거나 표면을 깎아 내는 공작법을 가스 가공이라 하며, 이 공작법에는 가스 가우징(gouging)과 스카아핑(scarfing)이 있다.

(1) 가스 가우징

가스 가우징(gas gouging)은 절단과 비슷한 토오치를 사용해서 강재의 표면에 둥근 홈을 파내는 방법이다. 그러므로 가스 가우징을 가스 따내기라고도 한다.

가우징용 토오치의 본체는 프랑스식 토오치와 비슷하나 팁 부분이 다소 다르게 되어 있어, 분출 구멍이 절단용에 비해서 크고 예열 불꽃의 구멍은 산소분출 구멍의 상하 또는 둘레에 만들어져 있으며 팁 끝 부분이 조금 구부러져 있다. 그림 4-30은 토오치의 외관 형태이며, 그림 4-31은 U형 홈 또는 용접 홈, 그림 4-32는 J형 홈을 가공하는 팁이다.

이밖에 용접부의 결함, 뒤 따내기, 가접의 제거등과 압연 강재, 단조 주강의 표면 결함을 제거하는데 사용된다.

표 4-56은 가스 가우징의 작업 표준을 나타낸 것이다.

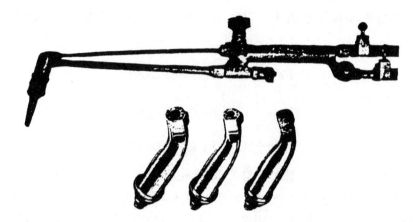

그림 4-30 가우징 토오치와 팁

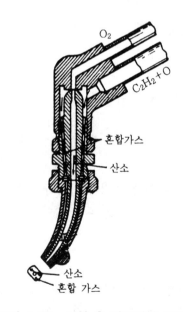

그림 4-31 U형 홈 가공팁의 단면도

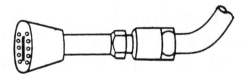

그림 4-32 J형 홈 가공 팁

표 4-56 가우징 작업 표준

팁 지 름 (mm)	산소압력 (kg/cm²)	진행속도 (cm/min)	홈의 크기 (mm)	
			폭	깊 이
3.4	4.5	30.4~36.5	8	3.2~4.8
3.4	5.2	45.6~55	8	4.8~6.4
4.8	5.6	48.5~58	9.5	4.8~6.4
4.8	6.3	58~61.4	11	6.4~9.5
6.4	6.3	58~61.4	12.7	6.4~9.5
6.4	7.0	78~85	12.7	8~11

(2) 가스 가우징의 작업 요령

가우징 토오치의 팁을 그림 4-33의 (a)와 같이 강의 표면과 30~40° 경사지게 하여 불꽃의 흰색 부분이 반드시 표면에 접촉되도록 유지시킨다. 그리고 표면이 점화 온도에 도달하였을때, 팁을 조용히 아래로 원호를 그리며 그림 (b)와 같이 예열면에서 6~13mm후퇴하여 산소 밸브를 서서히 연다. 이때 반응이 일어나 불꽃이 퍼지자마자 팁을 다시 그림 (c)와 같이 낮게 하여 토오치를 전진시켜 홈을 파 나간다.

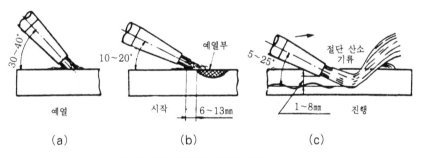

그림 4-33 가우징 작업 순서

이때, 팁끝이 밑바닥에서 너무 높으면 슬랙이 어느 정도 홈에 역류하려고 하며 너무 낮으면 홈이 얕게된다. 또, 홈의 폭과 길이는 산소 압력 진행속도 및 산소 분류의 각도와 관계가 있다.

(3) 스카핑

스카핑(scarfing)은 강괴(ingot), 빌렛(billet), 슬랩(slab)등의 강괴 표면에 균열, 주름, 주조결함, 탈탄층이 있을 때 이것들을 그대로 둔 상태에서 압연을 하면 표면의 균열이 그대로 남게 되든가 품질에 얼룩이 생기게 되므로, 이들의 결함과 균열을 특수한 가공 토오치로 제거하는 것을 말하며, 이 작업에 사용하는 토오치를 스카핑 토오치라 한다. 스카핑 작업에는 압연중 1,000℃전후로 가열되어진 강재를 스카핑하는 열간 스카핑(hot scarfing)과 압연 후 냉각되어 대기 상태에서 작업을 하는 냉간 스카핑(cold scarfing)이 있다.

먼저 스카핑 토오치를 공작물의 표면과 75° 정도 경사지게 하고 예열 불꽃의 끝이 표면에 접촉되도록 한다. 예열면이 점화 온도에 도달하면 표면의 불순물이 떨어져 깨끗한 금속면이 나타날 때까지 가열한다. 이때 스카핑으로 첫 부분이 깊게 파지는 것을 방지하기 위해 되도록 넓게 가열해야 한다.

다음에 예열 불꽃 아래의 강재가 적당한 온도에 도달했을때, 구멍을 빨리 25mm정도 후퇴시켜 토오치의 각도를 줄이고 스카핑 산소 밸브를 눌러 산소를 예열면에 분출시키면서 일정 속도로 토오치를 전진하면 표면이 가공된다.

탄소강 이외의 금속에 대해서는 분말스카핑을 사용한다. 이때는 예열면을 약간 넓게 할 필요가 있다. 이렇게 하면 분말이 충분히 가열되어 분말이 표면에 부착되면 곧 연소를 일으킨다. 스카핑 속도는 스테인레스강의 경우 탄소강의 약 1/2로 하므로 산소의 소비량이 많으며 스카핑 용삭폭은 탄소강의 약 2/3로 감소된다.

(4) 분말 절단

주철 스테인레스강 등 알루미늄 등은 보통 가스 절단이 곤란한 금속으로 알려져 있다. 이런 금속을 절단하는 방법으로, 절단부에 철분이나 용제의 미세한 분말을 압축 공기 또는 질소로 자동적으로 연속해서 팁을 통해 그림 4-34와 같이 분출되도록 하면, 예열불꽃 중에서 이들과 연소 반응을 일으켜 절단부를 고온도로 만들어 산화물을 용해함과 동시에 제거하여 연속적으로 절단을 행하게 된다. 이 절단법은 여러 가지 금속은 물론 콩크리트 까지도 절단이 가능하다.

이상과 같은 절단법을 분말 절단 즉 파우더 절단(powder cutting)이라 한다. 여기서 철분을 사용하는 방법을 철분 절단, 용제를 사용하는 방법을 플럭스 절단(flux cutting)이라고 한다.

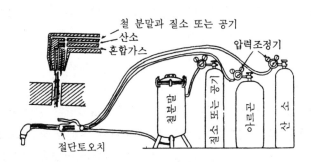

그림 4-34 분말 절단 장치

철분 절단은, 200메시(mesh)정도의 철분에 알루미늄 분말을 배합한 미세 분말을 공급하여 철분의 연소열로 절단부의 온도를 높여 녹히기 어려운 산화물을 용융 제거하여 절단을 하는 방법이다.

플럭스 절단은, 주로 스테인레스강의 절단에 쓰이는데 융점이 높은 크롬 산화물을 제거하는 약품을 절단 산소와 함께 공급하는 방법이다.

(5) 산소창 절단

산소창(oxygen lance) 절단은, 토오치의 팁 대신에 안지름이 3.2~6.0㎜이고 길이가 1.5~3m의 강관에 산소를 보내어 그 강관이 산화 연소할 때의 반응열로 금속을 절단하는 방법이다.

산소창은 그 자신의 예열 불꽃을 가지지 않기 때문에 절단을 시작할 때는 외부에서 창의 선단을 가열해야 하는데, 가열 방법에는 산소 아세틸렌 불꽃을 사용하는 방법과 창과 모재 사이에서 아크를 발생시키는 방법이 있다.

산소창의 용도는 두꺼운 강판의 절단, 주철, 주강, 강괴의 절단 등에 쓰인다. 산소창을 써서 국부에 철 분말을 공급하면 콩크리트의 구멍도 뚫을 수 있다. 이 방법을 분말창(powder lance)이라 한다.

4-4. 수중 절단법

1. 수중 가스 절단법

수중 절단이란, 침몰선의 해체나 교량의 교각해체 등 수중에서 가스 절단을 행하는 기술을 말한다.

수중에서 불이 연소하는 형상이므로 한편 생각하면 매우 신기한듯 하며, 한편 매우 어려우리라 생각될지도 모르나 실제로는 과히 어렵지 않다.

일반적인 가스 절단과는 다소 다른 절단기가 사용되고 있다.

그림 4-35에 수중 절단기의 팁의 구조를 나타낸다. 자세히 살펴보면 일반적인 절단기의 팁과 다를 게 없으나, 육상용 팁에 수중에서 물을 배제하는데 사용되는 압축 공기의 공급부가 추가되어 있을 뿐이다.

이 공기는 절단용 팁을 보호하듯이 방출되며 수중에서 절단용 팁에 물이 접근하지 못하게 하기 위하여 사용하는 것이다. 절단부는 이 공기에 의하여 적당한 공간이 이루어지므로 육상(공기중)의 경우와 전혀 다름없이 절단이 이루어지는 것이다. 단지 가스의 조정이나 기타의 점에서 육상의 절단과는 다소 다른 주의가 필요한 것은 물론이다.

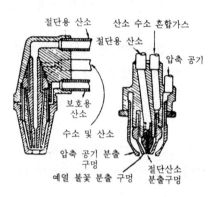

그림 4-35 수중 절단기의 팁

　가령 물의 깊이가 10m의 곳에서 절단하고자 하면, 그곳에서는 $1kg/cm^2$의 수압이 작용하므로 가스의 공급압력은 적어도 $1kg/cm^2$보다는 세계 조정하여야 한다.

　그러나 실제로는 물의 깊이가 변함에 따라 가스압을 바꾸는 것은 매우 번거로운 일이므로, 일반적으로 각종 가스의 압력을 $5kg/cm^2$정도의 고압으로 애당초 조정하여 사용한다.

　이와 같이 가스압을 높게 할 필요가 있을 때에는 연료가스(수소 가스)에 대하여 주의해야 한다.

　육상 작업시 많이 사용되고 있는 연료 가스인 아세틸렌은 $1.5kg/cm^2$이상으로 가압하면 분해 폭발을 일으킬 위험성이 있으므로 $5kg/cm^2$이라는 고압에서는 사용할 수가 없다.

　액화석유 가스(LPG ; liquefied petroleum gas)의 경우에는 증기 압력이 높은 가스를 선택해야 한다. 그러나 이제까지는 수중절단에서 LPG는 과히 사용되지 않았으며 수소(H_2)가 많이 사용되어 왔다. 이것은 가스 압력 외에 수중에서의 기포 방출 속도의 크기에도 관계가 있기 때문이다.

　앞에서도 설명한 바와 같이 어떠한 불꽃에서나 반드시 한 부분은 불완전 연소를 일으켜 폭발성의 혼합가스가 불꽃 외에 번저나올 위험성이 있다.

　수중에서는 이 가스는 기포가 되어 떠올라 도망가지만, 이 기포가 떠오르는 도중 절단불꽃에 의하여 점화되어 작은 폭발을 일으켜서 작업을 방해하거나 작업자를 부상시키는 경우가 있다.

　따라서 가급적 빨리 떠오르는 가스가 수중 절단에 있어서는 안전하다 하겠다. 수중절단을 할 때에 두께 150mm정도까지의 철판의 분리절단은 비교적 용이하다. 그러나 절단중에 끊임없이 물에 의하여 절단부가 냉각되므로, 음상의 경우에 비하여 많은 열량이 방산하므로 절단이 매우 어렵다.

　따라서 이것을 피하기 위해서는 육상의 경우보다 더 큰 예열 불꽃을 사용하여 절단 속도를 다소 늦추어 작업해야 한다.

수중에서의 팁의 점화는 육상에서와 같은 방법으로는 불가능하므로, 물속에 들어가기전에 점화하거나 그림 4-36에 나타냄과 같은 매우 작은 불꽃이 붙어 있는 점화용의 파이로트(pilot), 노즐(nozzle)을 장치한 토오치를 사용해야 한다.

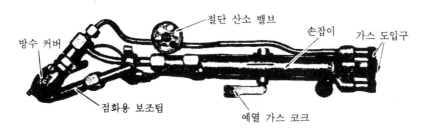

그림 4-36 수중용 절단 토오치

수중에서도 나중에 설명할 산소·아크 절단(O₂ gas arc cutting)을 하는 경우가 있으나 철판의 두께가 얇을 경우에는 산소·아크 절단법의 편이 유리하다. 이것은 가스 불꽃보다도 아크의 편이 국부적인 예열의 효과가 크기 때문이다. 철판의 두께가 두꺼우면 불꽃에 의한 절단 산소의 분출유지 효과가 필요하므로 불꽃을 이용한 가스 절단의 편이 유리하다.

2. 수중 산소·아크 절단법

(1) 특징과 장치

산소 아크 절단과 가스 절단을 결합한 고속 절단법으로, 그림 4-37에 나타냄과 같이 예열 열원으로 아크를 사용하고 다시 산소를 파이프 모양의 전극봉의 중심으로부터 분출시키는 것이다.

피절단 재료는 아크의 예열효과 외에 산소에 의한 산화발열 효과, 산화 생성물의 융점 강하와 산소가스의 분출 비산의 효과 등이 가해져 아크 절단보다는 절단 속도가 빠르다. 피절단재가 철계열이면 가스절단과 같은 기구가 사용되며, 비철금속류에 대해서는 종래 가스 절단에서는 절단하기 곤란하였던 재료도 효과적으로 절단할 수 있는 것이 특징이다. 절단면의 곱기는 가스 절단보다 다소 뒤지나 그 응용범위는 매우 넓다. 그림 4-37에 산소·아크 절단법을 나타낸다.

전원으로는 직류정극성(DC·SP)에 가장 적합하나 피복제의 발달과 더불어 교류도 사용이 가능해지고 있다. 절단봉은 아크의 안전과 용재 작용을 행하기 위하여 피복이 되어 있다. 두께가 두꺼운 강판의 대신으로 구멍이 뚫린 탄소봉 혹은 이것에 가는 금속관 또는 자성관을 압입하여 산소의 통로로 한 것도 있다. 산소의 공급 장치는 가스 절단용의 것이 그대로 사용되나, 하나의 전극봉에 산소와 전류가 동시에 공급되어야 하므로 특수한 호울더(holder)가 필요하다. 산소의 분출량을 조정하는 밸브는 핸드시일드(hand shield)에 장치되어 있어 왼손으로 조작하는 것과 호울더에 장치되어 있는 것이 있다.

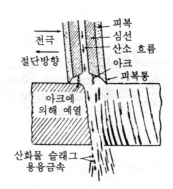

그림 4-37 산소 아크 절단법

(2) 절단 방법과 절단 조건

산소·아크 절단에는 거의 운봉기법은 필요 없으며 절단 방향으로 절단봉을 이동시키면 된다. 즉 그림 4-38과 같이 최초 절단봉을 약 60°의 각도로 유지하고 절단의 종료단에서는 점차로 수직으로 하여 절단되지 않은 부분이 없게 한다.

비철 금속 등과 같이 산소에 의한 연소 반응을 충분히 활용할 수 없을 때에는 위와 아래로 톱질하듯이 운동을 시키면 절단이 잘 된다.

표 4-57에 연강의 산소·아크 절단의 조건의 보기를 또, 표 4-58에 각종 금속의 산소·아크 절단 조건의 보기를 나타낸다.

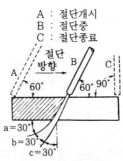

a : 절단속도가 빠를 때의 슬랙의 방향
b : 절단속도가 적당한 때의 슬랙의 방향
c : 절단속도가 늦은 때의 슬랙의 방향

그림 4-38 ·산소아크 절단의 조작

표 4-57 연강의 산소 · 아크 절단의 보기

전극지름 (㎜)	판 두 께 (㎜)	전 류 (A)	산소압력 (kg/㎠)	절단속도 (㎜/min)	산소소비량 (㎥/h)	절단봉 400㎜당의 절단길이(㎜)
5.10	5	110	3.5	840	2.1	140
	6	110	4.0	770	2.6	127
	8	110	4.5	720	3.6	109
5.15	8	110	4.0	930	6.8	114
	10	110	4.4	910	2.6	109
	12	120	5.1	820	3.6	99
	16	130	5.7	710	4.3	86
	19	140	6.4	620	5.1	74
5.20	25	125	5.0	570	5.7	74
	32	128	5.1	520	12.4	66
	36	135	5.7	430	15.1	53
7.20	32	154	5.0	420	12.4	89
	36	170	5.4	390	13.3	77
	45	185	5.7	340	15.2	63
	50	200	6.0	290	17.3	53
	55	214	6.4	250	20.4	48
	60	240	6.8	220	23.2	42
7.25	50	200	5.6	430	24.8	53
	55	214	6.2	380	28.0	48
	60	226	6.6	340	31.0	43
	70	240	7.0	320	34.3	38
	75	253	7.6	260	37.3	36
7.30	70	220	7.0	330	39.5	46
	75	233	7.3	280	42.2	42
	80	245	7.6	240	45.2	39
	85	257	7.9	200	47.7	37
	95	270	8.3	170	51.0	35
	100	283	8.5	120	55.2	33

표 4-58 각종 금속의 산소 · 아크 절단 조견표

판두께 (㎜)	니켈 · 크롬 크롬모넬 니 켈		황동, 청동, 동		주 철		알루미늄		저합금강		탄 소 강 저 합 금 고장력강	
	전류 (A)	산소압력 (kg/㎠)	전류 (A)	산소압력 (kg/㎠)	전류 (A)	산소압력 (kg/㎠)	전류 (A)	산소압력 (kg/㎠)	전류 (A)	산소압력 (kg/㎠)	전류 (A)	산소압력 (kg/㎠)
6	175	0.2~0.35	180	0.7~1.0	180	0.7	200	2.1	175	2.1~2.5	175	5.2
12	185	0.35~0.7	185	0.7~1.0	185	0.7~1.0	200	2.1	180	2.5~2.8	175	5.2
19	195	0.7~1.0	190	1.0~1.4	190	1.0~1.4	200	2.1	190	2.8~3.1	175	5.2
25	200	1.0~1.4	200	1.4~1.75	200	1.4~1.75	200	2.1	200	3.1~3.5	175	5.2
32	210	1.4~1.75	210	1.75~2.1	210	1.75~2.1	200	2.5	205	3.5~3.9	200	5.2
38	215	1.75~2.1	215	2.1~2.5	215	2.1~2.5	200	2.5	210	3.9~4.2	200	5.2
44	225	2.5~2.8	220	2.5~2.8	220	2.5~2.8	200	2.8	215	4.2~4.5	200	5.2
50	220	2.8~3.1	225	2.8~3.1	225	2.8~3.1	200	2.8	220	4.5~4.9	200	5.2
56	225	3.1~3.5	225	3.1~3.5	225	3.1~3.5	175	3.1	225	4.9~5.2	225	5.2
62	225	3.5~3.9	230	3.5~3.9	230	3.5~3.9	175	3.1	225	5.2	225	5.2
68	230	3.9~4.2	230	3.9	230	3.9~9.2	175	3.1	230	5.2	225	5.2
75	230	4.2	235	3.9	235	4.2	175	3.1	230	5.2	225	5.2

4-5. 아크 절단법

1. 일반 아크 절단법

(1) 탄소 아크 절단

① 특성과 장치

탄소 아크 절단은 가장 간단한 방법으로, 탄소나 흑연전극과 피절단재와의 사이에 아크를 발생시켜 모재를 용융시키며 절단을 한다. 이것에 쓰이는 전원을 일반적으로 용접에 쓰이는 아크 용접기로 족하며 교류나 직류 어느 것이든 쓰이나 일반적으로 직류 정극성을 많이 쓴다.

전극은 보통 둥근봉을 사용한다. 재질은 흑연의 편이 탄소의 경우보다 전기저항이 적으므로 유리하다. 통전을 좋게 하고 산화 방지의 목적으로 전극봉 표면에 구리도금을 한 것이 많다.

전극봉 호울더는 일반 아크 용접의 것도 좋으나, 탄소 아크 절단용으로 특별히 제작된 것을 사용하는 것이 좋다. 이것은 작업자의 손을 복사열로부터 보호하기 위하여 손잡이를 길게 한 것으로 대전류용에는 수냉식 호울더가 쓰이기도 한다.

② 절단 방법과 절단 조건

절단 조작은 아래 보기를 표준으로 하나 두께 12mm이상의 판에서는 전자세로 절단할 수가 없다. 두께 12mm이상의 두꺼운 판에서는 그림 4-39와 같이, 전극봉을 절단홈 속에 넣어 절단홈의 밑면에서 시작하여 윗면까지 아크를 이동시켜 이것을 반복시키면, 밑면이 윗면보다 항상 앞서 나가게 절단하면 용융금속의 용낙이 원활하게 이루어진다.

그림 4-39 탄소 아크 절단(t≧12mm의 경우)

표 4-59에 흑연 전극의 지름과 사용전류의 관계를 나타낸다. 구리도금을 한 전극은 절단중에 소모가 적다는 이점이 있으나, 아크의 집중성이 약하여 절단홈의 폭이 넓어지기 쉽다. 표 4-60은 탄소 아크 절단 조건을 나타낸 것이다.

표 4-59 흑연 전극의 지름과 사용 전류

전극봉의 지름 (mm)	아크전류 범위 (A)
6	200이하
9	200~400
12	300~600
16	400~700
19	600~800
22	700~1,000
25	800~1,200

표 4-60 연강과 주철의 탄소 아크 절단 조건

판두께 (mm)	전극봉 지름 (mm)	전 류 (A)	절단속도 (mm/min)
6.5	9.5	400	380
12.0	9.5	400	250
25.0	15.9	600	80
50.0	11.9	600	45
75.0	15.9	600	30
100.0	15.9	600	18

(2) 금속 아크 절단

① 특징과 장치

금속 아크 절단은, 금속의 심선을 전극봉으로 사용하여 피절단재와의 사이에 아크를 발생시켜 절단하는 방식이다. 탄소 아크 절단의 경우와 같이 직류 정극성이 적당하나 교류도 사용할 수 있다. 금속 아크 절단은 탄소 아크 절단보다 가는 것을 사용할 수 있으므로 절단홈의 폭은 어느 정도 좁게할 수 있다. 그러나 어느 경우에도 사용 전극봉의 지름보다 좁게는 할 수 없다. 전극봉은 비피복봉을 사용하는 경우가 거의 없으며, 절단용의 특수한 피복제가 도포된 것이 쓰인다. 이 피복제에는 절연성이 좋고 열이 해리되기 어려우며 발생량이 많은 산화성이 풍부한 것이 채용된다. 그리고 절단 중에는 심선보다도 3~5mm 돌출된 컵(cup)을 이루어 전기적 절연을 형성하므로 전극봉의 측면과 피절단물의 단락을 방지하고 아크의 집중성을 좋게 하여 강력한 가스를 발생시켜서 절단을 촉진시키는 작용을 한다. 또, 특히 깊은 용입이나 침식작용을 일으키는 특수봉도 제작되고 있다.

전극봉 호울더는 탄소 아크 절단과 같으나 아크 절단을 수중에서 행하는 때는 특히 작업자의 안전을 기하기 위하여 절연된 완전한 형식의 것을 사용해야 한다.

② 절단 방법과 절단 조건

절단 조작은 탄소 아크 절단시와 다를 바 없으나 표 4-61은 절단 결과의 한 보기로 스테인리스강이 더욱 능률이 좋으며 절단이 잘된다. 표 4-62는 두께12.7㎜의 동판의 절단 결과를 260~430℃로 모재를 예열하면 절단 결과는 4~5배 향상된다.

표 4-61 금속 아크 절단조건

전극봉의 지름 (mm)	모재의 종류	전 류 (A)	절단속도 (mm/min)	길이 300mm의 전극 봉으로 절단되는 길이 (mm)	전극봉 1kg로 제거되는 금속량 (kg)
2.44	연 강 주 철 스테인리스강	140 155 125	35.6 42.7 50.8	11.4 11.4 13.5	0.93 0.68 1.24
3.2	연 강 주 철 스테인리스강	190 220 190	64.3 79.0 76.2	27.6 32.2 34.3	1.35 1.35 2.26
4.0	연 강 주 철 스테인리스강	215 250 235	68.1 72.3 91.4	38.2 33.2 48.8	1.32 1.55 2.00
4.8	연 강 주 철 스테인리스강	305 215 300	108.0 84.8 114.0	63.0 47.7 64.8	1.98 1.55 2.39

아크 절단에서의 절단 속도나 제거된 금속량은 전류에 비례하지만, 금속 아크 전극봉에서는 과대전류를 통하면 절단봉이 적열되므로 절단 효율은 저하된다.

표 4-62 구리의 금속 아크 절단(판두께 12.7㎜)

절단봉의 지름 (mm)	모재의 온도 (℃)	전 류 (A)	제거된 금속량 (g)	절단시간 (sec)	절단속도 (mm/min)	길이 300mm의 전극봉으로 절단되는 길이 (mm)	전극봉 1kg로 제거되는 금속량 (kg)
2.4 3.2 4.0 4.8	상온	140 210 220 310	3.7 7.1 14.0 60.0	17.0 20.0 17.5 29.0	5.6 38.0 41.4 112.0	2.2 15.2 22.9 65.0	0.31 0.30 0.38 1.20
4.0 4.8	260	220 325	71.0 127.0	32.0 30.0	113.0 204.0	60.0 102.0	1.90 2.53
4.0 4.8	430	220 325	78.0 149.0	31.0 31.0	147.0 246.0	76.2 127.0	2.10 2.95

(3) 아크 에어 절단

① 특징과 장치

아크 에어 절단(arc air cutting)은 탄소 아크 절단에 압축공기를 병용한 방법으로 아크 에어 가우징(arc air gouging)으로서 용접부의 홈가공, 이면 따내기, 결함부의 제거 등에 많이 쓰이고 있으나 이것을 절단에 이용한 것이다. 이 방법은 그림 4-40에 나타냄과 같이, 탄소봉을 전극으로 하여 아크를 발생시켜 용접금속을 호울더의 구멍을 통하여 탄소봉에 나란하게 분출하는 압축공기에 의하여 불이 날리어 홈을 파는 방법으로 운봉법에 의하여 절단을 할 수도 있다. 이 방법에 의하면 앞에서 설명한 탄소 아크 절단은 단지 용단인 것에 대하여 적극적으로 용융금속을 제거하므로 절단 속도가 매우 빠르다.

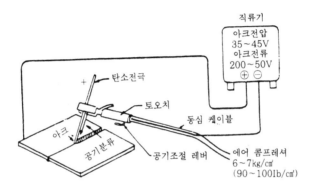

그림 4-40 아크 에어 가우징법의 접속

아크 에어 절단은 전원으로는 아크의 안정 때문에 일반적으로 직류 용접기가 사용되며, 역극성으로 접속하지만 정극성도 불가능한 것은 아니다. 전극의 소모가 다소 불안정하다. 또, 교류에서는 아크의 지속이 곤란하고 특히 아크 안정제를 첨가한 교류용의 전극봉을 사용하면 가능하다.

전극봉은 일부 흑연화한 탄소봉에 구리도금을 한 것을 사용한다. 토오치에는 공기조정 밸브와 전극을 잡고, 전극의 방향을 좌우로 회전시킬 수 있는 헤드가 있으면 이 헤드에는 압축 공기의 도관이 접속되어 헤드의 정면에 뚫려있는 작은 구멍으로부터 전극의 바깥쪽에 나란하게 공기를 분사하도록 되어 있다. 압축공기압은 5~7kg/cm² 정도이면 탄소의 압력 변동은 작업에 거의 영향이 없으나, 압력이 1kg/cm² 이하가 되면 용융금속이 비산되지 않는다.

② 절단 방법과 절단 조건

아크 에어 절단법으로 절단을 행하려면 그림 4-41에 나타냄과 같이 전극을 피절단 재료면에 대하여 수직으로 세우고, 선단이 피절단 재료의 밑으로 다소(약 5mm 정도) 나오게 하여 절단홈의 앞기슭에 눌러대면서 나아가면 간단하게 절단이 이루어진다. 교류전원의 경우는 전극의 유지각도를 70~80°로 하는 것이 아크가 안정된다. 더욱이 후판에 대해서는 처음 절단부의 윗면을 가우징하여 판의 두께를 얇게 한 후에 절단을 한다. 1회의 조작으로 절단되는 판의 두께는 전극봉 지름의 약 2배 정도이며, 그 이상의 두께에서는 반복작업을 하여 절단한다.

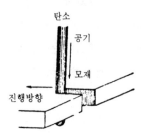

그림 4-41 절단 요령

표 4-63 아크 에어 가우징 절단조건(연강)

탄소봉의 치수 (mm)		구리피복	사용전류 (A)	가우징의 속도 (mm/min)	홈의 크기 (mm)	
지 름	길 이				깊 이	폭
5.0	305	유	100~200	900~1,200	3~4	7~9
6.5	〃	〃	200~350	900~1,200	4~5	9~11
8.0	〃	〃	250~400	700~1,000	5~6	10~12
9.0	〃	〃	300~450	400~700	6~7	11~13
11.0	〃	〃	400~550	300~400	8~9	13~15
13.0	〃	〃	450~600	200~300	0~10	15~17

그림 4-42 아크 에어 천공요령

절단 속도는 판의 두께와 전류에 따라서 다르며 500~2,000mm/min 정도이다. 표 4-63에 아크 에어 절단의 표준 조건을 나타낸다.

상당히 두꺼운 재료도 재질에 관계없이 손쉽게 절단할 수 있으며, 절단속도가 빠르고 거의 온도의 상승이 없으며 또, 절단면도 매우 고우므로 용도가 매우 넓다.

아크 에어법에서 천공, 작업을 하기 위해서는 전극봉을 모재에 수직으로 세우고 모재에

봉의 선단을 눌러대면 된다. 판 두께 10㎜이하의 경우는 아래보기 자세로 작업하면 되나, 두꺼운 판에 대해서는 그림 4-42에 나타냄과 같이 모재를 수직으로 세우고 전극봉을 수평의 위치에서 작업을 하여 공기가 탄소봉의 윗쪽을 따라 흐르게 하는 것이 좋다. 구멍은 사용 전극봉의 지름보다 3~4㎜정도 크게 된다. 이것보다 큰 구멍이 필요할 때에는 전극봉 전단의 측면을 구멍의 원둘레에 따라 넓혀 나가면 손쉽게 천공할 수 있다.

2. 특수 아크 절단법

(1) 이너트 가스 아크 절단

① 티그 절단

티그 절단(TIG cutting)은 티그 용접과 같이 텅스텐 전극과 모재 사이에 아크를 발생시켜 아르곤 가스등을 공급하여 절단하는 방법이다. 이 절단법은 그림 4-43에 나타냄과 같은 발전과정을 거쳐 오늘날과 같은 형식으로 되었다. 그림 4-43(c)에서 보는 TIG 구속 절단은, 플라스마(plasma)제트 절단과 같이 아크를 냉각시켜 주로 열적 핀치 효과에 의하여 고온 고속의 제트 모양의 아크 플라스마를 발생시켜 용융된 모재를 분출 비산시키는 절단법이다.

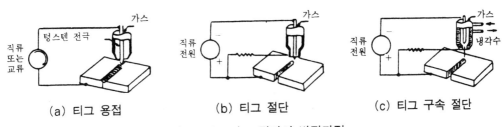

(a) 티그 용접　　　　　(b) 티그 절단　　　　　(c) 티그 구속 절단

그림 4-43　티그 절단의 발전과정

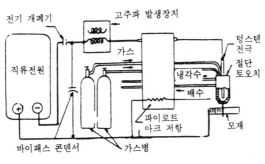

그림 4-44　티그 구속 절단장치

이 절단법은 금속 재료의 절단에만 한정되나 열효율이 좋아 고능률적이다. 주로 알루미

늄, 마그네슘, 구리 그리고 그들의 합금, 스테인리스강 등의 절단에 응용된다. 아크의 냉
각용 가스로는 주로 아르곤과 수소의 혼합가스가 사용되나, 그림 4-44는 티그 구속 절단
장치를 나타낸 것이다.

② 미그 절단

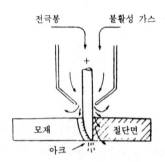

그림 4-45 미그 절단의 원리

미그 절단(MIG cutting)은, 그림 4-45와 같이 절단부를 불활성 가스로 보호하고 금속
전극에 큰 전류를 흐르게 하여 절단하는 방법으로 알루미늄과 같이 산화에 강한 금속의
절단에 이용된다. 이 방식은 뒤에서 설명할 플라스마 제트를 이용한 절단법의 출현으로 그
중요성이 감소되어 가고 있다.

그림 4-46에 그 절단장치의 개요를 나타낸다.

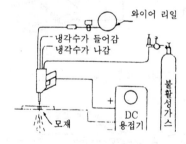

그림 4-46 미그 절단장치

(2) 플라스마 제트 절단

플라스마 제트 절단(plasma jet cutting)은 아크 플라스마의 바깥 둘레를 강제적으로
냉각하여 발생하는 고온 고속의 플라스마 제트를 이용한 절단법이다.

① 플라스마 제트 절단의 원리

대기중의 아크 플라스마는 계속해서 열평형을 가지며 연소실과 평형된 전력이 공급되어

아크가 유지되고 있다.

지금 그림 4-47과 같이 아크 플라스마의 바깥 둘레를 가스로 강제적으로 냉각하면 아크 플라스마의 열손실은 현저하게 증가하므로 전류를 일정하게 유지하면 아크 전압을 상승한다. 동시에 아크 플라스마는 열손실을 최소한으로 멈추게 히여 그 표면적을 축소시키므로 그 결과 아크의 단면은 적어져 그 부분의 전류 밀도는 증가하여 온도가 상승한다. 이것을 열적 핀치 효과라 부르고 있다.

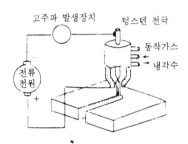

그림 4-47 플라스마 제트 절단

또한, 아크 플라스마는 큰 전류가 되면 방전 전류에 의하여 형성되는 장치의 작용으로 아크의 단면이 수축한다. 이와 같은 성질을 자기적 핀치 효과라 부르고 있다.

플라스마 제트 절단에서는 주로 열적 핀치 효과를 이용하여 고온의 플라스마를 얻고자 하는 것이지만, 대전류 방식에서는 자기적 핀치 효과의 영향도 생각한다. 이와 같이 하여 얻은 아크 플라스마의 온도는 10,000℃ 이상의 고온에 달하여 노즐에서 고온의 플라스마 제트로 되어 분출된다. 플라스마 제트 절단은 이 에너지를 이용한 용단법의 일종이다. 이 절단법은 절단 토오치와 모재사이에 전기적인 접속이 필요 없으므로 금속재료는 물론 콘크리트 등의 비금속 재료의 절단도 할 수 있다.

② 플라스마 제트 절단장치

플라스마 제트 절단 토오치는 그림 4-48과 같이 배치된 막대 모양의 전극(음극)과 노즐을 겸한 전극(양극)의 공간에 아르곤 가스 등을 선회기류(축류도 이용된다)로 하여 공급하게 되어 있다. 이 상태에서 전극 사이에 고주파 방전으로 기동하여 아크를 발생시키면, 아크 플라스마는 주위의 가스기류로 강제적으로 냉각되어 플라스마 제트를 발생한다.

아크 플라스마의 냉각에는 일반적으로 아르곤과 수소의 혼합가스가 사용된다. 피절단 재료의 종류에 따라서는 질소나 공기도 사용된다. 아르곤은 아크의 발생을 용이하게 하고 전극을 보호한다. 적당량의 수소를 첨가하면 열적 핀치 효과를 촉진하여 분출속도를 증가한다.

또, 수소와 같은 2원자 분자 가스를 이용하였을 때에는 재결합할 때에 방출하는 열을 유효하게 이용할 수 있으므로 아르곤만을 사용할 때보다 절난 속도가 증가한다. 공기 혹은 질소를 사용할 때에는 산화질소를 생성시킬 위험이 있으므로 환기장치를 설치해야 한다.

절단 장치의 전원에는 직류가 사용되나 아크 저압이 높아지므로 무부하 전압이 높은 것이 필요하다. 일반적인 직류 아크 용접기를 사용할 때에는 2~3대를 직렬로 연결하여 사용한다.

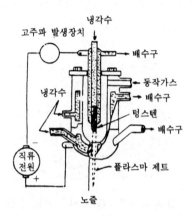

그림 4-48 플라스마 제트 절단 토오치

제 5 장
납 땜 법

5-1. 납땜의 개요

1. 원리와 종류

(1) 원리

금속의 접합법에는 아크 용접이나 가스 용접과 같이 이음의 부분을 용접하여 접합하는 방법과, 접합할 금속을 녹이지 않고 접합하는 방법이 있다. 고체 상태에서 접합하기 위해서는 적당한 방법으로 양 금속을 밀착시켜야 하며, 압접법과 같이 고온이나 상온에서 가압하는 방법과 납재나 합성수지 등의 접합제를 첨가하여 접합하는 방법이 있다. 납땜에서는 접합부의 강도는 일반적으로 용접이음 보다도 뒤떨어지나, 이종 금속의 접합이 용이하며 특히 얇은 재료의 접합에 적합하다. 또, 모재의 재질적 변화나 변형도 적으며 누설방지가 용이하고 손쉬운 접합법이므로 여러 공법 분야에 널리 쓰여지고 있다.

납땜은 접합하고자 하는 같은 종류 혹은, 서로 다른 종류의 금속을 용융시키지 않고 이들의 금속 사이에 용접이 낮은 별개의 금속 즉, 땜납(solder)을 용융 첨가시켜 접합하는 방법이다. 따라서 납땜은 서로 다른 금속의 경계면에서의 용융 접합이므로, 모재의 종류에 따라 다소의 차이가 있으나 일반적으로 용융하기 위한 경계층이 복잡하여 불균일한 합금층이 형성된다. 이 합금층의 성질에 의하여 납땜의 성능이 결정된다. 미접착 물질은 저용점의 금속에서 3,000℃ 이상의 용점을 가지고 있는 금속, 비금속 혹은 반도체 등의 여러 가지가 있으며, 땜납은 용점이 50℃정도에서 1,400℃정도의 것이 사용되고 있다. 그리고 땜납의 용점이 450℃이하일때를 연납땜(soldering)이라 하고, 450℃이상일때를 경납땜(brazing)이라고 한다. 미국에서는 용점이 427℃(800° F)를 한계로 한다.

또한, 납땜은 분자간의 흡인력에 의한 결합이므로 본드(bond) 결합이라고도 한다. 이 결합을 만족하게 하기 위하여 모재의 온도를 어떤 온도까지 가열해야 한다. 이 온도를 본드 온도라 한다. 모재의 표면은 청결해야 하며 산화를 방지하고 불순물을 제거하기 위하여 용제를 사용한다. 또한, 모재와 모재의 사이짬에 땜납이 잘 녹아 들어가게 하기 위하여 약 0.1mm정도의 간극을 가지게 한다.

(2) 납땜의 종류

납땜은 사용하는 땜납재의 융점과 납땜방식에 따라 연납땜, 경납땜의 두 종류가 있다.

① 연납땜

연납땜은 (soft soldeting) 납의 용융 온도가 450℃ 이하에서 사용하는 납땜으로 그 주성분은 주석(Sn)과 납(Pb)이다. 연납의 대표적인 것은 땜납을 들 수 있으며 이외의 알루미늄, 주석, 아연의 합금인 알루미늄납, 연납 등이다.

② 경납땜

경납땜(hard soldering ; brazing)은 땜납의 용융온도가 450℃이상의 것을 써서 납땜하는 것으로 땜납재에는 은납, 황동납, 알루미늄납, 인동납, 니켈납 등이 있으나, 사용하는 땜납재의 조성에 따라 은경납땜(silver brazing), 동경납땜(copper brazing) 등으로 나눌 수 있으며, 브레이징(brazing) 이외에 브레이즈 용접이 있다.

이 브레이즈 용접은 일종의 저온 용접(low temperature welding) 혹은, 공정 용접(eutectic temperature welding)이라고도 하며 모재보다도 낮은 융점의 용가재를 사용하여 필렛 용접이나 홈용접을 하는 것을 말한다. 용가재는 비이드를 만들며 이음의 형식은 용융 용점의 경우와 비슷하다.

따라서 기계적 강도는 납땜과 용접의 중간에 해당하며 양자의 특징을 딴것이라 볼 수 있다.

이 저온 용접의 용접봉으로는 840~1,000℃ 정도의 저융점의 Cu-Zn계 동합금이 사용되나, 대표적인 것으로는 문쯔메탈(mantz metal)을 주성분으로 한 토빈 청동 용접봉이 사용된다. 문쯔메탈은 Cu-Zn계 합금 중에서 응고 온도 범위가 가장 좁고, 비드의 형식이 아주 좋으며, 작업성이 매우 양호하고, 강도, 연성까지도 우수하다. 그러나 이 종류의 용착 금속은 내열성이 결핍되어 보통 250℃를 넘으면 항복을 일으키므로 사용시 주의를 해야 한다. 용도로는 특히 내열성 내식성이 요구되는 경우나 경금속의 접합 등을 제하고 대단히 광범위하게 사용할 수 있으나, 주로 보수 용접이 많고 특히 각종 주조품, 고탄소강 그외에 열 감수성이 강하기 때문에 종래 용접으로 매우 곤란했던 금속의 용접에 많이 쓰여지고 있다.

③ 납땜의 흡착성

납땜의 어렵고, 쉬움은 용해된 땜납재와 고체 상태의 모재 사이의 흡착력에 따라 결정된다. 이 흡착력의 적부는 용융된 납이 모재에 부착되는 정도를 비교한 것이다. 즉 용융납이 모재의 표면에 넓게 퍼지기 쉬운 것을 흡착성이 양호하다고 한다. 즉 흡착력이라는 말은 땜납재가 모재에 대해 접착성을 나타내는 것이다.

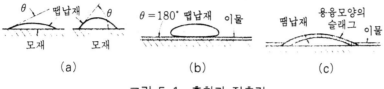

그림 5-1 흡착과 접촉각

납땜으로 용융납과 모재와의 접착상태를 조사해 보면 그림 5-1과 같이, 흡착력이 좋은 것일수록 θ는 작게 된다. 일반적으로 θ가 90° 이하일때, 땜납재는 모재를 붙이는 것이 된다. θ가 90° 이상일, 때는 접착이라고 할 수 없는 것으로 알려져 있다. 이 각도 θ는 접촉각이라고도 부르며, 친화력의 정도를 나타내는 것이라고도 생각할 수 있다. 실제 납땜에 있어서는 모재의 더러움이나 가열로 인하여 생성된 산화물 등의 영향으로 흡착성이크게 떨어진다. 이 때문에 납땜에 있어서는 일반적으로 용제를 써서 불순물을 제거하여 청정한 다음 모재를 접촉시켜 용융납과의 친화력을 증진시켜야 한다.

5-2. 땜납재와 용제

1. 땜납재

납땜에 사용되는 용가재를 땜납재라 한다. 모재보다 융점이 낮아야 하며 모재를 결합하기 위해서는 유동성이 좋아야 하고, 이음에 요구되는 모든 성질을 만족해야 한다. 융점에 따라 연납(soft solder)과 경납(hard solder)으로 나눈다.

(1) 연납

연납땜에 사용하는 용가재를 말하며, 연납에는 주석-납을 가장 많이 사용하고 이외에 납-카드뮴납, 납-은납 등이 있다. 기계적 강도가 낮으므로 강도를 필요로 하는 부분에는 적당하지 않으며, 용융점이 낮고 납땜이 용이하기 때문에 전기적인 접합이나 기밀, 수밀을 필요로 하는 장소에 사용된다.

① 주석-납

가장 널리 사용되며 가장 오래전부터 사용되어 왔다. 주석 40%에 납 60%의 합금으로 땜납으로서의 가치가 가장 크며 연납중 대표적인 땜납이다.

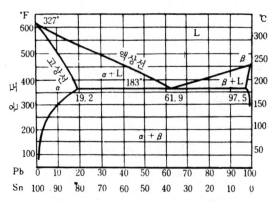

그림 5-2 연납 합금의 상태도

표 5-1 땜납의 성질과 용도

성 분 (%)		온 도 (℃)		용 도
Sn	Pb	고 상 선	액 상 선	
62	38	183	183	공정땜납
60	40	183	188	정밀 작업용
50	50	183	215	황동판용
40	60	183	238	전기용, 일반용, 황동판용
30	70	183	260	일반 저주석 땜납, 건축
20	80	183	275	가스 납땜에 적합하다.
15	85	183	288	두꺼운 재료용
5	95	300	313	고온 땜납
3	92 Sb5	240	285	고온용
1	97.5 Ag1.5	310	310	고온용
Ag3.5	96.5	310	317	고온용

A) 20% 주석-납 ; 납의 함량이 크기 때문에 용융온도가 높고 용융범위가 넓어 피복
   용땜, 고온땜으로 사용되며 인두땜 보다는 불꽃땜에 적합하다.

B) 30~40% 주석-납 ; 용융 범위가 넓고 연신성이 좋아 자동차 공업용 와이핑솔더
   (wiping solder), 수도용, 연관을 접합할 때 녹여 붙임에 사용한다.

C) 50% 주석-납 ; 가장 널리 사용되는 땜납으로 유동성, 친화력과 내식성이 좋으므
   로 함석판, 주석판, 전기용 황동판 등의 땜에 적합하다.

D) 60% 주석-납 ; 공정점에 가까운 땜납으로 결정입자도 치밀하며 강도로 충분하므
   로 밀폐한 부분의 땜 전기기기 등의 땜에 이용된다. 또, 주석의 함량이 많아서 스
   테인리스강의 납땜에도 이용된다.

E) 65% 주석-납 : 주석의 함유량이 많고 납이 적으므로(통조림통의 땜), 전기공업, 정밀부품의 납땜에 적합하다.

② 납-은납(Pb-Ag합금)

주로 구리, 황동용 땜납으로 내열땜납이다. 공정 조성을 은이 25%일 때이고 용융점은 304℃이다. 1%정도의 주석을 첨가하면 유동성은 개선이 되나, 은의 량이 1.75%이상일 때는 주석-은 중간상을 형성하여 편석을 가져올 경우가 있으므로 주석을 첨가할 때는, 은의 양이 1.5% 미만이어야 하며 용제로는 염화아연이 이용된다.

③ 납-카드뮴납(Pb-Cd 합금)

주석-납합금의 주석 대신 카드뮴(Cd)을 쓰면 인장강도가 훨씬 큰 땜납이 되며 주로 아연판, 구리, 황동, 납땜에 이용되며 용재로는 염화아연이나 송진이 사용된다.

④ 저융점 땜납

특히 낮은 온도에서 금속을 접합시키려 할 때는, 주석-납 합금땜에 비스무드(Bi)를 첨가한 다원계 합금 땜납을 쓴다. 저융점 땜납은 일반적으로 100℃미만의 합금 땜납을 말한다.

⑤ 카드뮴-아연납(Cd-Zn 합금)

모재에 가공경화를 가져오지 않고 강한 이음이 요구될 때 쓰이며, 공정조성 부근의 합금 조성이 땜납으로 쓰이고 있다. 특히 카드뮴 40%, 아연 60%의 합금땜은 알루미늄의 땜에 저항 납땜용으로 많이 이용되며 내식성도 좋다. 용제로는 염화아연($ZnCl_2$)를 사용한다.

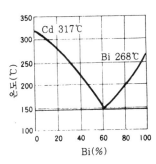

그림 5-3 가드뮴-비스무드 합금 상태도

(2) 경납

경납땜에 사용되는 용가재를 말하며 은납, 구리납, 알루미늄납 등이 있으며 모재의 종류, 납땜방법, 용도에 의하여 여러 가지의 것이 이용되며 다음과 같은 조건을 갖추고 있어야 한다.

① 접합이 튼튼하고 모재와·친화력이 있어야 한다.

② 용융온도가 모재보다 낮고 유동성이 있어 이음간에 흡인이 쉬워야 한다.

③ 용융점에서 땜납 조성이 일정하게 유지되어야 하며 휘발 성분이 함유되어 있지 않아야 한다.

④ 기계적, 물리적, 화학적 성질이 타당해야 한다.

⑤ 모재와 야금석 반응이 만족스러워야 한다.

⑥ 모재와의 전위차가 가능한 한 적어야 한다.

⑦ 금, 은, 공예품 등의 납땜에는 색조가 같아야 한다.

A) 은납 : 은납은 구리, 은, 아연이 주성분으로 된 합금이며 융점은 황동납보다 낮고 유동성이 좋다. 인장강도, 전연성 등의 성질이 우수하여 구리, 구리합금, 철강, 스테인리스강 등에 사용된다. 이 땜납은 유동성이 좋으므로 불꽃땜, 고주파 유도 가열땜, 노내땜 등 모든 납땜에 널리 사용된다.

B) 황동납 : 구리와 아연의 합금으로 그 융점은 820~935℃정도이다. 땜납에 이용되는 황동은 아연 60% 부근까지의 것으로 아연이 이를 초과하면 땜납으로 적합하지 못하다. 황동납은 은납에 비교하여 값이 저렴하므로 공업용으로 많이 이용되고 특히 철, 비철 금속의 납땜에 적합하다.

표 5-2는 황동납의 사용 보기를 나타낸 것이다.

표 5-2 황동납의 사용 예

Cu(%)	용　　도
100	절삭용공구강, 니켈, Cu-Ni합금 등의 접합에 적합하다. 일반적으로 수소(탈산 구리에 대하여)혹은 해리 암모니아 분위기로에서 납땜을 행하지만 크롬, 망간, 티탄, 바나듐, 알루미늄, 아연을 포함하는 금속에는 생성되는 이 원소들의 산화물을 환원하기 위하여 붕사, 붕산을 병용할 필요가 있다.
60이상	황동 땜납이고 성질은 상당히 우수하지만 용융점이 높기 때문에 철강납땜에 이용된다.
50~60	강, 구리, 구리합금(구리 75%이상), 니켈, 니켈합금, 스테인리스강 불의 납땜에 이용한다. 불꽃땜, 노내땜, 유도가열땜에 적합하고 납땜부는 굽힘 및 충격에도 어느 정도 견딘다.
40~50	이 범위 및 이하의 것은 입상 또는 분말상으로 사용한다. 강도는 떨어지나 용융점이 낮고 작업이 용이하다. 부서지기 쉬우므로 철강의 납땜은 하지 않는다.
40~45	γ 상이므로 부서지기 쉬우나 구리 및 황동의 납땜을 하면 아연이 확산되므로 γ 상이 소실된다. 납땜부의 급랭은 금물이다.
40이하	아연이 많아 납땜은 곤란하다.

C) 인동납 : 인동납은 구리가 주성분이며 소량의 은, 인을 포함한 합금으로 되어 있다. 일반적으로 구리 및 구리합금의 땜납으로 쓰인다. 납땜 이음부는 전기전도나 기계적 성질이 좋으며 황산 등에 대한 내식성도 우수하다.

표 5-3 인동납의 성분

종 류	화 학 성 분 (%)				납땜 온도
	.P	Ag	기타원소의 합 계	Cu	
BCuP-1	4.8~5.3	-	0.2 이하	나머지	785~925
BCuP-2	6.4~7.5	-	0.2 이하	나머지	735~840
BCuP-3	5.8~6.7	4.7~6.3	0.2 이하	나머지	705~840
BCuP-4	6.8~7.7	4.7~6.3	0.2 이하	나머지	705~815
BCuP-5	4.8~5.3	14.5~15.5	0.2 이하	나머지	705~815

D) 망간납 : 망간납으로는 구리-망간의 2원합금과, 구리-망간-아연의 3원합금 두 종류를 들 수 있다. 저망간 합금은 구리 및 구리합금에, 고망간합금은 철강의 납땜에 쓰이며 810~890℃의 융점을 가지고 있다.

E) 양은납 : 구리-아연-망간의 3원합금계로서 보통 구리 47%, 아연 42%, 니켈 11%이며 우량품은 구리 38%, 아연 12%, 니켈 50%로 되어 있고 구리, 황동, 백동, 모넬메탈의 납땜에 쓰인다.

F) 알루미늄납 : 알루미늄용 경납은 일반적으로 알루미늄에 규소, 구리를 첨가하여 사용하며 이 납땜재의 용접은 600℃정도이다.

표 5-4는 모재와 땜납의 조합을 나타낸 것이다.

2. 납땜의 용제

납땜에 사용되는 용제는 연납용 용제와 경납용 용제로 나눌 수 있다.

(1) 용제가 갖추어야 할 조건

a) 모재의 산화 피막과 같은 불순물을 제거하고 유동성이 좋을 것.

b) 청정한 금속면의 산화를 방지할 것.

c) 땜납의 표면장력을 맞추어서 모재와의 친화도를 높일 것

d) 용제의 유효온도 범위와 납땜온도가 일치할 것

e) 납땜 작업이 긴 것에는 용제의 유효온도 범위가 넓고 용제의 탄화가 일어나기 어려울 것.

표 5-4 모재와 땜납의 조합

	알루미늄과 알루미늄합금	마그네슘과 마그네슘합금	구리 및 구리합금	탄소강 및 합금강	주 철	스테인리스강	니켈 및 니켈합금	티탄 및 티탄합금	공구강
알루미늄과 알루미늄합금	B Al								
마그네슘과 마그네슘합금	×	B Mg							
구리 및 구리합금	×	×	B Ag B Au B Cu-P BCu-Zn						
탄소강 및 합금강	B Al	×	B Ag B Au BCu-Zn	B Ag B Au B Ni B Cu BCu-Zn					
주 철	×	×	B Ag B Au BCu-Zn	B Ag BCu-Zn	B Ag BCu-Zn B Ni				
스테인리스강	B Al	×	B Ag B Au	B Ag B Au B Cu B Ni	B Ag B Au B Cu B Ni	B Ag B Au B Cu B Ni			
니켈 및 니켈합금	×	×	B Ag B Au BCu-Zn	B Ag B Au B Ni B Cu BCu-Zn	B Ag B Au B Cu B Ni	B Ag B Au B Cu B Ni			
티탄 및 티탄합금	B Al	×	B Ag	B Ag	B Ag	B Ag	B Ag	Ag Ti-Ag	
공구강	×	×	B Ag B Au BCu-Zn B Ni	B Ag B Au B Cu BCu-Zn B Ni	B Ag B Au BCu-Zn B Ni	B Ag B Au B Cu B Ni	B Ag B Au B Cu B Ni BCu-Zn	×	B Ag B Au B Cu BCu-Zn B Ni

주 : B Al : 알루미늄납, B Mg : 마그네슘납, B Ag : 은납, B Cu-P : 인동납,
　　　B Au : 금납, BCu-Zn : 황동납, B-Ni : 니켈납, Ag : 순은

f) 납땜 후 슬랙의 제거가 용이할 것.

g) 모재나 땜납에 대한 부식 작용이 최소한일 것

h) 전기저항 납땜에 사용되는 것은 전도체일 것

i) 침지땜에 사용되는 것은 수분을 함유하지 않을 것

j) 인체에 해가 없어야 할 것

(2) 용제의 선택

용제를 선택할 경우 납땜온도, 모재의 형상, 치수, 수량, 가열 방법, 용도 등을 고려하여 경제적이고 능률적인 용제를 선택하되, 침지땜에서는 수분을 피하고 전기저항 용접에서는 전기저항이 적은 것을 또, 유효온도 범위, 용제 제거의 용이성, 부식성 등을 고려하여 적절히 선택해야 한다.

표 5-5는 납땜용 용제를 분류한 것이다.

표 5-5 납땜용 용제 분류(AWS 규격)

AWS No	모재의 종류	땜 납	최저 사용온도 (℃)	최고 사용온도 (℃)	용 제	사용형상	적용방식
1	납땜할 수 있는 전체의 합금	B Al-Si	371	643	염화물 불화물	분 말	Ⅰ,Ⅱ,Ⅲ,Ⅳ
2	납땜할 수 있는 전체의 마그네슘 합금	B Mg	482	649	염화물 불화물	분 말	Ⅲ, Ⅳ
3	1, 2, 4, 6 이외의 전체 금속	B Al-Si BMg 이외의 전체 땜납	371	1093	붕사 붕산 불화물 불화붕소산염용	분 말 풀과 같은 상 태 액 상	Ⅰ, Ⅱ, Ⅲ
4	알루미늄청동, 알루미늄황동과 같은 알루미늄 0.5%이상 함유한 합금	B Ag B Cu-Zn B Cu-P	566	982	염화물 불화물 붕소산염용제	풀과 같은 상 태 분 말	Ⅰ, Ⅱ, Ⅲ
5	3과 똑같은 것	3과 같은 B Ag 1~ 7의 땜납	538	1204	붕사 붕산 붕소산염용제	분 말 풀과 같은 상 태 액 상	Ⅰ, Ⅱ, Ⅲ
6	티탄과 지르코늄을 함유한 합금	B Ag	371	871	염화물 불화물	풀과 같은 상 태 분 말	Ⅰ, Ⅱ, Ⅲ

주 : Ⅰ 분말로 이음부분을 둘러싼다.
　　Ⅱ 가열된 땜납의 봉을 용제속에 둔다.
　　Ⅲ 물, 알코올, 기타의 용제와 혼합해서 사용한다.

(3) 분위기

납땜용 분위기에 사용되는 가스는 모재 및 땜납과 조합되어 사용된다. 땜납중의 금속과 가스와의 관계등을 생각하여 표 5-6에서 적당한 분위기를 고른다.

표 5-6 납땜용 분위기의 분류

AWS No	분 위 기	입구의 노점 (℃)	조 성				용 도		비 고
			H_2 (%)	N_2 (%)	CO (%)	CO_2 (%)	땜 납	모 재	
1	연료가스 (저수소 발열)	실 온	0.5 ~1	87	0.5 ~1	11 ~12	BAg*, BCu Zn* BCuP	구리, 황동	
2	연료가스 (발열)	실 온	14 ~15	70 ~71	9 ~10	5~6	BCu, BAg* BCuZn*, BCuP	구리+, 황동* 저탄소강, 니켈, 모넬중탄소강	탈탄성이 있음
3	연료가스 (건조 발열)	−29~ −12.2	15 ~16	73 ~75	10 ~11	−	2와 동일	2와 동일한 것과 고탄소강 니켈합금	
4	연료가스 (고수소 흡열)	−29~ −12.2	38 ~40	41 ~45	17 ~19	0~1	2와 동일	2와 동일한 것과 고탄소강	침탄성이 있음
5	해리 암모니아	−46~ −54	75	25	−	−	BAg*, BCuZn*, BCu, BCuP, BNiCr	1, 2, 3, 4와 동일한 것과 크롬을 함유한 합금‡	용기의 액상 무수 암모니아 가스를 촉매로 해서 해리시켜 사용함(폭발성 에 주의)
6	수소가스	실온~ 40	97 ~100	−	−	−	2와 동일	2와 동일	탈탄성이 있음

주 : * 휘발성 성분을 함유한 합금일 때, 분위기에 첨가하는 용제가 필요하다.
    + 구리는 완전히 탈산되어야 한다.
    ‡ 만일 알루미늄, 티탄, 규소, 베릴륨 등이 약간 함유될 때는 분위기와 용제가 병용된다.
    § 가열은 탈산을 시키기 위해서 될 수 있는 대로 단시간에 행해져야 한다.

(4) 연납용 용제

① 송진(resin) ; 부식 작용이 없으므로 납땜의 슬래그 제거에 문제가 있는 전자기기와 같이 전기 절연이 요구되는 곳에 사용된다.

② 염화아연($ZnCl_2$) ; 연납땜에 가장 보편적으로 사용되는 용제로서 283℃에서 용융하지만 보통 염화암모늄에 섞어서 사용한다.

③ 염화암모늄(NH_4Cl) : 가열해도 용융하지 않으므로 단독으로 사용할 수 없으며, 가열하면 염화가스를 발생하여 금속산화물을 염화물로 변화시키는 작용을 한다.

④ 인산(H_3PO_4) : 인산의 알콜용액은 구리 및 구리합금의 납땜용 용제로 쓸 경우도 있으며 인산보다 인산암모늄과 혼합하여 쓰는 경우도 있다.

⑤ 염산(HCl) : 염산은 물과 1 : 1정도로 섞어서 아연 철판이나 아연판 등의 납땜에 쓰인다.

⑥ 기타 용제 : 아래와 같은 것들이 있으나 단독으로 사용되지 못하고 혼합하여 사용되고 있다.

 a) 스테아린산(steric acid)

 b) 팔미틴산(palmitic acid)

 c) 수산(oxalic acid)

 d) 란산

 e) 기타(염산아닐린, 소금, 염화칼륨 등)

(5) 경납용 용제

① 붕사($Na_2B_4O_7 \cdot 10H_2O$) : 금속산화물을 녹이는 능력을 가지지만 바륨, 알루미늄, 크롬, 마그네슘 등의 산화물은 녹이지 못한다. 은납이나 황동땜에서는 붕사만을 쓰나 일반적으로 붕산이나 기타의 알칼리 금속의 불화물, 염화물 등과 혼합하여 사용한다.

② 붕산(H_3BO_3) : 일반적으로 붕산 70%, 붕사 30%의 것이 많이 사용되며 용해도가 875℃이다.

③ 붕산염 : 붕산소다를 사용하며 작용은 붕사와 비슷하다.

④ 불화물, 염화물 : 리듐, 칼륨, 나트륨과 같은 알칼리 금속의 염화물이나 불화물은 가열하면 거의 금속 또는 금속산화물과 반응하여 용해 또는 변형하는 작용이 있으므로 크롬 알루미늄을 갖는 합금의 납땜에 없어서는 안될 용제이다.

⑤ 알칼리 : 몰리브덴 합금강의 땜에 유용하며 가성소다, 가성가리 등의 알칼리는 공기 중의 수분을 흡수 용해하는 성질이 강하다.

제 6 장

전기저항 용접법

6-1. 개요

1. 원리

전기저항 용접법(electric resistance welding)은, 용접부에 대전류를 직접 흐르게 하여 이때 생기는 줄열(Joule's heat)을 열원으로 하여 접합부를 가열하고 동시에 큰 압력을 주어 금속을 접합하는 방법이며 그 발열량은 다음 식과 같다.

$$H = 0.238I^2Rt ≒ 0.24I^2Rt$$

H : 발열량(cal)
I : 전류(A)
R : 저항(Ω)
t : 통전 시간(sec)

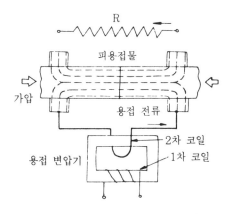

그림 6-1 저항용접의 원리

　저항 용접은 1886년 미국의 톰슨(Elihu thomson)에 의하여 최초로 발명되었으며, 오늘날 저항용접은 크게 각광을 받고 있으며 가정에서 사용하는 전기세탁기, 전기냉장고, 자동차, 오토바이 등의 각종 제품의 제조에 이 저항용접 기술이 널리 응용되고 있다. 용접에 필요한 전류는 두께에 따라 2,000A에서 수십만 A에 이른다. 그러나 실제로 모재 사이에 걸린 저항은 용접기 내의 전압강하를 게거하면 1V 이하의 작은 값이 되는데, 그것은 낮은 전압의 대전류 필요시에는 가열 부분에 금속의 저항이 적기 때문이다. 전류를 통하는 시간은 5Hz에서 40Hz정도의 매우 짧은 시간이 좋다.

2. 저항용접의 종류

　저항용접은 이음형상, 사용하는 용접기의 형식, 가압 방식에 따라 다음과 같이 나누어진다.

(1) 이음 형상에 따른 구분

① 겹치기 용접 ┬ 점용접
　　　　　　　├ 프로젝션 용접
　　　　　　　└ 심용접

② 맞대기 용접 ┬ 버트용접
　　　　　　　├ 플래시 용접
　　　　　　　└ 매쉬심 용접

(2) 용접기 형식에 따른 분류

① 단상식 ────┬ 비동기 제어
　　　　　　　└ 동기 제어

② 저리액턴스식 ┬ 저주파식
　　　　　　　└ 정류식

③ 축세식 ────┬ 전자 축세식
　　　　　　　└ 정전 축세식

(3) 가압 방식에 따른 분류

① 수동 가압식
② 페달 가압식

③ 전자캠 가압식

④ 공기 가압식

⑤ 유압식

3. 저항 용접의 특징

(1) 장점

① 작업 속도가 빠르고 대량 생산에 적합하다.

② 열손실이 적고 용접부에 집중열을 가할 수 있다(용접 변형, 잔류응력이 적다).

③ 산화 및 변질 부분이 적다.

④ 접합 강도가 비교적 크다.

⑤ 가압 효과로 조직이 치밀해진다.

⑥ 용접봉, 후락스 등이 불필요하다.

⑦ 작업자의 숙련이 필요없다.

(2) 단점

① 대전류를 필요로 하고 설비가 복잡하고 값이 비싸다.

② 급냉 경화로 후열 처리가 필요하다.

③ 용접부의 위치, 형상 등의 영향을 받는다.

④ 다른 금속간의 접합이 곤란하다.

⑤ 적당한 비파괴 검사가 어렵다.

6-2. 점용접

1. 원리와 특징

용접하고자 하는 재료를 2개의 전극사이에 끼워놓고 가압 상태에서 전류를 통하면 접촉면의 전기저항이 크므로 발열한다. 이 저항열을 이용하여 접합부를 가열 융합한다. 이때 전류를 통하는 통전 시간은 재료에 따라 1/1,000sec부터 몇초 동안으로 되어 있으며, 점용접에서는 전류의 세기, 통전시간, 가압력 등이 3대 요소로 되어 있다.

용접중 접합면의 일부가 녹아 바둑알 모양의 단면으로 용접이 되는 부분을 너컷(nugget)이라 한다. 점용접은 재료의 가열이 극히 짧은 시간에 이루어지므로 용접금속의 산화,

질화 등의 악영향을 받을 기회가 적으며 균일한 품질유지를 할 수 있다. 재료의 가열 시간이 극히 짧기 때문에 변형이 적고 연강판과 같은 점용접, 조건이 좋은 용접은 간단한 조작으로 얇은판(0.4~3.2mm)도 능률적으로 작업할 수 있다. 또한, 공정수가 적고 시간이 적게 들며 재료가 절약된다. 현재 비행기, 자동차, 철도 차량 등의 제조에 널리 쓰이며 로봇에 의한 자동용접에도 이용되고 있다.

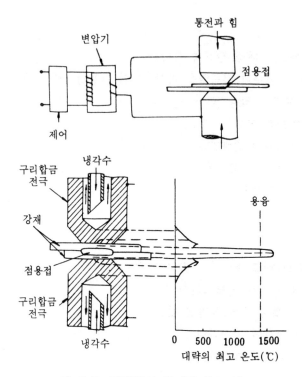

그림 6-2 점용접의 원리와 온도 분포

전류의 세기, 통전 시간, 가압력 등의 3요소는 용접기로써 조정할 수 있는 조건들이다.

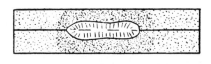

(a) 전류 과소

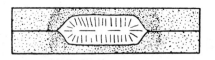

(b) 정상 용입 (전류 적당)

(c) 전류 과대

그림 6-3 용접 전류와 너켓 형상의 관계

완전한 용접을 하려면 이상의 것 외에 용접할 재료의 재질, 치수, 표면의 상태, 용접기의 형식, 둘러싸인 깊이, 간격, 전극 끝의 모양, 작업자 등을 충분히 고려해야 한다.

그림 6-4는 용접전류, 통전시간, 가압력 등을 조합한 보기이다.

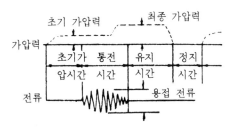

가열을 원활하게 하거나 경화나 균열의 발생을
방지하려면 주용접 전류의 전후에 작은 전류를
흐르게 하며, 그림과 같이 전류를 서서히 증감
하는 방식을 채용하는 경우가 많다.

그림 6-4 용접 전류, 가압력, 통전시간을 조합한 예

(1) 전극

① 전극의 재질

점용접에서의 전극의 재질은 전기와 열전도도가 좋고 계속 사용하더라도 내구성이 있으며 고온에서도 기계적 성질이 유지되어야 한다. 철강을 비롯한 경합금, 구리합금에는 순구리를 구리용접에는 크롬, 티탄, 니켈 등을 첨가한 구리합금이 많이 쓰이고 있다.

② 전극의 구조

용접 변압기의 2차측에서 나온 구리 또는 구리합금의 도체는 어퍼암(upper arm)과 로어암(lower arm)에 각각 연결되어 있다. 어퍼암, 로어암에는 각각 전극 홀더가 있는데 전극 홀더 선단의 테이퍼 구멍에 전극팁이 끼워져 있다. 전극팁은 선단 가까이에 까지 구멍이 뚫려 있으며 전극홀더의 냉각파이프가 그림과 같이 깊이 들어가 있다. 그러므로 냉각파이프의 선단에서 나온 냉각수는 전극팁을 냉각시키고 돌아서 배수호스로 나간다.

③ 전극의 종류

A) R형 팁(radius type)

전극의 끝이 라운딩된 것으로 용접부의 품질, 용접 회수 및 수평 등에서 우수하여 많이 사용되고 있다.

B) P형 팁(pointed type)

R형보다 용접부 품질과 수명이 떨어지나 많이 쓰이고 있는 전극이다.

C) C형 팁(truncated type)

원추형의 끝이 잘라진 형으로 일반적으로 가장 많이 사용되며 성능도 우수하다.
D) E형 팁(eccentric type)
   용접점이 앵글재와 같이 용접 위치가 나쁠때 보통 팁으로는 용접이 어려운 경우에
   사용한다.
E) F형 팁(flat type)
   표면이 평평하여 전극측에 누른 흔적이 거의 없다.

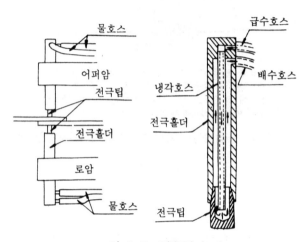

그림 6-5 점용접의 팁

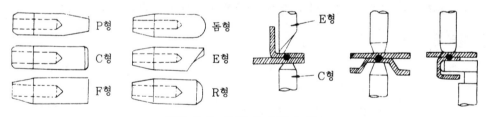

그림 6-6 전극의 형상과 용도

2. 용접 결과에 영향을 미치는 요인

저항 용접은 용접부에 존재하는 고유저항, 접촉저항 등에 의한 저항발열과, 피용접물 자
체와 전극으로의 열방산과의 차의 열량에 의하여 행해지는 것이므로, 그 어느 것인가에 관
계되는 요소는 거의 용접결과에 영향을 미치게 되며 이것을 점 용접에서 살펴보면 표 6-1
과 같다.

이중 용접 조건에 포함되어 있는 용접전류, 통전시간 전극 가압력을 특히 점 용접의 3
대 요소라 한다. 위에서 말한 제요인은 서로 복잡한 관계를 가지며 서로 간섭한다. 따라서

이들을 여하히 조합하여 용접 결과에 양호한 결과를 가져오게 하느냐 하는 것은 매우 어려운 일이다.

다음 표 6-1에 용접 결과에 영향을 주는 제 요인을 나타낸다.

표 6-1 용접 결과에 영향을 주는 요인

A. 피용접재 관계	
a. 재질	열처리 현상, 가공도 등 포함
b. 판두께	판두께의 조합, 겹쳐진 장수
c. 표면상태	① 산화피막의 정도, 변형, 판의 표면상태
	② 페인팅이나 특수피막의 유무, 종류, 두께, 성질 등
B. 용접 장치 관계	
a. 전류파형	단상교류, 스로프, 콘드롤, 축세식, 저주파식 등
b. 가압방식	족답, 공기가압, 전자가압 등
c. 가압계의 즉응성	가동 부분의 질량, 마찰 등
d. 용접회로의 인피턴스	단상 교류식, 저주파식, 직류식
C. 전극 관계	
a. 재질	열처리 상태를 포함
b. 선단형상	
c. 냉각방식	냉각조건
D. 용접 조건 관계	
a. 용접전류	
b. 통전시간	점 용접 조건의 3대요소
c. 전극가압식	
d. 설계상의 치수	겹침치수, 핏치
e. 특수제어	예비전, 후통전, 통전파형제어, 가변가압력제어 등

3. 점용접의 종류

(1) 단전극식 점용접(single spot welding)

점용접의 기본형식으로 전극 1쌍으로 1개의 점용접부를 만드는 용접법이다.

(2) 다전극식 점용접(multi spot welding)

전극을 2쌍 이상으로 하여 2점 이상의 용접을 일거에 실시하여 용접속도 향상 및 용접변형 방지에 좋다.

(3) 직열식 점용접(Series spot welding)

1개의 전류회로에 2개 이상의 용접점을 만드는 방법으로 전류 손실이 많으므로 전류를 증가시켜야 하며, 용접 표면이 불량하여 용접 결과가 균일하지 못하다.

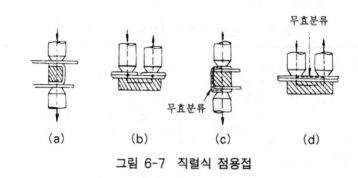

(a)　　　　(b)　　　　(c)　　　　(d)

그림 6-7 직렬식 점용접

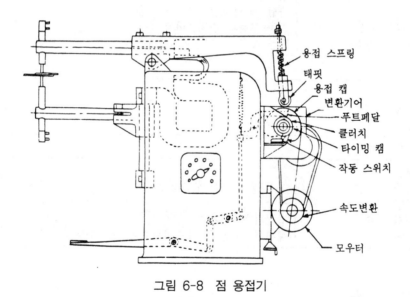

그림 6-8 점 용접기

(4) 맥동 점용접(pulsation welding)

일회의 통전으로는 열평형을 취하기 곤란할 정도의 심한 판두께의 차이가 있을 경우 또는 판이 몹시 두꺼울 경우 겹치기 매수가 많을 때 쓰이며, 전극의 과열을 피하기 위하여 사이클 단위로 몇번이고 전류를 단속하여 용접을 하는 것이다.

(5) 인터랙 점용접(interact spot welding)

용접점의 부분에 직접 2개의 전극으로 물지 않고 용접전류가 피용접물의 일부를 통하여 다른 곳으로 전달하는 방식이다.

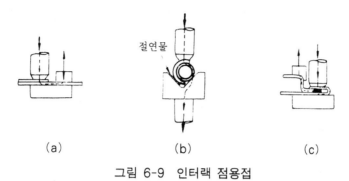

절연물

(a)   (b)   (c)

그림 6-9 인터랙 점용접

(6) 로울러 점용접(roller spot welding)

이것은 다음에 기재될 시임 용접과 같은 장치 즉 원판 전극을 사용하여 용접중 감압하지 않고 전극을 회전시켜 점용접을 연속적으로 행하는 방법으로, 단지 능률적이라는 점 이외에는 점용접과 다를 바 없다.

4. 각종 금속의 점용접

용접할 재료의 형상에 따라 알맞은 용접기, 전극팁, 전극홀더를 선택하나 용접시에는 용접부 표면에 묻어 있는 먼지 오물을 깨끗이 청소하고, 기름은 트리클로로에틸렌으로 닦고 산화물이나 녹은 와이어 브러시나 그라이더 등의 기계적인 방법이나 불화수소산, 황산, 인산 등의 화학적 방법으로 제거해야 한다.

(1) 연강

용접부는 주강의 주조 조직이며 그 외측의 열영향부는 조대화된 과열 조직으로 점차로 열처리 조직으로 옮겨가는 모재 조직이 된다.

표 6-2는 연강판 점용접의 표준 용접조건을 나타낸 것이다.

(2) 고탄소강, 저합금강

용접부는 경화되기 쉽고 연강보다 눌린 흔적도 깊게 되기 쉽다.

(3) 스테인리스강(18Cr-8Ni 강)

고탄소강보다 용접이 쉽고 자성이 없어서 녹이 생기지 않으므로 표면처리도 필요없다.

다음 표 6-3은 스테인리스강 강판의 점용접 조건을 나타낸 것이다.

표 6-2 연강판 점 용접 조건

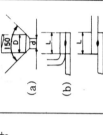

판두께 ① (mm)	(in)	d (max) (mm)	D (min) (mm)	최소파지 ③ (mm)	최소겹 ③ (mm)	A급 조건 시간 ④ (∞)	A급 가압력 (kg)	A급 전류 (A)	A급 너깃지름 (mm)	A급 강도⑤ ±14% (kg)	B급 시간 ④ (∞)	B급 가압력 (kg)	B급 전류 (A)	B급 너깃지름 (mm)	B급 강도⑤ ±17% (kg)	C급 시간 ④ (∞)	C급 가압력 (kg)	C급 전류 (A)	C급 너깃지름 (mm)	C급 강도⑤ ±20% (kg)
0.4	0.016	3.2	10	8	10	5	115	5,200	4.0	180	10	75	4,500	3.6	160	20	40	3,500	3.3	125
0.5	0.021	3.5	"	9	11	6	135	6,000	4.3	240	11	90	5,000	4.0	210	24	45	4,000	3.6	175
0.6	0.024	4.0	"	10	"	7	150	6,600	4.7	300	13	100	5,500	4.3	280	26	50	4,300	4.0	225
0.8	0.031	4.5	"	12	"	8	190	7,800	5.3	440	15	125	6,500	4.8	400	30	60	5,000	4.6	355
1.0	0.040	5.0	13	18	12	10	225	8,800	5.8	610	20	150	7,200	5.4	540	36	75	5,600	5.3	530
1.2	0.047	5.5	"	20	14	12	270	9,800	6.2	780	23	175	7,700	5.8	680	40	85	6,100	5.5	650
1.6	0.062	6.3	"	27	16	16	360	11,500	6.9	1,060	30	240	9,100	6.7	1,000	52	115	7,000	6.3	925
1.8	0.070	6.7	16	31	17	18	410	12,500	7.4	1,300	33	275	9,700	7.1	1,180	58	130	7,500	6.7	1,100
2.0	0.078	7.0	"	35	18	20	470	13,300	7.9	1,450	36	300	10,300	7.6	1,370	64	150	8,000	7.1	1,305
2.3	0.094	7.8	"	40	20	24	580	15,000	8.6	1,850	44	370	11,300	8.4	1,700	77	180	8,600	7.9	1,685
3.2	0.125	9.0	"	50	22	32	820	17,400	10.3	3,100	60	500	12,900	9.9	2,850	105	260	10,000	9.4	2,665
4	0.158	10.0	19	60	25	40	1,100	19,000	11.6	4,200	73	630	15,000	11.2	3,800	130	340	11,000	10.6	3,500
5	0.197	11.3	22	73	28	50	1,400	22,500	13.2	5,800	80	800	16,500	12.7	5,200	170	440	12,500	12.0	4,800
6	0.236	11.4	"	85	30	60	1,750	25,000	14.6	7,600	110	970	18,000	14.0	6,800	210	540	14,000	13.5	6,300
7	0.276	13.4	25	97	33	70	2,200	27,500	16.0	9,500	130	1,150	19,500	15.3	8,500	250	650	15,000	14.8	7,800
8	0.315	14.3	"	110	35	80	2,500	30,000	17.3	11,400	150	1,300	21,000	16.5	10,400	280	750	16,000	16.0	9,500
9	0.355	15.2	30	120	37	90	2,900	32,000	18.6	13,500	165	1,500	22,500	17.7	12,300	320	880	17,000	17.0	11,200
10	0.395	16.0	"	130	39	100	3,200	34,000	19.7	16,000	180	1,700	24,000	18.7	14,400	340	1,000	18,000	18.0	13,100

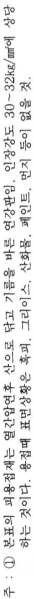

주 : ① 본표의 피용접제는 열간압연후 산으로 닦고 기름을 바른 연강판임. 인장강도 30~32kg/mm²에 상당하는 것이다. 용접제 표면상황은 축피, 그리이스, 산화물, 페인트, 먼지 등이 없을 것.

② 전극재질은 RWMA의 급2로 전단형상은 그림(a)로 한다.

③ 최소겹이란 그림(b)의 L을 말한다. L을 그 값 d이하로 하면 강도가 부족해지고 변형이 생김.

④ 용접시간은 전원 주파수 60에서의 사이클 수를 말한다. 따라서 10사이클은 1/6초이다.

⑤ 강도는 1점당의 전단강도이다. 그 이하의 숫자는 불균형율을 나타낸다.

⑥ 판두께가 다른 2장을 용접하는 경우 얇은 판쪽의 판두께로 생각한다.

표 6-3 스테인리스 강판 점용접 조건

판두께	전 극		용 접 조 건				용 착 지 름	강 도		
	d	D	시 간	가압력	용접전류 (A)			모재강도 (kg/㎟)		
(mm)	(mm)		사이클	(kg)	<105	>105	(mm)	49~63	63~105	>105
0.15	2.4	>6	2	80	2,000	2,000	1.1	27	32	39
0.2	2.4	6	3	90	2,000	2,000	1.4	45	55	66
0.3	2.8	6	3	120	2,400	2,100	1.6	85	90	114
0.4	3.2	6	4	150	3,000	2,500	2.1	120	135	155
0.5	3.5	6	4	190	3,800	3,000	2.5	160	185	210
0.6	4.0	>10	5	220	4,700	3,700	2.9	205	245	280
0.8	4.5	10	6	300	6,200	4,900	3.5	315	380	450
1.0	5.0	10	7	400	7,600	6,000	4.1	440	550	650
1.2	5.5	>12	8	500	9,000	7,000	4.8	570	720	880
1.6	6.3	12	11	700	11,500	9,000	5.8	900	1,100	1,260
2.0	7.0	>16	13	900	13,500	11,000	6.6	1,280	1,520	1,880
2.4	7.8	16	16	1,100	15,500	12,500	7.1	1,600	1,900	2,400
2.8	8.5	>19	18	1,300	17,500	14,500	7.6	2,050	2,350	2,900
3.2	9.0	19	20	1,550	19,000	15,500	8.1	2,450	2,850	3,600

(4) 알루미늄과 알루미늄 합금

모두 점용접이 가능하며 적당한 용접기, 표면처리의 선정, 용접 조건의 설정이 필요하며 연강용 용접기에 비해 고급인 것을 써야 한다. 표 6-4는 알루미늄 합금판 점용접의 조건이다.

표 6-4 알루미늄합금판 점용접 조건

판 두 께	시 간	가 압 력	전 류	전 단 강 도 (kg)		
(mm)	사 이 클	(kg)	(A)	A	B	D
0.4	4	90~180	14,000	49	32	23
0.5	6	135~230	16,000	63	45	34
0.6	6	135~230	17,000	84	66	50
0.8	8	180~270	18,000	118	95	75
1.0	8	180~270	20,000	156	136	102
1.3	10	230~320	22,000	218	186	136
1.6	10	230~320	24,000	313	256	181
2.0	12	270~360	28,000	465	345	236
2.6	12	360~450	32,000	693	430	310
3.2	15	360~550	35,000	960	475	355

(5) 구리와 구리합금

순구리는 점용접이 되지 않으나 구리합금은 점용접이 된다. 통전 전류를 크게 하고 통전 시간이 연강보다 짧고 가압력도 연강보다 낮은 것이 좋다.

(6) 주석도금판

용접이 잘 되며 전기 및 열전도성이 좋은 전극팁을 사용한다.

표 6-5는 각종 재료의 점용접을 나타낸 것이다.

표 6-5　각종 재료의 점용접성

재료의 종류	연강(연마)	연강(흑피)	연강(주석도금)	연강(아연도금)	스테인리스강(18-8)	알루미늄합금	마그네슘합금	구리판	황동	양은	인청동	니켈청동	몰리브덴·텅스텐
연강(연마)	A	C	B	B	A	E	E	D	C	B	C	B	B
연강(흑피)	C	D	D	D	A	×	×	E	D	D	E	D	×
연강(주석도금)	B	D	C	C	C	D	E	D	C	D	D	C	E
연강(아연도금)	B	D	C	C	C	D	E	E	D	D	D	B	E
스테인리스강(18-8)	A	D	C	C	A	×	×	E	C	C	E	C	D
알루미늄합금	E	×	D	D	×	B	C	×	D	C	E	E	×
마그네슘합금	E	×	E	E	×	C	B	D	E	D	E	×	×
구리판	D	E	D	E	E	×	D	C	C	C	C	C	×
황동	C	D	C	D	C	D	E	C	B	C	C	B	×
양은	B	D	D	D	C	C	D	C	C	B	C	C	×
인청동	C	E	D	D	E	D	E	C	C	C	C	B	×
니켈청동	B	D	C	B	E	×	×	C	B	C	B	B	C
몰리브덴·텅스텐	B	×	E	E	D	×	×	×	×	×	×	C	D

주 : A : 양호, B : 약간양호, C : 약간불량, D : 불량, E : 곤란

6-3. 프로젝션 용접

1. 원리와 특징

프로젝션 용접은 점용접의 변형이라 볼 수 있으며, 점용접이 전극에 의하여 전류를 집중시키는데 대하여, 프로젝션 용접에서는 피용접물에 돌기부를 만들거나 피용접물의 구조상

원래 존재하는 돌기부 등을 이용하여 전류의 집중을 시켜 우수한 열팽창을 얻는 방법으로, 점용접과 같거나 그 이상의 적응성을 가진다.

따라서 프로젝션 용접에서는 전극은 평단한 것이 쓰여지며 프로젝션의 형상이나 크기에 따라 용접 조건이 결정된다.

프로젝션 용접의 특성을 열거하면 다음과 같다.

(1) 장점

① 모재 두께가 각각 달라도 용접 가능하다. 즉 열용량이 다른 모재를 조합하는 경우 두꺼운 판에 돌기를 만들면 용이하게 열팽창이 얻어진다.

② 서로 다른 재질의 금속도 용접이 가능하다. 이때 열전도가 좋은 모재에 돌기를 만들어 쉽게 열평형을 얻을 수 있다.

③ 전극의 넓이가 넓으므로 기계적 강도나 열전도면에서 유리하며 전극의 소모가 적다.

④ 전류와 가압력이 각점에 균일하게 가해지므로 신뢰도가 높은 용접이 얻어진다.

⑤ 작업속도가 매우 빠르다.

(2) 단점

① 용접 설비비가 비싸다.

② 모재 용접부에 정밀도가 높은 돌기를 만들어야 정확한 용접이 얻어진다.

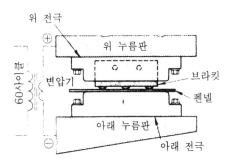

그림 6-10 프로젝션의 원리

이 용접작업의 가압력 관계를 나타내면 그림 6-11과 같다. 용접작업에 있어서 초기 작업에 의해 돌기 선단 끝이 눌려 약간 평판측에 압입된다. 통전이 시작되면 저항 발열에 의해 더욱더 돌기부는 눌려 묻히게 되면, 압접 상태를 지나 너켓(Nugget)이 만들어져 용접이 완료된다. 가압력과 전류 값의 관계는 점용접과 거의 같으나, 가압력이 너무 세면 돌기가 빨리 눌려지므로 너켓이 만들어지지 않는다.

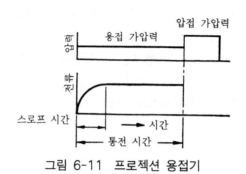

그림 6-11 프로젝션 용접기

2. 용접기

   프로젝션 용접은 모재 용접부에 돌기부를 만들고 여기에 대전류와 가압력을 작용시켜 용접하는 점용접의 변형이다. 전극으로 평평한 것을 사용하므로 보통 점용접기로 프로젝션 용접을 하는 결과가 된다. 그러므로 프로젝션 용접에서는 1회 조작으로 많은 점을 일시에 용접하는 것이 특징이다. 따라서 프로젝션 용접기에는 특수한 전극을 취부할 수 있는 구조가 필요하며, 다점의 프로젝션에 똑같이 가압력이 분포되도록 기계적 정밀도가 높고 큰 강성을 필요로 하는 가압부가 있다. 많은점을 일시에 용접할 때 T홈을 가진 넓은 전극에 특수 전극을 취부하여 작업하게 되어 있다.

   이 용접은 점용접보다 가압력이 크기 때문에 페달 가압식은 부적당하며 공기 가압식이 가장 널리 사용되고 있다.

3. 용접 조건

   프로젝션 용접에는 여러 가지 형태의 프로젝션이 쓰이므로 점용접과 같이 일반적인 용접조건을 제시하기가 곤란하다.

   이 용접에서는 판 두께보다도 오히려 프로젝션의 형상이 문제가 되며 프로젝션의 수에 따라 전류를 증가시켜야 한다.

   프로젝션 용접에서 프로젝션에 대한 요구조건을 살펴보면 다음과 같다.

   ① 프로젝션은 초기 가압력에 견딜 것. .

   ② 두판의 열평형이 이루어질 때까지 녹지 않을 것.

   ③ 프로젝션이 녹을 때 귀가 생기지 않고 용접 후 양면이 밀착될 것.

   ④ 성형시 일부에 파열이 생기지 않을 것

   ⑤ 성형 후 변형이 없을 것

   ⑥ 성형이 용이하고 홈집이 없을 것

   표 6-6에 연강판의 프로젝션 용접의 조건을 나타낸다.

표 6-6 연강판의 프로젝션 용접조건표

판두께(mm)	프로젝션치수(mm)		최소겹침직경(mm)	최소겹침(mm)	통전시간사이클③			전극가압③			용접전류③			1점당 인장-전단강도(kg)			판두께(mm)
	직경	높이			항목A	항목B	항목C	항목A	항목B	항목C	항목A	항목B	항목C	항목A	항목B	항목C	
0.4			8	6	6			80			5,300			140	100		0.4
0.5			8	6	6			105			5,400			190	135		0.5
0.6	2.3	0.6	10	6	3	6	6	70	70	40	4,500	3,900	3,000	170	150	130	0.6
0.8	2.6	0.7	12	8	4	7	9	90	80	55	6,200	4,000	3,500	300	240	190	0.8
1.0	2.9	0.9	14	9	5	10	14	130	90	70	7,700	5,700	3,900	440	350	270	1.0
1.2	3.3	1.0	16	11	7	14	18	175	120	90	8,800	6,400	4,400	560	460	370	1.2
1.6	3.9	1.1	20	13	10	20	27	265	175	150	10,600	7,800	5,500	840	720	590	1.6
1.8	4.3	1.2	22	13	12	24	32	335	210	180	11,400	8,500	6,000	980	860	710	1.8
2.0	4.7	1.2	24	14	14	27	36	365	250	220	12,200	9,000	6,500	1,140	1,000	840	2.0
2.3	5.3	1.3	27	16	16	32	43	445	300	270	13,200	9,700	7,200	1,410	1,230	1,050	2.3
2.9	6.5	1.4	33	20	21	41	55	620	410	380	14,600	11,000	8,700	1,980	1,730	1,480	2.9
3.2	7.2	1.5	37	22	23	45	62	710	470	440	15,100	11,500	9,400	2,300	1,980	1,710	3.2
4.0	8.80 / 6.90	1.65 / 1.55	45.0 / 41.0	24.0 / 20.5	슬로프업 15		64	용접 970 / 1,900	1,250	650	15,800	11,300		3,450	2,400		4.0
5.0	10.90 / 8.60	2.15 / 1.80	52.0 / 45.5	27.0 / 23.5	슬로프업 22		100	용접 1,400 / 2,650	1,450	750	19,200	14,000		5,200	3,600		5.0
6.0	13.00 / 10.10	2.70 / 2.20	61.5 / 51.5	32.5 / 27.0	슬로프업 29		140	용접 1,750 / 3,400	1,780	950	22,600	16,700		7,500	5,100		6.0

주 :
① 표면에는 기름에 있어도 좋지만 흑피 스케일, 먼지, 페인트, 그리스 등은 제거해야 한다.
② 전원 주파수는 60사이클이 1조이고, 50사이클이면 5/6조이다.
③ 항목 A는 1점 용접에, 항목 B는 1~3점 용접에, 항목 C는 3점 이상의 용접에 적용된다.
④ 판두께 4mm이상에서 통전시간의 슬로프업은 슬로프업으로, 처음에는 가압력을 약하게 다음에는 강하게 하는 2단 가압이다.

6-4. 심 용접

1. 원리와 특징

심용접(seam welding)은 원판상의 2개의 롤러 전극 사이에 용접할 2장의 판을 두고 가압 통전하여 전극을 회전시키면서 연속적으로 점용접을 반복하는 방법으로 연속된 선모양의 접합부가 얻어진다. 심 용접은 주로 수밀, 기밀이 요구되는 액체와 기체를 넣는 용기를 제작하는데 사용된다. 심 용접의 통전 방법에는 단속 통전법, 맥동통전법이 있으며 가장 많이 사용되는 단속통전법은 통전과 중지를 규칙적으로 단속해서 용접한다.

박판의 용기 제작으로 우수한 특성을 가지며 용접이음을 기계적으로 행하므로 강하며 용접속도도 빠르고 능률이 높다.

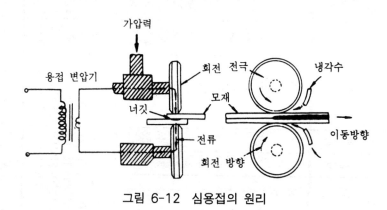

그림 6-12 심용접의 원리

같은 재료의 점 용접법보다 용접전류는 1.5~2.0배, 전극 사이의 가압력은, 1.2~1.6배 정도이다.

2. 심 용접의 종류

(1) 맞대기 심 용접(butt seam welding)

주로 심 파이프를 만드는 방법이며 관 끝을 맞대어 가압하고 2개의 전극롤러로 맞댄 면을 통전하여 접합하는 방법이다.

(2) 매시 심 용접(mask seam welding)

심 부분의 겹침을 모재 두께 정도로 하여 겹쳐진 목 전체를 가압하여 접합하는 방법이다.

(3) 포일 심 용접(poil seam welding)

모재를 맞대어 놓고 이음부에 동일재질의 박판을 대고 가압하여 심하는 방법이며, 이음부에 받쳐진 얇은 판을 포일이라 한다.

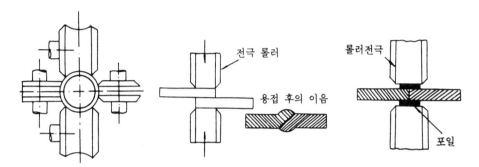

그림 6-13 맞대기 심 용접   그림 6-14 매시 심 용접   그림 6-15 포일 심 용접

3. 심 용접기의 구조와 조건

(1) 용접기의 종류

이음 형상에 따라 횡 심 용접기, 종 심 용접기, 만능 심 용접기가 있다.

① 횡 심 용접기(circular seam welder)

옆으로 긴 이음부나 원통 모양의 원주이음에 널리 쓰이며 전극 롤러가 암과 직각으로 되어 있다.

② 종 심 용접기(longitudinal seam welder)

원통의 길이 방향, 짧은 것의 용접에 적합하며 전극 롤러가 암과 평행하게 붙어 있다.

③ 만능 심 용접기(universal seam welder)

횡 심, 종 심이 전부 가능한 조합 심 용접기이다.

(2) 용접기구의 구조

심 용접기는 용접변압기, 가압장치, 롤러암, 전극, 전류조정기, 시간제어장치 및 전극구동장치를 필요로 하는 구조로 되어 있다.

전극의 구동 방식에는 상부전극 구동 하부전극 종동식과 상하 전극 모두 차동기어구동식, 상하 전극 모두 피용접물에 의해 구동하는 방식 등이 있다.

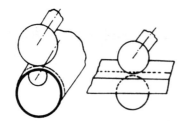

그림 6-16 횡 심 용접기의 용도

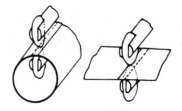

그림 6-17 종 심 용접기의 용도

(3) 심 용접 조건

점용접과 같이 모재의 재질, 판두께, 표면 상태 등을 고려하여 선정해야 하고 심 용접은 용접기구의 본질상 용접 조건 선성 범위 내에서 작업하도록 한다. 표 6-7은 연강판 심 용접의 조건을 나타낸 것이다.

표 6-7 연강판의 심 용접 조건

판두께 (mm)	전 극		최소랩 (mm)	용접시간(Hz)			가압력 (kg)	속 도 (m/min)	전 류 (A)
	선단폭 (mm)	두 께 (mm)		통전	중지	주기			
0.5	〈 5	〉9	11	2	2	4	·250	1900	11000
0.8	〈 6	〉11	13	3	2	5	340	1800	13000
1.0	〈 6	〉12	13	3	3	6	400	1750	14500
1.4	〈 8	〉13	15	4	4	8	500	1600	17000
1.8	〈 9	〉15	17	5	5	10	620	1450	18500
2.4	〈11	〉18	19	7	6	13	780	1280	20000
3.2	〈13	〉20	22	11	7	18	1000	11150	22000

표 6-8 스테인리스 강판의 심 용접조건

판두께	전 극		용 접 조 건						
	두 께	R	시 간			가압력	속 도	전 류	
(mm)	(mm)	(mm)	통전	중지	주기	(kg)	(m/min)	(A)	
0.2	75	75	2	1	3	160	1400	4500	
0.4	〉7	75	3	2	5	260	1330	6500	
0.6	〉10	75	3	3	6	360	1280	9000	
0.8	〉11	75	3	3	6	470	1230	11000	
1.0	〉12	75	3	4	7	570	1200	12500	
1.2	〉13	75	4	4	8	680	1150	13000	
1.4	〃	75	4	4	8	770	1120	14700	
1.6	〃	75	4	5	9	860	1080	15400	
1.8	〉16	75	4	5	9	960	1050	16000	
2.0	〃	75	4	5	9	1050	1020	16500	

표 6-9 연강의 메시 심 용접조건

판 두 께 (mm)	겹 치 기 (mm)	전 류 (A)	가 압 력 (kg)	용접속도 (cm/min)
0.5	0.8	10500	270	400
0.7	1.2	13000	400	330
0.9	1.5	14500	540	290
1.2	1.9	16000	680	250
1.4	2.1	17500	880	150
2.0	2.4	19000	1150	140
2.3	3.0	20500	1400	120

표 6-10 연강의 포일 심 용접조건

판 두 께 (mm)	전 류 (A)	가 압 력 (kg)	용접속도 (cm/min)
0.8	11000	250	120
1.0	11000	250	120
1.2	12000	300	120
1.6	12500	320	120
2.3	12000	350	100
3.2	12500	390	70
4.5	14000	450	50

표 6-11 알루미늄 합금의 심 용접조건

판두께	전 류 (A)	시 간 (사이클) on *	주기 *	전극압력 (kg)	피 치 (mm)	속 도 (mm/min)	용접폭 (mm)
0.4	22,000	0.5~1	3.5	227	1.20	1,250	2.3
0.5	24,000	0.5~1.5	4.5	245	1.27	1,000	2.5
0.6	26,000	1~1.5	5.5	270	1.41	1,035	2.8
0.8	29,000	〃	〃	310	1.59	915	3.0
1.0	32,000	1.5~2.5	7.5	345	1.82	885	3.5
1.3	36,000	1.5~3	9.5	390	2.13	795	4.0
1.6	38,500	2~3.5	11.5	435	2.50	〃	4.8
2.0	41,000	3~5	15.5	495	2.85	640	5.6
2.6	43,000	4~6.5	20.5	560	3.23	580	6.6
3.2	45,000	5.5~9.5	28.5	610	3.55	460	8.1

주 : 타이머가 역반파로 기동되지 않는 장치일 때는 0.5사이클 높은 값을 취할 것.

6-5. 업셋 용접

1. 업셋 용접의 원리

업셋 용접(upset welding)은, 플래시 용접에 대하여 스로우 버트 용접(slow butt welding) 또는 업셋 버트 용접(upset butt welding) 등으로 불리우기도 한다. 용접 변압기의 2차 회로에 취부된 두 개의 모재를 단면끼리 맞대고 용접전류를 통하여 그 접촉저항과 고유저항에 의한 발열, 그 발열에 의한 저항의 증대 등을 이용하여 접합하고자 하는 부분의 온도를 높이어 용접에 적합한 온도에 도달했을때, 센 압력을 가하여 접합하는 것이다. 최후의 공정에 의하여 접촉부에 개재하는 스켈(scale)이나, 개재물은 밀려나 건전한 접합부가 얻어진다.

접합부의 열의 방산은 주로 긴방향으로 통하여 전극에 의하여 이루어지므로, 용접부의 열시정수가 크며 비교적 긴 용접시간이 허용되나, 열 영양범위가 넓으면 가압력에 대하여 모재가 변형되기 쉬우므로 얇은 판이나 얇은 판재의 용접은 곤란하다. 한편 단면적이 지나치게 커도, 업셋에 의하여 접합부의 불순물을 외부로 밀어내기가 어려우므로 슬랙이나 스케일이 잡입하여 신뢰성 있는 용접부가 얻어지지 않는다.

철강에서는 완전한 단접에 가까운 접합이 얻어지나, 경합금에서는 용접부가 생기어 마치 융접에 가까운 접합이 이루어진다.

그림 6-18에 업셋 용접의 원리를 나타낸다.

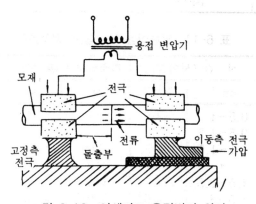

그림 6-18 업셋버트 용접법의 원리

2. 업셋 용접기

업셋 용접기의 주요 부품은, 용접 변압기 모재에 용접 전류를 공급하고 가압력을 가하기 위한 전극과 클램프 장치 및 재료만을 이동하도록한 고정대와 이동대, 가압 제어 장치, 전기 제어 장치 등으로 이루어져 있다.

이 용접은 연강으로는 환봉, 각봉, 관, 판 등의 용접에 쓰이며 기타 톱날, 체인 지름이 작은 드릴, 선재 등의 용접에 널리 쓰이고 있다.

그리고 경합금에서는 전선 재료의 인발 작업에 있어서 선재의 용접에 쓰이고 있으며 다른 금속의 용접이나 황동니크롬, 스테인리스강 등의 용접에도 쓰이고 있다.

3. 업셋 용접 조건과 특징

(1) 용접 조건

업셋 용접의 용접 조건은 제품의 재질, 크기 등에 따라 결정한다. 즉 환봉의 용접 전류는 대체로 봉지름에 비례하고, 통전 시간은 봉 지름의 제곱에 비례한다.

이 용접법에서 양호한 용접 결과를 얻기 위해서는, 모재 서로의 열평형을 고려할 것은 물론 업셋 전류, 업셋에 필요한 가압력이 문제가 되는데 그 크기는 표 6-12와 표 6-13에 그리고 용접 조건을 표 6-14에 나타낸다.

(2) 특징

일반적으로 업셋 용접은 다음과 같은 특징을 가진다.

표 6-12 업셋 전류(정전압식의 경우)

재　　료	업셋 전류 (A/㎟)
연　　강	7.5~100
스테인리스강	10~40
알 루 미 늄	100~200

표 6-13 업셋에 필요한 가압력 (kg/㎟)

급 별	연　　강	저합금강	스테인리스강
A	7.5 이상	12이상	20이상
B	5~7.5	7~10	15~20
C	2.5~5	4~7	10~15

표 6-14 업셋 용접조건의 한 예

재　　료	전류밀도 (A/㎟)	가 압 력 (kg/㎟)
연　　강	20~75	4~6
구　　리	200~300	0.5~1.5
알루미늄	50~150	0.15~0.5

① 적합한 온도에 도달했을때, 센압력을 가하므로 용접부의 산화물이나 개재물이 밀려나

와 건전한 접합이 이루어진다.

② 열의 방산이 비교적 양호하며 긴 용접시간에 견딘다.

③ 가압에 의하여 변형이 생기기 쉬우므로 판재나 선재의 용접이 곤란하다.

④ 용접부의 접합강도는 매우 우수하다.

⑤ 서로 다른 재료의 용접도 가능하다.

6-6. 플래시 용접

1. 원리와 구조

(1) 원리

플래시 용접(flash welding)은 플래시 버트 용접(flash butt welding)이라고도 부르며, 그림 6-19에서 보는 바와 같이 용접하고자 하는 모재를 약간 띄어서 고정 크램프와 가동 크램프의 전극에 각각 고정하고 전원을 연결한 다음, 서서히 이동대를 전진시켜 모재에 가까이 한다. 이때 두 모재의 접촉면을 확대하여 생각하면 그림 6-20과 같이 작은 요철이 무수히 있으며, 높은 용접저항을 형성하고 있다. 여기에 10V 내외의 전압을 가하면 접촉부에 대전류가 집중되므로 이 부분이 순간적으로 융점에 도달하고, 다시 폭발적으로 팽창하여 플래시로 된다. 플래시 용접에 있어서 업셋에 적합한 온도에 이르기까지는 적어도 이불꽃이 연속 발생해야 한다.

연속 발생의 조건으로는,

① 용융점이 비산하고 즉시 새로운 접촉점이 이루어져야 하므로 용접재는 어느 정도 전진해야 한다.

② 새로운 접촉점이 플래시로 되기 위해서는, 접촉면이 지나치게 증가하여 전류 밀도가 떨어져 용융점에 도달되지 않을 정도로 용접물이 빨리 전진해서는 안된다.

따라서 플래시 용접에 있어서는 용접물이 단면에서 플래시가 발생되는 충분한 큰 전류가 흘러야 하며 또한, 위에서 설명한 조건을 만족시키는 속도를 가져야 한다. 그리고 이 속도는 단면의 온도의 관수이며, 온도가 높아지면 플래시는 비산되기 쉬우며 접근속도는 빨라도 되므로 용접초기에는 속도는 느리며 단면이 가열됨에 따라 가속되어 나간다. 이와 같은 가속에 대하여 플래시는 점차 심하게 되어, 접합 온도에 도달하면 강한 압력을 가하여 업셋함과 동시에 통전을 단전한다. 이 업셋에 의해 불순물이나 개재물이 밀려나와 깨끗한 상태가 된다. 또, 단면 사이에 발생되는 금속의 연소가스의 보호작용에 의해 그 후의 산화물 생성이 방지된다.

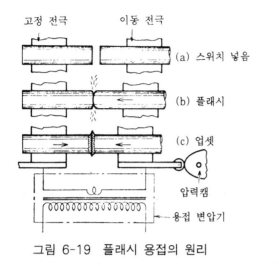

고정 전극　이동 전극

(a) 스위치 넣음

(b) 플래시

(c) 업셋

압력캠

용접 변압기

그림 6-19　플래시 용접의 원리

그림 6-20　맞댄 사이의 요철

(2) 용접기의 구조

플래시 용접기는 업셋 용접기와 마찬가지로 용접 변압기, 고정대와 이동대 업셋 장치, 전극 클램프 장치, 전기 제어 장치 외에 독특한 플래시 속도제어 기구를 가지고 있다. 그리고 업셋기구와 플래시 속도제어 기구에 의하여 다음과 같이 크게 나눌 수 있다.

① 수동 플래시 용접기

② 공기 가압식 플래시 용접기

③ 전동식 플래시 용접기

④ 유압식 플래시 용접기

또, 전기적으로는 자동 예열제어, 후열제어, 가변 전압제어 등이 행해지고 있다.

2. 적용과 특징

이 용접법은 업셋 용접에 비하여 가열의 범위가 좁고 이음의 신뢰성이 높다. 또, 고능률로 전력의 소비가 적어 경제적이기 때문에, 자동화 공업이나 철강 제품 관계를 비롯하여 각 방면에 널리 응용되고 있다. 자동차 관계에 있어서는 스티어링 축(stering shaft), 뒷축(rear axle), 프레임(frame), 밸브(valve) 등이며 철강 제품 관계로는 형강, 평강, 환강, 파이프 이음에 쓰이고 공구류, 가구류의 부품, 드럼 제관 등을 들 수 있다.

그림 6-21에 플래시 용접 이음의 형상을 그리고 그림 6-22에 플래시 용접의 외관을 나타낸다.

플래시 용접의 특징을 살펴보면 다음과 같다.

① 가열 범위가 좁고 열영향부가 적으며 용접 속도가 빠르다.

② 접합부의 강도가 높으며 신뢰도가 크다.

③ 얇은 관이나 판재와 같은 업셋 용접이 곤란한 것에도 적용된다.

④ 불꽃이 비산하는 양만큼 재료가 짧아진다.

⑤ 판의 두께는 0.5mm 이상이어야 용접이 가능하다.

⑥ 서로 다른 재료의 용접도 가능하다.

⑦ 맞대기 접합에는 귀가 생기며 이것을 제거하는 것은 큰 작업이다.

⑧ 용접 속도는 빠르나 급한 용접에 의하여 그 부분의 기계적 성질이 변화된다.

⑨ 공냉 경화되는 재료에서는 용접 후 물림처리와 풀림처리의 작업이 필요하다.

⑩ 용접부에 생긴 귀가 제품에 영향을 미치지 않은 경우에는 생산성이 높은 용접법이다.

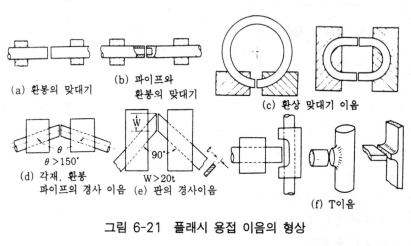

그림 6-21　플래시 용접 이음의 형상

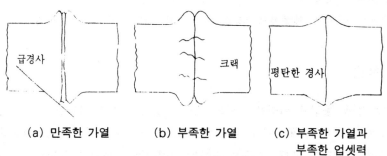

(a) 만족한 가열　　　(b) 부족한 가열　　　(c) 부족한 가열과
　　　　　　　　　　　　　　　　　　　　　　　　부족한 업셋력

그림 6-22　플래시부 용접부의 외관

6-7. 퍼커션 용접

퍼커션 용접(percussion welding)은 정확한 정의는 없으나 퍼커쉽(percusive)인 용접

이라는 점에서 매우 짧은 시간의 용접을 말하나, 실제로는 콘덴서에 축적된 에너지를 1,000분의 1초 이내의 매우 짧은 시간에 방출시켜 그때 생기는 아크에 의하여 접합 단면에 집중발열을 일으킴과 동시에 곧, 그것에 이어 센 가압력을 주는 용접법을 말한다. 마치 충전된 콘덴서의 단자를 가는 전선으로 단락시키면 번쩍하고 빛나며, 전선이 맞붙는 일이 있으나 이것에 가압기구를 설비한 방식이다.

콘덴서는 변압기를 거치지 않고 직접 용접재에 단락되는 것이 일반적이다. 가압기구로는 낙하를 이용하는 것, 스프링을 이용하는 것, 공기 피스톤에 의하는 것 등이 있으나, 어느 것이나 방아쇠를 당기면 고속도로 용접재 끼리 충돌하게 되어 있다. 그림 6-23에 그 보기를 나타낸다.

퍼커션 용접은 그 용접의 기구에서도 알 수 있는 바와 같이 가는 선재의 용접에 적합하며, 교류의 반 싸이클도 통전 시간이 길며, 열평형을 취하기가 곤란한 극히 적은 용접물에 이용된다. 특수한 응용으로는 큰 가압력을 가하기가 곤란한 것이 점 용접이나 프로젝션에 이용된다. 또, #50과 같은 극히 가는 선끼리 방전에 의하여 접합시키는 일이나, 작은 스터드의 용접 등이 퍼커션 용접의 좋은 보기이다.

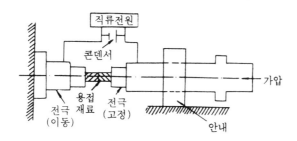

그림 6-23 퍼커션 용접

제 7 장

기타의 압접법

7-1. 단접

1. 원리

단접(forge welding)이란, 접합하고자 하는 부분을 외부로부터의 열원으로 적당한 온도로 가열하여 압력 또는 타격을 가하여 접합하는 방법이다. 단접법에 속하는 것은 압력을 가하는 방법의 차에 의하여 나누면 다음과 같다.

① 해머 용접(hammer welding)

② 다이 용접(die welding)

③ 로울 용접(roll welding) 등으로 된다.

단접성은 모재의 화학성분, 가열온도, 가압력, 가열중 접합부 개선면에 생기는 산화물의 유동성 등에 의하여 영향을 받는다. 강은 C(탄소)의 함유량이 0.2% 이상이 되면 단접성은 나빠지며 Si, Mn, Cr, Ni, W, P, S 등 첨가 원소의 함유량이 적을수록 단접성은 좋다. 코크스(coke)를 열원으로 하는 화덕을 사용하여 가열할 때에는, 코크스에 함유되어 있는 S가 가열중 접합부를 취약하게 하므로 순도가 높은 것을 사용해야 한다.

가열온도, 가압력은 접합되는 모재의 종류, 크기, 형상에 의하여 결정된다. 접합부는 균일한 온도에 가열해야 하며, 가열 온도가 지나치게 높으면 연소나 용융되어 취약해서 접합은 사실상 불가능하다. 단접성의 점에서 말하면, 가열중에 생기는 산화물은 유동성이 좋아 가압에 의하여 손쉽게 이음홈 면에서 밀려나와 제거되어야 한다. 유동성이 충분하지 못할 때, 산화물은 접합부에 개재물로서 남아 접합부의 품질을 매우 악화시킬 뿐만 아니라 단접을 불가능하게 하는 경우도 있다.

단접부의 강도는 모재의 80~90% 정도이며, 인성은 모재의 그것보다 나빠지나 물림처리를 하면 회복된다.

단접에서는 일반적으로 이음홈 면에 생기는 산화물의 유동성을 양호하게 하고, 산화 작용의 진행을 방지하기 위하여 용제를 사용한다.

　용제에는 붕사, 규사가 있으며 붕사의 용융점은 비교적 낮으므로 고탄소강에 대하여 쓰여진다.

2. 단접법의 종류

　단접의 원리에서 설명함과 같이 단접법에는 압력을 가하는 방법의 차이에 의하여 다음과 같이 3가지로 구분할 수 있다.

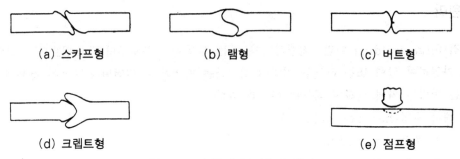

　　(a) 스카프형　　　　　　(b) 램형　　　　　　(c) 버트형

　　　(d) 크렘트형　　　　　　　　　　　　(e) 점프형

그림 7-1　수동단접 이음의 형상

(1) 해머 용접

　단접 이음부를 적당히 가열하여 손 해머나 기계 해머에 의해 타격을 가하여 접합시키는 방법이나, 단접재를 화덕에서 가열하여 손 해머로 단접하는 방법은 매우 오래 전부터 쓰여온 용접 방법의 하나이다. 손 해머에 의한 접합법은 작은 것에 한하며, 이 경우 가벼운 해머를 써서 산화물이 제거되기까지는 서서히 압력을 가하고, 그후 빠른 속도로 압력을 가한다. 기계 해머에서는 무거운 해머를 써서 저속도로 압력을 가하여 단접한다.

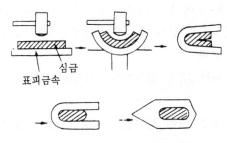

심금

표피금속

그림 7-2　해머 용접에 의한 칼 제작

(2) 다이 용접

가열된 재료를 다이를 통과시켜 인발할 때의 압력에 의해 관모양을 접합하는 방법이다. 다이에서 받는 압력이 작기 때문에 큰 모재의 접합에는 쓰이지 않으며, 가는 지름의 가스관, 수도관, 제작에 쓰인다. 즉, 폭 31~250㎜의 띠강의 양끝을 그림 7-3과 같이 절삭 가공하여, 적당한 열원으로 가열한 후 나팔 모양 다이를 통과시켜 인발 접합한다.

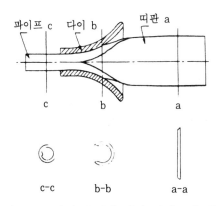

그림 7-3 다이 용접에 의한 파이프의 제조

(3) 로울 용접

가열된 재료를 로울을 통과시켜 압접시키는 방법이다. 홈이 파인 로울에 의한 파이프 제조에 일시 쓰여왔으나, 현재는 클라드강(clad stell)의 제작에 널리 쓰이고 있다.

7-2. 고주파 용접

1. 고주파 용접의 개요

고주파 전력을 금속 가열에 이용한 것은 이미 1920년경으로 알려져 있으며, 이것을 용접 열원에 응용한 고주파 용접법(high freguency welding)이 개발된 것은 비교적 최근의 일이다.

고주파 용접에는, 용접부 주위에 감은 유도 코일에 고주파 전류를 통해 용접물에 2차적으로 유기된 유도 전류의 가열 작용을 이용한 고주파 유도 용접법(high freguency induction welding)과 고주파 전류 자신의 근접 효과에 의해 용접부를 집중적으로 가열하여 용접하는 고주파 저항 용접(high freguency resistance welding)이 있다.

고주파 용접법에는, 여러 가지 장점이 있어 매우 넓은 분야에 걸쳐 응용되리라 믿어지며 또한, 앞으로 많은 발전이 기대되는 용접법이라 하겠다.

2. 고주파 용접의 원리

고주파 용접법에는 위에서 설명한 바와 같이, 고주파 유도 용접과 고주파 저항 용접이 있으며 이들의 원리를 살펴보면 다음과 같다.

(1) 고주파 유도 용접의 원리

이 용접법은 여러 가지 용접 이음에 응용되는 것으로, 그림 7-4와 같이 유도 코일에 고주파 변압기를 통해 고주파 전원에서 고주파 전류를 공급하며 파이프에 고주파 자계가 형성되어 유도 전류가 흐른다.

유도 용접은 이 유도 전류의 주울(joule)열에 의해 용접부를 가열하여 용접 온도에 달했을때, 소요의 가압력을 적당히 가해 가압하여 접합하는 방법이다.

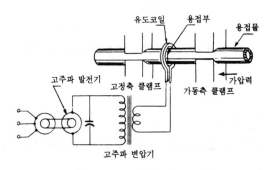

그림 7-4 고주파 유도 용접

(2) 고주파 저항 용접의 원리

이 용접은 고주파 전류를 피용접물에 통해 용접면을 가열하여 압접하는 방법으로 그림 7-5와 같다. 파이프 모양으로 만든 파이프 재료의 끝에서 접촉자를 통해 고주파 전류를 통하면 전류는 그림의 점선과 같이 파이프 재료의 접합부 끝에만 흐르며, 끝면에서 먼 부분이나 원방향에는 거의 흐르지 않는다. 이것은 주파수가 높을수록 고주파 전류가 왕복전

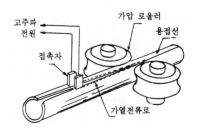

그림 7-5 고주파 저항 용접

류회로 중에서 서로 가장 근접한 인피던스의 최저 부분이 흐르는 것과 같은 성질이 있기 때문이므로 일반적으로 근접효과라 부른다.

3. 고주파 용접의 특징

고주파 유도 용접은 고주파 저항 용접에 비해 거의 같은 장점을 가지고 있으나, 이음 형상이나 크기에 제약이 있고 전력의 소비가 다소 큰 것 등의 단점이 있다.

고주파 저항 용접의 특징은, 용접속도가 빨라 경제적이며 가열폭이 국한되어 있으므로 이음의 품질이 우수하다.

고주파 용접의 장점을 들어보면,

① 고주파 전류에서는 높은 전압에 의해 전류가 흐르므로 어느 정도 더럽거나 산화막이 부착되어 있어 용접 재료의 표면상태가 나빠도 지장이 없다.

② 연강, 스테인리스강, 비철금속 또는 다른 금속끼리의 용접도 가능하다.

③ 용접부 전류가 끝에 집중되는 고로 가열 효과가 좋아 열 영향부가 좁다.

7-3. 냉간 압접

1. 냉간 압접의 원리

냉간 압접(cold pressure welding)은 가열하지 않고 상온에서 단순히 가압만의 조작으로 금속 상호간의 확산을 일으키게 하여 압접을 하는 방법이다.

깨끗한 두 개의 금속면을 $A(1 \text{Å} = 10^{-8} \text{cm})$ 단위의 거리로 원자들을 가까이 하면 자유전자가 공통화되고, 결정 격자점의 양이온이 서로 작용하여 인력으로 인해서 원리적으로 2개의 금속면이 결합된다. 그러므로 이 용접에서는 압접전에 재료의 표면을 깨끗하게 하는 것이 무엇보다 중요하다. 재료의 접합면에 부착된 산화물, 유지류, 오물 등은 사전에 제거하지 않으면 접합이 곤란하다. 물론 이와 같이 해서 산화물을 깨끗이 제거하여도 곧 새로운 산화가 일어나므로 한 시간 이내에 압접을 행해야 한다.

일반적으로 압접시에 사용되는 가압력은, 냉간 압접을 충분히 하기 위해 압접하고자 하는 재료의 두께의 여분 비율 만큼의 소성 변형을 시킬 양을 주면 된다. 압접 방법에는 겹치기와 맞대기가 있는데, 겹치기는 그림 7-6과 같이 접촉면을 표면 처리하여 불순물을 제거한 후 겹치기 클램프로 결합시켜 압축다이스에 의해 강압을 가하여 소요의 소성 변형을 주어 압착시키는 방법이다.

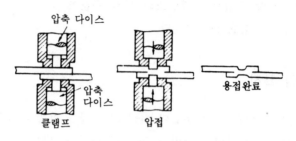

그림 7-6 겹치기 냉간 압접법

2. 장치와 공구

(1) 압접 장치

압접 장치는 매우 간단하여 겹치기 접합의 경우는 일반적으로 예비 압축한 후 압접하게 되어 있다.

또, 맞대기 압접의 경우에는, 재료를 정위치에 위치하게 하고 가압 변형시키며 어떤 경우나 가압은 수동 또는 유압구동에 의한 경우가 많다.

그림 7-7은 유압식 맞대기 대형압접기의 기구와 고정구의 형상을 나타낸 것이다. 이 그림에서 α 즉, 고정구 선단각은 30~40˚가 적당하다.

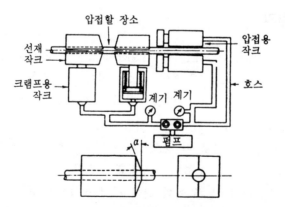

그림 7-7 맞대기 압접기의 기구와 고정구의 형상

(2) 압접 공구

압접의 압력과 압접 공구의 형상과는 밀접한 관계가 있다. 알루미늄의 압접에서는 30~50kg/㎟, 구리의 압접에서는 100~150kg/㎟의 힘이 필요하다. 그러나 맞대기 압접의 경우에는 위의 값의 3~4배의 힘이 실제로 필요하다.

3. 용접 조건

이음의 준비로서 압접재 면의 청정에 유의해야 한다. 선재나 판재 등의 맞대기 압접할 때 압접면은 그 축에 대하여 거의 직각으로 되는 정도로 충분하다.

그림 7-8은 판두께 5㎜, 폭 10㎜의 알루미늄을 10㎜ 각의 다이스를 사용 겹치기 압접 하였을 때의 보기이다. 이 그림은 압접한 시험편을 인장하였을 때의 단면하중과 변형도와 의 관계를 나타낸 것이다. 압접 조건으로는 변형도 70% 부근이 양호함을 알 수 있다.

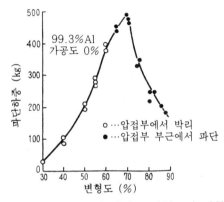

그림 7-8 파단하중에 미치는 변형도의 영향

4. 냉간 압접의 장점과 단점

(1) 장점

① 접합부에 열영향이 없다. 다른 접합부와 달라 상온에서 가압 변형시키므로 각종 비철 금속의 가공 경화재, 열처리재의 접합에 유리하다.

② 숙련이 필요 없다. 단 압접면의 표면처리에는 충분한 유의가 필요하다.

③ 압접기구가 간단하다. 따라서 겹치기 압접의 경우에는 자동화 다점 동시 압접 등이 용이하다.

④ 접합부의 내식성은 모재와 비슷하다.

⑤ 접합부의 전기저항은 모재와 거의 비슷하다.

(2) 단점

① 접합부가 가공 경화된다. 이것은 모재가 불림처리 재료일때 문제가 된다. 이 접합부 는 그 후의 가열에 의하여 급격하게 경화된다.

② 겹치기 접합에서는 큰 압접의 홈집이 남는다. 그리고 그때 압접부 부근이 기계적으로

약하다.

③ 철강 재료의 접합부는 부적당하다. 접합재는 그 산화피막이 취약하며 재료 자체가 충분한 소성변형태를 가질 때에만 적용이 가능하다.

④ 압접의 완전성을 비파괴 시험하는 방법이 없다.

7-4. 초음파 압접

1. 원리

초음파 용접(ultrasonic pressure welding)이라 함은 접합하고자 하는 소재에 초음파 (18KHz 이상) 횡진동을 주어 그 진동 에너지에 의해 접촉부의 원자가 서로 확산되어 접합이 되는 것이다. 이 압접법은 종래의 용접법에 비해 편리한 점은 없으나, 다른 용접법으로는 접합이 불가능한 것 또는 신뢰도가 없는 것, 금속이나 플라스틱의 용접, 서로 다른 금속끼리의 용접에 쓰여진다.

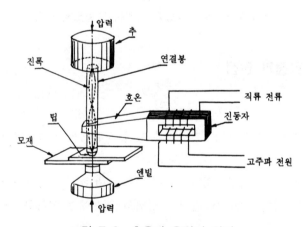

그림 7-9 초음파 용접의 원리

이 압접이 원리는 그림 7-9에 표시한 것과 같이, 팁(tip)과 앤빌(anvil) 사이에 접합하고자 하는 소재를 끼워 가압하여 서로 접촉시켜서 팁을 짧은 시간(1~7sec) 진동시키면 접촉자면은 마찰에 의해 마찰열이 발생된다. 이 압접법에 적합한 판재의 두께는 금속에서는 0.01~2㎜, 플라스틱류에서는 1~5㎜ 정도의 주로 박판의 적합에 이용된다.

2. 초음파 압접 장치

초음파 압접 장치는 일반적으로 초음파 발진기, 진동자, 진동 전달 기구, 압접팁 등으로 구성되어 있다.

(1) 초음파 발진기(고주파 발진기)

접합 장치에 사용되는 고주파 발진기에는 보통 전자관 방식과 전동기와 교류 발진기가 조합된 두 가지 형식이 있다. 그림 7-10은 전자관 방식의 대표적인 전기 배치도이다. 이 방식에는 고주파를 발생하는 진동차 출력을 증대시키기 위한 증폭기, 진동자와 증폭기 양쪽에 전기를 공급하는 장치 및 진동자의 극성을 변화시키는 장치로 되어 있다.

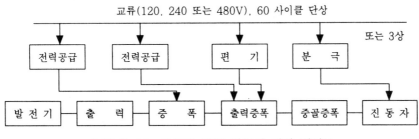

그림 7-10 초음파 접합 장치의 전기 배치도

(2) 진동 전달 기구(coupling system)

초음파 압접 장치에서 가장 중요한 부분은, 전기적 에너지를 기계적 에너지로 변화시켜 이 진동에너지를 접합부로 전달하는 것이 진동 전달 기구이다.

그림 7-11은 진동 전달 기구의 개요를 나타낸 것이다. 이것은 진동자, 혼, 팁 등을 포함하고 있다.

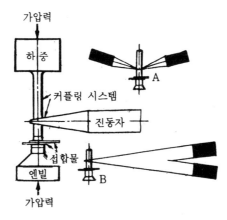

그림 7-11 커플링 전달기구의 개요

진동자에서 발생한 초음파 진동은 다시 원추형의 혼(horn)에 의해 증폭되어 횡진동봉(가로 진동 막대)을 구동하여 용접팁에 가로 방향의 진동을 준다. 지금 소재 접합부를 겹쳐서 압접팁에 끼워 일정 압력을 가하면서 짧은 시간(1~3sec) 동안 진동시키면, 가압과 가로 이동에 의해 소재 접촉면에는 압축과 동시에 전단력을 받고, 마찰에 의해 발달되어 동시에 접합부면에 존재하는 불순물 피막이 파괴되어 순수한 금속 표면이 노출됨에 따라, 양 금속 원자의 접근이 달성되어 서로 흡인과 확산에 의해 접합이 이루어진다.

(3) 팁(tip)과 앤빌(anvil)

팁과 앤빌 사이에 소재 접합부를 끼워 접합부에 진동 에너지를 공급하는 장치로 진동시에 접합부와 접촉이 되지 않게 이들 표면에 기름을 바른다.

(4) 가압 기구

가압 방식으로는 유압식, 공기압식, 스프링가압식이 있으며 유압식은 대형 장치에 쓰인다. 또한, 가압은 접착면에 수직으로 가해져야 하며 소재의 형상치수, 재질에 따라 수십에서 수백 kg까지 변한다.

3. 접합성과 접합조건의 관계

모든 용접법에서와 같이 이 용접법도 접합 조건의 인자는 많다. 다음에 이들 인자 중 중요사항을 설명하기로 한다.

① 팁 가압력(팁 하중) ; 가압력의 적부는 접합성에 더욱 큰 영향을 미치는 것으로 이것을 결정하는 인자는 다음과 같은 것이 있다. ⓐ 접합재의 기계적 성질, ⓑ 초음파 출력, ⓒ 접합재의 얇은 쪽의 두께, ⓓ 커플링 시스템의 기하학적 형상. 일반적으로 얇은 재료, 연한재료, 저초음파 출력의 경우에는 가압력은 적으며 반대로 두꺼운 재료, 굳은 재료 고초음파 출력인 경우에는 크게 해야 한다.

② 초음파 출력 ; 출력 100W의 핸드 유니트형으로부터 100KW 정도의 것이 제작되고 있으나 앞으로 더욱 큰 것이 제작되리라 믿는다. 일반적으로 높은 융점의 굳고 두꺼운 재료에서는 큰 출력이 필요하나, 초음파 접합의 품질 향상을 고려할 때 가급적 큰 출력으로 단시간에 적합해야 한다.

③ 접합시간 ; 접합 재료의 종류, 판의 두께, 기타의 접합조건에 의하여 판두께 1.0㎜ 이하의 것에서는 0.2~0.3sec 정도 그 이상의 것에 서로 10sec를 넘는 것은 없다. 접합부의 외부변형을 적게하는 의미에서 가급적 단시간으로 접합되도록 한다.

④ 팁과 앤빌의 형상 : 접합장치의 형식은 물론이며 접합재료의 종류, 판두께 등에 의하여 접합부에 전달되는 초음파 진동 에너지를 감축시키지 않게 설계해야 한다.

⑤ 재료 접합부의 전 처리 : 진동을 가함에 따라 피접합 재료 접촉면의 피막은 어느 정도 파괴되나 역시 접합재료의 표면의 청소는 철저히 해야 한다.

7-5. 마찰 압접

1. 마찰 압접의 원리

마찰(friction) 압접은, 그림 7-12에서 보는바와 같이 재료를 맞대어 상대운동을 시켜 그 접촉면에 발생하는 마찰열을 유효하게 이용하여 이들을 압접하는 것이다. 기구상에서 분류하면 그림 7-13에서 보는 바와 같이 4형식이 있다. (a)는 이음면을 맞대고 한편의 소재를 회전시키는 방식. (b)는 양 소재를 서로 반대 방향으로 회전시키는 방식. (c)는 긴 소재를 압접하는 경우로 두 소재 사이에 제3의 소재를 끼워 회전시키는 방식. (d)는 위와 아래로 진동시키는 방식이다. 어느 방식이나 축 방향에 압접력 P를 작용시키고 있으므로, 맞대기면과 그 부근은 회전 또는 진동에 의한 마찰음에 의하여 변화되어 소성상태가 된다.

이 맞대기면의 온도가 압접온도에 달하면, 상대 운동을 정지시키고 압접력은 그대로 또는 다시 증가시켜 냉각시켜서 압접을 완성한다. 이 방법에 의하여 탄소강, 합금강, 알루미늄, 구리 등 거의 모든 금속과 합금 그리고 고분자 재료의 압접과 또는 서로 다른 재료의 압접도 가능하다.

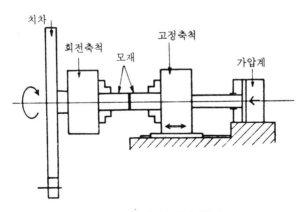

그림 7-12 마찰 압접의 원리

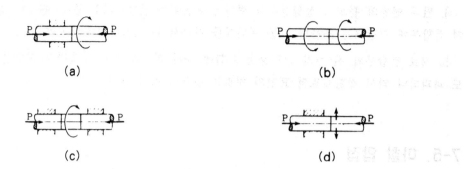

(a)

(b)

(c)

(d)

그림 7-13 마찰압접 기구의 4형식

2. 마찰 압접기

　마찰 압접기의 구조는 그림 7-12의 원리도에서 보는바와 같이 회전부, 비회전부, 가압 장치 및 회전 장치로 이루어져 있으며 실제 사용되는 기계의 대다수는 피용접물에 상대 운동을 주기 위한 방식으로, 일방회전 타방 고정의 방식을 취하고 있다. 위에 설명한 장치 중 가장 중요한 것으로는 가압 기구인데, 가압 기구는 거의 유압 방식에 의하고 있다.

　회전 재료와 비회전 재료를 접촉한 후 한꺼번에 또는 서서히 압력을 높여 어느 일정한 작용압력 P_1으로 누르면, 접촉면 부근의 마찰열에 의해서 온도가 상승되어 불꽃을 발생하여 용접면이 평평하게 깨끗한 면으로 된다. 이 작업을 계속하면 압접에 필요한 온도에 도달된다. 이 공정을 마찰 발열 공정이라 부른다. 여기서 회전을 정지시켜 P_1과 같은 압력 또는 다시 높은 업셋 압력 P_2를 작용시키고, 다시 플래시를 방출시킴과 동시에 잠시 그대로 지속하여 안정시켜 압접을 완료한다. 이 공정을 업셋 공정이라 부른다. 이 공정에 의해 압접면의 단접 효과가 얻어지면 압접이 더욱 완전하게 이루어진다.

3. 특징

　① 외부에서 가열 열원의 작용 없이 가압력과 마찰력이 직접 연관에 의해 내부적 국부 반열이 있기 때문에 산화 기타 재질 변화가 극히 적다.

　② 접합부에 있는 불순물 산화물은 절단 작용에 의해 배제되므로 접합이 이상적으로 이루어진다.

　③ 고온 균열의 발생이 없고 기공도 생기지 않는다.

　④ 접합부의 변형이 적다.

　⑤ 소요 동력이 적게 든다.

　⑥ 서로 다른 금속끼리의 접합이 가능하다.

7-6. 폭발 압접

1. 원리와 종류

(1) 원리

　폭발압접(explosive welding)은 그림 7-14에 나타냄과 같이, 폭약의 폭압으로 가속된 소재끼리 고속도로 더욱이 서로 어느 각도를 이루어 충돌시키면 소재의 충돌 표면은 서로 파상으로 소성변형되어 양면은 결합된다(이것을 표면 젯트 효과라 한다). 이 결합면에서는 금속결합이 행해지고 있다고 한다.

　압접성을 지배하는 인자는 소재의 판두께, 폭, 길이와 재질, 폭약의 종류와 폭약의 두께, 그리고 양 소재가 이루는 각도 β 등이다.

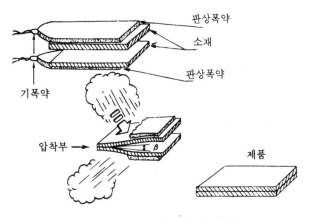

그림 7-14　폭발 압접의 원리

(2) 종류

　폭발 압접은 스테인리스강, 니켈 합금 등의 크래드강의 제조 등에 쓰이는 전면 폭발 압접, 화학공업 등의 반응기, 열교환기, 용기류의 라이링에 쓰이는 점폭발 압접 그리고 선 폭발 압접 등이 있다.

① 전면 폭발 압접

　전면 폭발 압접에는 경사법과 평행법이 있으며 그 원리는 그림 7-15와 같다.

　경사법에서는 재료를 일정한 각도(3~30°)로 기울어지게 놓고, 그 위에 판 모양의 화약을 설치해 한쪽 끝에 설치한 뇌관을 통해서 점화하면, 화약의 폭압에 의해 재료의 충돌 표면은 화상으로 소성 변형을 하면서 서로 고속도로 충돌되어 압접된다.

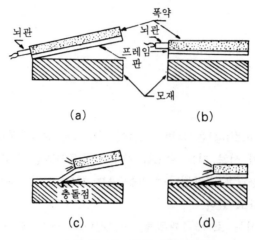

그림 7-15 전면 폭발 압접

이 현상을 표면 젯트 효과(surface jet effect)라 부르며, 대부분의 압접부는 파도와 같은 타격으로 견고한 물림조직을 형성해서 접합되어, 하나의 금속이 조합에 의해 달라 대체로 같은 종류의 금속에서는 얇은 판도 모양이 불규칙한 형상을 하고 있다(그림 7-15 참조).

② 점 폭발 압접

점 폭발 압접은 그림 7-16에 표시한 것과 같이, 미리 접합 하고자 하는 부분을 연마하여 금속판 2장을 겹쳐 놓고 그 위에 캡을 세운다. 이 캡의 구조는 수지제의 약통 내에 알맞은 량의 폭약을 채우고, 머리부에 부착되어 있는 도선을 발파기에 연결하여 통전하면 폭발이 된다. 폭발음은 단발 엽총의 발사음 정도며 여러 점을 함께 압접시킨 때는 도선을 직

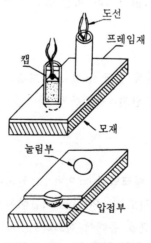

그림 7-16 점 폭발 압접

열로 연결하는 것이 좋다. 폭발 후 표면에 구면 모양의 눌림이 생겨 그 아래 부분에 2장의 금속판이 결합된다. 접합부를 떼어 관찰하면 주변 부분만이 환상으로 접합되고 원 중앙부는 밀착될 뿐이고 접합되지 않는다.

환상의 접합부에는 폭발 압접의 독특한 가는 파도 모양의 변형이 동심원을 그리면서 형성되어 있는 것을 알 수 있다.

③ 선 폭발 압접

선 폭발 압접은 그림 7-17에서 보는 바와 같이 특수 도폭선을 사용한다. 그때 사용되는 도폭선은 폭약을 줄 모양으로 길게 눌러 붙인 것으로, 자유로운 형상으로 구분될 수 있게 유연성을 가져야 한다. 접합 하고자 하는 금속판을 겹쳐 놓고 그 위에 목적에 따라 코오드의 한끝을 정착시킨다.

뇌관을 통해서 폭약을 폭발시키면 폭발은 1,000~6,000m/sec 정도의 속도로 2장의 금속판은 코오드의 아래 부분이 짧은 시간에 압접 된다. 표면은 눌림의 생김새가 점 폭발 압접과 같으며, 그 길이는 보통 폭발을 설치한 쪽의 판두께의 반 정도이다. 또, 접합면은 폭약의 폭에 해당하는 8~12㎜ 범위가 적합하다.

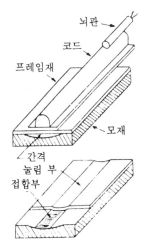

그림 7-17 선 폭발 압접

2. 폭발 압접의 특징

① 서로 다른 재료의 접합이 손쉽게 이루어진다.

그라트강의 제법에는 ⓐ압접법, ⓑ 열간 로울러 압연 압접법, ⓒ 용접법 등의 3종류가 있다. 이들의 방법에서는 모재의 재질과 그라트재의 재질에 제한을 받으나 압접은 재질의 영향이 적다.

② 경제적이다.

압접장치가 불필요하며 기타 보조 재료가 불필요하므로 경제적이다. 또한, 모재의 접합면이 고르지 않아도 되며 작업장도 비교적 좁아도 큰 지장이 없다.

③ 폭발에 의한 진동과 폭음을 무시할 수 없다.

④ 다층 압접이 가능하다.

7-7. 가스 압접

1. 원리와 종류

(1) 원리

가스 압접(pressure gas welding)은, 접합부를 머저 가스 불꽃(산소-프로판 ; O_2-C_3H_8. 또는 산소-아세틸렌 ; O_2-C_2H_2 불꽃)으로 가열하여 압력을 가해 접합하는 방법으로 앞에서 설명한 맞대기 저항 용접과 같이 막대 모양의 재료를 용접하는데 사용된다.

(2) 종류

가스 압접법은 압접면의 가열, 가압 방식에 따라 밀착법과 개방법의 두 종류가 있다.

① 밀착법(closed butt welding)

밀착법은 그림 7-18과 같이 처음부터 압접면에 압력을 가하여 밀착시켜 놓은 후, 외부에서 다관식 토오치로 접합면을 균일한 온도가 되도록 가열한 축방향으로 압력을 가해 압접하는 방법이다.

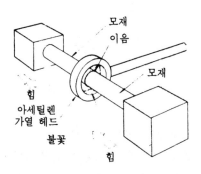

그림 7-18 밀착법

② 개방법(open butt welding)

개방법은 용융 압접법에 속하는 것으로, 그림 7-19와 같이 처음 압접면을 어느 정도 떼어놓고 그 사이에 다관식의 가스 토오치를 끼워 양 접합면을 가스 불꽃으로 균일하게 가열하여, 적당한 용융상태가 되었을 때 토오치를 꺼내고 바로 접합면을 정확하게 밀착시킨 후 압력을 가하여 압접을 하는 방법이다.

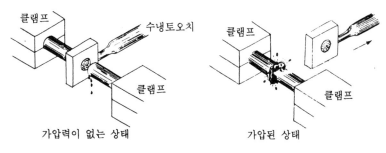

그림 7-19 개방법

2. 압접 조건

(1) 가열

가스 가열 토오치로 접합면을 가열하기 때문에 불꽃이 안정되어야 하며 접합면을 균일하게 가열하기 위해서 토오치의 형상과 가열 위치 또는 토오치의 수에 주의해야 한다.

(2) 가압면

가스 압접이 정확하게 이루어지려면 압접면의 오물을 완전히 제거해야 하며, 압접면 중에 발생하기 쉬운 산화물의 발생이 가급적 적도록 해야 한다.

(3) 가압

가스 압접은 접합면에 수직방향으로 압력을 가하므로 접합물의 형상치수, 재질에 적합한 압력을 가해야 한다.

이상 설명한 가스 압력은 다른 용접법에 비해 작업자의 숙련이 필요 없고 장치가 간단하며 압접 소요 시간이 매우 짧기 때문에 토목·건축, 현장에서 철근, 파이프, 레일의 압접에 많이 쓰여지고 있다.

제 8 장

각종 금속재료의 용접

8-1. 서론

세계 제2차 대전을 계기로 금속의 사용량은 급증되었다. 이와같이 금속의 사용량이 증가된 원인에는 여러 가지 이유가 있겠으나 가장 중요한 원인은, 거의 모든 금속이 자유 자재로 그 형태를 변경시킬 수 있다는 점이다. 즉 해체나 성형이 매우 자유로와 졌으며, 이 해체와 성형에 이용되는 가장 보편적이고 신속한 공법이 바로 가스나 아크에 의한 절단과 여러 종류에 의한 용접법이다.

오늘날 쓰여지고 있는 금속재료에는 그 종류가 많으며 각각 성질이 다르기 때문에 용접 방식 역시 다르다. 보기를 들면 강의 용접에는 피복 아크 용접법이 적합하나 알루미늄의 용접에는 적합하지 않다.

이때에 대표적인 금속 재료에 대하여 적합한 용접법과 그에 대한 여러 문제점에 대하여 설명하고자 한다.

1. 금속재료의 용접성

피용접 재료의 용접성을 알고 있으면 적절한 용접조건을 선정할 수 있을 뿐만 아니라, 용접현상을 해명할 때도 매우 필요하다. 이전에는 용접성이라 하면 단지 작업의 쉽고 어려움의 정도를 나타내는 정도만을 생각하였으나, 오늘날에는 재료의 접합성은 물론 사용 성능의 면까지도 생각할 넓은 범위를 해석하는데 필요하다.

즉, 모재와 용접 금속의 열적성질, 용접 결함 등을 고려한 접합성에 관한 용접성과 모재와 용접부의 기계적 성질, 모재와 용접부의 물리적, 화학적 성질, 그리고 변형과 잔유응력 등을 고려한 사용 성능에 관한 용접성 등을 의미하는 것이다.

공작상의 입장에서 생각할때 용접 중에 접합을 방해하는 물질의 생성이 적어야 하며, 특별한 조치를 하지 않아도 용접부에 균열(crack)이나 기공(blow hole) 등의 결함이 생기지 않는 건전한 재료일수록 용접하기 쉽다. 또, 열전도가 나쁜 재료일수록 용접에 필요한 열량이 적어도 되며, 열팽창 계수가 작은 재료일수록 변형 등이 작으므로 용접하기가 쉽다고 할 수 있다.

한편 용접 이음의 사용상 성능을 생각하면, 모재 및 용접부 이음에서 요구되는 강도나 인장강도를 주며, 더구나 용도에 따라 저온 또는 고온상태나 부식 분위기에서도 장시간 사용에 견딜 능력을 가지고 있는지 없는지의 여부로 용접성이 평가된다.

이와같이 용접성의 양부는 공작상의 난이와 성능의 양면에서 평가되어야 한다. 금속재료 각각의 용접성을 알아보는 경우에는, 각각의 화학성분이나 물리적 성질(인장강도, 항복점, 신연율, 충격치 등)을 조사하여 이것으로 용접성 판단의 재료로 하거나, 용접을 행할 때에 균열 발생 정도나 용접부 주변의 경도 분포를 조사하는 시험 등을 행하여 용접성의 양부를 판정한다.

2. 용접법의 선택

용접법의 선택은 모재의 용접성(접합성에 관한 용접성과 사용 성능에 관한 용접성)을 기초로 하여 우선 경제적인 것을 선택한다. 보기를 들면, 표 8-1에서 보는 바와 같이 저탄소강의 용접은 어느 용접법이나 사용할 수 있으나 경제성이나 신뢰성을 고려하여 선택한다. 즉 조선공업과 같이 두꺼운 판을 사용하고 비교적 용접선이 긴 용접물에는 서브머지드 아크 용접이 유리하며, 자동차 공업과 같이 판이 얇고 용접선이 복잡하며 다량 생산의 공작물에는 점 용접과 같은 저항 용접을 택해야 한다.

표 8-1에 각종 금속재료에 대한 용접성의 비교를 나타낸다.

8-2. 철과 탄소강의 용접

1. 철과 탄소강의 용접

(1) 철과 강의 분류

철과 강은 철광석으로부터 직접 또는 간접으로 생산되나, 그 중에서 광석 중의 원소 또는 제조 중에 흡수된 각종의 원소들이 함유되어 있다. 이것들 중에서 대표적인 원소는 C, Si, Mn, P, S 등의 5개 원소이며, 항상 철 또는 강 중에 함유되어 그 성질에 많은 영향을 준다. 특히 공업상 유용한 성질을 주는 것은 탄소(C)이다. 그러므로 탄소 함유량에 따라 철과 강을 분류하는 일이 많다.

표 8-1 각종 금속 재료와 용접성의 비교

금속재료 ＼ 용접법	피아용	복크접	서브머지드아용	불활성가스아크접	산아틸용	소세렌접	가스압접	점·시임용접	플래시용접	테르밋용접	납땜
순철	◎	◎	△	◎	◎	◎	◎	◎	◎	◎	◎
저탄소강	◎	◎	○	◎	◎	◎	◎	◎	◎	◎	◎
중탄소강	◎	◎	○	◎	◎	○	◎	○	◎	◎	◎
고탄소강	○	◎	○	◎	◎	○	◎	×	○	◎	○
공구강	○	○	○	◎	◎	○	◎	×	○	○	○
탄소주강	◎	○	○	◎	◎	○	○	○	◎	◎	○
고망간주강	○	○	○	○	◎	○	×	○	○	○	○
주철 — 회주철	○	×	○	○	◎	○	×	×	×	○	△
가단주철	○	×	○	○	◎	○	×	×	×	○	△
합금주철	○	×	○	○	◎	○	×	×	×	◎	△
저합금강 — 니켈강	◎	◎	○	◎	◎	◎	◎	◎	◎	◎	○
니켈크롬몰리브덴강	◎	◎	○	◎	◎	◎	○	×	◎	◎	○
망간강	◎	◎	○	◎	◎	○	○	×	◎	◎	○
스테인리스강 — 크롬강(마르텐자이트계)	◎	◎	○	◎	○	○	○	△	○	×	△
크롬강(페라이트계)	◎	◎	○	◎	○	○	◎	◎	◎	×	△
크롬니켈강(오오스테나이트계)	◎	◎	○	◎	○	○	○	◎	◎	×	○
내열초합금강	◎	◎	○	◎	○	○	○	◎	◎	×	△
고니켈합금	◎	◎	○	◎	○	○	○	◎	◎	×	○
경금속 — 순알루미늄	○	×	◎	◎	△	◎	◎	◎	◎	×	△
알루미늄합금(비열처리성)	○	×	◎	◎	△	◎	◎	◎	◎	×	○
알루미늄합금(열처리성)	○	×	○	○	△	◎	◎	◎	◎	×	△
마그네슘합금	×	×	◎	◎	△	◎	◎	◎	◎	×	△
티탄합금	×	×	○	○	×	◎	×	×	×	×	×
동합금 — 순구리	○	△	◎	◎	△	△	△	△	△	×	○
황동	○	×	◎	◎	△	△	△	△	△	×	○
인청동	○	△	◎	◎	△	△	△	△	△	×	○
알루미늄청동	○	×	◎	×	△	△	△	△	◎	×	△

◎ 양호,　○ 보통,　△ 불량,　× 불가

　철 및 강을 분류할 때 흔히 전용하고 있는 기준은 제조법, 화학 성분, 열처리, 경화성, 가공성과 용접성, 그리고 기계적 성질 등이다. 표 8-2에 철 및 강의 분류 기준을 나타낸다.

표 8-2 철과 강의 분류

구 분	순 철	강	주 철
제 조 법	전기분해법으로 제조	제강로에서 제조	큐폴라에서 제조
화학성분	C < 0.03%	C=0.03~1.7%	C=1.7~6.67%
열처리·경화성	담금질 효과를 받지 않는다.	담금질 효과를 잘 받는다.	보통 담금질은 하지 않는다.
가공성 및 용접성	연하고 우량	강도가 크고 용접이 가능	가공은 가능하나 용접성 불량
기계적 성질	연성이 크다.	강도, 경도가 크다.	연신율이 작고, 취성이 크다.

철강의 종류는 대단히 많고 분류법도 복잡하다. 가장 기초적인 분류는 1879년 미국 필라델피아에서 개최된 세계 금속업자 대회에서 제정된 것으로, 표 8-3은 그 분류법을 해설한 것이다.

(2) 용철(ingot iron)의 용접

용철은 탄소나 기타의 원소가 매우 적으므로 용접에 의한 경화가 전혀 없다. 따라서 잔류응력을 제거하는 목적 외에 일반적으로 예열이나 후열은 필요 없다. 단지 860~1050℃ 사이의 임계 가공범위는 파열의 발생을 방지하기 위하여 피해야 한다. 용철은 순도가 좋은 편이며 결정립이 균일하고 가스 발생의 원인이 되는 불순물은 함유하지 않으므로 매우 용접성이 우수하다. 피복 아크 용접 외에 일반적으로 모든 용접이 가능하다.

① 피복 아크 용접

연강용 피복 아크 용접봉으로 용접한다. 단 용접은 순도가 높은 순철이므로, 용접이 연강보다 높으므로 같은 판두께의 저탄소강 보다 용접속도는 다소 뒤진다. 용접봉의 지름 선택은 표 8-4에서 보는 바와 같이 탄소강 용접시와 같다.

② 가스 용접

용철의 산소-아세틸렌 가스 용접은 저탄소강의 용접과 같다. 사용하는 용가봉(용접봉)은 내식성 그 외에 같은 성능을 얻는 목적에서 모재와 같은 성분의 것을 사용한다.

③ 서브머지드 아크 용접

정당한 성분의 와이어와 입상 후락스를 쓰면 비금속 개재물이 0.40%를 넘지 않으며 더욱이 모재와 같은 강도 양호한 용접금속이 얻어진다.

표 8-3 철강의 분류

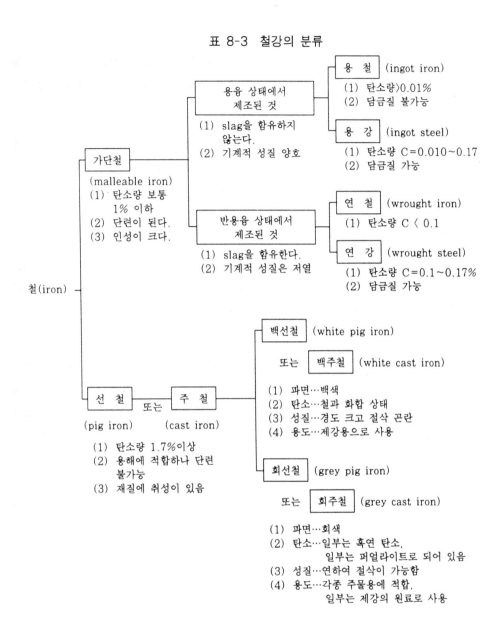

표 8-4 용제철의 사용 판두께에 대한 봉지름

판 두 께 (mm)	피복아크 용접시의 용접봉 지름 (mm)	산소, 아세틸렌 용접시의 용가봉 지름 (mm)
1.6 미만	1.6	1.6
1.6~3.2	2.4 또는 3.2	3.2
3.2~4.8	4.0	4.0
4.8~6.4	4.8	4.8
6.4~9.5	6.4	6.4

④ 이너트 가스 아크 용접

MIG 용접이나 TIG 용접도 용접 속도가 지나치게 **빠르면** 기공이 생기기 쉽다. 이것을 제거하기 위해서는 Al, Si, Ti, Zr 등의 강력한 탈산제를 내포한 와이어를 사용해야 한다.

⑤ 저항 용접

점 용접, 심 용접, 벗트 용접 등 모든 종류의 저항 용접에 적용된다. 그러나 저탄소강에 비하여 융점이 높으며 열전도성이 우수하므로 비교적 용접입열을 크게 해야한다.

기타 단접이나 납접도 저탄소강과 같이 매우 용이하다.

(3) 연철의 용접

연철도 용철과 같이 용접성이 양호하여 가스 용절을 위시하여 모든 용접법이 적용된다. 또, A₁ 변태점이 없으므로 용접 변형이나 급냉 경화가 매우 적다. 그러나 후판의 용접이나 반응 부식의 가능성이 있을 때는 응력제거를 해야 한다.

① 피복 아크 용접   -

연철의 피복 아크 용접은 같은 판 두께의 저탄소강보다 용접전류와 속도를 다소 낮추어야 한다. 용접 속도를 낮추는 것은 가스와 슬랙의 제거를 위하여 금속의 용융상태를 길게 한다. 박판에서는 파열을 방지하기 위하여 전류를 가급적 적게 한다. 또한, 용입이 크면 용착금속에 슬랙이 혼입되기 쉬우므로 주의를 해야 한다. 표 8-5에 연철의 피복 아크 용접 시공 조건을 나타낸다.

표 8-5 연철의 피복 아크 용접 시공조건

판 두께 (㎜)		6.4	9.5	12.7	15.9	19.1	22.2	25.4
홈의 형식		V	V	V	U	U	U	U
베 벨 각 도 (°)		30	30	30	9	9	9	9
홈 각 도 (°)		60	60	60	18	18	18	18
루 우 트 반 지 름 (㎜)		무	무	무	6.4	6.4	6.4	6.4
루 우 트 면 (㎜)		0~1.6	0~1.6	0~1.6	무	무	무	무
루 우 트 간 격 (㎜)		4.0	4.0	4.0	무	무	무	무
층 수		3	4	5	6	8	9	10
용 접 봉 지 름 (㎜)		5	5	5	5	5	5	5
전 류 (A)		170	170	180	180	180	180	180
용접봉의 이동속도 (㎜/min)	표면측 초층비이드	200	200	180	180	180	150	150
	중간층비이드	125	125	125	125	125	125	125
	최후층비이드	125	125	100	100	100	100	100
	이면측 초층비이드	125	125	100	100	100	150	150
	중간층비이드	–	–	–	–	–	125	125
	최후층비이드	–	–	–	–	–	100	100

② 가스 용접

연철의 산소-아세틸렌 가스 용접은 같은 판두께의 저탄소강의 경우와 실용상 변화가 없으나, 연철에서는 슬랙의 융점이 낮으므로 슬랙이 용융된 것을 금속이 용융된 것으로 착각하지 말아야 하며, 용가봉은 저탄소강용이나 Mn, Si를 많이 함유한 것을 선택해야 한다. 불꽃은 중성불꽃의 편이 양호한 결과를 얻을 수 있다.

③ 서브머지드 아크 용접

일반적으로 2층법이 쓰여진다. 1층에서 우선 모재에서 모인 슬랙은 녹아서 떠오르나 가스는 완전히 배제되지 않으므로, 제2층에서 다시 제1층을 녹여 기포를 없애며 보강 덧쌓기를 한다. 용가재는 연강용을 사용한다. 기타 저항 용접이나 단접 등은 강의 경우보다 다소 높은 온도에서 행해진다.

2. 탄소강의 종류

순철은 너무 연하기 때문에 일반 구조용 재료로서는 부적당하다. 따라서 여기에 탄소와 소량의 규소(Si), 망간(Mn), 인(P), 황(S) 등을 첨가하여 강도를 높여서 일반구조용 강으로 만든 것을 탄소강(carbon steel)이라고 하며 탄소의 함유량에 따라서 다음과 같이 분류한다.

① 저탄소강(low carbon stell) : C가 0.3% 이하.
② 중탄소강(middle carbon stell) : C가 0.3~0.5.
③ 고탄소강(high carbon stell) : C가 0.5~1.3%.

(2) 저탄소강의 용접

① 저탄소강의 용접성

저탄소강은 구조용 강으로 가장 많이 쓰이고 있고, 용접 구조용 강으로는 킬드강(killed stell)이나 세미킬드강(semi-killed stell)이 쓰이고 있으며, 보일러용 후판(t=25~100 mm)에서는 강도를 내기 위해 탄소량이 상당히 많이 쓰인다. 따라서 용접에 의한 열적 경화의 우려가 있으므로 보일러용 후판은 용접 후에 응력을 제거해야 한다.

② 저탄소강의 용접

저탄소강은 어떠한 용접법으로도 용접이 가능하지만, 용접성으로는 특히 문제가 되는 것은 노치취성과 용접터짐이다. 연강의 용접에서는 판 두께가 25mm 이상에서는 급랭을 일으키는 경우가 있으므로, 예열(preheating)을 하거나 용접봉 선택에 주의해야 한다. 연강을 피복 아크용접으로 하는 경우 판 두께의 증대에 따라 용접 터짐이 생기기 쉬우며, 서브머지드 용접에서는 용착금속의 노치인성이 낮아지는 것이 문제가 된다. 용접봉은 피복용접봉으로서 저수소계(E 4316)를 사용하면 좋으며 균열이 생기지 않는다. 이에 대해 일미나이트계(E 4301)는, 판두께 25mm까지는 문제가 되지 않으나 두께가 30~47mm일 때는 온도 80~140℃ 정도로 예열하여 줌으로서 균열을 방지할 수 있다.

두꺼운 판에서는 다층 덧붙이에 의한 각 변형이 현저하게 증대되므로, 표면과 이면을 적당하게 용접층을 형성하므로써 각 변형을 줄일 수 있으며, 제1층과 마지막 층을 제외하고는 피닝(penning)을 하는 것이 좋다.

표 8-6 압연 강재의 비교

강 재	일반구조용		용접구조용	보일러용
	SS 41	SS 50	SM 41A	SB 42
화학성분 C %	−	−	⟨0.23[1]	⟨0.24[2] ⟨0.30※
Mn %	−	−	⟩2.5×C	⟨0.80
Si %	−	−	−	0.15~0.30
P %	⟨0.050	⟨0.050	⟨0.040	⟨0.035
S %	⟨0.050	⟨0.050	⟨0.040	⟨0.040
기계적성질 인장강도(kg/mm²)	41~52	50~60	41~52	42~50
항복점(kg/mm²)	⟩25[3]	⟩29[3]	⟩25[3]	⟩23
연 신 율 (%)	⟩18[4]	⟩16[4]	⟩19	⟩23[4]

(1) 두께 50mm 이하의 강재   (2) 두께 25mm 이하의 강재
※ 두께 50~150mm의 이하의 강재   (3) 두께 16mm 이하의 강재
(4) 5~16mm의 강재

보일러 및 원료용 압력 용기의 용접에서는 판 두께 25~250mm의 저탄소 강판의 용접이 필요하며, 이때는 적당한 예열(80~140℃)을 한 후 서브머지드 용접이나 탄산가스 아크 용접을 하며, 현장에서는 수동 용접을 할 수 있다. 표 8-6은 연강판의 성분 및 성능규격을 나타낸 것이다.

(3) 중 · 고탄소강의 용접

① 중 · 고탄소강의 용접성

중 · 고탄소강은 저탄소강에 비하여 강도와 경도가 높기 때문에, 열영향부의 경화가 심하여 용접봉의 선택에 신중을 기해야 한다. 탄소강은 탄소 함유량에 따라서 약간의 차이는 있지만, 가열과 냉각에 의한 열처리 정도에 따라서 조직의 변화가 심해지며, 기계적 성질도 크게 변한다. 이것은 탄소 함유량이 많은 중탄소강이나 고탄소강에서 심하며 이에 따라 용접성도 나빠지게 된다.

표 8-7 탄소량에 따른 예열온도

탄 소 량 (%)	0.2% 이하	0.20~0.30	0.30~0.45	0.45~0.80
예열온도 (℃)	90 이하	90~150	150~260	260~420

② 중·고탄소강의 용접

중·고탄소강은 용접성이 나쁘고 용접터짐이 심하기 때문에 예열하여야 하며, 예열온도는 두께가 얇은 경우나 저수소계를 용접할 경우는 예열온도를 낮추어도 되며, 예열에 의한 용접성의 개선과 용접부의 터짐 현상이 개선되나 좀더 효과를 얻기 위해서는 용접 후의 급랭을 피하기 위해 열처리를 해주는 것이 좋다.

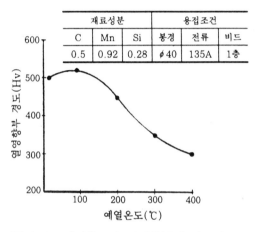

그림 8-1 예열온도와 열영향부의 최고경도

고탄소강의 용접봉으로는 저수소계의 모재와 같은 재질의 용접봉 또는 연강 용접봉, 오스테나이트계 스테인리스강용접봉, 특수강용접봉이 쓰여지고 있다. 모재와 같은 재질의 봉, 연강 및 일반특수강 용접봉을 사용할 때에는, 모재를 예열하여 용접속도를 느리게 하고 용접 후의 신속한 풀림 작업을 하도록 한다. 오스테나이트계 스테인리스강 용접봉을 사용한 경우 용착금속의 연성이 풍부하므로 잔류응력이 저하되고 수소로 인한 취성도 일어나지 않는다. 그러나 모재의 변형에 의한 응력은 가열범위를 되도록 작게 하여 응력값을 낮추고 균열발생을 방지해야 한다. 공구강(0.08~1.50% C)의 용접에는 급랭을 수반하는 아크 용접으로는 적당하지 않으며, 아세틸렌 과잉 불꽃을 사용하는 가스 용접법에 의하는 것이 좋다. 이때는 물론 예열과 후열이 필요하며, 용접 후에 풀림 처리를 하면 더욱 좋다. 후열의 온도는 보통 600~650℃가 알맞으나 용접부의 성능을 약화시키지 않도록 예열온도와 관련해서 후열온도를 정하는 것이 바람직하다. 가스용접 이외의 방법으로는 가스압접, 경납땜 등이 널리 쓰인다.

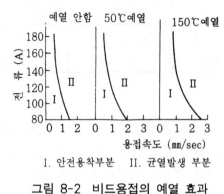

그림 8-2 비드용접의 예열 효과

8-3. 주철의 용접

1. 주철의 개요

주철(cast iron)은 넓은 의미에서 탄소가 1.7~6.67% 함유된 탄소-철 함유인데, 보통 사용되는 것은 탄소 2.0~3.5%, 규소 0.6~2.5%, 망간 0.2~1.2%의 범위에 있는 것이다.

주철은 강에 비해 용융점(1.150℃)이 낮고 유동성이 좋으며 가격이 싸기 때문에, 각종 주물을 만드는데 쓰이고 있다. 주물은 연성이 거의 없고 가단성이 없기 때문에 주철의 용접은 주로, 주물결합의 보수나 파손된 주물의 수리에 옛날부터 사용되고 있으며 또, 열 영향을 받아 균열이 생기기 쉬우므로 용접이 곤란하다.

2. 주물의 종류

주물에 함유된 탄소가 어떤 형태로 되어 있는가에 따라 다음과 같이 나눌 수 있다.

(1) 백주철

보통 백선 또는 백주철(white cast iron)이라고 하며, 흑연의 석출이 없고 탄화철(Fe_3C)의 형식으로 함유되어 있기 때문에 파면이 은백색으로 되어 있다.

(2) 반주철

백주철 중에서 탄화철의 일부가 흑연화하여서 파면에 부분적으로 흑색이 보이는 것을 반주철(mottled cast iron) 또는 반선이라 한다.

(3) 회주철

혹연이 비교적 다량으로 석출되어 파면이 회색으로 보이며, 혹연은 보통 편상으로 존재한다. 이것을 회주철(grey cast iron) 또는 회선이라 한다.

(4) 구상혹연주철

회주철의 혹연이 편상으로 존재하면 이것이 예리한 노치가 되어 주철이 많은 취성을 갖게 되기 때문에 마그네슘, 세륨 등을 소량 첨가하여 구상혹연으로 바꾸어서 연성을 부여한 것이 구상 혹연주철 또는 연성주철(ductile cast iron), 노듈러주철 이라고 하며 인장강도가 매우 커서 최근에 널리 쓰이고 있다.

(5) 가단주철(malleable cast oron)

칼슘이나 규소를 첨가하여 혹연화를 촉진시켜, 미세혹연을 균일하게 분포시키거나 백주철을 열처리하여 연신율을 향상시킨 주철을 가단주철 이라고 한다.

3. 주철의 용접

주철의 용접이 곤란하고 어렵다는 이유는 다음과 같은 이유 때문이다.

① 주철은 연강에 비하여 여리며, 주철의 급냉에 의한 백선화로 기계 가공이 곤란할 뿐 아니라 수축이 많아 균열이 생기기 쉽다.

② 일산화 탄산가스가 발생하여 용착금속에 기공이 생기기 쉽다.

③ 장시간 가열로 혹연이 조대화된 경우, 주철 속에 기름, 흙, 모래 등이 있는 경우에 용착이 불량하거나 모재의 친화력이 나쁘다.

④ 주철의 용접법으로는 모재 전체를 500~600℃의 고온에서 예열하며 예열, 후열의 설비를 필요로 한다.

주철의 용접은 대체적으로 보수용접에 많이 쓰이며, 주물의 상태, 결합의 위치, 크기와 특징, 겉모양 등에 대하여 요구될 때에는 용접부와 모재의 표면 모양, 홈제작, 가공 방법, 정지구멍, 시공법 등에 유의해야 한다. 주철의 보수 용접으로는 스터드법(stud method)과 비녀장법, 버터링법, 로킹법 등이 있다.

A) 스터드법

용접 경계부의 바로 밑부분의 모재가 갈라지는 약점을 보강하기 위해, 직경 6~9mm 정도의 스터드 볼트(연강이나 고장력 볼트)를 박은 다음 이것과 함께 용접하는 방법이다(그림 8-3).

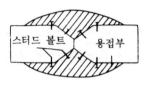

그림 8-3 스터드법

B) 비녀장법

균열의 수리와 같이 가늘고 긴 용접을 할 때는, 용접선에 직각이 되게 꺾쇠 모양으로 직경 6~10㎜ 정도의 강봉을 박고 용접하는 방법이다(그림 8-4).

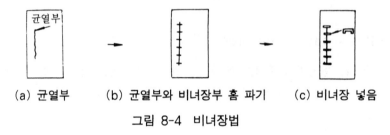

(a) 균열부   (b) 균열부와 비녀장부 홈 파기   (c) 비녀장 넣음

그림 8-4 비녀장법

C) 버터링법

빵에 버터(buttering)를 바르듯 모재와 융합이 잘 되는 용접봉(주로 연강봉)으로 적당한 두께까지 용착시킨 후, 나중에 고장력강 봉이나 연강과 융합이 잘되는 모넬메탈봉으로 용접하는 방법이다(그림 8-5).

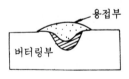

그림 8-5 버터링법

D) 로킹법

스터드볼트 대신 용접부 바닥면에 둥근 고랑을 파고, 이 부분에 걸쳐 힘을 받도록 하는 방법을 말한다(그림 8-6).

그림 8-6 로킹법

4. 주철의 용접시 주의사항

① 보수용접을 행하는 경우는 본 바닥이 나타날 때까지 잘 깎아낸 후 용접한다.

② 파열의 보수는 파열의 연장을 방지하기 위하여 파열의 끝에 작은 구멍을 뚫는다.

③ 용접전류는 필요 이상 높이지 말고 직선 비트를 배치할 것이며, 지나치게 용접을 깊게 하지 않는다.

④ 용접봉은 될 수 있는 대로 가는 지름의 것을 사용한다

⑤ 비드의 배치는 짧게 해서 여러 번의 조각으로 완료한다.

⑥ 가열되어 있을 때 피닝 작업을 하여 변형을 줄이는 것이 좋다.

⑦ 큰 물건이나 두께가 다른 것, 모양이 복잡한 형상의 용접에는 예열과 후열 후 서냉 작업을 반드시 행한다.

⑧ 가스 용접에 사용되는 불꽃은 중성 불꽃 또는 약한 탄화불꽃을 사용하며, 용제(flux)를 충분히 사용하며 용접부를 필요 이상 크게 하지 않는다.

8-4. 고장력강의 용접

1. 개요

저합금 고장력강(ligh strenght stell)은 연강의 강도를 높이기 위하여, 연강에 적당한 합금원소를 소량 첨가한 것으로 보통 하이텐실(hytensil, HT)이라고 부르기도 한다. 연강보다도 높은 항복점, 인장강도를 가지고 있어서 강도 경량화, 내식성 등을 요구하는 구조물에 적합하다. 용접용 고장력강은 교량, 차량, 수압철판, 가스저장 탱크, 압력용기, 크레인 등에 널리 쓰이고 있다.

2. 고장력강의 종류

용접용 고장력강의 종류를 보면 망간강, 망간-바나륨-티타늄강(vanity 강), 함동석출강, 함인강, 몰리브덴 함유강, 조질강 등이 있으며 대체로 인장강도 $50kg/mm^2$ 이상의 강도를 갖는 것은 말한다.

인장강도가 $52 \sim 70kg/mm^2$, 항복점 $32 \sim 38kg/mm^2$ 이상의 고장력강과 인장강도 $70 \sim 90kg/mm^2$, 항복점 $50kg/mm^2$ 이상의 합금강인 초고강력강이 있다.

표 8-8은 고장력강과 인장강도에 따른 종류를 나타낸 것이다.

표 8-8 고장력강과 인장강도

명 칭	인장강도 (kg/㎟)	
HT 50	50~60	
HT 55	55~65	일반고장력강
HT 60	60~70	
HT 70	70~80	초고장력강
HT 80	80~90	

3. 일반 고장력강의 용접

50~60kg(HT 50~HT 60) 고장력강은 연강에 망간, 규소를 첨가시켜 강도를 높인 것으로, 거의 연강과 같은 조건에서 용접이 가능하지만 합금 성분이 포함되어 있기 때문에 그 담금질 경화성이 크고 열 영향부의 연성 저하로 용접균열을 일으킬 염려가 있다. 고장력강의 용접시 주의 사항은 다음과 같다.

① 용접봉은 저수소계를 사용한다(300~350℃로 1~2시간 건조).

② 용접 개시 전에 이음부 내부 또는 용접할 부분의 청소를 잘 할 것.

③ 아크 길이는 가능한 한 짧게 유지할 것.

표 8-9 55K급 고장력강 피복아크용접 조건 및 용접부 성질의 예

용접봉 (mm) E 5516	지 름	2.6	3.2	4.0	5.0	6.0
	길 이	300	350	400	400	450
전류 범위 (A)	아래보기	50~85	90~130	130~180	180~240	250~310
	수직위보기	50~85	80~115	110~170	—	—
화합금속의 화학성분 (%)	C	Mn	Si	P	S	Mo
	0.07	0.9	0.75	0.015	0.008	0.19
용착금속의 기계적성질	항 복 점 (kg/㎟)		항 장 력 (kg/㎟)		연 실 율 (%)	충격값(kgm/㎠) 0℃ 2mm V 노치
	53		62		33	22

④ 위빙 폭을 크게 하지 말 것. 위빙 폭이 크면 인장강도가 저하되며, 불로홀 발생이 많아지므로 용접봉 지름의 3배 이하가 좋다.

⑤ 저수소계 용접봉에 대한 용접시, 비드 시작점에 불로홀 발생이 크므로 용접 시작점보다 20~30mm 앞에서 아크를 발생하여, 비드를 쌓지 않고 예열만으로 용접 시작점으로 후퇴하여 시작점부터 용접을 시작한다(필요한 경우 에드탭 사용).

4. 조질 고장력강의 용집

일반 고장력강보다 높은 항복점 인장 강도를 얻기 위해 저탄소강을 담금질, 뜨임 등을 행하여 노치인성을 저하시키지 않고 높은 인장강도를 갖는 강을 말한다. 조질 고장력강은 우수한 성질을 가지고 있으므로, 용접 중에 용착금속이 모재에 대응할 수 있는 용접봉이 필요하며, 니켈합금 원소를 주성분으로 망간, 크롬, 몰리브덴 등을 소량 첨가한 용접봉이 만들어지고 있다. 60kg급 고장력강에서 열 영향부의 취하 현상은 별로 문제가 되지 않으므로 예열이 필요하지 않고, 연강과 같은 용접 조건으로 용접하면 된다.

표 8-10 60~80(K)급 고장력강의 용접 조건 및 성분, 성질

종 별	명 칭	용접조건 ϕ 4.0 아래보기 (A)	화 학 성 분						기계적 성질		
			C	Mn	Si	Ni	Cr	Mo	인 장 강 도 kg/㎟	항복점 kg/㎟	연실율 GL= 50%
60 킬로용	E 6016	130~180	0.06	0.96	0.75	0.54	–	0.23	66	57	30
70 킬로용	E 10016	130~180	0.06	1.25	0.64	1.74	–	0.43	77	66	28
80 킬로용	E 11016	130~180	0.06	1.31	0.63	1.72	0.26	0.41	85	72	25

70kg급 이상에서는 열 영향부의 취성과 용접균열을 막기 위해 용접입열을 최대한 피하는 것이 좋으며, 다층 용접에서는 150~200℃의 예열을 하는 것이 좋다.

얇은 판에서는 저항용접도 가능하며 저항용접에서는 용접 후 열 영향부에 2차 경화가 일어나지 않을 정도로 전류를 통해서 후열 처리를 하는 것이 좋다.

8-5. 스테인리스강의 용접

1. 개요

강은 가격이 저렴하고 강도도 큰 유용한 금속재료이지만 산화하기 쉬운 단점이 있다. 이러한 산화가 없는 강을 만들어 낸 것이 바로 스테인리스강이다. 스테인리스강은 크롬-니켈, 스테인리스강으로 구별할 수 있다.

2. 스테인리스강의 종류

(1) 마텐자이트계 스테인리스강

12~13%의 크롬을 함유한 저탄소(0.08~0.15% C) 합금으로, 공냉 자경성이 있고, 조질된 상태로 가장 양호한 내식성이 얻어진다. 항상 자성을 띄며, 증기 및 가스터빈 등의 내마모성이 필요한 것에 사용하며, 냉간 성형성이 좋고 용접성도 양호하다.

(2) 페라이트계 스테인리스강

크롬을 16% 이상 함유한 고크롬강으로, 페라이트 조직을 띄므로 자경성은 없다. 줄로 쓰이는 것은 18크롬강 및 25크롬강이다. 페라이트계 스테인리스강은 크롬의 영향으로 천이 온도가 연강보다 높으므로 구조물의 제조에 주의를 해야하며, 오스테나이트계 스테인리스강에 비해 내식성, 내열성도 약간 떨어진다.

(3) 오스테나이트계 스테인리스강

스테인리스강 중에서 가장 내식성, 내열성이 우수하며 천이 온도도 낮고 강인한 성질을 갖고 있다. 대표적인 조성은 18Cr-8Ni로, 보통 18-8 스테인리스강이라 부른다. 오스테나이트계 스테인리스강은 상온에서의 내력은 22~25kg/㎟, 인장 강도는 55~65kg/㎟, 연신율은 50~60% 정도의 기계적 성질을 가지고 있다. 다음 표 8-11은 스테인리스강의 분류를 나타낸 것이다.

표 8-11　스테인리스강의 분류

분　류	개략 성분(%)			담금질성	내 식 성	가 공 성	용 접 성	자　성
	Cr	Ni	C					
마텐자이트계	11~15	—	1.20 이하	자 경 화	가　능	가　능	불 가 능	있 음
페 라 이 트 계	16~27	—	0.30 이하	없 음	양　호	약간양호	약간양호	있 음
오스테나이트계	16 이상	7 이상	0.25 이하	없 음	우　수	우　수	우　수	없 음

3. 오스테나이트계 스테인리스강의 용접

스테인리스강에 사용되는 용접법으로는 피복 아크용접법, 불활성가스 텅스텐 아크용접법, 플라스마아크 용접법, 불활성가스 금속 아크 용접법, 서브머지드 아크 용접법, 저항 용접법 등이 사용되고 있다. 스테인리스강의 용접에서 일반적으로 가장 문제가 되는 것은 열영향, 산화, 질화, 탄소의 혼입 등이며 특히, 용융점이 높은 산화크롬의 생성을 피해야 하므로 불활성 가스 속의 용접이나 비산화성 가스 또는 용제 등으로 용융금속을 보호해야 한다.

(1) 피복 아크 용접

스테인리스강의 용접에는 피복 아크 용접이 가장 일반적이며, 용접봉은 원칙적으로 모재와 같은 재질의 것을 사용한다.

스테인리스강의 용접에는 연강에 비해 약간 낮은 전류를 사용한다. 또한, 변형을 방지하기 위해서는, 얇은 판에서 적당한 지그나 고정구를 사용해야 한다. 예열은 불필요하며 후열을 생략하여도 좋으나 후열처리를 하는 것이 좋다. 특히 입계 부식의 염려가 있을 때는, 1050~1100℃로 25㎜당 1시간 가열 후 급냉하는 용체화 처리가 필요하다. 또, 응력부식 균열의 염려가 있는 경우에는 적어도 800℃ 이상 즉, 820~870℃로 25㎜당 1시간 가열의 응력제거 풀림이 필요하다. 표 8-12는 용접 조건의 한 보기를 나타낸다.

표 8-12 용접 조건의 일례

피복 아크 용 접		자 세	층 수	용접봉지름	전 류		
		아 래 보 기	4	3.2mm 4mm	80~110A 120~145A		
서브머지드 아크 용접		와이어 지 름	전 류		전 압	속 도	
		4.0mm	표 면	450A	33V	60cm/min	
			이 면	550A	33V	50cm/min	
M I G 용 접		와이어 지 름	층 수	전 류	전 압	속 도	
		1.6mm	5	250~330A	25~30V	25~55cm/min	

(2) 서브머지드 아크 용접

서브머지드 아크 용접은 피복 아크 용접에 비해 입열이 크기 때문에 고온 균열을 발생하기 쉽다. 또, 열향부가 넓어지고 내식성이 저하하는 등 문제도 있다. 따라서 다른 용접법을 쓰는 경우보다는 용착금속의 페라이트량을 많게 하기도 하고 용접 입열을 적게 해서 냉각 속도를 조절하는 등 대책을 써야 한다. 용접 전류는 연강의 경우보다도 적게 약 80% 정도로 한다. 예열 후열은 피복 아크 용접과 같다.

(3) 그밖의 용접법

TIG 용접이나 MIG 용접도 이용된다. MIG의 혼합가스를 사용한다. 전원은 직류로 봉 플러스(+)로 한다. TIG 용접에서는 아르곤 가스를 사용하여 직류로 봉 마이너스(-)로 한다. 가스 용접도 가능하나 용접작업시 불순물의 혼입, 탄소 함유량의 증대를 가져오고 화학적 기계적 성질도 좋지 않으므로 별로 유효하지 않다. 저항용접도 널리 쓰이고 있다. 즉 점 용접에서는 연강보다도 낮은 전류로 가압력을 높게 하여 용접한다.

4. 페라이트계 스테인리스강의 용접

페라이트계 스테인리스강은 Cr을 많이 함유한 강으로 내열강으로도 사용되고 있다. 그러나 상온에서부터 저온에 걸쳐 취성이 떨어진다. 금속조직은 보통 페라이트 조직으로 담금질해도 경화되지 않으나, 용접열에 의하여 900℃ 이상으로 가열되면 결정립이 커져 그 부분은 취성을 가지게 된다. 따라서 용접에서는 이와같이 결정립의 조대화를 될 수 있는 대로 피해야 한다. 또, 400~600℃ 범위로 장시간 가열하든지 그 온도 범위 내에서 서냉하면 현저하게 취성이 나타난다. 이 현상은 475℃ 부근에서 가장 심해, 475℃ 취성이라고 부른다. 이 현상은 Cr이 많을수록 커지게 된다. 475℃ 취성을 일으키는 것은 600℃ 이상으로 단시간 가열하여 공냉하면 쉽게 회복이 된다.

페라이트계 스테인리스강은 540~820℃로 장시간 가열하면 시그마상을 형성하며 인성이 소멸된다. 이와 같은 경우에는 930~980℃로 가열한 뒤 급냉하면 시그마상이 소멸된다.

피복 아크 용접에서는 모재와 같은 페라이트계 용접봉 이외에 오스테나이트계 용접봉이 사용되고 있다. 페라이트계 용접봉을 사용하는 경우에는 100~200℃ 정도의 예열이 필요하다. 오스테나이트계 용접봉을 사용하는 경우에는 예열, 후열은 생략해도 좋으나 후열처리를 해주면 더욱 효과적이다. 후열처리 온도는 700~820℃ 정도, 판의 두께 25㎜당 1시간 내외로 가열한다. 후열처리는 잔유 응력의 제거와 강도나 연성의 개선을 위하여 하는 것이다.

서브머지드 아크 용접은 결정립의 조대화 등을 일으키기 쉬우므로 현재 별로 사용되지 않는다.

5. 마텐자이트계 스테인리스강의 용접

마텐자이트계 스테인리스강은 Cr 12~13%를 함유한 합금강으로, 담금질의 열처리로 기계적 성질을 조정할 수가 있다. 내식성은 담금질로 만들어진 마텐자이트일때 가장 양호하다. 담금질에 의해 경화되는 성질이 있어 용접성은 별로 좋지 않다. 피복 아크 용접에서 모재와 같은 재질의 용접봉을 사용하는 경우에는 균열의 발생을 막기 위해 200~400℃ 정도의 예열을 한다. 오스테나이트계 용접봉을 사용하는 경우에는 예열 후열은 생략해도 좋으나, 온도가 낮은 때는 예열을 하는 것이 좋고 후열처리도 대부분은 행하는 것이 좋다. 후열처리 온도는 700~760℃가 적합하며, 판 두께 25㎜당 1시간 가열한다.

8-6. 알루미늄과 그 합금의 용접

1. 알루미늄 합금의 분류

알루미늄(aluminum)은 가볍고(비중 2.7로 강의 약 ⅓) 비교적 강하고 내식성도 우수하므로 항공기, 차량, 선박 등 교통 관계의 모든 기계를 비롯하여 건축, 화학장치에서 가정용품의 분야까지 그 용도는 헤아릴 수가 없을 정도다. 특히 불활성 가스 아크 용접의 개발에 따라 이 종류의 금속 용접이 용이하게 되면서부터 사용분야는 급속히 넓어졌다. 즉 고속 경차량, 소형 고속정 등 외에 대형 선박의 상부 구조물에 많이 쓰여지고 있다. 또한, 화학공업용의 압력용기 파이프라인(pipe line) 등 용도는 매우 넓다.

알루미늄 합금에는 압연재와 주조재가 있으며, 이것을 다시 열처리를 한 것과 하지 않은 것으로 나눌 수 있다. 열처리를 하지 않은 것은 인장강도(약 9kg/㎟)가 약하므로, 이것을 냉간에서 가공경화를 시켜 강도를 증가시키든가 또는 Mn, Mg 기타 원소를 소량 첨가하여 강도를 증가시키고 있다. 열처리 합금은 담금질(quenching)이나 풀림(annealing) 등의 열처리에 의해 소요의 강도를 증가시키고 있다. 보통 잘 알려져 있는 듀랄루민(duralumin)계 합금은 열처리 합금의 하나이다.

알루미늄 합금의 강도는 그 합금 원소의 종류와 함유량에 의하여 가공도에 큰 영향을 미친다.

2. 알루미늄의 성질

(1) 물리적 성질

알루미늄(Al)의 전기 전도도는 구리(Cu)의 약 65%이며 불순물의 다소에 관계가 크다. 가장 유해한 원소는 Ti이고 다음은 Mn, Zn, Cu, Fe의 순이다. 그림 8-7은 Al의 전기 전도에 미치는 불순물의 영향을 나타낸 것으로 Cr, Mg, V, Ti 등은 해가 크다는 것을 알 수 있다.

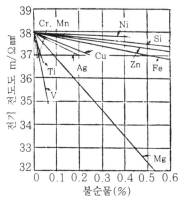

그림 8-7 Al의 전기 전도도에 미치는 불순물의 영향

　그러나 실제로 Al 지금 중의 불순물의 대부분은 Si, Fe, Cu이며, 250~300℃에서 충분히 풀림처리 하면 전도도가 많이 향상된다. Al을 송전선으로 사용할 때에 Al 99.6% 이상으로 하고 Cr, Mn, V, Ti의 양을 규격으로 제한하는 나라도 있으나 보통은 Fe, Si, Cu와 Ti 만을 정량 분석한 나머지를 전부 Al으로 취급하는 일이 있다.

(2) 기계적 성질

　Al의 기계적 성질도 역시 다른 금속과 같이 불순물의 함유량 및 열처리에 따라서 변화한다. 표 8-13에 Al의 기계적 성질을 나타낸다.

표 8-13　Al의 기계적 성질

| 종　류 | 상　태 | 인 장 시 험 | | | 브리넬경도 (H_B) |
		인장강도 (kg/mm^2)	항 복 점 (kg/mm^2)	연　율 (%)	
99.996%	풀 림 재 75% 상온 가공	4.8 11.5	1.25 11.0	48.8 5.5	17 27

　Al은 상온에서 판, 선 등으로 압연 가공하면 경도와 인장 강도가 증가하고 역율이 감소한다. 표 8-14에 Al의 압연 가공에 의한 기계적 성질 변화를 나타낸다.

　상온 가공에 의하여 경화된 것을 가열하면 150℃ 정도에서 연화되기 시작하여 300~350℃에서 완전히 연하게 된다.

　온도가 더욱 높아짐에 따라 점차 경도가 감소되나, 연율을 400~500℃에서 극히 증대된다. 따라서 압연 및 압출 등의 가공은 이 온도 범위에서 하게 된다. Al은 공기 중에서 산화막이 생겨 그 이상 산화가 생기지 않아 내식성을 갖는다. 즉 맑은 물에는 안전하나 소금물에는 부식된다.

표 8-14　Al의 압연 가공에 의한 기계적 성질 변화

종　류	가　공	인장강도 (kg/mm^2)	항 복 점 (kg/mm^2)	연　율 (%)	브리넬경도 (H_B)
연 질 Al판	풀림한 것	9	2.8	35	23
반경질 〃	50% 상온가공	12	10	7	32
경 질 〃	75% 〃	17	14.5	5	44

(3) 주조성과 용접성

　유동성이 적고 수축률이 많다. 그리고 가스의 흡수 발산이 많으므로 순수한 알루미늄의

주조는 곤란하다. 따라서 주조성을 좋게 하기 위하여 Cu, Zn 기타 합금으로서 사용하게 된다.

알루미늄이나 그 합금은 일반 구조용 강재에 비하면 여러 가지 용접 기술상의 곤란이 있다. 그 주된 문제점을 열거하면 다음과 같다.

① 온도 확산율(열 전도도/비열×비중)이 대단히 크기 때문에(강의 약 10배) 융점이 낮은데도 불구하고 국부 가열이 곤란하며 또한, 용융 잠열이 크므로 비교적 큰 용접 입열량을 필요로 한다. 따라서 두꺼운 판에서는 예열이 필요하며, 저항 용접에서는 순간 대전류의 통전이 필요하므로 용접 조건의 선정 제어가 어렵다.

② 열팽창율이 크기 때문에(강의 약 2배) 용접에 의한 수축율도 크므로 큰 용접 변형이나 잔유응력을 발생하기 쉽다. 또한, 고온 취성의 경향을 가지고 있으므로 현저한 수축 응력과 더불어 고온 균열을 일으키기 쉽다.

③ 알루미늄이나 그 합금의 표면은 항상 매우 강한 산화피막(Al_2O_3;일루미나)으로 덮여 있으며, 용접 중 가스 시일드가 완전치 못하면 강한 산화물이 생기게 된다. 이 산화알루미늄은 알루미늄에 비해 용융점이 높고(2,050℃ 내외, 알루미늄의 융점은 667℃), 비중이 크기 때문에 용접 중 산화물이 용해 금속 중에 침전되어 유동성을 해치며, 응고와 함께 용착 금속 중에 파묻히게 된다. 이로서 용접부의 결함을 초래하게 된다. 이 산화 알루미늄을 제거하기 위해서 용제를 사용하여 강력한 환원 작용을 시킨다.

그 후 용제의 잔유물이 용접 후에 용접부에 남아 있으면 그 부분을 부식시키게 되므로 용접 후 이것을 완전히 제거해야 한다.

④ 알루미늄이나 그 합금은 용융상태에서 특히 수소를 흡수하는 성질이 있으므로 용착 금속부에 기공이 생기기 쉽다. 따라서 용접 중 수분 또는 유기물을 완전히 제거해야 한다. 용접봉이나 용제의 건조 용접부는 사전 청정이 매우 중요하다.

이런 특성을 만족시키는 용융 용접법으로는 불활성 가스 아크 용접법이 가장 적합하다. 이 용접법은 아크 특유의 청정 작용에 의해 표면의 산화피막은 용접에 앞서 자동적으로 제거되고, 불활성 가스에 의한 용융부의 완전한 시일드가 행해지기 때문에 앞에서 설명한 산화물의 침전기공의 발생 등은 거의 없어, 신뢰성이 높은 용접부가 얻어진다. 또, 용제를 사용하지 않으므로 용접 후의 청소도 별로 필요 없다. 오늘날 특별한 이유가 없는 한 대체로 Al 및 그 합금의 용접에는 불활성 가스 아크 용접법이 쓰이고 있다. 알루미늄이나 그 합금의 용접은 앞에서 설명한 것과 같이 불활성 가스 아크 용접법으로 용접을 하면 손쉬우나 전혀 결함이 없는 것은 아니다.

알루미늄이나 그 합금재는 대부분 가공 경화나 열처리로 모재의 강도를 개선시키므로, 어느 온도 이상으로 가열된 부분은 경도나 강도가 저하되어 풀림처리된 상태로 된다. 특히 열처리 합금의 열영향부에는 그림 8-8과 같은 연화 구역이 생겨 인장 강도가 저하된다.

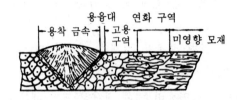

그림 8-8 알루미늄의 열처리 합금의 용접부

3. 알루미늄의 용접

(1) 이음부의 청정

알루미늄 합금에서는 용접부 표면의 산화물이나 기름기, 오물 등의 이물질은 기공, 융합부족, 균열 등의 원인이 되므로 어느 용접법에서나 이 이음부의 청정처리는 매우 중요하다. 또한, 이 처리는 가급적 용접 직전에 행하는 것이 좋다. 처리방법에는 다음과 같은 기계적 처리방법이나 화학적 처리방법 또는 두가지를 병용해서 한다. 일반적으로 트리클로에틸렌 가솔린, 벤젠, 신너 등으로 탈지한 후에 다음과 같은 방법으로 산화피막을 제거해야 한다.

① 기계적 처리 방법

스테인리스강선 제의 가는 와이어 브러시(wire burse)로 손에 저항을 느낄 정도로 세게 문지른다. 이때 사용되는 와이어 브러시는 충분히 청정된 전용의 것을 사용한다. 때에 따라서는 세목의 줄로 용접 홈면을 갈기도 한다.

② 화학적 청정 방법

5% 가성소다 용액(70℃)에 약 1분간 담갔다가 물로 씻은 후, 약 15% 질산액에 실온에서 1~5분 가량 담그고 냉수로 씻은 후 뜨거운 물로 씻어서 건조시킨다. 불활성 가스 아크 용접에서의 모재는 청정할 필요가 없으나, 용가재는 일반적으로 이와 같은 방법으로 처리한다. 특히 저항 용접인 점용접, 시임 용접에서는 표면의 청정(cleaning) 작용이 필요하다.

(2) 용제

Al과 그 합금을, 가스 용접, 아크 용접, 원자 수소 용접, 브레이징 용접할 때 강한 산화막을 제거하기 위해 용제를 용접부에 바른다. 이 용제는 일반적으로 표 8-15와 같이 염화물이나 불화물을 함유하고 있다.

표 8-15 용제의 화학적 조성의 예

조 성	A용제 (%)	B용제 (%)	C용제 (%)
염화칼리(KCl)	41 이상	28~30	44
염화리듐(LiCl)	15 이상	20~30	14
불화칼리(KF)	7 이상	NaF 또는 Na$_3$AlF$_6$ 10~20	NaF 12
중황산칼리(KHSO$_4$)	33 이상	—	—
염화나트륨(NaCl)	나 머 지	28~32	60

일반적으로 이 용제는 분말상태이기 때문에 물과 중량비를 1:1로 섞어 풀모양으로 만들어 용접부에 바르거나 뿌린다.

한편, 이 용접에서 산화물은 용접부를 부식시키므로 용접 후는 반드시 남아 있는 양을 제거해야 한다. 표 8-16과 같은 세정액을 사용하는 일도 있다.

표 8-16 용제와 제거하는 수용액

용 액	조 성 (%)	처리온도 (℃)	침지시간 (min)	후 처 리
초 산	50 진한 초산 50 물	실 온	10~20	수세-탕세-건조
초 산 중크롬산 소 오 다	15 진한 초산 10 Na$_2$Cr$_2$O$_7$ 75 물	약 65℃	5~10	수세-탕세-건조
초 산 붕 산	10 진한 초산 0.7 진한초산 89.3 물	실 온	10~15	수세-탕세-건조

(3) 용접 작업

알루미늄과 그 합금은 종전에 염화리듐을 주성분으로 하는 용액을 사용하여 가스 용접에 의존하고 있었으나 가스 용접으로는 알루미늄이 산화되기 쉬우므로 약간 탄화된 아세틸렌 과잉 불꽃을 사용하여 용접하는 것이 좋으며, 열전도가 크기 때문에 예열(200~400℃)하는 것이 좋은 용접 결과를 얻는다. 특히 가스 용접 작업시 주의할 것은 알루미늄이 열전도가 크기 때문에 토오치는 철강 용접시 보다 능력이 큰 것을 사용해야 하며, 용융점이 철강보다 낮기 때문에 조작을 빨리해야 한다. 또, 용제로 사용되는 염화리듐은 흡수성이 크므로 주의를 해야 한다.

보통 얇은 판을 용접할 때는 타 금속이나 합금에 비해 열팽창 계수가 크므로, 급격한 가열과 급냉을 수반하는 용접에서는 변형이 생기기 쉬우므로 스킵법(skip method)과 같은 용접순서를 사용하거나, 이음 설계에 특별히 주의하여 용접지그(jig)나 고정구를 사용하여 여러 가지 변형을 최소한으로 억제해야 한다. 그림 8-9에 변형 방지법의 여러 보기를 나타낸다.

또한, 표 8-17에 가스 용접에 있어서 가스 압접과 팁의 구멍 지름의 보기를 나타낸다.

아크 용접과 전기저항 용접법의 뒤를 이어 발달한 불활성 가스 아크 용접법이 가장 널리 쓰이고 있다. 이 용접법은 용제를 사용할 필요가 없고 슬랙을 제거할 필요도 없다. 또한, 아르곤(Ar)을 써서 직류 역극성(DC, RP)으로 용접하면 청정 작용으로 용접부가 깨끗하게 된다.

이 원리는 불활성 가스 아크 용접에서 설명한 바와 같이, 전리된 가스의 양이온은 음극 강하의 전압에 가속되어 음극의 표면에 홈이 되면서 충돌하여, 양이온의 충격 장소가 생겨 샌드브래스트(sand blast)한 것과 같이 표면의 산화막이 파괴되는 것이다. 한편 교류 용접도 반파장마다 정극성과 역극성이 있어 역극성일때 청정작용이 일어난다.

알루미늄의 TIG 용접에는 직류 역극성을 사용하며, 고주파가 붙은 교류 용접기를 사용하는 경우도 있다. 즉 직류 역극성은 용접물 표면의 산화물을 청정 하나, 전극의 발열이 커 전극이 소모되어 아크의 불안정으로 조작이 곤란하므로 교류 용접기가 주로 쓰인다.

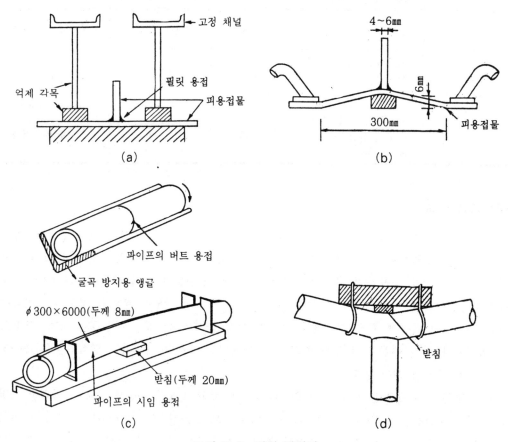

그림 8-9 변형 방지법

표 8-17 가스 용접에 있어서 가스 압력과 팁의 구멍지름

모재의 두께 (mm)	산 소			수 소		산소·아세틸렌		
	팁의 구멍 (mm)	산 소 압 력		수 소 압 력		팁의 구멍 (mm)	산소·아세틸렌압력	
		(kg/㎠)	수은주(mm)	(kg/㎠)	수은주(mm)		(kg/㎠)	수은주(mm)
0.6	0.9	0.07	52	0.07	52	0.6	0.07	52
1.0	1.1	0.07	52	0.07	52	0.9	0.07	52
1.4	1.6	0.14	104	0.07	52	1.4	0.14	104
2.3	1.9	0.14	104	0.07	52	1.6	0.21	156
4.0	2.4	0.21	156	0.14	104	1.9	0.28	208
6.4	2.7	0.29	208	0.14	104	2.2	0.35	260
8.0	2.9	0.28	208	0.14	104	2.2	0.35	260
9.6	3.2	0.35	260	0.21	156	2.4	0.42	311
12.0	3.8	0.42	311	0.28	208	2.7	0.42	311
16.0	3.8	0.56	415	0.42	311	2.7	0.49	363

표 8-18 아래보기 맞대기 용접의 표준 조건-TIG

판두께 (mm)	파스회수	홈 의 형 상	전극의 지름 (mm)	전 류 (A)	아르곤 의 량 (l/min)	용가재 의 지름 (mm)	아크의 이 동 속 도 (mm/min)	가 접 용접의 간 격 (mm)
0.8	—	사용하지 않음						
1.2	1		2.4	65	4.7	2.4	304.8	50
1.6	1		2.4	90	4.7	2.4	317.5	75
2.0	1	간격 최대 0.8	2.4	115	4.7	2.4	342.9	75
3.2	1		3.2	150	5.7	3.2	292.1	100
4.8	1 2(이면) 이면깎기		4.8	230 230	7.5 7.5	4.8 4.8	304.8 330.2	100
6.4	1 2(이면)	간격 최대 0~0.8	4.8	260 260	8.5 8.5	4.8 4.8	261.6 279.4	100
9.5	1 2(이면)		6.4	360 380	9.5 9.5	6.4 6.4	188.0 215.9	150
12.7	1 2 3(이면) 이면깎기	70~90° 1.6 0~0.8	6.4	380 380 380	9.5 9.5 9.5	6.4 6.4 6.4	190.5 157.5 177.8	150

표 8-19 아래보기 맞대기 용접의 표준 조건-MIG

판두께 (mm)	파스회수	이음홈의 형성	루우트 간격 (mm)	전류 (A)	아크 전압 (V)	용가재의 송급속도 (m/min)	아르곤 유량 (l/min)	아크의 이동 속도 (mm/min)
3.2		사용하지 않음						
4.8	1 2	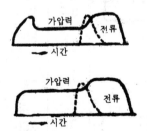	1.6	205 190	24±1/2 24±1/2	6.6 6.4	18.9 18.9	609.6 762.0
6.4	1 2(이면) 이면깎기		1.6	240 225	26±1/2 25±1/2	8.4 7.9	18.9 18.9	457.2 609.6
7.9	1 2 3(이면) 이면깎기		2.4	245 245 245	26±1/2 26±1/2 26±1/2	8.7 8.7 8.7	18.9 18.9 18.9	609.6 508.0 609.6
9.5	1 2 3(이면) 이면깎기		3.2	250 250 250	26±1/2 26±1/2 26±1/2	8.8 8.8 8.8	18.9 18.9 18.9	508.0 406.4 609.6
12.7	1 2 3 4(이면) 이면깎기		3.2	255 255 255 255	27±1/2 27±1/2 27±1/2 27±1/2	8.7 8.7 8.7 8.7	18.9 18.9 18.9 18.9	508.0 406.4 355.6 609.6

그림 8-10 재가압 방식

　교류 용접기에서 고주파를 병용하여 용접을 하면 아크도 안정되고 청정작용도 한다. 또, 고주파가 흐르므로 아크 시작시에 전극을 모재와 접촉시키지 않고 아크를 발생시킬 수 있다. 따라서 전극이 더러워지지 않아 항상 깨끗한 비드가 되며 전극의 소모도 적다. 그리고 교류 용접에는 아크의 정류 작용이 있으므로 평형 교류 용접기를 사용하는 것이 좋다.

TIG 용접은 주로 얇은 판의 용접에 많이 사용된다. 표 8-18에 TIG 용접의 표준 용접 조건을 나타낸다.

MIG 용접은 보통 3mm 이상의 판 두께에 직류 역극성으로 용접한다. MIG 용접은 매우 능률적이어서 판 두께 6mm 정도까지는 I형 용접홈으로 용접이 가능하다. 큰전류를 사용하면 용입이 좋고 국부적 가열이 되므로 변형도 적다. 또한, 기계적 성질도 양호하게 된다. 이때 사용되는 용가재 와이어는 모재와 동일한 화학 조성의 것을 사용하는 외에 규소를 4~13% 함유한 알루미늄-규소계 합금 와이어가 쓰인다. 표 8-19에 MIG 용접의 표준용접 조건을 나타낸다.

전기 저항 용접에서는 전기와 열의 전도가 좋으므로 짧은 시간에 대전류도 통전해야 하며 또한, 소성 가공을 할 수 있는 온도 범위가 좁기 때문에 특히 통전시간의 제어가 어렵다. 그러나 최근 자동 제어 장치의 진보와 역률이 좋은 삼상식 용접기가 만들어져 알루미늄 합금의 저항 용접도 손쉽게 되었다. 또한, 용접부 표면의 산화막은 접촉 저항을 불균일하게 하며 통전의 방해가 되므로, 다른 금속의 경우와 같이 용접 직전에 표면처리하여 제거해야 한다. 기계적 연마법은 재질을 손상시키므로 풀루오린 수소 등을 써서 산화물을 제거하는 방법을 쓰고 있다. 저항 용접 중에서 점 용접이 가장 많이 쓰이고 있으며, 용접기 기공의 발생을 방지하고 좋은 용접 결과를 얻기 위해서는 그림 8-10과 같은 재가압 방식을 이용한다.

표 8-20에 점 용접의 표준 용접 조건을 나타낸다.

표 8-20 점 용접법의 여러 조건(알루미늄합금)

판 두 께 (mm)	통 전 시 간 (사 이 클)	전 류 (A)	가 압 력 (kg)
0.4	4	14,000	90~180
0.5	6	16,000	140~230
0.6	6	17,000	140~230
0.8	8	18,000	180~270
1.0	8	20,000	180~270
1.3	10	22,000	230~320
1.6	10	24,000	230~320
2.0	12	28,000	270~360
2.6	12	32,000	360~450
3.2	15	35,000	360~540

8-7. 니켈과 고니켈합금의 용접

1. 니켈의 개요

니켈(Nickel ; Ni) 재료로서 판매되는 것은 주로 전기 분해 니켈과 몬드 니켈(mondni-ckel)의 2종이다. 이것을 재용해 하여 탈유(유황을 제거)한 것을, 가공용 니켈로 사용한다.

Ni은 내식성 및 내열성이 크므로 화학 공업용, 식품 공업용, 진공관용, 화폐, 도금용 등에 널리 사용된다. 또한, Ni은 합금 원소로서도 그 효과가 커서 대단히 유용한 가치를 갖고 있다.

강철에 Ni를 첨가한 구조용 Ni-Cr 강스테인레스강 및 내열강의 중요성은 더 말할 나위도 없고 또한, Ni-Cu 합금으로 전기 저항용 합금 Ni청동 등을 만든다. Ni는 Co와 그 특성이 유사하여 전해 Ni 및 기타 품질을 Ni+Co의 %로 표시할 수도 있다.

주된 Ni 합금에는 Ni-Cu계, Ni-Cu-Zn계, Ni-Fe계, Ni-Cr계와 Ni계의 내식, 내열성 합금 등이 있다.

2. 니켈의 성질

(1) 물리적 성질

Ni의 물리적 성질은 표 8-21과 같다.

표 8-21 Ni의 물리적 성질

비 중	8.9	비 열	0.105(0~20℃)
용 융 점	1445℃	선팽창계수	13.3×10^{-6}
고 유 저 항	6.84	자기변태점	358℃

(2) 기계적 성질

Ni의 기계적 성질은 표 8-22와 같다.

표 8-22 Ni의 기계적 성질

기계적 성질	단조한 것	풀림한 것
인장강도　(kg/㎟)	70~85	40~50
항 복 점　(〃)	65~80	15~18
연 율　(%)	2~3	40~50
브 리 넬 경 도	180~220	80~90

(3) 화학적 성질

Ni는 화학적으로 극히 안전한 금속으로서 산과 알카리에 대한 저항이 매우 크다. Ni는 열 및 부식에 대해서도 잘 견딘다.

3. 합금 원과 용접성의 관계

(1) 구리

Ni와 고용체를 형성하여 용접성에는 거의 관계가 없다. 구리의 양이 증가하여 주성분으로 되었을때 합금의 성분은 니켈 합금보다 통합금에 가깝다. 70/30 또는 90/10 합금의 용접부분을 환전하게 하기 위해서는, 니켈합금의 경우에 사용되는 탈산제를 소량 사용하면 좋다.

(2) 크롬

실용 단계에서는 고용체로 아무런 해도 생각되지 않으나, 다른 원소 특히 실리콘과 공존하면 다른 고니켈 합금보다 고온 균열이 생기기 쉽다. 그러나 크롬은 안전 산화물 또는 질화물을 만들어 가스기공 발생을 방지한다.

(3) 철

특별한 경우를 제외하고는 불순물로 혼입하는 것으로, 모넬 합금에서 탄소량 0.05~0.10% 에서는, 20~30% 철이 혼입되어도 용접성에는 아무런 영향도 없으나, 탄소량이 많아지면 수 %의 철이 용입에도 파열의 감도는 커진다.

(4) 몰리브덴

20~30% 몰리브텐의 2원계 합금은 어느 정도 고온 균열을 일으키기 쉬우며, 몰리브덴의 제2차상이 연향되고 있다고 생각된다.

(5) 탄소

고탄소의 Ni판은 용접열로 취성화 된다. 따라서 탄소 0.02% 이하가 바람직하다. 또, 이 이하로 탄소를 저하시킬 수 없을 때에는 탄화물 안정 원소인 Ti를 가하면 된다. 모넬 합금의 경우는 탄소의 고온 용해도를 바꾸어 철로 용착금속이 회석될 때는 0.10% 이하가 아니면 고온 균열이 생기기 쉽다. 니켈-크롬 합금의 경우는 크롬 탄화물로 내식성이 뒤진다.

(6) 망간

일반적으로 1% 내외 함유하고 있으나 4% 까지는 거의 영향이 없다. 예외로 Ni-Cr-Fe(철 25% 정도)의 용착금속의 경우 망간은 고온 균열에 대하여 저항성을 준다.

(7) 마그네슘

니켈합금의 야금상 주요한 원소이다. 용접의 경우는 거의 산화 소모되어 특성을 발휘하지 못한다. 마그네슘은 안정 고용점의 MgS를 만들어, Ni-SiS의 공정물보다 우선적으로 생성되므로 유황의 해를 막을 수 있으며, 열영향부의 고온 균열을 방지한다. 용접에서는 마그네슘의 잔유가 나쁘므로 유황의 조정에는 티탄, 알루미늄 등을 가한다.

(8) 규소

일반적으로 0.1~4% 정도 함유하고 있다. 실리콘이 많은 것은 고온 균열을 일으키기 쉽다. 순 니켈에 대한 용해도는 매우 크며, 고온 균열을 일으킬 정도의 공정 용융물을 내지는 않으나 크롬, 동이 존재하면 실리콘의 용해도가 감소되어 고온 균열이 생기기 쉽다.

(9) 알루미늄

유효성분의 하나로 그 사용목적은 탈산제, 시효강화 성분이며 양이 많아지면 균열 감도가 크며, 위험 한계는 규소의 경우와 같으며, 다른 공존 원소에 의하여 다르며 규소보다 영향이 크다. 시효경과를 최대로 할 때까지 Al을 가하면 고온 균열이 생기기 쉬우므로, 2차적 성분 또는 다른 성분을 용접봉에 가하여 모재의 시효경화성에 맞추는 일도 있다. Al은 기공에 대해서도 유효하나 티탄이 더욱 우수하다.

(10) 티탄

고 니켈 합금 중 크롬을 함유하지 않은 것에 첨가하면 기공을 제거하는데 유효하며 또한, 알루미늄에 첨가하면 시효 경화의 작용도 한다. 어느 정도 이상에서는 고온 취성을 나타낸다. Al+Ti의 허용량은 TIG 용접법의 경우가 MIG 용접법 보다도 크므로 TIG 용접을 사용하는 것이 좋다.

(11) 유황

더욱 파괴적인 원소로 이 합금의 용접의 성패는 유황의 조정에 의하는 경우가 많다. 유황은 니켈에 대한 고용도가 매우 적으며, Ni-NiS의 공정반응(650℃)에서 니켈에 해를 미친다. 마그네슘의 첨가는 이 공정반응을 조해하므로 유효하다. 유황 화합물은 보편적으로 조해하여 유황이 침입할 기회가 많으므로 용접 취성을 일으키기 쉽다.

이상과 같이 고니켈 합금에 대한 미량 원소의 영향이 매우 크므로, 재료의 선택 가공상의 주의를 엄중히 하지 않으므로 생각지 않은 결함을 초래하게 된다.

4. 니켈 합금의 용접

(1) 피복 아크 용접

고니켈 압금의 용접은 앞에서 설명한 바와 같이 연강 용접과 같이 용이하게 피복 아크 용접법으로 용접할 수 있다. 사용 용접봉은 AWS · ASTM : B295-54T에 규정이 정해져 있으며 표 8-23에 그 보기를 나타낸다.

이 규격 중 여러 가지 기호가 있으나 그 의미는 다음과 같다.

E : 피복 아크 용접봉

3 : 고니켈 합금의 용접

4 : 고니켈 합금과 강 또는 강 위에 덧싸기 용접

N : 고니켈 합금 재질

I : 피복 아크 용접법

4,5,6 : 산소 · 아세틸렌 가스, 서브머지드 아크 또는 이너트 가스 아크 용접

따라서 E3NIX 계통의 용접봉은 고니켈 합금의 용접에 쓰여지는 피복 아크 용접봉을 나타내며, E4NIX는 고니켈 합금과 강의 용접, 강판 위에 라이닝 또는 덧싸기 용접에 쓰여지는 용접봉을 나타낸다.

이 용접봉의 용착금속의 조성이 일반 재료와 다른점은 재료의 용접성을 고려한 결과라 하겠다.

고온에서 쓰여지는 구조물을 용접할 때의 주의사항은 다음과 같다.

① 모서리 용접을 피할 것.

② 용접후 오물을 완전히 제거한다. 그 이유로는 슬랙은 상온 또는 비교적 낮은 온도에서 거의 부식성을 가지지 않으나 슬랙의 용융점 부근이 되면 심하게 모재를 부식시킨다.

③ 용입이 매우 깊다.

(2) 이너트 가스 아크 용접

고니켈 합금은 이너트 가스 아크 용접으로 용이하게 용접할 수 있어 TIG 용접의 경우는 3mm 이하의 판두께, MIG 용접의 경우에는 후판의 경우가 더욱 경제적이다. 이너트 가

스 아크 용접에서 품질을 좌우하는 원인은 이너트가스, 전류, 아크길이, 용접속도, 용접봉, 뒷받침 등이다. 이너트 가스로서는 헬륨(He) 또는 아르곤(Ar) 등이 쓰여진다.

표 8-23 고니켈 합금용 피복 아크 용접봉

종별 화학 성분	Ni-Cu E3N10	Ni E3N11	Ni-Cr- Fe E3N12	Ni-Cu- Al E3N14	Ni-Cr- Fe-Ti E3N19	Ni-Mo E3N1B E4N1B	Ni-Mo- Cr E3N1C E4N1C	Ni-Cu E4N10	Ni E4N11	Ni-Cr E4N12
C	0.40	0.75	0.15	0.45	0.25	0.12	0.12	0.15	0.10	0.15
Mn	4.00	0.75	1.50	4.00	1.00	1.00	1.00	2.50	0.75	1.50
Fe	2.50	0.75	11.00	2.50	11.0	4.00~7.00	4.00~7.00	2.50	0.75	4.00
P	–	–	–	–	–	0.040	0.040	–	–	–
S	0.025	0.02	0.015	0.025	0.015	0.030	0.030	0.025	0.02	0.015
Si	1.00	1.25	0.75	1.25	1.00	1.00	1.00	1.25	1.25	0.75
Cu	잔	0.25	0.50	잔	0.50	–	–	잔	0.25	0.50
Ni	62.00~70.0	92.00	68.00	60.00~68.00	66.00	잔	잔	62.00~70.00	92.00	70.00
Co	–	–	–	–	–	2.50	2.50	–	–	–
Al	1.50	1.00	–	1.00~4.00	0.10~1.00	–	–	0.75	1.00	–
Ti	1.00	0.50~4.00	–	1.00	1.00~2.75	–	–	1.50	1.00~4.00	–
Cr	–	–	13.00~17.00	–	12.50~17.00	1.00	14.00~16.50	–	–	17.50
Nb	–	–	1.5~4.00	–	40×Si	–	–	3.00	–	1.5~4.00
Mo	–	–	–	–	–	26.00~30.00	15.00~18.00	–	–	–
V	–	–	–	–	–	0.60	0.35	–	–	–
W	–	–	–	–	–	–	3.00~4.50	–	–	–
일반호칭	모 넬	순니켈	인코넬	모 넬	인코넬 X	히스테 로이 B	히스테 로이 C	모 넬	순니켈	인코넬

He은 기계적 성질의 점에서 박판용접에서는 Ar보다 효과가 좋다. 그 이유로는,

① 모넬 용접시 기공이 없는 이음이 얻어지며, 니켈의 경우에는 양이 적으며 매우 가늘게 된다.

② Ar의 경우보다 약 40% 용접속도가 빠르다.

가스유량은 3mm 이하의 판에서는 25ℓ/min, 그 이상의 판에서는 40ℓ/min 이상을 필

요로 한다. 그러나 지나치게 많은 양의 가스를 사용하면 냉각 속도가 빨라져 기계적 성질을 연화시킨다. 사용하는 용가봉은 피복 아크 용접의 경우와 같이, AWS-ASTM : B304-56T에 규정되어 용접부의 건전성을 위하여 특수한 원소를 첨가하고 있다. 일반적으로 용접금속에는 성분을 조정한 용가봉이 50%가 아니면 결과가 좋지 않으므로, 박판의 용접에서 용가봉을 사용하지 않을 때에는 세심한 주의를 해야한다. 표 8-24에 이너트 가스 용접용 와이어의 규격을 나타낸다. 기호 중의 R은 가스 용접봉 ER은 TIG, MIG 또는 서브머지드 아크 용접봉을 나타내며, 최후의 기호 중 N는 Ni=Cr-Ti 합금을, W는 Ni-Mo-Cr 합금을 나타낸다.

표 8-24 나체 와이어 규격

화학성분 (%) 종 별	C	Mn	Fe	B	S	Si	Cu	Ni
RN40Ni-Cu	0.30	2.00	2.50	—	0.02	0.50	잔	63.0~70.0
ERN60Ni-Cu	0.15	1.00	2.50	—	0.02	1.50	잔	62.0~69.0
RN41Ni	0.15	0.35	0.40	—	0.01	1.00	0.25	97.0
ERN61Ni	0.15	1.00	1.00	—	0.01	0.75	0.25	93.0
RN42Ni-Cr-Fe	0.10	1.00	6.00~10.00	—	0.015	0.50	0.50	72.0
ERN62Ni-Cr-Fe	0.10	1.00	6.00~10.00	—	0.015	0.75	0.50	70.0
RN43Ni-Cu-Si	0.30	1.00	1.00	—	0.02	0.50~1.50	잔	55.0~60.0
ERN64Ni-Cu-Ti	0.25	1.50	2.00	—	0.01	1.00	잔	63.0~70.0
ERN69-Ni-Cr-Ti	0.08	1.00	5.00~9.00	—	0.01	0.50	0.50	70.0
ERN6NNi-Cr-Ti	0.08~0.15	1.00	2.00	—	0.015	0.30	0.50	75.0
ERN7BNi-Mo-Mo	0.08	1.00	4.00~7.00	0.04	0.03	1.00	—	잔
ERN7CNi-Cr-Mo	0.08	1.00	4.00~7.00	0.04	0.03	1.00	—	잔
ERN7WNi-Mo-Cr	0.12	1.00	4.00~7.00	0.04	0.03	1.00	—	잔

화학성분 (%) 종 별	Co	Al	Ti	Cr	Mo	Nb	V	W
RN40Ni-Cu	—	—	—	—	—	—	—	—
ERN60Ni-Cu	—	1.25	1.50~3.00	—	—	—	—	—
RN41Ni	—	—	0.50	—	—	—	—	—
ERN61Ni	—	1.50	2.00~3.50	—	—	—	—	—
RN42Ni-Cr-Fe	—	—	—	14.0~17.0	—	—	—	—
ERN62Ni-Cr-Fe	—	—	—	14.0~17.0	—	1.50~3.00	—	—
RN43Ni-Cu-Si	—	—	—	—	—	—	—	—
ERN64Ni-Cu-Al	—	2.00~4.00	0.25~1.00	—	—	—	—	—
ERN69-Ni-Cr-Ti	—	0.40~1.00	2.00~2.75	14.0~17.0	—	0.70~1.20	—	—
ERN6NNi-Cr-Ti	—	1.40	0.15~0.50	19.0~21.0	—	—	—	—
ERN7BNi-Mo-Mo	2.50	—	—	1.00	26.0~30.0	—	—	—
ERN7CNi-Cr-Mo	2.50	—	—	14.5~16.0	15.0~17.0	—	0.35	3.00~4.50
ERN7WNi-Mo-Co	2.50	—	—	4.00~6.00	23.0~26.0	—	0.60	—

용접법은 스테인리스강의 경우와 같으며 특히, 기공의 발생이 심하므로 아크의 길이는 가급적 짧게 하고 용접속도를 느리게 하여 용입을 충분히 할 때, 이면이 공기와 접촉 기공이 생기기 쉬우므로 뒤 덧댐판이나 팽킹 후락스를 사용한다.

(3) 서브머지드 아크 용접

고니켈 합금의 서브머지드 아크 용접의 경우 사용하는 와이어는 표 8-24에 규정된 것이 쓰여지며, 용제는 전용의 것이 없으며 스테인리스강의 것을 쓰는 경우가 많다. 이 상세한 데이터는 발표되어 있지 않으나, 시판되고 있는 각종 용제를 사용한 실험 결과에서는 작업상 이견이 많다. 용착 금속의 화학성분에는 일부 연강용 용제로 크롬의 감소도 있으나, 기계적 성질에 대해서는 거의 지장이 없다.

(4) 산소 · 아세틸렌 가스 용접

산소 · 아세틸렌 가스 용접은 오래 전부터 쓰여져 왔으며 용접에 영향을 미치는 인자로서는 다음과 같은 것들이 있다.
① 모재의 두께
② 용접 이음의 설계
③ 용접 자세
등을 들 수 있다. 일반적으로 아세틸렌 가스는 발생기에서 발생된 가스는 유황분이 많아 재료를 취화하기 쉬우므로, 용해 아세틸렌을 쓰는 편이 좋다. 사용 불꽃은 다소 환원성이 좋으나, 인코넬의 용접에서는 용접금속이 탄소를 흡수하기 쉬우므로 주의해야 한다. 모넬 용접시 산화 불꽃을 쓰면 산화통이 용착금속 중에 용해되어 취화되므로 내식성이 감소된다. 용제는 용착금속의 산화방지, 산화물의 용해와 용착금속의 유동성 개선에 필요하다. 그러나 붕사가 배합된 용제는 유동성 개선에는 유효하나, 산화물의 용해가 불충분하여 제거가 곤란하며 인성을 해친다. 특히 크롬을 함유할 때 사용하면 낮은 융점의 공정을 만들어 용접부가 취화한다. 용가봉은 이너트 가스 아크 용접봉이 쓰여진다.

8-8. 구리 및 구리합금의 용접

1. 구리의 성질과 개요

구리는 알루미늄과 더불어 비철금속류에서는 널리 쓰이는 것으로서 융점 1,083℃, 비중 8.96이며 전기 공업에 많이 이용되고 있다. 구리는 전기와 열의 양도체이고, 유연하고 전

연성이 좋으므로 가공성이 우수하다. 또한, 아름다운 색을 가지고 있으며 화학적 저항력이 커서 부식이 쉽게 되지 않는다.

2. 구리 및 구리합금의 용접성

① 용접성에 영향을 주는 것은 열전도도, 열팽창계수, 용융온도, 재결정온도 등이다.

② 순구리의 열전도도는 연강의 8배 이상이므로 국부적 가열이 어렵다. 때문에 충분히 용입된 용접부를 얻으려면 예열을 해야 한다.

③ 구리의 열팽창 계수는 연강보다 50% 이상 크기 때문에 용접 후 응고 수축시 변형이 생기기 쉽다.

④ 구리 합금의 경우 과열에 의한 아연 증발로 인하여 용접사가 중독을 일으키기 쉽다.

⑤ 가스용접, 그 밖의 용접 방법으로 환원성 분위기 속에서 용접을 하면 산화구리는 환원($Cu_2O + H_2 = 2Cu + H_2O$)될 가능성이 커진다. 이때 용적은 감소하여 스펀지 모양의 구리가 되므로 더욱 강도를 약화시킨다.

⑥ 순수구리의 경우 구리에 산소 이외에 납이 불순물로 존재하면 균열 등의 용접 결함이 되므로 주의가 필요하다.

3. 가스 용접법

① 가스 용접의 열원은 산소-아세틸렌 가스가 가장 많이 쓰이며, 용접 전에 예열 작업이 선행되어야 하며 용접 중에 발생된 블로홀은 피닝 작업으로 없앤다.

② 황동 용접에는 산화 불꽃으로, 순동의 경우는 중성 불꽃으로 작업한다.

③ 용접시 용제로는 붕사 또는 붕산, 불화소다, 규산소다 등이 쓰인다.

④ 황동의 가스 용접 요령은 먼저 중성 불꽃을 만들어서 황동의 표면에 댄 다음에 아세틸렌 밸브를 서서히 잠가 산화불꽃을 만든다. 처음에는 황동 중의 아연이 증발하면서 하얀 연기가 증발하지만 점차로 없어지게 된다. 이와 같이 아연의 증발이 멈춰진 상태의 불꽃을 사용하는 것이다. 산소 함유 구리나 인청동, 베릴청동은 보통 가스 용접봉을 사용하지 않는다.

4. 피복 아크 용접법

① 슬랙 잠입과 블로홀의 발생이 많아지면 예열이 없이는 작업이 불가능하기 때문에, 예열을 충분히 행할 수 있는 단순한 구조물의 경우에 쓰이고 있다.

② 직류, 교류가 모두 사용되나 직류의 경우는 직류 역극성이 좋으며, 예열온도는 45

0℃ 정도가 필요하다.

③ 인청동의 아크 용접은 보통 인청동봉과 알루미늄 청동봉이 쓰이며, 용접봉은 모재의 재질과 거의 같은 것이면 좋다.

④ 인청동의 아크 용접은 인청동봉이 가장 좋으며 특히, 인청동의 용입은 빠른 속도로 해야하며 열간 피닝 작업을 하여서 결정 조직을 미세화시켜 인장강도와 연성을 증가시키는 것이 좋다.

⑤ 알루미늄 청동의 아크 용접에 사용하는 것은 같은 재질의 알루미늄청동이면 좋으며, 직류역극성 또는 교류로서 좋은 용접 결과를 얻을 수 있다. 표 8-25는 구리 및 구리합금 용 피복 아크 용접봉 규격을 나타낸 것이다.

표 8-25 구리 및 구리 합금용 피복 아크 용접봉 규격

용접봉 종류	종별	사용 전류	용접봉 심선의 화학 성분(%)										인장시험 경도		
			Cu	Sn	Si	Mn	P	Pb	Al	Fe	Ni	△성분의 합계	인장력 (kg/㎟)	연신율 (%)	(H₂)
DCu (구 리 봉)	DC	DC	95.0 이상	−	0.5 이하	2.0 이하	0.30 이하	0.02 △ 이하	△	△	△	0.50 이하	18	20	−
	AC	AC 또는 DC													
DCuSiA (규 소 청 동 봉)	DC	DC	93.0 이상	−	1.0 ~ 2.0	3.0 이하	0.30 이하	0.02 △ 이하	△	−	△	0.50 이하	25	22	−
	AC	AC 또는 DC													
DCuSiB (규 소 청 동 봉)	DC	DC	92.0 이상	−	2.5 ~ 4.0	3.0 이하	0.30 이하	0.02 △ 이하	△	−	△	0.50 이하	28	20	−
	AC	AC 또는 DC													
DCuSnB (인청동봉)	DC	DC	나머지	4.0 ~ 6.0	△	△	0.30 이하	0.02 △ 이하	△	△	△	0.50 이하	25	15	−
	AC	AC 또는 DC													
DCuSnB (인청동봉)	DC	DC	나머지	5.0 ~ 7.0	△	△	0.30 이하	0.02 △ 이하	△	△	△	0.50 이하	28	12	−
	AC	AC 또는 DC													
DCuAlA (알루미늄 청 동 봉)	DC	DC	나머지	−	1.0 이하	2.0 이하	−	0.02 △ 이하	7.0 ~ 10.0	1.5 ~ 이하	0.5 ~ 이하	0.50 이하	40	15	100
	AC	AC 또는 DC													
DCuAlNi (특수알루미늄청동봉)	DC	DC	나머지	−	1.0 이하	2.0 이하	−	0.02 △ 이하	7.0 ~ 10.0	2.0 ~ 6.0	2.0 이하	0.50 이하	50	13	120
	AC	AC 또는 DC													

주 : ① 용접자세는 아래보기이며, DC의 경우는 역극성이다.
　　② △는 성분의 합계에 아연 %도 포함된 것이다.

5. 불활성 가스 아크 용접법

① 용접부의 기계적 성질도 우수하며 가장 널리 쓰인다.

② TIG 용접은 판 두께 6mm이하에 대하여 많이 사용되며, 전극은 토륨(Th)이 들어 있는 텅스텐봉을 사용한다.

③ MIG 용접에서는 판 두께 6mm이상에서 효과가 있다.

④ TIG 및 MIG 용접에서 아르곤의 순도는 99.8% 이상의 고순도를 갖는 것이 좋다.

표 8-26 모재의 종류에 따른 TIG용접 조건 및 예열온도

판두께 (mm)	이음홈 형상	층수	용접순서	와이어 지 름 (mm)	텅스텐 지 름 (mm)	전류값 (A)	전 압 (V)	아르곤 유 량 (l/min)	예 열 온 도 (℃)
0.8 ~2.4		2		1.6 ~3.2	3.2	180 ~220	22~24	8	(상온)
6.4 ~9.5	30° 1.6	2		4.8	4.8	380 ~440	24~26	9.5	200
12.7	90° 3.2	3		4.8(1. 4패스) 6.4(2. 3패스)	4.8	480 ~520	24~26	9.5	400
28.6 ~32	25.4 10R	6 ~8		4.8(1 패스)6. 4(2~8 패스)	4.8	480 ~520	24~26	9.5	600

Cu 합금의 조합	베 륨 청 동	니 켈 청 동	알루미늄 청 동	인청동	규 소 황 동	황 동	구 리
구리(Cu)	3G	5, 3G	3, 2G	3, 2G	2G	3, 2G	1, 3, 2G
황동(Cu-Zn)	3, 4F	5, 4D	3, 4D	3, 2G	3, 2D	3, 2, 4D	
규소황동(Cu-Si)	2, 4F	2, 5D	2, 4A	3, 2C	2A		
인청동(Cu-Sn, P)	3, 2F	3, 5C	3C	3C			
알루미늄청동(Cu-Al)	4F	4, 5C	4C				
니켈청동(Cu-Ni)	4, 5F	5A					
베륨청동(Cu-Be)	6F						

〈용접봉〉
①…Cu　　②…CuSi
③…CuSn-A, CuSn-C
④…CuAl-A, ⑤…CuNi
⑥…CuBe

주 : 예열 및 층간온도 - A : 70℃, B : 150℃, C : 200℃
　　　　　　　　　　 D : 260℃, E : 370℃, F : 430~540℃, G : 540℃ 이상
　예 : 3, 2, 4D : 용접봉은 ③, ② 또는 ④이며, 예열 및 층간온도는 D : 260℃로 하는 것이 좋다.

⑤ TIG 용접의 예열 온도는 500℃ 정도, MIG 용접의 경우 300~500℃ 정도로 한다.

⑥ TIG 용접은 직류 정극성을 사용하며, 용가재(filler metal)는 탈산된 구리봉을 사용한다.

⑦ MIG 용접은 구리, 규소청동, 알루미늄청동에 가장 적합하다.

6. 납땜법

① 구리합금은 은납땜이 잘 된다.

② 땜납이 비싼 것이 결점이며, 땜납 선택이 적당하면 우수한 강도와 내식성을 얻을 수 있다.

7. 구리 합금의 용접 조건

① 구리에 비해 예열온도가 낮아도 되며 예열 방법은 연소기, 가열로 등을 사용한다.

② 비교적 루트 간격과 홈 각도를 크게 취하고 용가재는 모재와 같은 재료를 사용한다.

③ 가접은 가급적 많이 하며 용접봉은 토빈(Torbin) 청동봉, 규소청동봉, 인청동봉, 에버듈(everdur)봉 등이 많이 사용된다.

④ 용제 중 붕사는 황동, 알루미늄 청동, 규소청동 등의 용접에 가장 많이 사용된다.

8-9. 기타 금속재료의 용접

1. 초내열 합금의 용접

(1) 초내열 합금의 용접

오늘날 가스 터빈이나 젯트 엔진용으로 개발된 고급 내열합금을 초내열합금(super heat resistance alloy)이라 부르는데, 합금 성분계에 의하여 Cr-Ni-Fe계 합금, Cr-Ni-Co-Fe계 합금, Ni기 합금, Co기 합금, Cr기 합금, Mo기 합금 등으로 나눌 수 있으나, 어느 것이나 600℃ 이상의 사용 온도에서 매우 우수한 내열성과 높은 크리프(Creep) 강도를 갖는다.

이 종류의 내열 합금은 대체로 높은 인장강도를 주기 위해서 기공 경화처리를 하여 사용하는 경우가 많다. 기공경화처리는 HCW(hot-cold-working)라 부르고 있는 열간 가공처리인데, 일반적으로 700℃ 이하의 온도 구역에서 사용하는 재료에 대해서 먼저 설명한 가공 경화처리는 그 효과가 없기 때문에 대체로 시효에 의한 석출 경화법을 이용한다.

① Cr-Ni-Fe계 내열 합금.

이 계통의 것은 오스테나이트계의 스테인리스강의 개량형이며 최고 사용온도는 대체로 700~730℃ 정도이고, 이 온도 이하이면 충분한 크리이프 강도를 갖는다. 이것은 다른 계통의 초합금에 비해 비교적 사용온도가 낮고 열간 가공처리를 한 것이 많다.

② Cr-Ni-Co-Fe계 내열 합금.

이 계통의 것도 오스테나이트계 스테인리스강에서 개량된 것으로 Fe의 대부분을 Co, Ti로 바꾸어 고온 성능을 높이고 다시 Mo, W, Cd, Ti 등의 안정탄화물 생성 원소를 첨가하든가 N, B(boron) 등의 특수 합금의 생성 원소를 소량 첨가하여 강도의 향상을 꾀한 것이 있으며, 사용 온도 700℃ 이상에서 충분한 강도를 기대할 수 있는 것이 많이 포함되어 있다.

③ Ni기 내열 합금

오래전부터 잘 알려져 있는 니크롬 합금(Ni 80%에 Cr 20%)의 개량형으로 이것에 Co, Mo, Cd 등을 첨가하여 고온 성능을 높이고 다시 Ti, Al 등의 석출성 원소를 첨가하여 고강도를 얻는 석출경화형의 것이 많고, 800~900℃의 사용 온도에 견디는 것도 있으며 강도가 대단히 우수하다.

(2) 초내열 합금의 용접성

이 종류의 내열 합금은 용접부에서 특히 주의해야 할 것이, 용착 금속부에서 고온 균열이 일어나기 때문이다. 이것은 오스테나이크계 스테인리스강의 경우와 같아서 대체로 용해 온도 구역이 넓고, 결정입계에 저융점의 불순물이 함유되기 쉬워진다. 이런 균열을 막는데는 용가재의 선택, 시공법의 관리가 대단히 중요하다. 용가재로서는 용착금속이 모재와 같이 우수한 고온 성능을 가지는 것이 아니면 안되므로, 대부분의 경우 모재와 같은 성분계의 용가재를 쓰나, 비드 균열을 막기 위해 가끔 모재와 다른 성분의 것도 쓰인다. 그러나 이 경우에도 용접부의 고온 성능은 모재와 같은 정도의 것이 아니면 안된다.

용접법으로는 아크 용접법, 저항 용접법 모두가 널이 쓰이고 있으나 아크 용접에 있어서는 불활성가스 아크 용접법이 가장 좋은 효과를 얻을 수 있다. 피복 금속 아크 용접법에서는 불활성 가스 아크 용접법에 비해 아크의 시일드가 불완전하여 기포나 슬랙의 잠입이 많고 또, 용착 금속의 화학 조성이 용접 조건에 따라 약간 영향을 받으므로 신중한 시공관리를 필요로 한다. 서브머지드 아크 용접은 비교적 두꺼운 판에 사용하고 있으나, 전류값이 과대하게 되기 쉬우므로 비드 균열이 발생되기 쉽다.

저항 용접에 있어서는 특히 물리적 성질의 영향이 용접 결과를 지배하므로 주의를 요한다. 즉 이 종류의 합금은 대체로 높은 전기저항 저열전도도의 특성을 가지며, 고온 강도가 매우 높은 것 등 보통 구조물 강과 다른 물리적 성질을 가지고 있으므로, 기압 통전 등의 시공 조건에 관해서 적절한 조성을 해야한다.

2. 기타 비철 금속 재료의 용접

(1) 마그네슘과 그 합금의 용접

순수한 마그네슘(Mg)은 강도가 낮으므로 공업용으로는 그대로 사용할 수가 없어 보통 Al, Zn, Mn 또는 Zr 등을 첨가하여 Mg 합금으로 강하게 하며, 최근에는 Th 또는 회토류 원소(La, Ce로부터 Lu까지 15원소)를 첨가하여 내열성을 증가시키고 있다. 이 재료는 특히 비중에 대해 강도의 비율이 크므로 항공기 분야에 많이 사용되고 있다. 합금은 그 물리적 화학적 특성이 거의 Al 합금과 유사하므로, 용접에 대한 특성도 Al합금에서 설명한 것과 같이 거의 같다. 보통 강재에 비해 Al 합금의 경우와 같이 용접성이 곤란하다. 특히 용접시의 견고한 산화물(MgO)의 생성으로 그 방해 작용이나 용제에 의한 부식작용 등은 합금 때보다 더욱 심하므로, 현재 용접법으로는 불활성 가스 아크 용접만이 사용되고 있다. 저항 용접은 Al과 거의 같은 요령으로 가능하다.

(2) 티탄 지르코늄과 그 합금의 용접

화학공업용 내식 기기재료로서 종래 스테인리스강으로는 만족할만한 성과를 얻을 수 없었던 장치에서는 티탄 또는 지르코늄이 대신 쓰이고 있다. Ti은 Al이나 Mg 합금에 비해 훨씬 비강도가 커 처음 젯트기의 경량 내열재로서 개발된 것이므로, 내열성과 비강도가 우수한 고내식 합금으로 만들어 사용한다.

Zr은 열, 중성자의 흡수가 적은 특징이 있어 원자로의 노중심부 재료로서 쓰이게 되면서 급속히 발달된 것이다. Ti보다 우수한 내식성이 있기 때문에 공업용 내식용 기재로서의 이용도가 높아지고 있다.

① 티탄과 그 합금

Ti은 비강도의 면에서 Al과 같으며, 내식성의 면에서 스테인리스강과 잘 비교가 된다. Ti의 비중은 Al의 1.6배이고, 스테인리스강의 60% 정도이기 때문에 종종 경금속으로 취급된다. 한편 인장강도는 거의 스테인리스강과 같은 정도의 높은 값을 가지고 있으므로, 비강도가 대단히 크다는 것을 알 수 있다. 단 강도의 면에서는 그 사용 온도 범위가 500℃ 이하이다. 열전도는 Al에 비해 매우 작고, 거의 스테인리스강과 같으나 열팽창은 Al의 약 40%, 스테인리스강의 약 50%에 불과하다. 또, 화학적인 특성으로서는 산소, 질소와 화합하여 매우 안정된 산화물이나 질화물을 만드나, 600℃ 이상의 고온에 있어서는 특히 이와 같은 가스에 대해서 활성이며, 900℃를 넘으면 급격히 심하게 된다. 산소와의 친화력은 Al, Mg 다음으로 강하며 질소와의 친화력은 Zr 다음으로 강하다. 그러므로 고온에서 이러한 가스를 흡수한 합금은 현저하게 경화되어 연성이 저하된다. Ti은 대기 중에서 그 표면에 견고한 산화피막을 생성하기 때문에 내식성이 대단히 좋아, 스테인리스강이나 Al 합금과 같이 응력부식 입계 부식 등의 염려가 거의 없고 열처리, 용접, 냉간 가공용에 의해 내식성의 저하도 거의 없다.

② 지르코늄과 그 합금

Zr의 비중은 Ti의 약 1.5배 정도로 강보다는 약간 가볍다. 열전도율, 열팽창율 등은 Ti과 차이가 없고 기계적 성질로 Ti과 거의 비슷하다. 따라서 비강도에 대해서는 Ti에 떨어진다. Zr도 Ti와 같이 불순물의 함유량에 의해 그 기계적 성질이 크게 영향을 받으나, 특히 Zr은 열중성자의 흡수가 적으므로 핵연료 피복재로서 사용되고 있다.

③ 티탄과 지르코늄의 용접성

이상 설명한 Ti와 Zr은 여러 가지 비슷한 성질을 가지고 있는 금속이므로, 용접에 관해서도 거의 공통된 특성을 가지고 있다. 즉, 고온에서는 매우 활성한 금속이므로 대기 중의 산소 및 질소와 민감하게 반응되어 경화하므로, 이 경화를 막기 위해서는 용접 중에 용접부는 물론 그 부근을 600℃ 이상으로 가열해야 한다. 이상과 같은 점에서 Ti와 Zr의 용접에서는 공기를 완전히 배제해야 한다. 이런 점에서 용접법으로는 주로 불활성 가스 아크 용접이 쓰인다.

Zr은 Ti의 경우보다도 한층 더 대기를 배제해야 한다. 이런 재료에서는 전자 빔 용접같이 고진공($10^{-4} \sim 10^{-6}$Hg)에서 행하는 용접법이 좋다. 또한, 용접 중 수소를 흡수하여 용접부에 기공이 생기기 쉬우므로, 이를 방지하기 위해서는 용접부는 물론 용가재도 사전에 깨끗이 청정해야 한다. 저항 용접은 가열이 순간적이기 때문에 일반적으로 가스로 보호할 필요가 없으며, 열전도율도 꼭 스테인리스강과 같은 정도이므로 쉽게 점 용접, 심 용접을 할 수 있는데 주로 얇은 판에 잘 쓰이고 있다.

제 9 장
용접 설계와 시공

9-1. 용접 설계의 개요

1. 용접 설계의 특징

용접 설계는, 넓은 의미에서 용접시공의 한 부분으로 어느 구조물의 한 부분 혹은 전체를 용접으로 제작할 때, 적당한 용접 재료와 이음형상을 적당한 용접방식과 용접 순서를 정하여 용접 후의 검사와 처리 방법을 정하는 것이다.

용접 설계에서는 구조물의 사용 목적과 조건을 생각하는 것이 가장 중요한 것이므로, 그 구조물이 받는 하중의 성질과 크기를 조사하여 안전하면서도 견디어내는 힘이 있는 용접 이음으로 시공하는 방법을 생각해야 한다.

충격이나 반복되는 하중에 견디기 위해서는 그것에 적당한 재료와 이음 형상을 골라야 하며, 내식성이 필요한 경우에는 서로 다른 금속과의 이음 등 내식성의 원리를 살펴서 그것을 피해야 한다.

혹시 설계가 잘못되면 실제적인 면에서 용접의 시공이 곤란해지며, 그 결과 용접의 결함이 생기기 쉽고, 심한 용접 변형이나 잔유응력이 생겨서 용접비용이 많이 든다. 또, 용접 후의 처리가 적당하지 못하면 재료의 변형이나 이음의 취성이 생기게 된다.

그러므로 올바른 용접 설계를 하기 위해서는 용접재료 이음의 설계, 용접시공 변형과 잔유응력의 발생, 용접비용의 정확한 계산, 용접검사 등에 대하여 올바른 지식을 가지고 있어야 한다.

2. 용접 이음의 형식

(1) 이음의 형식과 용접 홈의 형상

아크 용접이나 가스 용접에 사용하는 이음의 형식은 몇 종류에 한정되어 있으며 또, 그
것을 만들기 위한 홈의 모양에도 표준 모양이 있다.

① 용접 이음의 형식

용접에 사용되는 이음의 형식에는 그림 9-1과 같은 기본 형식이 있다. 즉,

a) 맞대기 이음
b) 모서리 이음
c) T형 이음
d) 십자 이음
e) 겹치기 이음
f) 한쪽 덮개판 맞대기 이음
g) 양쪽 덮개판 맞대기 이음

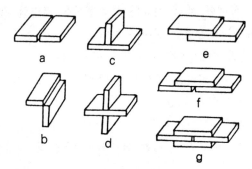

a. 맞대기 이음	d. 십자 이음	g. 양쪽 덮개판
b. 모서림 이음	e. 겹치기 이음	맞대기 이음
c. T형 이음	f. 한쪽 덮개판 맞대기 이음	

그림 9-1 용접 이음의 기본형식

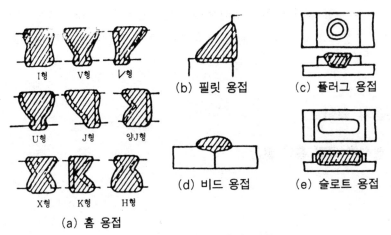

그림 9-2 용접 홈의 종류

② 용접 홈의 형상

용접에서는, 잇고자 하는 부분을 용융시켜 잇기 위하여 때에 따라 서는 그림 9-2와 같은 홈을 가공하여 두 판 사이에 형성된 홈을 메꾸어 용접한다.

맞대기 이음이란, 거의 같은 평면 위에 있는 두 개의 부재를 서로 맞대어서 용접하는 이음방법으로, 그 홈의 형상으로는 그림 9-2에는 보는 바와 같이 I형홈, V형홈, U형홈, J형홈, X형홈, K형홈, H형홈, 양면 J형홈 등이 있다.

필렛 용접이란, 겹치기 이음이나 T형 이음의 구석 부분을 용접한 것으로 T형인 때는 홈을 가공하는 경우도 있다.

비드 용접이란, 넓다란 판재 위에 용접 비드를 배치한 것이며, 플러그 용접이란 겹친 두 장의 철판 중 한편 철판에 둥근 구멍을 뚫어 그 구멍에 판의 표면까지 가득하게 용접하여 다른 하나의 판재와 접합하는 용접 방식이다.

또, 슬로트 용접이란 플러그 용접의 둥근구멍 대신 가늘고 긴 홈에 비드를 비치한 일종의 긴 플러그 용접이다.

③ 용접홈의 표준 모양

피복 아크 용접, 불활성 가스 아크 용접, 서브머지드 아크 용접 및 가스 용접에 사용하는 홈의 표준 형식과 치수의 그림을 그림 9-3에 나타낸다.

용접 이음 홈의 표준모양 중, I형 이음에는 판재의 두께가 6mm 미만에, V형 이음에는 판재의 두께가 6~20mm에, 그 이상의 두꺼운 판재에는 X형이나 U형 혹은 H형을 사용한다. 홈의 폭이 좁으면 용접시간은 짧아지지만 루트의 용입이 나빠진다. 덮개판 이음에는 루트 간격을 크게 취하므로 홈의 각은 너무 크게 하지 않은 편이 좋다.

I형이나 V형의 루트 간격의 최대값은, 사용하는 용접봉의 지름을 표준으로 삼도록 한다.

X형 이음은 후판에서는 매우 우수하지만 밑부분의 이면 처리가 다소 어렵다. 따라서 루트 간격은 비교적 넓게 하고, 루트면은 가급적 적게 하는 것이 루트의 용입도 좋고 뒷면처리도 손쉽다. 또, X형 홈의 모양은 반드시 앞뒷면이 서로 대칭이어야만 되는 것은 아니고, 대칭이 아닌 X형 홈이 많이 사용되고 있다.

U형 홈은 비교적 두꺼운 판에서도 V형 홈에 비하여 홈의 폭이 적어도 되며 또, 간격을 영(0)으로 해도 작업성이 우수하여 루트의 용입도 좋다. 특히 두꺼운 판에 대해서는 H형 홈을 사용한다.

H형, U형, X형 홈의 루트 간격의 최대값은 사용하는 용접봉의 지름을 한도로 한다.

모서리 이음이나 T형 필렛이음의 홈에 사용되는 형(베벨형) 혹은 V형에 비해 작업성이 좋지 못하다.

따라서 홈을 취한 쪽에 너무 가깝게 작업에 방해되는 구조물의 부분이 오지 않게 설계

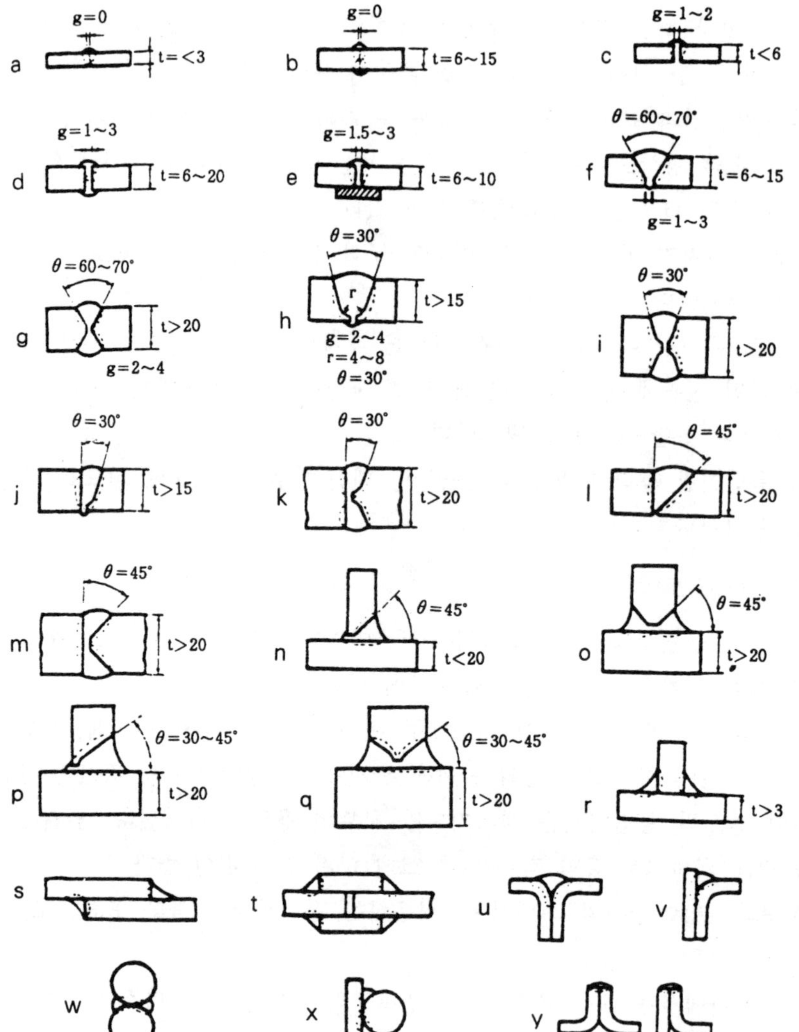

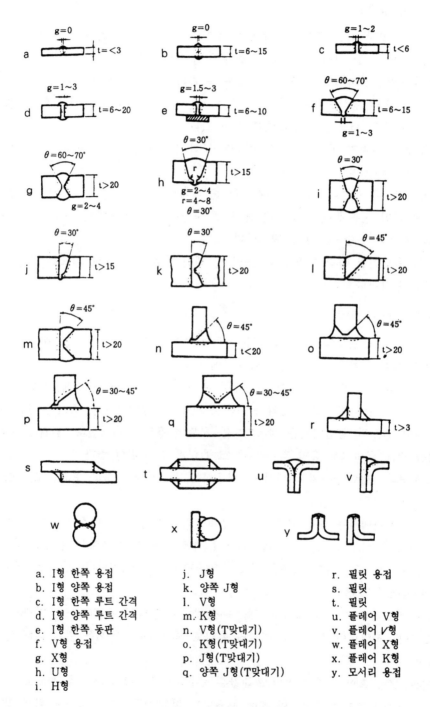

a. I형 한쪽 용접
b. I형 양쪽 용접
c. I형 한쪽 루트 간격
d. I형 양쪽 루트 간격
e. I형 한쪽 동판
f. V형 용접
g. X형
h. U형
i. H형
j. J형
k. 양쪽 J형
l. V형
m. K형
n. V형(T맞대기)
o. K형(T맞대기)
p. J형(T맞대기)
q. 양쪽 J형(T맞대기)
r. 필릿 용접
s. 필릿
t. 필릿
u. 플레어 V형
v. 플레어 V형
w. 플레어 X형
x. 플레어 K형
y. 모서리 용접

그림 9-3 용접의 종류

에 주의해야 하며 또, 수평용접을 할 때에는 홈을 취한 면이 아래쪽이 되지 않게 해야 한다. 그러나 베벨형에서도 백킹을 사용한 용접이음에서는 간격을 크게 할 수 있으므로 작업성은 좋다.

K형 홈에서는 V형인 때보다 다소 두꺼운 판을 사용한다. 작업성이 좋지 못한 점이나 그 밖의 설계상 주의해야 할 점은 V형인 때와 꼭 같다. 뒷면 처리는 다소 어려우나 V형에 비해 용접변형은 적다.

3. 용접 이음의 선택

용접 이음은 용접부의 구조 및 판두께, 용접법 등에 따라 선택해야 한다. 실제로 구조물에서 이음을 정확하게 선정한다는 것은 매우 어렵다. 예를 들면, T이음의 경우 필렛 용접으로 할 것인가 아니면 V형 또는 K형 맞대기 용접을 할 것인가 하는 문제 등이다.

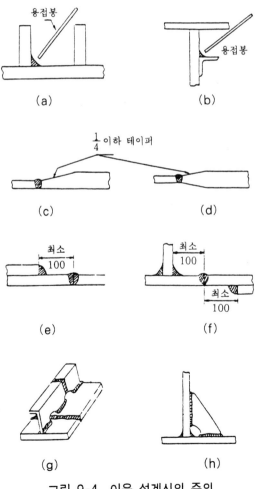

그림 9-4 이음 설계시의 주의

이상적으로는 V형 또는 K형 맞대기 용접으로 작업하는 것이 바람직하지만, 실제로는
공수, 시간, 경비, 기타 여러 가지의 문제가 있다. 그러므로 용접 이음의 설계에는 용접부
의 구조 및 하중의 종류, 용접 시공법 등에 대하여 충분한 검토를 해야 한다. 용접 이음을
설계할 때의 주의 사항은 다음과 같다.

① 아래보기 용접을 많이 하도록 한다.

② 그림 9-4의 (a)와 (b)에서 보는 바와 같이 용접 작업에 지장을 주지 않도록 간격을
남겨야 한다.

③ 필렛 용접은 가급적 피하고 맞대기 용접을 하도록 한다.

④ 그림 9-4의 (c)와 (d)에서 보는 바와 같이, 판두께가 서로 다른 재료를 이음할 때에
는 ¼ 구배를 두어 갑자기 단면이 변하지 않도록 한다.

⑤ 맞대기 용접에서는, 이면 용접을 하여 용입부 쪽이 없도록 한다.

⑥ 그림 9-4의 (e)와 (f)에서 보는 바와 같이 용접 이음부가 한 곳에 집중하지 않도록
설계한다.

4. 용접 홈의 설계 요령

용접 홈의 형상은 그림 9-5와 같이 중후판 이상의 모재에 대하여 판 두께에 알맞은 홈
을 설계하여야 한다.

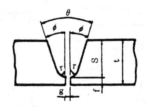

그림 9-5 용접홈의 치수

θ : 홈각, ϕ : 베벨각, γ : 루트 반지름, g : 루트 간격, t : 판 두께, s : 홈 깊이,
f : 루트면 길이라 할 때, 박판에 대하여

$\theta=0$, s=0, g=1~3mm(그림 9-3 참고)

① 홈의 용적을 될수록 작게 한다. 즉 θ를 작게 한다. 이것은 용접봉의 소모량을 적게
하고 용접 시공 시간을 절감하여 판의 재질에 열영향을 될수록 적게 받도록 하여, 잔유 응
력의 변형을 극소로 하기 위한 것이다.

② θ를 무제한으로 작게할 수 없다. 최소 10° 정도씩 전후좌우로 용접봉을 경사시킬
수 있는 자유도가 필요하다. 이것은 아크의 각도와 마주치게 되는 점을 변화시켜 용착금속

이 싸여짐을 조절하기 위한 것이다.

③ 루트의 반지름 γ을 될수록 크게 한다. 이것은 루트의 제일 깊은 곳까지 아크가 도달 되게 하기 위한 것이다.

④ 루트의 간격과 루트면을 만들어 준다. 이들의 크기는 용접봉의 지름, 피복제의 종류, 전류의 세기 등에 따라 적당한 크기로 하여야 한다.

그리하여 루트의 완전한 용해와 완전한 이면 비드를 생기게 하여 충분한 강도의 용접을 얻기 위한 것이다.

5. 용접 기호

용접 구조물의 제조에 적용되는 용접의 종류, 홈 설계의 상세, 용접 시공상의 주의사항 등을 제작 도면에 기입하여 제작을 정확 신속하게 하기 위한 목적으로 사용되는 것이 용접 기호이다. KS 규격에서 용접 기호는 설명선(기선, 지시선, 화살), 기본 용접 기호, 치수 및 기타 용접 보조 기호와 꼬리로 구성되어 있다.

(1) 설명선

용접 이음의 위치를 표시하기 위하여 화살표를 이용하고 이음 종류와 용접의 종류, 홈의 상세한 치수와 용접 구조물의 제작에 필요한 사항을 기호와 숫자로 설명하는 것으로 그림 9-7과 같다. 그리고 용접 방법을 기호로 구분하면 그림 9-6과 같이 된다.

용접의 종류		기　　호	용접의 종류	기　　호
홈　용　접	I　　　　　형 V　　　　　형 X　　　　용형 U　　　　　형 H　　　　　형 ꞁ　　　　형 K　　　　형 J　　　　형 양　쪽　J　형	‖ ∨ ✕ Y ✕ ꞁ K ꞁ	필릿용접	연　　　속 단　속　병　렬 지　그　재　그 지　그　재　그 (양　쪽　같　음)	
			플　러　그　용　접 비　드　용　접 덧　살　올　림　용접	
플래어용접	V　　　　　형 X　　　　　형 ꞁ　　　　형 K　　　　　형		점　　　용　　　접 프　로　젝　션　용　접 플　래　시　업　셋　용　접 시　임　용　접	

그림 9-6　기본 용접 기호

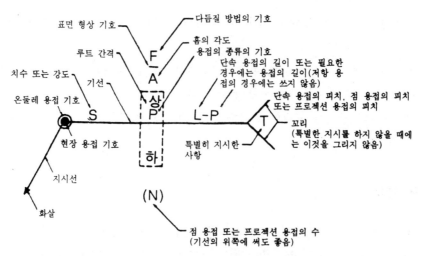

(a) 용접하는 쪽이 화살표 반대쪽인 경우

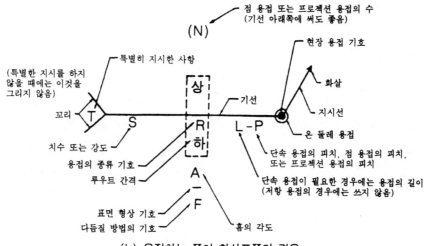

(b) 용접하는 쪽이 화살표쪽인 경우

그림 9-7 용접 설명선

(2) 용접 보조기호

용접부의 표면 형상이나 끝내기 방법 또는 시공상의 주의사항을 표시하는 기호를 표시하는 기호는 그림 9-8과 같다.

(3) 용접 기호의 기본 방향

화살표는 부재 표면에 있는 용접 이음을 지정하고 있다. 부재표면에 제작하여야 할 용접 기호는 기선의 아래쪽 여백에다 기입하기로 규정하고 있으며, 화살표 반대쪽에 용접한 경우에는 기선의 위쪽 여백에 기입하기로 규정하고 있다.

구　분		기　호
표 면 현 상	평(平)	―
	철(凸)	⌒
	요(凹)	⌣
끝내기 방법	치　핑	끝내기 방법 기입…C
	연　삭	…G
	절　삭	지정이 없으면 F…M
현 장 용 접		●
전 주 용 접		○
전주 현장 용접		◉

그림 9-8　용접 보조기호

(a)　　　　　　　　　　　　　(b)

그림 9-9　용접 기호의 기입 방법

그림 9-9에서 실제로 g, s, r은 무명수이고, θ는 도수(60°)를 넘은 것으로 한다. 인출선의 기입 방법은 대개가 직선이다. 때에 따라서는 꺾이는 선으로 기입할 때도 있다. 그것은 V형 홈 용접일 경우는 V형 홈은 한쪽에만 홈 가공이 되어 있기 때문에, 화살표는 가공되어진 면을 향하여 인출선을 꺾는 선으로 기입하기로 되어 있다. K형 홈, J형 홈, 양면 J형 홈 등도 위와 같이 화살표의 인출선을 기입하기로 되어 있다.

9-2. 용접 이음의 강도

1. 용접 이음의 여러 성질

(1) 맞대기 용접 이음에서 용입이 완전하게 된 후 비드 부분을 평평하게 깎아 인장 하

중을 가하면, 그림 9-10과 같이 용접 금속 이외의 모재 부분에서 판단되는 것을 알 수 있다. 그러므로 맞대기 용접 이음의 인장 강도는 안전한 쪽을 택하는 비드의 높이를 무시하고, 그림 9-11에 표시한 이론대로 폭 두께 ht의 단면에 하중이 작용하고 있다고 가정하여 구한다. 용착 금속의 인장 강도를 δw라 하면 길이 ℓ의 맞대기 용접 이음의 최대 인장 하중 P는

$$P = \delta w h_t \ell = \delta w t \ell \ (t = \text{폭의 두께}) \quad \text{............................ 식 9-1}$$

또, 그림 9-11의 (c)와 같이 판의 두께가 다른 때는 안정을 기하기 위하여 목 두께를 얇은 판 쪽을 택한다.

$$P = \delta w h_t \ell = \delta w t_1 \ell \ \text{...... (9-2)로 계산하는 것이 좋다.}$$

또한, 그림 9-11의 (d)에 표시한 이음 강도도 위의 식으로 계산한다. 그림 9-11의 (e)와 같이 용접되지 않은 부분이 남아 있는 이음도, 목 두께 h_t를 써서 계산하는 것이 좋다. 그러나 이 이음은 강도상 중요한 곳에서 사용하지 않은 것이 좋다.

파단면   용착금속

그림 9-10 연강 용접 인장 시험편의 파단상태

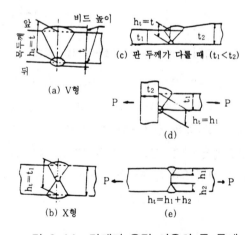

그림 9-11 맞대기 용접 이음의 목 두께

2. 전면 필렛 용접

전면 필렛 용접의 강도 계산은 설계적으로 목 두께에 대하여 하지 않고, 최대 인장 하중

P를 이 하중이 부담하고 있는 이론 목 두께(theoretical throat)의 단면적으로 나눈 값을 전면 필렛 용접의 인장강도(δ_f)라 한다. 실용 계산식은 다음과 같다.

$$\delta_f = P/h_t \ell \quad\text{...} (9\text{-}3)$$

이 강도는 용접 금속의 인장 강도(δw)에 거의 비례하는 것으로 생각한다. 현재 사용되고 있는 연강용 피복 아크 용접봉 E43급의 $\delta w = 45kg/mm^2$ 정도의 것을 대상으로 할 때, 겹치기 이음과 덮개판 이음에서 전면 필렛 용접의 인장 강도 δ_f 는 평균 약 40kg/mm², 즉 대략

$$\delta_f = 0.80 \delta w \quad\text{...........................} (9\text{-}4)\text{로 생각한다.}$$

또, T이음에서 전면 필렛 용접의 인장 강도는 약간 낮아 약 36kg/mm²로 생각한다. 그러나 이 같은 필렛의 치수, 용접봉, 시공 조건에 따라 다소 차이가 있으므로 설계시에 정확한 값을 조사하지 않으면 안 된다. 일반적으로 각장이 크지 않을 때는 인장 강도가 감소하는 경향이 있다.

3. 측면 필렛 용접

측면 필렛 이음이 파단될 때의 각도 즉 전단 강도 T의 실용 계산식은

$$T = P/h_t \ell = 1.41P/h \ell \quad\text{..} (9\text{-}5)$$

로 한다. 단 h는 그림 9-12에 표시한 필렛의 사이즈에 따라서 이론 목 두께 h_t와이 사이에는

$$h_t = h \cos 54° = 0.707h \quad\text{...............} (9\text{-}6)\text{의 관계가 있다.}$$

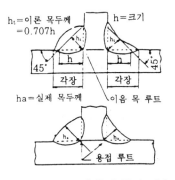

그림 9-12　필렛 용접의 치수

필렛 용접의 강도는 목 두께의 크기에 따라 결정하나, 보통 필렛의 크기는 각장으로 표시하는 일이 많다. 각장은 그림 9-12에 표시한 것과 같이 필렛의 사이즈 h에 거의 가까

운 값이므로, 각장이 대략 cos45° ≒0.7의 값을 목 두께로 생각해도 좋다. 따라서 이음 강도를 계산할 때는, 간편법으로 각장×cos45°의 목 두께를 가지는 것으로 계산한다.

측면 필렛 용접의 전단 강도 T는 전면 필렛 용접의 인장강도 δ_f 보다 약간 낮은 것이 보통이다. 종래 실험 결과에 의하면 E43 급의 연강봉 피복 아크 용접봉의 T은 약 32kg/㎟ 이다. 즉,

$$T = 0.70 \, \delta \, w \quad\text{...} \quad (9\text{-}7)$$

이므로 용접봉 용접 시공법에 따라 다소 변한다. 이 경우도 전면 필렛 용접과 같으므로 필렛의 각장이 클수록 T는 낮아지는 경향이 있다.

4. 용접 이음의 피로강도

이제까지는 정적 강도에 대해서 설명하였으나, 반복 하중을 갖는 경우의 피로 강도는 정적 강도와 관계가 없고 이음의 형상, 용접부의 표면 상태, 용접 결함의 존재 등에 따라 민감하게 영향을 받는다. 한 보기로, 인장 강도 41~50kg/㎟, 항복점 23kg/㎟ 이상의 강도를 받는 강재의 인장강도 45kg/㎟ 정도의 용접봉을 사용하여 용접한 이음이, 반복되는 인장을 받을 때의 피로 강도를 표시하면 다음 표 9-1과 같이 된다.

표 9-1 인장 하중 방향에 직각된 이음의 피로강도(kg/㎟)

용 접 종 류	하 중 의 종 류 / 반 복 수		한쪽 진동		양쪽 진동	
			2×10^6	5×10^6	2×10^6	5×10^6
맞대기 용 접 이 음	양면 기계 다듬질		24	20	14.5	12
	덧붙이를 깎기		20	17	12	10
	용접 그대로(이음 용접이 된 것)		16	14	10	8
	용접 그대로(용접을 하지 않은 것)		8 이하	7 이하	5 이하	4 이하
필 렛 용 접 이 음	얕은 양면 굽히기		(11.0)	(10.4)	6.9	6.5
	깊은 한면 굽히기		(6.3)	(5.8)	3.8	3.5
	전면 필렛(목)		12.0	(11.0)	7.0	(6.3)
	측면 필렛(목)		11.0	(9.8)	6.5	(5.5)
	필렛이 강대하므로 첨가판이 파손된다.		6.8	(5.3)	4.0	(3.2)
플러그 용 접 이 음			8.8	(7.5)	4.6	(3.9)
			7.8	(5.9)	4.3	(3.2)
			7.2	(5.9)	3.7	(3.0)

주 : ( ) 내의 숫자는 추정치

따라서, 반복 하중을 받은 이음의 설계에는 이 같은 용접부의 피로를 최소한도로 하여야 하며, 재료의 피로를 고려하여 이음의 치수를 결정해야 한다.

5. 용접 이음의 설계

① 용접 이음의 강도 계산

용접 이음을 설계하는 경우에는 이음이 받는 응력을 산정하고, 이것이 정해지면 허용응력 이하에서 해야 한다. 이음 허용 응력이란, 이음의 강도를 안전율로 나눈 것이다. 이 강도에 대해 설명하면 연강의 평균값을 나타낸 표 9-2와 같다. 또, 안전율은 하중의 작용이나 재질에 따라 다르나, 연강의 용접 이음에는 표 9-3과 같은 값을 취하는 것이 좋다.

표 9-2 용접 이음의 정적 강도(연강의 평균값)

이 음 형 식	이 음 강 도 (kg/㎟)		비 고
맞 대 기	δw	45	
전 면 필 렛	$\fallingdotseq 0.90 \delta w$	40	덮개판 이음 겹치기 이음 T 이 음
	$\fallingdotseq 0.80 \delta w$	36	
측 면 필 렛	$\fallingdotseq 0.70 \delta w$	32	

표 9-3 용접 이음의 안전율(연강)

하중의 종류	정 하 중	동 하 중		충격하중
		반복 응력	교번 응력	
안 전 율	3	5	8	12

이음에 작용하는 응력을 산정하는 방법으로는 여러 가지를 생각할 수 있으나 가장 간단한 방법으로는, 용접부를 하나의 단위폭을 가진 선으로 생각해서 재료를 역학의 공식을 써서 응력을 구하는 방법이 있다.

용접부를 단위폭을 가진 선으로 생각할 때의 응력 산정식은 표 9-4에서 보는 바와 같다. 표 9-4 중의 Zw와 Jw의 값은 표 9-5의 계산식에 따라 구한다.

또, 두 표 중에서 사용한 기호의 뜻은 다음과 같다.

표 9-5에 나타난 응력의 산정식은 재료 역학에 나오는 것으로, 모두 같은 형이나 내용적으로는 다소 차이가 있다. 이것은 용접부의 폭을 계산시에 최소한 고려하지 않으므로, 용접부를 단위폭을 가진 선으로 생각하여 면적 대신에 길이를 쓰기 때문이다.

표 9-4 용접부를 선으로 생각했을 때의 용접부 응력 계산식

하 중 형 식		용접선의 응력
주요접합부	인장 또는 압축	$f = \dfrac{P}{A_w}$
	수직 전단	$f = \dfrac{V}{A_w}$
	굽 힘	$f = \dfrac{M}{Z_w}$
	비 틀 림	$f = \dfrac{TC}{J_w}$
2차적접합부	수평전단	$f = \dfrac{VA_y}{In}$
	비 틀 림 수평 전단	$f = \dfrac{TC_t}{J}$

t : 판 두께   b : 접합부의 폭   d : 접합부의 높이
A : 수평 전단력을 용접부에 전하는 플랜지 단면적(㎟)
Y : 전단면의 중립축과 플랜지 단면 중심과의 거리(㎜)
I : 전단면의 단면 2차 모우먼트(㎟)
C : 중립축과 용접축 가장자리와의 거리(㎜)   J : 전단면의 단면 2차 극 모우먼트(㎜)
V : 수직 전단력(kg)   P : 인장 또는 압축하중(kg)
M : 굽힘 모우먼트(kg-mm)   T : 비틀림 모우먼트(kg-mm)
A_w : 용접부를 선으로 생각할 때의 면적(㎟)
Z_w : 용접부를 선으로 생각할 때의 단면계수(㎟)
J_w : 용접부를 선으로 생각할 때의 단면 2차 극 모우먼트(㎟)
f : 용접부를 선으로 생각할 때의 용접부 응력

n ： 용접부의 수
N_x ： X축에서 용접부까지의 거리(㎜)　　　　　　N_y ： Y축에서 용접부까지의 거리(㎜)

표 9-5　용접부를 선으로 생각했을 때 접합부의 Z_w J_w 용접부의 형상

용접부의 형상 b=폭　d=높이	굽　힘 (수평축 x-x에 대해)	비　틀　림
	$Z_w = \dfrac{d^2}{6}$	$J_w = \dfrac{d^3}{12}$
	$Z_w = \dfrac{d^2}{3}$	$J_w = \dfrac{d(3b^3 + d^2)}{6}$
	$Z_w = bd$	$J_w = \dfrac{d(3b^3 + bd^2)}{6}$
$N_x + \dfrac{d^2}{2(b+d)}$ $N_y + \dfrac{b^2}{2(b+d)}$	$Z_{w1} = \dfrac{4bd + d^2}{6}$ 상부 $Z_{w2} = \dfrac{d^2(4b+d)}{6(2b+d)}$ 하부	$J_w = \dfrac{(b+d)^4 - 6b^2 d^2}{12(b+d)}$
$N_y + \dfrac{d^2}{2(b+d)}$	$Z_w = bd \dfrac{d^3}{6}$	$J_w = \dfrac{(2b+d)^3}{12} - \dfrac{b^2(b+d)^2}{(2b+d)}$
$N_x = \dfrac{d^2}{b+2d}$	$Z_{w1} = \dfrac{2bd + d^2}{3}$ 상부 $Z_{w2} = \dfrac{d^2(2b+d)}{3(b+d)}$ 하부	$J_w = \dfrac{(b+d)^3}{12} - \dfrac{d^2(b+d)^2}{(b+2d)}$
	$Z_w = bd + \dfrac{d^2}{3}$	$J_w = \dfrac{9}{E(p+q)}$
$N_x = \dfrac{d^2}{2(b+d)}$	$Z_{w1} = \dfrac{2bd + d^2}{3}$ 상부 $Z_{w2} = \dfrac{d^2(2b+d)}{3(b+d)}$ 하부	$J_w = \dfrac{(b+2d)^3}{12} - \dfrac{d^2(b+d)^2}{(b+2d)}$
$N_x = \dfrac{d^2}{b+2d}$	$Z_{w1} = \dfrac{4bd + d^2}{3}$ 상부 $Z_{w2} = \dfrac{4bd^2 + d^3}{6b + 3d}$ 하부	$J_w = \dfrac{d^3(4b+d)}{6(b+d)} + \dfrac{b^3}{6}$
	$Z_w = bd + \dfrac{d^2}{3}$	$J_w = \dfrac{b^3 + 3bd^2 + d^3}{6}$
	$Z_w = 2bd + \dfrac{d^2}{3}$	$J_w = \dfrac{2b^3 + 3bd^2 + d^3}{6}$
	$Z_w = \dfrac{\pi d^2}{4}$	$J_w = \dfrac{\pi d^3}{4}$

즉 보통 응력은 단위 면적당의 힘을 나타낸다. 여기에서는 단위 길이 당의 힘을 나타낸다. 단위 길이 당의 힘을 산정할 때 허용응력이 정해지면, 이것에 필요한 용접부의 폭이 쉽게 산정된다. 이 용접부의 폭을 용접부의 이론 목두께로 부른다. 계산 순서로는 먼저 각 사이즈의 용접 이음에 대해 단위 길이 당의 허용응력 Fw를 다음식과 같이 구한다.

$$Fw = afw \quad \text{……………………………………………} (9-8)$$

위식(9-6)에서 a : 각 사이즈이 용접부 목두께

　　　　　　　fw : 용접부의 허용응력

다음에 접합부의 용접부분 형상에 따라 표 9-5에서 Zw와 Jw를 구한다.

마지막에 표 9-4에 따라 검토한다.

$$f \leq fw \quad \text{……………………………………………} (9-9)$$

이와 같이 f와 같거나, f보다 큰 fw를 가진 용접부의 치수를 결정하면 좋다.

9-3. 용접 경비

1. 용접의 경제성과 용접성

(1) 용접의 경제성 계산

용접 시공에 필요한 경비는 재료비, 노임, 전력 요금, 기재 상각비, 보수비와 일반 간접비 외에 이익을 고려해야 한다.

간접비는 용접봉의 사용량, 용접 작업시간, 용접 준비, 전력사용량, 혹은 산소-아세탈렌의 소비량을 계산하고 용접용 기구, 안전 보호구, 용접장치의 유지를 위한 상각비와 특별한 재료의 열처리 비용, 검사 비용을 가산한 특수용접공의 노임을 비례하여 계산한다. 그리고 용접 설계에 홈 가공과 부재의 표면 접촉 정도는 용접 시간에 큰 영향을 주므로 이들의 양부가 매우 중요하다. 그리고 전체적인 용접비용 계산은, 이론적으로 용접 길이 1m 당 여러 요소 자료의 계산 방식과 실제적으로 1개당의 총비용을 계산하는 방식이 있다.

(2) 용접봉 소모량

용접봉 소비량 계산은 이음의 용착금속 단면적에 용접 길이를 곱하여 얻어지는 용착금속 중량에다가, 소패터 혹은 연소에 의한 손실량, 혹은 호울더단의 폐기량(길이 약 40~50㎜)을 가산한다. 그리고 용착 금속 중량과 사용 용접봉 전중량(피복 포함)의 비를 용착율(deposition efficiency)이라 하여 다음과 같이 정하고 있다. 피복의 종류, 두께, 슬랙

량, 아크 전류, 자세에 의한 차이가 있으나 봉 지름 4~5mm의 보통 연강 용접봉은 50~60%, 6mm 봉은 60~70%, 철분계 용접봉은 70~75%를 잡는다. 용착 금속 1kg당 재료 비용은 용접봉 가격에다 가스 가격을 더한 것이다. 이때 수냉 토오치를 사용한다면 냉각수를 생각하고, 공냉 토오치를 사용한다면 생각할 필요가 없다. 서브머지드 아크 용접일 때에는 용제를 넣는다. 그리고 수동 용접의 농가스(No gas) 용접일 때에는 가스 가격은 생략된다.

$$용접봉가격 = \frac{1}{용접봉사용율 \times 용착율} \times 용접봉단가$$

즉, 1kg의 용착 금속량을 얻는데 필요한 용접봉의 비용이다. 가스 가격은 가스 소비량에 가스 단가를 곱한 것이다. 가스 소비량은 1kg의 용착금속을 얻는데 필요한 양이고, 용접조건 중에 적용되는 가스 유량에 용착 속도에서 환산되는 소요 아크 시간을 곱한 것이다.

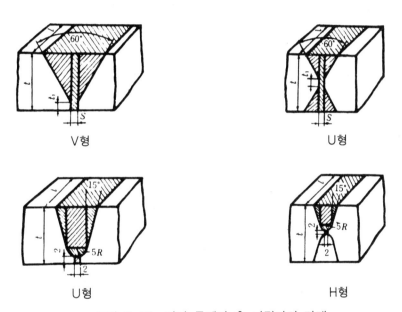

V형　　　　　　　　U형

U형　　　　　　　　H형

그림 9-13 강판 두께와 홈 면적과의 관계

그리고 엄밀히 말하면, 아크 발생 전의 가스의 방류와 용접 완료 후의 가스 방류는 생략하며, 가스병 속의 잔량은 가스의 소모로 무시한다. 또한, 탄산가스 일때는 액화 탄소량의 단가는 중량(kg)으로 되어 있으며, m' 혹은 ℓ 의 단위의 가격으로 구할 때에는 2kg=1m'=6,000 ℓ 의 환산으로, 단위 체적 당 대략 가격을 구하는 것이 보통이다. 그림 9-13은 용착 금속을 얻을 수 있는 강판의 두께와 홈 면적 S의 관계를 나타낸 것이다.

t= 두께, ℓ=길이라 할 때 체적은 다음과 같다.

$$V형 = \{(t-t_1)^2 \cdot \tan 30° + t \times S\} \cdot \ell$$

$$X형 = \left\{ \frac{1}{2} t^2 \tan 30° + t \times S \right\} \cdot \ell$$

$$U형 = \left\{ (t-7) \times 10 + \frac{1}{2} \pi \times 5^2 + (t-7)^2 \cdot \tan 15° + 2 \times 2 \right\} \cdot \ell$$

$$H형 = 2 \left\{ \left(\frac{t}{2} - 6 \right) \times 10 + \frac{1}{2} \pi \times 5^2 + \left(\frac{t}{2} - 6 \right)^2 \cdot \tan 15° + 2 \times 1 \right\} \cdot \ell$$

(3) 용접 작업 시간

용접 작업에 요하는 시간은, 용접봉의 종류와 봉지름 자세와 제품의 형상 종류에 따라 다르다. 용접 자세가 아래보기 일 때에는 수직 혹은 위보기에 비하여 용접시간은 약 반이면 된다. 용접 시간 중에는 용접 준비, 봉의 교환 슬랙 제거와 홈의 청소 등의 작업이 필요하기 때문에, 실제로 아크가 발생하고 있는 시간(Arc time)은 매우 적다. 일반적으로 1일 8시간 근무에 대하여 아크 발생 시간을 백분율로 표시하는 것을 아크 시간률 혹은 작업률이라 한다. 수동 작업시에는 평균 35~45%, 자동 용접시에는 평균 40~50%로 하고 있다. 어떤 이음의 용접에 사용되는 봉지름과 필요한 용착 금속의 양(용착량)을 보고 있으면, 그 용착량을 그림 9-14의 용착 속도의 값으로 나누면 용접의 정미 소요 시간을 계산할 수 있다.

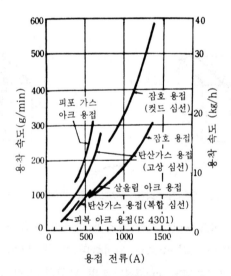

그림 9-14 각종 용접법의 용착 속도

이 값은 연강 외에도 저합금 강도에 적용되며, 어떠한 이음 형상에도 아무 관계없이 이용된다.

$$용접작업시간 = \frac{아크시간}{아크시간율}$$

노임 = 작업시간×노임단가

(4) 전력비

전력요금 = 소요 전력량×전력요금 단가

① 전력량(WH)=용접 전류(A_2)×용접기

2차 무부하 전압(V_{20})×용접기 역률(p·f)×아크 시간

일차 피상 입력 P_1(KVA)=일차 전압(V_1)×일차 전류(A_1)≒용접기 2차 무부하 전압(V_{20})×용접 전류(A_2)

일차 입력(KW)=일차 피상 입력(P_1)×용접기 역률(p·f)

② 전력량(WH)= $\dfrac{\text{용접전류}(A_2)\times\text{용접전압}(V_2)}{\text{용접기효율}(\eta)}$ ×아크시간

이때, 용접기 효율(η)은 전체의 효율로 교류 아크 용접기는 약 50%, 직류 아크 용접기는 약 75%로 한다.

2차 무부하 전압($\sqrt{20}$)= $\dfrac{1\text{차입력(KVA)}}{\text{전력2차전류}(A_2)}$

단, 이때 용접기의 내부손실을 0으로 한 것이다.

역률(power factor)= $\dfrac{1\text{차입력(KW)}}{1\text{차피상입력(KVA)}}$

이때, 부하의 효율은 100%로 한 것이다.

(5) 삼각비와 보수비

용접 작업 1시간당 비율을 생각한다.

① 상각비= $\dfrac{\text{용접기 가격}}{\text{상각 시간}}$

상각 연수는 일반적으로 8년을 잡고 있으나, 구체적인 적정 시간은 아니다. 수요간의 특수 사정에 의하면 5~7년으로 한다.

② 보수비= $\dfrac{\text{연간 보수비}}{\text{연간 사용 시간}}$

일반적으로 연간에 기계 대금의 10%라고 가정하여 계산하나 실제에 따라 달라진다.

(6) 용접성

용접성이란, 주어진 공작 조건하에서 적당하게 설계되어진 구조물을 용접할 때 금속의 피용접성 혹은 그 용접 구조물의 사용 요구에 대하여 만족시키는 정도로서 표시하는 것이

다. 스타우트(stout)의 제안을 들어 설명하면, 용접성이란 접합 성능과 사용 성능의 두 가지를 만족시키는 정도로 해석하고, 이들에 미치는 영향을 주는 인자를 다음과 같이 분류하고 있다.

① 접합 성능에 대한 용접성 인자

A) 모재와 용접 금속의 열적 성질

B) 용접 결함

ⓐ 모재의 고온 혹은 냉간 균열

ⓑ 용접 금속의 고온 혹은 냉간 균열

ⓒ 용접 금속 내의 기공과 슬랙 그리고 그 섞임

ⓓ 용접 금속의 형성 혹은 외관 불량

② 사용 성능에 대한 용접성 인자

A) 모재와 용접부의 기계적 성질

B) 모재의 노치 취성(notch brittelness)

C) 용접부의 연성(ductility)

D) 모재 혹은 용접부의 물리적 화학적 성질

E) 변형과 잔류 응력

등을 들고 있다.

③ 사용 성능의 용접성 시험과 조사

이것은 다음과 같은 방법에 의하여 판정한다.

A) 노치 취성을 충격 시험

B) 용접부의 연성은 인장시험

C) 용접 균열은 굽힘시험

그리고 후술할 용접의 시험과 검사 방법을 이용하여, 용접 구조물의 사용 성능에 대한 충분한 능력을 발휘할 수 있는가 하는 양부의 결정을 할 수 있으면, 재료에 대한 용접성도 판정한다.

9-4. 용접 준비와 후처리

1. 용접 준비

용접 시공은 적당한 시방서에 따라서 필요한 구조물을 제작하는 것이다. 좋은 용접 제품을 만들려면 세밀한 설계와 적절한 용접 시공이 이루어져야 하므로, 용접 설계자는 시공에 관한 충분한 지식을 가지고 최선의 용접 기술과 시공 요령을 익히며, 각종 용접법의 용도와 재료에 따라 적용성을 비교·활용하고 경제성도 고려해야 한다.

(1) 일반 준비

용접 제품의 좋고 나쁨은 본용접 못지 않게 용접 전의 여러 가지 준비에도 많이 좌우된다. 용접 준비는 용접 작업에 있어서 중요한 문제인데, 모재의 재질 확인, 용접기의 선택, 용접봉의 선택, 용접사의 선임, 지그(jig)의 결정 외에 용접봉 및 용접기기의 선택도 용접 준비의 중요한 항목이다. 중요한 용접 전의 준비 사항을 살펴보면 다음과 같다.

① 제작 도면을 이해하고 작업 내용을 충분히 검토한다.

② 사용 재료를 확인하고 그 기계적 성질, 용접성 및 용접 후의 모재의 변형 등을 알아 둔다.

③ 용접봉은 모재에 알맞은 것을 선택하여 사용하도록 하되, 다음 사항에 유의한다.

  A) 용착 금속의 강도가 설계자의 의사를 충족시킬 것

  B) 구조물에 따라 판 두께나 사용재료가 다른 곳도 있으므로 사용 성능과 경제성을 잘 생각하여 그에 적합한 용접봉을 선택할 것

④ 용접 이음과 홈의 선택에 대하여 이해한다.

⑤ 용접기와 그 외의 필요한 설비가 준비되었는지 조사한다.

⑥ 용접 전류, 용접 순서, 용접 조건을 정해둔다.

⑦ 홈 면에 페인트, 기름, 녹 등의 불순물이 없나 확인한다.

⑧ 예열, 후열의 필요성 여부를 검토한다.

이상과 같은 용접 전의 준비가 끝나면 조립과 가접으로 들어간다.

물건을 조립할 때 사용하는 도구를 용접 지그(wlding jig)라 하며, 제품을 정확한 형상과 치수로 용접할 수 있고, 안정된 아래보기 자세로 작업할 수 있기 때문에 지그를 사용하는 것이 좋다.

이 지그의 활용을 잘 하고 못함이 용접 제품의 질을 지배하며, 공정수 경감에도 큰 영향을 준다.

용접 지그는 용접물을 용접하기 쉬운 상태로 놓기 위한 것과, 용접 제품의 치수를 정확하게 하기 위하여 변형을 억제하는 역할을 하는 것의 2종류로 크게 나눌 수 있으며, 포지셔너(positioner) 등이 있고 용접 공정구에는 정반이나 스트롱 백(strong back) 등이 있으며, 적절한 지그를 사용하면 다음과 같은 잇점이 있다.

① 동일 제품을 다량 생산할 수 있다.

② 제품의 정밀도와 용접부의 신뢰성을 높인다.

③ 작업을 용이하게 하고 용접 성능을 높인다.

그러나 다음 사항에 유의해야 한다.

① 지그의 제자비가 많이 들지 않아야 한다.

② 구속력이 너무 크면 잔유응력이나 균열이 발생하기 쉽다.

③ 사용이 간편해야 한다.

(2) 이음 준비

이음 준비에는 홈가공, 조립, 가접 그리고 이음부의 청소 등이 있다.

① 홈 가공

홈 가공 및 가접 정밀도는 용접능률과 이음의 성능에 큰 영향을 끼치는데, 홈 모양은 용접 방법과 조건에 따라 다르나, 능률면으로 보면 용입이 허용되는 한 홈 가공을 작게 하고 용착 금속량을 적게 하는 것이 좋다.

피복 아크 용접 등에서는 54~70° 정도의 홈 각도가 적합하며, 용접 균열은 루트의 간격이 좁을수록 적게 발생한다. 또, 자동 용접의 홈 정밀도는 손 용접의 경우보다는 훨씬 엄격하다. 특히 대전류를 사용하는 서브머지드 아크 용접에서는 루트의 간격을 0.8mm 이하, 루트면을 7~16mm로 하고 표면 및 용접의 용입이 3mm 이상 겹치도록 하는 것이 좋다.

홈 가공은 가스 절단법에 의하나, 정밀한 것은 기계 가공을 하며, 비철금속은 플라스마 절단(plasma cutting)에 의한 가공을 한다.

② 조립 및 가접

홈 가공을 끝낸 판은 제품으로 제작하기 위해 조립, 가접(tack welding)을 실시하는데 용접 시공에서의 중요한 공정의 하나이며, 그 좋고 나쁨에 따라 용접결과에 직접적인 영향을 준다.

가접은 본 용접을 실시하기 전에, 좌우의 홈 부분을 잠정적으로 고정하기 위한 짧은 용접이다. 균열, 기공, 슬랙 잠입 등 많은 결함을 수반하기 쉬우므로 원칙적으로 본 용접을 할 부분에 가접을 하는 것은 바람직하지 못하지만, 불가피한 경우에는 본 용접부에 가접을 하고 본 용접 전에 갈아내는 것이 좋다.

또한, 언더컷이 생기지 않도록 하고, 강도상 중요한 곳과 용접의 시점 및 중심이 되는 끝부분은 가접을 피할 것이며, 가접은 본 용접과 비슷한 기량을 가진 용접사가 실시하여야 한다.

③ 루트 간격

피복 아크 용접에서 루트 간격이 너무 크면 다음과 같은 요령으로 보수한다. 즉 맞대기 이음에서는 간격을 6mm 이하, 6~16mm, 16mm 이상 등으로 나누어서 그림 9-15와 같이 보수한다.

그림 (a)의 경우에는 한쪽 또는 양쪽 덧살을 올려 용접해서 깎아내고 규정간격으로 홈을 만들어 용접한다.

그림 (b)의 경우에는 두께 6mm 정도의 뒷판을 대서 용접한 것이며, 그림 (c)의 경우는 전부 또는 일부(길이 약 300mm)를 대체한 것이다. 필릿 용접의 경우에는 그림 9-16과 같이 루트 간격의 양에 따라서 보수 방법이 다르다.

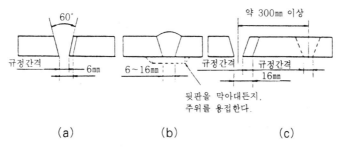

그림 9-15 맞대기 이음 홈의 보수

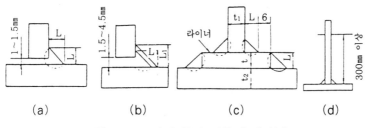

그림 9-16 필릿 용접 이음 홈의 보수

즉, 그림 (a)와 같이 간격이 1.5mm 이하일 때에는 규정대로의 각장으로 용접하며, 그림 (b)와 같이 간격이 1.5~4.5mm일 때에는 그대로 용접하여도 좋으나, 넓혀진 만큼 각장을 증가시킬 필요가 있다.

그림 (c)와 같이 간격이 4.5mm 이상일 때에는 라이너를 넣든지, 그림 (d)와 같이 부족한 판을 300mm 이상 잘라내서 대체한다.

④ 이음부의 청소

이음부에 있는 녹, 스케일, 페인트, 기름, 그리이스, 먼지, 슬랙 등은 기공이나 균열의 원인이 되므로, 와이어 브러시(wire-brush), 그라인더(grinder), 숏부러스트(shot blast) 등으로 제거하거나 또는 화학약품을 사용하는 것이 편리하다.

특히 자동 용접의 경우에는, 대전류로써 고속 용접을 하므로 유해 물질의 영향이 크기 때문에 용접 전에 가스 불꽃으로 홈의 면이 80℃ 정도로 온도가 올라갈 때까지 가열하여 수분이나 기름을 제거하는 방법이 자주 이용되고 있으며, 비교적 간단하므로 피복 아크 용접의 경우에 이용해도 좋다.

2. 용접 후의 처리

(1) 응력 제거

용접을 하면 잔류 응력이 발생하게 된다. 이것이 용접 이음에 어떠한 영향을 주는지는 제품의 사용 조건에 따라 다르지만 일반적으로는 잔류 응력을 제거하여야 하며 그 반응은 다음과 같다.

① 노내 풀림법

응력 제거 열처리법 중에서 가장 잘 이용되고 있는 방법으로 효과가 큰 것인데, 제품 전체를 가열로 안에 넣고 적당한 온도에서 일정 시간 가열한 다음 노 내에서 냉각시킴으로서 제거하는데, 어떤 한계 내에서 온도가 높을수록 또, 유지 시간이 길수록 효과가 크다. 연강류 제품을 노 내에서 출입시키는 온도는 300℃를 넘어서는 안되며, 300℃ 이상에서의 가열 및 냉각 속도 R은 다음 식을 만족시켜야 한다.

$$R \leq 200 \times \frac{25}{t}(dog/h)$$

(여기서 t는 가열부의 용접부 최대두께(mm)임.)

제품에 따라서는 온도를 너무 높이지 못할 경우가 있으므로, 이 때는 유지시간을 길게 잡아야 한다. 판의 두께가 25mm인 보일러용 압연 강재나 용접 구조용 압연 강재, 인발 구조용 압연 강재, 탄소강의 경우는 625±25℃에서 10℃씩 온도가 내려가는 시간은 20분씩 길게 잡으면 된다.

② 국부 풀림법

제품이 커서 노 내에다 넣을 수 없을 때나 형장 용접된 것으로서, 노내 풀림을 하지 못할 경우에 용접선의 좌우 양쪽 각각 250mm의 범위 혹은 판두께의 12배 이상의 범위를 노내 풀림과 같은 온도 및 시간 동안 유지한 다음 서냉한다.

③ 그 밖의 잔류 응력 제거법

그 밖의 잔류 응력 제거법은 저온 응력 완화법, 기계적 응력 완화법, 피닝법 등이 있으며 저온 응력 완화법은, 용접선 양측을 일정 속도로 이동하는 가스 불꽃으로 너비 약 150 mm를 150~200℃로 가열한 다음 곧, 수냉하는 방법으로서 주로 용접선 방향의 응력을 완화시키는 방법이다.

　기계적 응력 완화법은, 잔류 응력이 있는 제품에 하중을 주고 용접부에 약간의 소성 변형을 일으킨 다음 하중을 제거하는 방법이다.

　피닝법은 끝이 구면인 특수한 피닝해머로 용접부를 연속적으로 때려 용접 표면상에 소성 변형을 주는 방법으로서, 용접 금속부의 인장 응력을 완화하는데 큰 효과가 있다.

(2) 변형의 방지와 교정

　용접할 때 발생한 변형을 교정하는 것을 변형 교정이라고 하며, 많은 경비와 시간이 소요되므로 사전에 변형발생이 적은 시공법을 취하여야 한다. 수축과 변형은 동시에 　잔류 응력을 발생시키고 또, 잔류 응력을 적게 하려면 변형이 커지게 된다.

　이 양측을 동시에 적게 하는 것은 매우 어렵기 때문에, 보통 구조물의 강도상 주요 부재로 사용되는 후판에 대해서는 잔류 응력을 적게 시공하고 반대로 박판에서는 변형을 경감하는 공법을 쓰고 있다. 변형과 잔류 응력을 경감하는 데는 일반적으로 다음과 같은 방법이 쓰인다.

　① 용접 전의 변형 방지책으로서 억제법, 역변형법을 쓴다.

　② 용접 시공에 의한 경감법으로는 대칭법, 후퇴법, 스킵블록법, 스킵법 등을 사용한다.

　③ 모재의 열전도를 억제하여 변형을 방지하는 방법으로는 도열법을 사용한다.

　④ 용접 금속부의 변형과 응력을 제거하는 방법으로는 피닝법을 사용한다.

　이와 같이 용접한 것도 제품이 완성된 후에 변형이 일어나면, 미관상이나 강도상 또는 성능상 불합리한 점이 많으므로 변형을 교정해야 한다. 변형 교정은 제품의 종류와 변형의 형식과 양에 따라 다음과 같은 방법 등이 있다.

　① 박판에 대한 점 수축법

　② 형재에 대한 직선 수축법

　③ 가열 후 해머질을 하는 방법

　④ 두꺼운 판에 대하여 가열 후 압력을 가하고 수냉하는 방법

　⑤ 로울러에 거는 방법

　⑥ 피닝법

　⑦ 절단해서 변형시켜 다시 용접하는 방법

　이중에 ①~④는 어느 것이나 가열하여 소성 변형을 시켜서 교정하는 방법인데, 가열 온도가 너무 높게 되며 재질의 열화를 가져오므로 600℃ 이하로 하는 것이 좋으며, ①·②는 가열할 때 발생되는 열 응력을 이용하여 소성 변형을 일으키게 하는데에 비해 ③·④는 소성 변형을 일으키는데 외력을 이용한 것이고 ⑤·⑥은 외력만으로써 소성 변형을 일어나게 한 것이다.

그러나 실제는 이를 여러 가지를 병용하여 사용하는 적이 많지만, 이중 로울러에 거는 방법은 판재 또는 직선재와 같은 간단한 것이 아니면 곤란하다.

①의 점 수축 시공법은 가열 온도를 500~600℃로, 가열 시간은 약 30초로 가열점의 지름은 20~30mm로 하며 가열 후에 즉시 수냉시킨다.

실제로 시공에서 이와 같은 점 가열을 많이 하고 있으면 가열점의 중심거리는 판의 두께가 2.3mm인 경우에 60~80mm 정도가 알맞다.

(3) 결함 보수

용접부에 결함이 발생되었을 경우, 보수를 필요로 하는 가공이나 슬랙 섞임 등은 깎아내고 재용접하며, 만일 균열이 발견되며 그림 9-17과 같이 균열 양단에 드릴로 파열 정지 구멍(stop hole)을 뚫고 균열이 있는 부분을 깎아내어 다시 규정의 홈으로 가공한다.

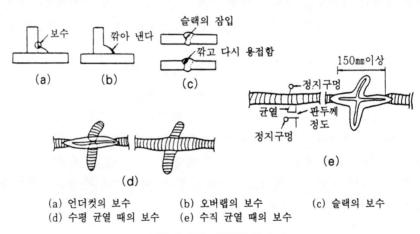

(a) 언더컷의 보수　　(b) 오버랩의 보수　　(c) 슬랙의 보수
(d) 수평 균열 때의 보수　(e) 수직 균열 때의 보수

그림 9-17 결함부의 보수

그리고 될 수 있으면 그 부근의 용접부도 일부 절단하여 자유로운 상태에서 균열 부분을 다시 용접한다.

결함이 언더컷(under cut)일 경우는 그림 9-17의 (a)와 같이 가는 용접봉을 사용하여 보수하고, 오버랩(over lap)인 경우는 (b)와 같이 일부분을 깎아내고서 재용접하는데, 보수를 목적으로 한 재용접은 일반적으로 시공 조건이 나쁘게 될 염려가 많으므로 신중을 기해야 한다.

(4) 보수 용접

보통 보수 용접이란 마모된 기계 부품, 예를 들면 차축이 마모되었을 때 내마모성을 가진 용접봉을 사용하여 덧살올릴 용접으로 재생 수리하는 것을 말한다.

이때 사용하는 용접봉으로는 망간강 또는 크롬강 등 탄소강 계통의 심선을 사용한 것과, 크롬-코발트-텅스텐을 기본으로 하는 비철 합금계의 심선을 사용하는 것 등이 있는데, 어느 경우이든 용접금속의 강도가 큰 값이 많으므로 용접할 때 충분한 예열과 후열처리를 해야 한다.

또, 덧살올림의 경우에는 용접봉을 사용하지 않고 용융된 금속을 고속 기류로 불어(spray) 붙이는 용사 용접도 사용되며, 서브머지드 아크 용접(submerged arc welding)에서도 덧살올림 용접을 하는 방법이 사용되고 있다.

(5) 용접 후 가공

제품 제조의 중간 단계에서 용접을 실시한 후 기계 가공 또는 굽힘 가공을 하는 수가 있는데, 용접부를 기계 가공으로 절삭하면 용접부에 있던 잔유 응력이 해방되며 이때 변형이 일어나는 수가 있으므로, 용접 후 기계 가공을 실시하는 것에 대해서는 응력 제거 처리를 해두는 편이 바람직하다.

용접 후 굽힘 가공을 하거나 용접봉을 잘못 선택했을 때도 용접부에 균열이 발생하는 수가 있는데, 그 원인으로는 용접 열영향부의 경화가 심해지고 그 부분의 연성이 용접금속 및 모재에 비하여 저하되어 있음을 생각할 수 있다.

이러한 경우에 굽힘 가공을 하면, 연성이 적은 열영향부에 집중된 응력으로 인해 균열이 발생하기 쉬우며 또, 열영향부의 연성 저하에는 경로뿐만 아니라 그 부분에 함유된 수소량도 큰 영향을 끼친다.

이 수소가 많아지면 연성의 저하뿐만 아니라, 비드 균열 등과 같은 이음표면에서 검출하기 어려운 균열을 열영향부에 만들고, 이것이 굽힘 가공을 할 때 균열을 유발시키는 수가 있다. 이 밖에 균열이 원인이 되는 것은 역시 열영향부 부분의 노치 인성의 저하를 들 수 있다.

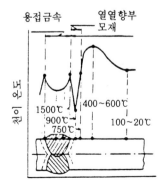

그림 9-18 용접부의 천이 온도 분포

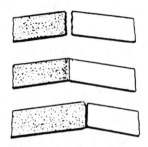

그림 9-19 취화역에서의 판단

그림 9-18은 용접부의 천이 온도(transition temperature) 부분의 설명도로서 천이 온도란 재료가 연성 파괴에서 취성 파괴로 변화하는 온도 범위를 말하는데, 최고 가열 온도가 400~600℃로 상승한 부분의 천이 온도가 가장 높으며, 이 영역은 조직의 변화는 없으나 기계적 성질이 나쁜 곳이다. 그림 9-19는 굽힘 시험편이 취화역에서 파단된 것으로서 앞에서 말한 열 영향부의 경화, 수소 함유량의 과대, 취하역의 존재 등은 풀림처리 등으로 어느 정도 개선된다.

용접 후 가공을 실시하는 것에 대해서는 노내 풀림을 하는 것이 바람직하므로, 공정 계획 중에 노내 풀림의 공정을 삽입하도록 하는 것이 좋다.

※ 아래 표에 설계시공에서 많이 사용되는 회랍문자와 그 읽은 법을 나타낸다.

회랍문자 읽는 법

대문자	소문자	읽 는 법	대문자	소문자	읽 는 법
A	α	알 파 (Alpha)	N	ν	뉴 우 (Nu)
B	β	베 타 (Beta)	Ξ	ξ	크 사 이 (Xi)
Γ	γ	감 마 (Gamma)	O	o	오미크론 (Omicron)
Δ	δ	델 타 (Delta)	Π	π	파 이 (Pi)
E	ϵ	입 실 론 (Epsilon)	P	ρ	로 오 (Rho)
Z	ζ	제 타 (Zeta)	Σ	σ	시 그 마 (Sigma)
H	η	이 타 (Eta)	T	τ	타 우 (Tau)
Θ	θ	세 타 (Theta)	Υ	υ	웁 실 론 (Upsilon)
I	ι	이 오 타 (Iota)	Φ	φ	화 이 (Phi)
K	κ	카 파 (Kappa)	X	χ	카 이 (Chi)
Λ	λ	람 다 (Lambda)	Ψ	ψ	프 사 이 (Psi)
M	μ	뮤 우 (Mu)	Ω	ω	오 메 가 (Omega)

9-5. 용접의 관리

1. 통계적 관리의 기초

(1) 용접 관리의 용어

① 평균치

n개의 데이터 x_1, x_2, $x_3 \cdots x_n$의 평균치 $\overline{x}$는 다음 식으로 구할 수 있다.

$$\overline{x} = \frac{1}{x}(x_1 \times x_2 \times x_3 \cdots x_n) = \sum_{i=1}^{n} \frac{x_i}{n}$$

② 나머지 차이의 평방의 합

$x_i(i=1, 2, 3 \cdots n)$의 x 균치를 $\overline{x}$라면, 나머지 차이의 평방의 합 또는 평방의 합 s는 다음식에 의하여 구할 수 있다.

$$s = \sum_{i=1}^{n} (x_1 - \overline{X})^2 = x_i^2 - n\overline{x}^2$$

③ 분산과 표준편차

나머지 차이의 평방의 합 s는 데이터의 수 n으로 나눈 것이 분산이며 그 평방근을 표준편차(시그마)라 한다.

표준편차 δ는 원래의 데이터 x_i와 같은 다위를 가지며 평균치의 주위의 데이터의 퍼지는 모습을 나타내고 있다.

표준편차 δ는

$$\delta = \sqrt{\frac{s}{n}} = \sqrt{\frac{1}{n} \sum_{i=1}^{n} (x_1 - \overline{x})^2} = \sqrt{\frac{\Sigma x_i^2}{n} - \overline{x}^2}$$

④ 중앙치와 범위

중앙치 $\overline{x}^2$은 데이터를 크기의 순으로 배치했을 때의 중앙의 값이다.

이때 데이터의 개수 n이 홀수이면 문제는 없으나, 짝수일 때는 중앙의 두 깨의 값이 평균값을 잡는다.

범위 R은 x_i 중 가장 큰 것과 가장 작은 것과의 차이이다.

⑤ 히스토그램과 누적도수그램

데이터의 수가 많을 때에는 그 발생 도수를 기둥모양의 그래프로 나타낸 것이 많이 사용된다. 이것을 히스토그램(Histogram)이라 한다. 이 그래프에서 어느 수 값 이하 또는 미만의 도수의 합계를 가지고 나타낸 것을 누적도수그램이라 한다.

⑥ 분포도와 상관도

두 개의 양 x, Y를 대상으로 데이터(x_1, Y_1), $(x_2, Y_2) \cdots (x_n, Y_n)$가 얻어졌다고 한다.

이것을 한눈으로 보아 알 수 있게 나타내기 위해서는 x를 가로축으로, Y를 세로축으로 잡아 그래프 용지에 나타내면 좋다. 이것을 산포도라 한다.

또, 이때 데이터를 종합하여 표로 나타내도 좋다. 이 표를 상관도표라 한다.

(2) 품질 관리

제품의 생산과정을 안정시키고 품질을 균일한 상태로 향상시키기 위하여 행하는 관리를 품질관리라 한다.

이것에는 품질조정과 품질향상의 두 가지 문제가 있다.

제품조정이란, 제품의 품질을 보호하여 균일한 특성을 가지게 하는 것으로 좁은 의미의 통계적 품질관리는 이 목적하에 행해진다.

품질향상이란 품질 변동의 원인을 분석 연구하여 이상적으로 품질을 향상시키는 것으로 따라서 관리수준의 향상을 의미한다.

이 관리수준이라 함은 통계적 관리 수준을 정확하게 나타내기 위한 것으로, 일반적으로 평균치 ($\bar{x}$)나 평균편차(δ)를 사용한다.

품질관리의 실제작업에서는 관리도가 흔히 사용한다.

2. 용접 기술의 관리

용접제품의 품질을 좋게 하고, 용접능률을 올리며 원가를 싸게 하기 위하여 용접기술의 관리방법이 여러 가지로 연구되고 있으며, 다음 표 9-6에 그 한 보기를 나타낸다.

(1) 관리의 대상항목과 방법

관리의 대상이 되는 항목은 불량항목과 불량의 원인을 조사하여 그 반수 이상을 차지하는 사항을 찾아내어 관리의 대상으로 한다.

즉, 표 9-6은 피복 아크 용접부의 불량의 원인을 조사하여 그 반수 이상을 찾아내어 관리의 대상으로 한다.

표 9-6은 피복 아크 용접부의 불량의 항목과 그 원인을 나누어, 그 사이의 영향을 미치는 정도의 크고 작음을 ○와 △로 경험적으로 구분하여 채점한 것으로, 순위 1, 2, …… 에 따라 관리 대상으로서의 중요도를 알 수 있다.

이것에 의하면 불량항목에 대해서는 19항목 1, 2, …… 중 순위 No1~No8 까지를 잡고, 원인 사항에 대해서 15항목 중 No1~No7 까지를 관리하면 합계의 득점 %의 합한 것에서 볼 때 전체의 60%의 불량이 해결됨을 알 수 있다.

표 9-6　용접 불량과 원인의 관계(○ : 관계 깊은 것, × : 관계 낮은 것)

불량항목 \ 불량요인	1. 재료의 보관 청소	2. 사용 재료의 재질	3. 용접기의 관리	4. 전원과 아스	5. 지그와 설비	6. 용접공 교육 관리	7. 용접봉의 선정	8. 용접봉의 관리	9. 설계	10. 홈의 치수	11. 조립 정밀도	12. 용접자세	13. 용접순서	14. 용접조건	15. 용접작업기준	○의수	△의수	득점	%	순위
1. 언더컷	○		○	△	○	○	○	○	△	△	○	○		○	△	9	4	22	7.2	6
2. 오버랩			○	△	△	○	○	△	△	△	△	△		○		4	7	15	4.9	11
3. 비드불량	△		○	○	○	○	○	○	△	○	○	○		○	△	10	3	23	7.5	3
4. 균열		○	△			△	○	△	○	○	○		○	○	○	8	3	19	6.2	8
5. 슬랙잔류						○	△				△					1	2	4	1.3	19
6. 스패터부착	△		△	△		○	○	○			△			△		3	5	11	3.6	14
7. 페터링	○	△				△	○	○						△		3	3	9	2.9	16
8. 기공	○	△	○	△	△	○	○	○	○	○	○	○		○	△	11	3	25	8.2	1
9. 슬랙잠입			○	○	△	○	○	○	○	○	○	○		○		11	1	23	7.5	3
10. 용입불량			○	○	△	○	○	○	○	△	○	△	△	○		8	5	21	6.8	7
11. 변형치수불량					○	○	△				○	○	○	○	○	8	2	18	5.9	9
12. 잔류응력						△	△				○	○	○	○	○	6	3	15	4.9	11
13. 접합부파괴		○				○			○	○	○			○	○	7	3	17	5.5	10
14. 부식	△	○				○			○					△	○	4	2	10	3.3	15
15. 용접치수불량					○				○		△				○	3	1	7	2.3	17
16. 용접위치불량					△				○		○				○	3	1	7	2.3	17
17. 불안전			○	○	△	○	○	△	△		△				△	4	5	13	4.2	13
18. 공임증대	△	△	○	○	○	○	○	○	○	○	○	△	○	○	○	10	5	25	8.2	1
19. 재료비증대			○	△	△	○	○	○	○	○	○	○	△	○	○	10	3	23	7.5	3
○의수	3	3	8	4	7	14	14	7	12	10	12	6	3	12	8	123				
△의수	4	3	3	6	3	4	3	6	4	2	2	8	3	3	7		61			
득점	10	9	19	14	17	32	31	20	28	22	26	20	9	27	23			307		
%	3.3	2.9	6.2	4.6	5.5	10.4	10.1	6.5	9.1	7.2	8.5	6.5	2.9	8.8	7.5				100	
순위	13	14	10	12	11	1	2	8	3	7	5	8	14	4	6					

　이들의 불량항목의 관리 방안으로는 표 9-7에 나타내는 방법에 의하여, 용접 작업의 결과를 검사 측정하여 불량의 상태를 알아내어 이것을 관리도에 적당한 방법으로 나타내어 관리한다.

　또, 불량원인의 관리에는 표 9-8에 나타냄과 같은 여러 종류의 표준이나 기준을 공장 안에서 정해두지 않으면 안된다.

　위에서 말한 여러 종류의 기준이 정비되어 이것에 의하여 작업지도표를 만들고, 그 결과를 관리도에 의하여 관리하여 표 9-8의 불량항목의 관리 결과와 서로 비교하여 대책을 세우고 연구하여 점차 개선해 나가 용접기술의 안전과 진보를 얻을 수 있다.

표 9-7 불량 항목의 판정과 관리방법

불 량 항 목	검 정 측 정 법	검정측정의 기준	관 리 법
1. 언더컷	외관검사		
2. 겹치기	〃		관 리 도
3. 비드가 고르지 못함	〃		
4. 파열	자기검사	표준견본에 의한 외관 검사기준	
5. 슬랙 잔류	〃		
6. 팁부착	〃		관 리 도
7. 비딩	X선검사	X선검사와 기타 비파괴 검사기준과 판정기준	
8. 기공	〃		
9. 슬랙 잠입	〃		
10. 용입불량	〃		
11. 변형-치수불량	치수측정	변형, 치수검사기준	관 리 도
12. 잔류응격	잔류응력측정	필시에 따라 실시	확 인
13. 이음부 파괴	강도시험, 사고기록	강도시험기준	확인 혹은 관리도
14. 부식	부식시험	시험표준	
15. 용접치수불량	치수시험	도면과의 대조차에 의함	확 인
16. 용접순위불량	〃		
17. 불안전	안전시험	안전관리측정	관 리 도
18. 시공중대	공수측정, 아크 측정	공비산출기준, 아크 시간	〃
19. 재료비 증대	용접봉사용량, 남은봉측 정	봉사용량 산정기준, 잔 류봉 관리기준	〃

표 9-8 용접작업 각 요소의 관리에 필요한 여러 기준과 관리방안

요 소 항 목	제정해야 할 기준과 표준	관 리 법
1. 재료와 보관과 청정	1. 재종별, 방 변형방지 취급기준 2. 재질별, 색별, 보관규정 3. 자동용접, 점용접 등	확 인
2. 재료의 재질관리	1. 용도별 재질기준 2. 재질별 시험기준 3. 용접용 재료	확 인
3. 용접기 관리	1. 용접기 보수기준 2. 용접기 관리규정 3. 자동용접기, 점용접기 정비보수기준 4. 용접기 가동율 관리기준 5. 기계용접 활용기준	보관정비 관리대장 확 인 관 리 도
4. 전원과 어어스 정비	1. 전원 정비 기준 2. 어어스 정비기준 3. 용접홀다정비 보수기준	정기점검 확 인
5. 지그와 위치 결정	1. 지그와 위치결정구 정비기준 2. 위와 같음 활용기준	점 검 도 관 리 도

요 소 항 목	제정해야 할 기준과 표준	관 리 법
6. 용접원 　　교육관리	1. 용접원 교육훈련기관　2. 특수용접 교육기준 3. 기량　　　　　　　　 4. 기능교련 실시기준 5. 용접원 배치 기준	실　시 기　록
7. 용접봉 선택	1. 연강용접봉 사용기준 2. 그외 용접봉 사용기준	점검표에 의한 확인
8. 용접봉 관리	1. 수입검사기준 2. 용접봉 수불기준 3. 용접봉 보관 건조기준 4. 봉 소요량 산정기준 5. 봉 사용량 6. 남은 용접봉 관리기준	확　인 관 리 도 〃 〃 〃 〃
9. 용접설계	1. 용접설계 표준　　 2. 용접구조 요소 표준 3. 용접구조 표준　　 4. 용접기호 도시법 기준 5. 필렛용접 치수　　 6. 마개용접 치수 표준 7. 각종 계수표준	도면검토와 확인
10. 개선치수	1. 맞대기 용접개선치수 기준 2. T형 맞대기 이음홈 치수 기준 3. 판이음 홈치수 표준	설계도면검토 공작지도표 홈관리표에 의한 확인
11. 맞추기 정밀도	1. 맞추기 치수공차 2. 홈 맞추기 치수공차	점검표에 의한 확인 맞추기 점검 성적
12. 용접자세	1. 작업표준과 작업지도표	점검확인
13. 용접순서	1. 위와 같음	〃
14. 용접조건	1. 위와 같음 2. 전류측정 관리 기준	점검확인 관 리 도
15. 그밖의 　　용접작업 기준	1. 고장력 강판 취급 공작 기준 2. 그밖의 재질별 용접작업 표준 3. 판의 두께, 봉의 지름별 홈의 별 층수 4. 예열, 후열, 풀림처리 기준 5. 피닝 시공기준 6. 자동서브머어지드 아크용접 작업표준 7. 점용접 작업표준 8. 그밖의 용접 작업표준	각각의 작업지도표에 의함 확인표에 의하여 점검 확인

　이들의 관리에 필요한 관리체계의 한 보기로서 표 9-9를 들을 수 있다. 물론 이들의 체제는 작업의 규모나 관리의 범위에 의하여 여러 가지 차이점이 있다.

표 9-9 용접기술 관리계통의 한 보기

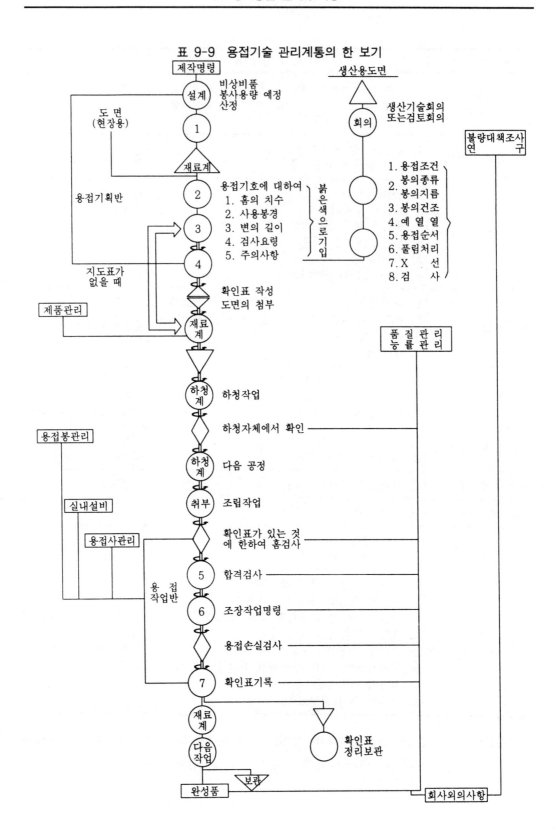

(2) 용접 설계의 관리

용접 설계는 표 9-6에 나타냄과 같이 용접 불량의 원인 중 비교적 중요한 원인이다.

옛날에는 용접시공의 세밀한 부분은 작업현장의 기술자의 판단에 맡기고 있었으나, 오늘날과 같이 용접의 응용범위가 넓어짐에 따라 용접설계를 할 때에는 정확한 시공기준을 나타내어 주는 것이 필요하다. 따라서 용접 작업에 밝은 사람이 용접설계 부분에서 필요로 하고 있다.

공작 도면에서 용접기호를 사용하여 시공의 세부까지 지시해야 한다.

용접설계와 시공을 손쉽게 하기 위하여 용접이음의 형상을 기준화하여 설계자에 따라 서로 달라지는 것을 막아야 한다. 또, 용접구조물에 있어서 수시로 사용되는 단위 구조물의 형식을 설계 요소 기준으로서 규정해 주어야 한다. 또한, 한데 뭉친 용접 구조물의 양호한 것의 대표적인 것을 수집해 주는 일도 중요하다.

(3) 설비와 지그의 관리

용접설비 중 가장 중요한 것은 용접기의 관리이다.

이 공장 제품의 내용 작업의 성질과 작업의 양에 가장 적합한 용량과 종별의 용접기의 필요한 대수를 가지고 있으며 또한, 가동율이 높게 배치해야 한다.

또한, 용접기에는 관리규정을 만들어 1대마다 관리 책임자를 정하여 언제나 사용할 수 있게 관리에 만전을 기하게 책임을 지우고, 전체 용접기의 총관리 책임자를 정해 두어야 한다.

용접기의 관리 카드를 만들어 이력을 명확하게 하고, 정기청소와 정기 정검을 해야 한다.

정기청소는 매주 1회 정도 안팎의 청소와 같이 가동부의 주위 접속부의 손질, 스위치의 손질, 케이블과 호울더 등의 보수를 해야 한다.

또, 점검은 한 달에 1회 정도 실시한다. 또한, 어스 여부와 리이드 케이블 배치의 난잡성 등은 용접조건의 보호에 크게 영향을 미치므로 정성 들여 손질해 주어야 한다.

용접지그는 용접능률의 향상과 품질의 보호에 중요한 기구이므로, 작업 목적에 적합한 지그를 만들어 정기적으로 점검하여 치수 등을 살펴야 한다.

(4) 용접사의 관리

용접사의 관리에 교육, 기능점검 적정배치 등이 있다.

이것은 기준을 정하여 충실히 해야 그 목적을 달성할 수 있다.

용접사의 개인 관리는 각자의 기능정도와 장점과 단점을 파악 지도 교육을 해야 한다.

각자마다 관리의 도표를 만들어 1주에 1회 정도 용접검사를 하여 비드의 품질관리의 일 정한 기준표 9-10에 의하여 용접선의 길이 1m당의 비드의 외관 결함수를 구하여 표시 관리한다.

결함의 원인으로서는 사용 용접봉이 적당한가, 적당하지 않은가 완전히 건조되어 있는 가, 홈상태, 홀더의 상태, 용접조건, 운봉법, 자세 시공법 등이 있으므로 각각 기준과 지 도표에 따라 지도한다.

표 9-10 비드 외관의 판정기준

결 함 별	결함의 한도	채 점 법	1m당의 허용 결함 점수			
			1급	2급	3급	4급
비드가 나쁨	〈1mm	15mm로 1점	1	2	4	8
비드 폭 나쁨	〈2mm	20mm로 〃	1	2	4	8
변의 길이 나쁨	〈±1mm	20mm로 〃	1	2	5	12
언 더 컷	〈0.2mm	10mm로 〃	0	1	3	10
겹 침	〈0.5mm	10mm로 〃	0	0	2	6

특히 용접전류와 비드 이음매의 운봉법에 중점을 두어 관리 지도한다.

(5) 용접봉의 관리

용접봉의 관리는 표 9-8의 원인사항 8에 나타냄과 같이 관리 사항이 매우 많다.

그중에서 중요한 2.3의 항목에 대하여 설명하기로 한다.

용접봉의 보관과 건조는 중요한 사항이다. 봉의 보관이 나빠서 피복제의 **흡습**이나 피복 의 쪼개짐 또는 국부적 파손이 생기면 표 9-6에 나타냄과 같이 각종의 용접결함을 일으키 기 쉽다.

용접봉은 사용 전에 표 9-11과 같은 건조가 필요하며 특히 저수소계 용접봉에서는 높은 온도에서 건조시킬 필요가 있다.

저수소계 용접봉은 250~300℃에서 한 시간 건조 후 2일간은 사용할 수 있다.

표 9-11 피복 아크 용접봉의 건조조건

봉의 종류	피복재의 종류	건조온도 (℃)	건조시간 (h)	유효기간 (일)
연 강 봉	저수소계 이외	60~80	2	2
합금강봉	저 수 소 계	250~300	1	2
비철금속봉	–	60~80	2	2

그러나 습도가 많은 날 특히, 우기에는 4~5시간 정도 밖에 효력이 없다. 또, 한번 25

0~300℃로 건조한 용접봉은 용접봉 보관창고에 넣어 80℃를 유지하게 하며, 재차 건조하지 않아도 언제나 그대로 사용할 수 있다.

용접봉 보관창고는 작업장에서 가깝고, 습기가 적은 곳에 전기가열식의 언제나 따듯한 방을 만들어 내부를 60~80℃로 유지시키고, 하루 두 차례 온도와 습도의 자기 측정을 하여 보관 관리한다.

용접봉 사용량의 관리도 중요하다. 처음부터 소정의 용접작업에 필요한 용접봉량을 산출하고, 실제의 사용량과 비교하면 작업능률을 알 수 있다.

또, 아크 타임을 측정하면 적정 전류로 정확한 양의 용접이 되었느냐, 되지 않았느냐 하는 것을 알 수 있다.

일반적으로 손용접의 아크 타임은 작업시간의 35~45℃이며, 자동 용접에서는 40~50℃가 일반적이다.

좁은 장소에서는 작업하기가 어려우므로 10% 내외가 된다.

또, 참고로 일반 피복 아크 용접봉의 용착율을 나타내면, 아래보기 자세의 경우 90%, 수직자세의 경우 80%, 수평자세의 경우 85% 그리고 위보기 자세의 경우에는 75% 정도이다.

(6) 사용하고 남은 용접봉의 관리

용접봉은 홀더(holder)에 물린 부근의 수 ㎝는 사용할 수 없으므로 잔봉으로 버려야 한다.

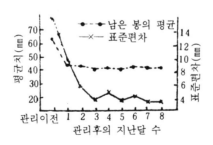

그림 9-20 남은 봉 관리의 한 예

그 양은 용접전류의 크고 작음과 용접사의 습성에 따라 큰 차이가 있다.

이것을 될 수 있는대로 짧게 하게끔 관리하는 일은 작업능률의 향상 뿐만 아니라 용접의 품질향상에도 좋은 결과를 바랄 수 있다.

그림 9-20은 잔봉 관리의 한 보기를 나타낸 것이다.

관리 이전에 비하여 잔봉의 길이가 매우 짧아(약 20㎜) 더욱 일정하게 되고 있다. 또, 잔봉은 반드시 회수하여 그 수에 따라 새용접봉을 내주게끔 관리해야 한다.

(7) 용접 작업의 관리

용접작업 검사에서 조사한 바와 같이 좋은 용접을 하려면, 그것을 유지하기 위해서 용접 전의 준비작업, 특히 이음부품의 정밀도 관리와 홈의 치수 관리가 중요하다.

이것이 옳지 못할 때는 용접작업이 어려울 뿐만 아니라, 용접물의 변형도 많아져 용접 후의 변형 바로잡기가 필요하게 되어 좋지 못하다.

① 홈의 치수 관리

홈에는 각도, 루트면, 루트간격, 이음부분의 어긋남 등에 대하여 살핀다.

이 검사에는 간격 게이지, 눈금자, 각도 게이지 등이 사용된다.

용접작업에 있어서 용접전류, 용접순서, 용접자세 예열, 후열을 규정대로 실시되어 있나, 되어있지 않았나를 관리할 필요가 있으나 특히 중요한 것은 용접전류의 관리이다.

② 용접 전류의 관리

용접 전류의 관리에는 용접기의 조정과 적정배치, 다시 원거리 조정의 이용 등에 의하여 용접사가 필요한 전류조정을 하는데 더욱 편리하게 설비를 함과 동시에, 일정한 계획에 따라 언제나 각 작업자의 전류측정을 하여 표준 비드 견본을 만들어, 이것을 비교하여 X선 이외의 방법에 의한 내부결함 검사 결과를 나타내어 부적당한 용접사의 재교육 지도를 해야 한다.

이것에 의하여 적정전류 범위 내에 관리하는 것이 가능하게 되었다.

③ 용접 결과의 특정관리

용접결과의 관리에는 여러 가지 결함의 관리가 중요하다.

예를 들면, 비드의 외관, X선 검사결과 서브머지드 아크 용접에서의 파열과 기공 등이다.

a) 용접 비드의 외관 관리

용접 비드의 좋고 나쁨은 일반적으로 관념적으로 말할 수 있다.

이것을 관리하여 향상시키기 위해서는 이것을 수량적으로 평가해야 한다. 외관을 나타내는 원인으로 비드 모양, 비드 넓이와 변의 길이의 적합하지 않은 것과 언더 컷, 오우버랩을 뽑아내어 표 9-10의 기준에 따라 이것을 수량으로 나타낸다.

즉, 27명의 용접사에 대하여 일주일 1회 정도 용접선 길이 1m를 택하여, 그 외관을 기준에 따라 측정 관리한 결과를 통계적으로 처리하여 도표를 나타내면 관리하기 편리하다.

각 항목마다 관리의 계속에 따라 결함수는 적어져서 특히 비드의 폭, 변의 길이가 적합하지 않음, 언더컷의 개선의 눈에 띄게 나타난다.

비드 외관 중에서 비드 이음짬이 더욱 문제가 되므로, 비드 이음짬의 시공기준을 만들어 피복제 계통을 다르게 하는 용접봉 종별에 상세한 조작 지시를 주어 표 9-12와 같은 관리기준을 만들어서 실시한다.

표 9-12 비드 이음자리 관리기준

결 함 면	결함의 한도	채 점 법	이은자리 10개당의 결함수			
			1급	2급	3급	4급
이은자리가 높다.	〈0.5mm	15mm로 1점	1	3	5	8
이은자리가 낮다.	〈0.2mm	5mm로 〃	0	1	3	6
비 틀 림	〈±1.5mm	15mm로 〃	0	1	2	4
폭이 고르지 못함	〈2mm	15mm로 〃	1	3	5	8

더욱이 표준 견본을 갖추어 개인관리를 하면 기술개선에 눈에 띄는 성패를 얻을 수 있다.

b) X선 검사 불량의 관리

용기의 용접부 등 중요한 용접부에 대해서는 X선 검사에 의한 내부결함 검사를 하나, 위에서 설명한 조건 관리 외에 가접불량의 관리, 용접조건의 개선관리 등에 의하여 X선 검사 불량률 관리를 한다.

c) 얇은 철판의 서브머지드 아크 용접의 결함관리

1.6~2.3mm의 얇은 강판의 서브머지드 아크 용접은 맞대기 간격이나 판의 표면처리와 같은 용접준비와 용접전류, 속도, 용제의 처리 등 용접조건의 적정화와 엄격한 관리를 하지 않으면 비드 파열이나 기공 등의 결함이 생기기 쉽다.

심중한 연구의 결과 적당한 용접조건을 정하여 각 요인의 관리를 실시하면, 관리하기 전과 후의 결함수의 변동은 명확하게 관리의 효과가 나타난다.

(8) 용접 능률의 관리

용접 능률의 관리는 이제까지의 전체 관리를 실시하면 그 결과로서 자동적으로 되는 것이다.

용접의 능률화에는 작업 공정 비용과 재료비를 적게들게 노력해야 한다.

둘 다 용접설계의 합리화 작업법의 기계화 지그의 활용 등에 의한 적극적인 능률향상이 효과적이다.

더욱이 좋지 못한 점이 점차로 줄어드는 것 등의 소극적인 능률화도 필요하다.

제작공비의 능률관리에 관한 사항은 다음과 같다.

① 합리성 있는 용접 설계

홈모양의 좋고 나쁨, 프레스 가공의 이용에 의한 용접선의 단축 등이다.

② 작업의 기계화

자동용접기, 각종의 저항용접, 지그와 측정기구의 활용율의 향상

③ 용접 변형과 변형의 방지

적당한 지그의 이용, 용접순서의 검토

④ 능률이 좋은 용접봉의 사용

지름이 큰 용접봉, 용입이 양호한 용접봉 등의 사용율을 높이고, 반자동 용접법의 연구

⑤ 용접량의 적정화

이음의 정확성과 용접량의 지정 등

⑥ 아크 타임의 증대

준비시간의 능률화 공정관리에 의한 시간 절약 등

⑦ 용접 결함의 방지

적당한 용접봉의 사용, 용접전류와 용접조건의 적정화 등

위에서 설명한 여러 항목에 따라 개선을 하게 노력함과 동시에 실제 작업에 있어서 다음의 여러 점을 관리하여 합리화의 방법을 연구해야 한다.

    a) 단위 시간당의 용접선의 길이

    b) 단위 시간당의 사용 용접봉의 양

    c) 아크 타임의 통계

    d) 자동용접기와 지그 등의 활용

표 9-13 홈불량과 용접능률 비교의 보기

측 정 항 목	A	B
용접치수	3	5
용접선 길이(㎜)	1330	1,330
용접봉 사용 개수(개)	35	50
봉용융 길이(㎜)	10,730	15,020
사용봉 중량(㎏)	1.70	1.60
작업시간(분)	70	110
아크 시간(분)	45.5	60.0
봉사용량비(B/A)	1.37	
작업시간비(〃)	1.57	
아크 시간비(〃)	1.34	

　e) 용접 시간당의 변형 교정 시간

　f) 용접 불량률

즉, 홈치수가 나쁘면 용접능률에 영향을 미치는 보기를 표 9-13에 나타낸다.

홈치수가 나쁘면 작업시간이 1.6배에, 용접봉 사용량이 1.4배가 걸림을 알 수 있으며, 능률 관리상 얼마나 중요한가를 말해주고 있다.

제 10 장

용접부의 검사와 시험

10-1. 용접부 검사와 시험의 개요

1. 용접부 검사와 시험

용접은 조심하지 않고 하면 여러 가지의 용접 결함을 유발하게 된다. 즉 용접열에 의한 모재의 변질, 변형과 수축 잔류 응력의 발생, 용접부 내의 화학 성분과 조직의 변화를 어느 정도 피할 수 없기 때문에, 용접물의 용접결과를 소요의 성능으로 표시할 수 있는 한계로 정하여야 한다. 보통 용접부의 안전성과 신뢰성을 조사하려면 여러 가지 방법이 있는데, 크게 나누어 보면 작업검사와 완성검사로 나눌 수 있으며, 작업검사는 좋은 용접 결과를 얻기 위한 것이므로 용접 전이나 용접 도중에 혹은, 용접 후에 하는 검사로서 용접공의 기능, 용접재료, 용접설비, 용접시공 상황, 용접 후처리 등의 적부를 검사하는 것을 말한다. 완성 검사는 용접 후에 용접 제품이 요구하였던 모든 조건에 만족되었는가를 검사하는 것이다.

2. 용접 검사의 종류

(1) 용접전의 작업 검사

용접전 작업검사의 대상은 용접설비, 용접봉, 모재, 용접시공법 그리고 용접사의 기량이다.

우선 용접시설로서, 용접기 부속기구, 안전기구, 구속지그와 고정구의 적합 여부와 작동의 정상성을 조사해야 한다.

용접봉의 검사로서는 외관과 치수 외에, 용착금속의 성분과 여러 성질, 모재와 조립한 이음의 여러 성질을 조사한다. 특히 작업성과 파열 시험이 중요시되고 있다.

모재의 검사로서는 화학성분, 기계적 성질, 물리적 성질 그리고 여러 가지 결함의 유무를 조사한다. 또, 용접준비로서 홈의 각도, 루트간격 이음면의 표면상태 이음의 맞음 정도, 가접의 양부, 받침쇠의 상태 등을 조사한다.

이 밖에 치구(지그;jig) 역변형, 고정상태 등 조임에 대한 검사도 한다.

모재와 용접봉이 정해지면 본 용접에 사용되는 홈의 형상, 용접 조건, 예열과 후열처리의 적합 여부를 조사하기 위하여 용접시공법 시험을 한다. 그러기 위해서는 용접물과 같은 모래 용접봉 그리고 용접 시공방법을 사용하여, 따로 이음 시험편을 제작하여 외관 검사와 방사선 투과검사 혹은 그 밖의 비파괴 검사를 하여 용접부의 건전성을 조사하는 외에, 이음의 인장, 굽힘, 충격 등의 기계시험과 단면의 조직검사도 하여 용접부의 안전성을 확인한다.

용접사의 기능 검정은 국가검정인 노동부 한국직업훈련 관리공단 시행에 의하여 확인되고 있다.

(2) 용접중의 작업 검사

용접중에 실시한 작업검사로서는 용접봉의 보관과 건조상태, 이음표면의 청정상태를 조사하는 외에 각 층마다의 비드 형상 용접상태, 용입부족, 슬랙의 잠입, 균열, 비드의 물결, 그레터(crater) 처리 이면의 형상 등을 외관검사 또는 침투, 자기, 방사선 투과검사 중에 의하여 조사한다.

그 외에 용접전류, 용접전압, 용접속도, 용접순서, 용착순서, 운봉법, 용접자세, 필요에 따라서는 예열온도와 각 층 사이의 온도 등이 애당초 지정된 조건과 틀림이 없나를 조사한다.

조사결과 결함이 나타나면 보수용접을 해야 한다.

(3) 용접후의 작업검사

용접후에 할 작업검사로서는 후열처리 변형 교정 등 용접후에 가해지는 작업에 대하여 실시한다.

적당한 가열온도, 유지시간, 가열과 냉각속도, 그 밖의 작업조건이 지정된 대로 인가를 조사하고 또, 균열, 변형, 치수차의 유무 등을 검사한다.

(4) 완성 검사

용접물의 완성 검사는 일반적으로 좁은 의미의 용접검사라 말하고 있다. 물론 용접물이 완성되어서 용접부 또는 구조물 전체의 결함의 유무를 조사한다.

이 검사법에는 용접물을 파괴하지 않고 검사하는 비파괴 검사와, 파괴하여 검사하는 파괴검사가 사용된다. 검사의 주안점은 당연히 용접부에 모이나 구조물의 종류와 바라는 성능에 따라 전용접에 걸쳐 전체 검사를 하거나, 혹은 결함이 생기기 쉬운 곳을 골라내어 검사하는 발취 검사를 한다. 이 검사의 결과 수입의 가부를 판단하여 수입을 할 수 없을 때에는 보수용접을 해야 한다. 보수용접 후에는 반드시 재검사를 하여 안전여부를 확인한다.

표 10-1 용접 시험검사법의 분류

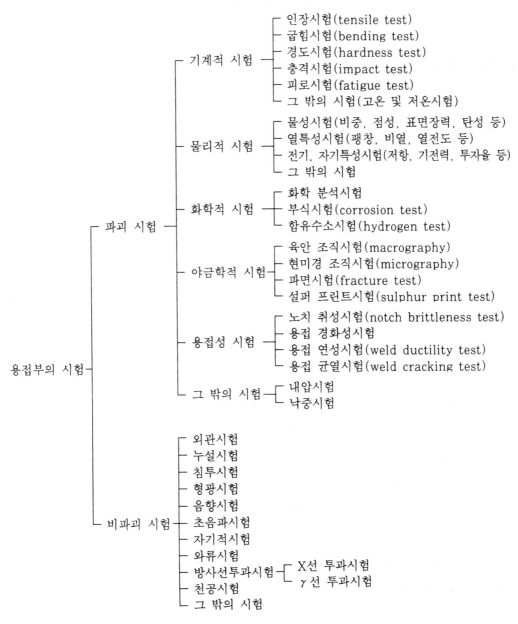

(5) 용접부 검사법의 분류

완성 검사에 사용되는 방법은 표 10-1과 같이 파괴 시험법과 비파괴 시험법으로 크게 나눌 수 있다.

파괴 시험법은 검사하고자하는 부분을 절단 굽힘, 인장 또는 그 외에 소성변형을 주어 검사하는 방법이며, 비파괴 검사법은 검사하고자 하는 물체에 상처를 주지 않고 검사하는 방법이다. 이것에는 표 10-1과 같이 여러 종류가 있다. 이것은 재료 용접부의 형상, 그리고 목적에 따라 단독 혹은 병행하여 사용한다.

3. 용접 결함의 검사

용접 검사에서 검사의 대상으로 하는 중요한 결함으로는 표 10-2와 같은 종류가 있다.

표 10-2   용접 결함의 종류

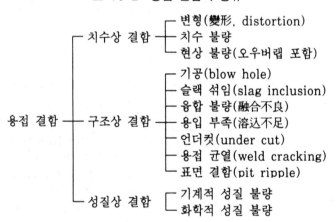

(1) 치수상의 결함

① 변형

용접 변형의 발생과 그 방지법은 이미 설명하였으나 지금 맞대기 용접에서 평탄하게 놓고 용접한 결과 용접면 방향으로 굽었다면, 용접전에 그 반대 방향으로 굽은 양만큼 굽혀 놓고(즉, 역변형시켜 놓고) 용접하면 용접후 평탄한 이음면을 얻을 수 있다.

② 치수 불량

용착부의 치수 불량에는 용접의 보강부의 과부족, 필렛용접의 변의 길이, 목 두께의 치수 불량 등이 있으며 측정기구를 사용하여 외관 검사를 조사한다.

③ 형상 불량

용접 금속의 형상 불량으로는 비드의 불량 언더컷 겹치기 등이 있다. 이들의 결함은 용접봉의 종류 변경, 용접조건과 운봉법의 정상화, 용접자세의 안전화 등의 조작을 사용하여 개선할 수 있다.

이들의 결함은 일반적으로 적당한 측정기구를 사용하여 외관검사 혹은 침투검사를 한다.

(2) 구조상의 결함

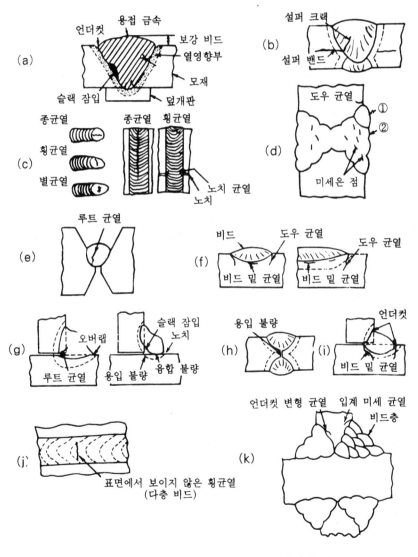

그림 10-1 여러 가지 용접의 결함과 균열

구조상의 결함으로는 그림 10-1과 같은 기공, 슬래그잠입, 비금속개재물, 융합불량, 용입
부족, 언더컷, 용접 파열, 그리고 표면 결함 등이 있다.

(3) 성질상의 결함

용접 구조물에는 어느 것이나 기계적, 물리적, 화학적 성질에 일정한 요구가 있다. 따라
서 이들의 요구를 만족시킬 수 없는 것은 넓은 의미의 결함이라 생각할 수 있다.

기계적 성질로서는 항복점, 인장강도, 연성, 굳기, 충격치, 피로세기 등을 들 수 있다.
화학적 성질로는 화학성분, 내식성 등이 물리적 성질로서는 열과 전자기적 성질이 대상이
된다. 표 10-3에 용접 결함에 대한 시험과 검사법을 나타낸다.

표 10-3 용접 결함에 대한 시험과 검사법

용접 결함	결함 종류	시험과 검사
치수상 결함	변형 용접부의 크기가 부적당 용접부의 형상이 부적당	적당한 게지를 사용하여 외관 육안검사 용착금속 측정용 게지를 사용하여 육안검사 〃
구조상 결함	구조상 불연속 결함 기공 슬래그 섞임 융합 불량 용입 불량 언더컷 용접 균열 표면결함	방사선검사, 자기검사, 와류검사, 초음파검사, 파단검사, 현미경 검사, 마크로 조직 검사 〃 〃 외관 육안검사, 방사선검사, 굽힘시험 외관 육안검사, 방사선검사, 초음파검사, 현미경 검사 마크로 조직검사, 자기검사, 침투검사, 형광검 사, 굽힘시험 외관검사
성질상 결함	인장강도 부족 항복점 강도 부족 연성 부족 경도 부족 피로 강도 부족 충격 강도 부족 화학 성분 부적당 내식성 불량	기계적 시험 〃 〃 〃 〃 〃 화학분석 시험 부식 시험

10-2. 파괴 시험법

파괴 시험법은, 용접부를 파괴하여 좋고 나쁨을 조사하는 방법이므로 같은 종류의 많은

제품 중에서 뽑아낸 것, 혹은 특별한 시험 용접부에 대하여 검사하는 것이 된다. 이것에는 기계적, 화학적, 물리적인 여러 시험방법이 있다.

1. 기계적 시험법

(1) 인장시험

인장시험은 만능재료 시험기로, 그림 10-2에 나타냄과 같은 일정한 단면을 가진 시험편을 축방향으로 파단될 때까지 인장하여 항복점, 인장강도, 연신율, 단면수축 등을 측정한다.

그림 10-2 인장시험편

최초의 단면적을 A㎟라 하면, 하중 Pkg일 때의 응력 δ는

$$\delta = \frac{P}{A} \quad (kg/㎟)$$

로서 표시된다. 이 경우 최초의 표점거리를 l_0 ㎜로 하고, 파단 후의 표점거리를 l ㎜라 하면, 변형율 ε는

$$\varepsilon = \frac{l - l_0}{l_0}$$

로서 표시된다. 응력에 대응하는 변형의 변화를 표시한 것을 응력-변형율 선도라 한다.

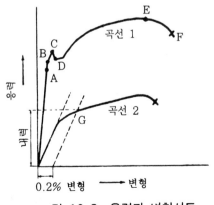

그림 10-3 응력과 변형선도

그림 10-3의 곡선 1은 연강의, 곡선 2는 오스테나이트계, 스테인레스강, 구리, 알루미늄의 응력－변형율 선도를 나타낸다.

연강 등에서는 Y점에서 명확한 항복점을 나타내므로 Y점의 응력 즉,

$$\delta_r(\text{항복점}) = \frac{\text{Y점의하중}}{\text{A}} \quad (\text{kg/mm}^2)$$

으로서 항복점으로 한다. 그러나 스테인레스강에서는 명확한 항복점이 나타나지 않으므로 0.2% 연구변형이 생기는 응력(Y)를 가진 내력을 항복점과 같이 취급한다.

최대 응력 즉, M점에 대응하는 응력을 인장강도라 하면

$$\delta_m = \frac{\text{최대하중}}{\text{A}} \quad (\text{kg/mm}^2)$$

로서 표시된다. 시험편의 평행부가 전부 균일재료(모재 또는 결함이 없는 전용착 금속)일 때는 M점까지는 응력에 대응하여 일정하게 변형한다. 그러나 M점을 지나치면 국부적으로 변형이 생겨 파단한다. 파단 후의 표점간 거리를 l'라 하면, 파단까지의 연신율 ε'는

$$\varepsilon' = \frac{l - l_0}{l_0} \times 100(\%)$$

로서 표시한다. ε'에는 M점까지의 표점간의 일정한 연신과 M점 이후의 국부적인 연신이 합하여 연신율 전체로서 표점거리와 단면적에 크게 영향을 준다. 그리고 파단후의 최대단면적을 $A'(\text{mm}^2)$라 하면, 단면 수축율 ϕ는

$$\phi = \frac{\text{A} - \text{A}_1}{\text{A}} \times 100(\%)$$

로서 나타낸다.

용접금속을 시험편의 중앙에 있는 것과 같은 이음 시험편에서는, 최소의 단면적은 일정하여도 하중이 가해지면 용접 금속의 열영향부 모재부에 따라서 실제의 강도가 다르기 때문에, 그 변형은 일정하지 않게 되어 각 단면에 가해지는 응력도 균등하지 않게 된다. 그러나, 이때 가장 강도가 약한 장소에서 파단하므로, 그 부분의 강도를 같이 하고 이음부의 인장 강도로 한다.

그리고 인성이란 것이 있으나, 이것의 정의는 막연한 것이다. 응력－변형율 선도 대신에 하중－변형율 선도에서 변형 상태를 나타내며, 이 선도에 포함된 부분의 면적의 대소로서 비교하여야 하나, 대략적인 것을 알아볼 때는 인장강도와 연신율의 곱셈으로 표시할 때도 있다.

(2) 굽힘 시험

모재와 용접부의 연성과 결함의 유무를 검사할 때 굽힘 시험을 한다. 보통 적당한 길이와 폭으로 된 시험편을 적당한 지그를 사용하여 굽힘 균열 발생할 때까지의 각도와 굽힘

연성 등을 조사한다.

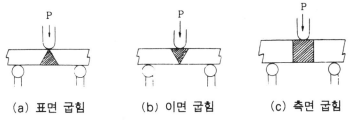

(a) 표면 굽힘   (b) 이면 굽힘   (c) 측면 굽힘

그림 10-3 용접 이음의 굽힘 시험

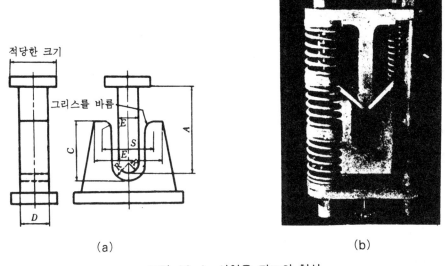

(a)   (b)

그림 10-4 시험용 지그의 형상

표 10-4 시험용 지그의 치수

지그 치수	A1 호	A2 형	A3 형
R	7	13	19
S	38	68	98
A	100	140	170
B	14	26	38
C	60	85	110
D	50	50	50
E	52	94	136
R′	12	21	30
사용시험편	1호	2호	3호

용접이음 시험편을 굽힐 때는 그림 10-3과 같이, 표면 굽힘과 이면 굽힘 그리고 측면 굽힘의 3종류가 있다. 용접봉의 작업성 시험, 용접사의 기능검정 시험을 할 때는 일정한 상태에서 시험을 하기 때문에 형굽힘 시험을 한다. 이 시험에 사용하는 굽힘 시험용 지그의 보기를 그림 10-4에 나타내며, 시험용 지그의 각부 치수를 표 10-4에 나타낸다.

(3) 경도 시험

경도 시험은 재질의 굳기를 측정하는 시험으로, 금속의 경도를 측정할 때는 보통 일정하중 아래에서 다이어몬드 추 또는 강성이 풍부한 강구를 금속 내에 압입시켜 그 홈의 면적이나 홈의 깊이를 측정한다. 또, 다른 방법은 일정한 높이에서 특수한 추를 자연 낙하시켜 다시 반발하는 높이로서 측정하는 방법이 있다. 사용되는 경도시험기는 브리넬, 로크웰, 비커스, 쇼어 등의 시험기가 사용되며, 이중 브리넬과 로크웰 및 비커스 시험은 압입식이며 다이어몬드(diamond) 또는 강구를 압입시킬 때의 재료에 생기는 소성변형에 대한 저항으로서 경도를 표시한 것이다. 쇼어 경도 시험은 낙하 반발 형식으로서 재료의 탄성변형에 대한 저항으로서 나타낸다.

① 브리넬 경도 시험기

브리넬 경도 시험기(brinell hardness tester)는, 지름 10mm 또는 5mm의 강구를 300~500kg의 하중으로서 압입시킨다.

② 로크웰 경도 시험기

로크웰 경도 시험기(rockwell hardness tester)는. 지름 Y_{16}''(약 1.6mm)의 강구를 100kg의 하중으로 압입하는 방법(B스케일)과 정각(꼭지각도) 120℃의 다이어몬드 원뿔 입자를 150kg의 하중으로 압입하는 방법(C스케일)이 있다. B스케일은 일반적인 경우에 쓰이며, C스케일은 고경도의 금속재료에 쓰인다.

③ 비커스 경도 시험기

비커스 경도 시험기(vicker's hardness tester)는, 꼭지각 136°의 4각추의 압입자를 1~120kg의 하중으로 압입시킨다. 특히 현미경으로 미세한 부분의 경도를 조사하기 위한 미소 경도계가 있다. 재료가 균일한 재질인 경우에는 비커스 경도는 특수한 경우를 제외하고는 인장강도의 약 3배의 값으로 취급하여도 무방하다.

④ 쇼어 경도 시험기

쇼어 경도 시험기(shore hardness tester)는, 선단을 둥글게 한 다이어몬드를 부착한 2.5g의 추를 25cm 높이에서 낙하시켜 다시 추가 반발하는 높이로서 측정한다. 작업현장에서 많이 사용한다.

경도를 측정할 때 양면을 평형하게 또, 측정면을 되도록 평활하게 다듬질해야 한다.

(4) 충격시험

충격 시험은 재료가 파괴될 때 재료의 성질인 인성(toagnnes)과 취성(brittleness)을 시험하는 것으로, 하중작용 속도가 0.001~0.005초로서 재료의 변형속도는 인장시험보다 매우 크므로 재료가 충분히 변형할 여유가 없어 파단한다.

용착금속의 충격 시험편은 금속재료의 충격시험편인 3호, 4호, 5호를 사용하며, 샬피 충격시험편으로 그림 10-5와 같이 노치부와 파단 부분을 용착금속으로 한다.

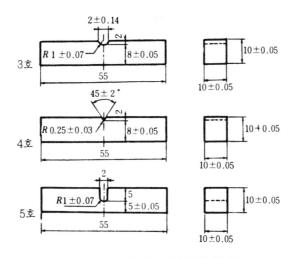

그림 10-5　충격 시험편의 형상

시험편 제작은 특별한 규정이 없을 때 용착 금속을 변형이나 가열을 하여서는 안된다.

아크 용접일때는 뒤덮개판을 사용하고, 가스 용접일때는 12mm 이상 건조한 석면을 뒤덮개판으로 사용한다. 시험편은 그림 10-6과 같이 2개 이상으로 한다.

시험편 제작은 기계 절삭 가공을 한다. 표 10-5는 시험편의 루트 간격과 홈 각도를 표시한다.

충격 시험 온도는, 지정된 온도에서 ±1℃의 허용차를 가지고 있는 액체중에 10분간 담갔다가 5초 이내에 시험을 완료하여야 한다. 충격치는 충격 온도에 큰 영향을 갖고 있기 때문이며 충격치는 다음과 같이 구한다. 시험편에 흡수된 에너지 E는

$$E = WR (\cos \beta - \cos \alpha) \ (kg/m)$$

충격치 U는 흡수 에너지를 시험편의 단면적으로 나눈 값이다.

$$U = \frac{E}{A} = \frac{WR(\cos \beta - \cos \alpha)}{A} \ (kg \cdot m/cm^2)$$

W : 펜류럼 해머의 중량

R : 회전 중심에서 해머 중심까지의 거리 (m)

β : 해머의 처음 높이 h_1에 대한 각도

α : 해머의 2차 높이 h_2에 대한 각도

시험편의 판단에 필요한 흡수 에너지가 크면 클수록 인성이 큰 재료가 된다. 이 외에 충격 시험 방법은 충격 인장, 충격 압축, 반복 충격 시험 등이 있는데 이들의 시험법은 재료 시험법에 따르면 된다. 그림 10-7에 샬피 펜듀럼 충격 시험기의 보기를 나타낸다.

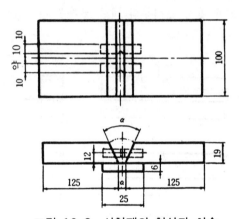

그림 10-6 시험재의 형상과 치수

표 10-5 시험편의 루트 간격과 홈 각도

형 상 ＼ 종 별	아크 용접	가스 용접
루트 간격 (a)	12 ㎜	6 ㎜
홈 간 격 (α)	45°	70°

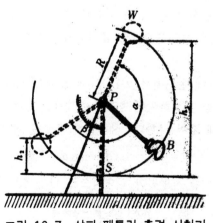

그림 10-7 샬피 펜듀럼 충격 시험기

(5) 피로 시험

피로 시험은, 시험편에 규칙적으로 주기적인 반복 하중을 가하여 하중의 크기와 파단까지의 반복 회수에 따라 피로 강도를 측정한다. 균질 재료에서는 응력 S kg·㎟(때에 따라서는 log S)와 반복회수의 대수(log N)와의 관계(S-N 곡선)은 철강 재료에서는 그림 10-8과 같다. 이음 시험편에서는 명확한 평간부분을 나타내기 어려워 2×10^6회~2×10^7회 정도에 견디는 최고 하중을 구하는 것이 보통이다.

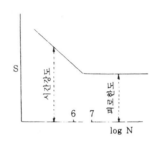

그림 10-8 S-N 곡선

2. 화학적 야금적 시험법

(1) 화학 분석

용접봉 심선, 모재와 용접금속의 화학조성, 혹은 불순물의 함유량을 조사하기 위하여 시험편에서 재료를 잘라내어 화학분석을 한다. 그러나 이것은 시료 전체의 평균치를 알 수 있을 뿐이며, 유황이나 인 등의 센 편석은 알 수 없다.

금속 중의 불순물을 조사하기 위해서는, 금속 모재를 녹여 불순물만을 남겨 그 검사를 화학적으로, 분광학적으로, 혹은 전라 회석, X선 회석, 광학이나, 전자현미경으로 검사한다. 또는, 조직 내의 불순물에 직접 전자선을 대어 분석하는 방법도 있다.

(2) 부식 시험

용접물에 바람이나 비, 강물이나 바닷물, 흙이나 모래 혹은 유기산, 무기산 등에 접촉할 때에는 애당초 실제와 같거나 그것과 비슷한 상태에서 부식시험을 한다.

그러나 이 종류의 시험은 매우 어려우며 시간이 많이 걸리므로, 그 대신 비교적 시간이 짧은 시험실적 부식시험을 하는 경우가 많다. 그러나 시험에 사용하는 부식액의 종류, 농도와 온도에 의하여 시험결과가 매우 달라지므로 주의해야 한다.

스테인레스강은 특히 내식성을 대상으로 하고 있으므로 부식시험 방법이 사용된다.

(3) 수소 시험

용접부에 용해된 수소는 기공, 비드 아래 균열, 은점, 선상조직 등 결함의 큰 요소가 되므로 용접방법, 용접봉에 의한 용접 금속 중에 용해하는 수소량의 측정은 중요한 시험법이 되고 있다. 함유 수소량의 측정에는, 45℃ 글리세린 치환법과 진공 가열법이 있다. 45℃ 글리세린 치환법에는, 130㎜×25㎜×12㎜의 판상의 중앙부에 길이 155㎜의 비드를 배치하고, 용접 완료후 즉시 물에 급냉하고 사전에 준비한 45℃에 유지되고 있는 글리세린에 주입하여 치환법에 의해 수소 포집기에 넣는다(용접 완료후 2분내). 48시간 방치하여 수소를 포집하고, 그 양을 0℃에서의 용적(CC)으로 확산하여 표시한다.

최근에는 글리세린 대신에 그림 10-9에서 보는 바와 같이 수은으로 포집하는 방법도 쓰여지고 있다. 보통 수소 그 자체에 제한은 없으나, 저수소계 용접봉의 용접 금속 수소량에 대하여는 제한이 있으며, 0.1cc/g 이하이어야 한다.

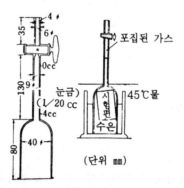

그림 10-9 수은중 확산성 수소의 포집

이 방법으로서 포집한 수소는 용접중에 용해한 저수소량은 아니며, 통상 확산성 수소라 말하고 있으며, 저수소량을 알기 위하여 또는 사전에 모재중에 있는 수소량을 알기 위하여 진공 중에서 800℃로 가열하여 수소를 포집하는 진공 가열법을 병용하여야 한다.

(4) 파면 시험

용착 금속이나 모재의 파면에 대하여 결정의 조밀, 균열, 슬랙잠입, 기공, 선상조직, 은점 등을 육안 관찰로서 검사하는 방법이다. 인장파면, 충격 시험편의 파면, 또는 모서리 용접, 필릿용접의 파면에 대하여 관찰할 때가 많다. 여러 가지 결함이 많은 것은 관찰로서 알 수 있으나, 보통 결정의 파면으로서는 은백색에 반짝 반짝 빛나는 파면은 취화성 파면이며, 회색을 띤 파면은 연성 파면이라 생각할 수 있다.

(5) 육안 조직 시험

육안 조식 시험은, 용접부를 그라인더나 사포 등으로 적당히 갈아서 적당한 방법으로 부식시켜 용입의 불량, 열 영향부의 범위, 결함의 분포 상황 등을 조사하는 것이다.

철강 등에 사용되는 부식액에는 다음과 같은 것들이 있다.

① 염산 용액 70℃

② 습산

③ 초산 용액

④ 험푸레이(Humfrey)시약

(6) 현미경 시험법

현미경 시험법은, 용접부 단면을 육안 조직시험보다 곱게 연마하여 약 $50 \sim 2,000$배로 확대하여 미세한 현미경 조직을 조사하는 것이다. 그리고 철강용 부식액은 초산알콜 용액 (Nital : HNO_2 --- $1 \sim 5cc$, CH_3OH --- $100cc$), 피크린산 알콜 용액(Picral : $C_6H_2(NO_2)_3OH$ --- $1 \sim 5g$, CH_3OH --- $100cc$), 염산피크린산 용액(HCl --- $5cc$, $C_6H_2(NO_2)_3OH$ --- $1g$, CH_3OH --- $100cc$), 염산 염화 제2철 용액(grard) : $FeCl_3$ --- $5g$, HCl ---- $50cc$, H_2O --- $100cc$) 등이 사용된다.

(7) 설퍼 프린트 시험

철강중에 포함되어 있는 유화물의 함유량과 분포상태를 검출하는 것으로 시험편을 매끈하게 연마하고 사진용 인화지를 3% 묽은 황산(H_2S - O_4)에 $2 \sim 3$분간 담가 이것을 시험편 단면에 마찰되도록 접촉시키며, $1 \sim 2$분후 떼어서 물에 씻어 20% 치오 황산소다 용액인 정착액에 5분간 정착시키고, 다시 20분간 물에 담그면 설퍼 프린터(sulpher print)가 완료된다. 이때 생긴 갈색 반점의 명암도로서 결함을 검사할 수 있으며, 여기에 유화물의 분포, 편석, 균열, 결함 등으로 나타나게 된다.

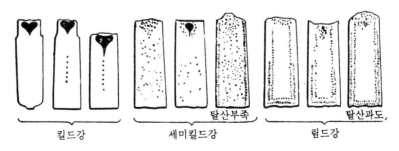

그림 10-10 강판 단면의 설퍼 프린트

그림 10-10은 강판 단면의 설퍼 프린트를 한 것으로, 림드강(rimmed steel), 세미킬

드강(semikilled steel), 킬드강(killed steel)으로 구분되며 강판을 제조할 때 탈산의 정도에 따라서 구분한다. 즉 용광로중의 가스를 규소철 (Fe-Si), 망간철(Fe-Mn), 알루미늄(Al) 등으로 탈산하여, 잉곳(ingot) 중에 기포가 생기지 않도록 진정시킨 것을 킬드강이라 하고, 탄소량이 많은 강(0.3% 이상)과 특수강은 반드시 킬드강으로 한다. 그러므로 철강 재료의 용접 재료는 킬드강이어야 한다. 만약 림드강이라면 설퍼 밴드(sulpher bend)에 따라 설퍼 밴드 균열이 생기기 때문이다.

10-3. 비파괴 검사법

1. 비파괴 검사와 그 종류

재료나 제품의 재질, 형상, 치수에 변화를 주지 않고 그 재료의 건전성을 조사하는 방법을 비파괴 검사라 한다. 압연재, 주조품, 용접물의 어느 것이나 널리 사용되고 있다. 이것에 의하여 재료의 선택, 공작이나 가공 방법의 결정 제품의 균일화가 향상되고 신뢰성을 확인하기가 손쉽게 되었다.

비파괴 검사 방법은, 재료와 제품의 원형이나 형태에 변화를 주지 않게 진동이라든가 전자기 등의 물리적 향상을 이용한다. 즉 방사선, 음파, 초음파, 열, 빛, 전기, 자기, 미립자 등을 사용한다.

오늘날 비파괴 검사라고 부르는 중요한 것은 다음과 같다.

a) 육안 검사

b) 누설 검사

c) 침투 검사

d) 초음파 검사

e) 자기 검사

f) 와류 검사

g) 방사선 투과 검사

h) 기 타

용접물의 비파괴 검사에는 위에 적은 여러방법이 이용되나, 오스테나이트계 스테인레스강이나 일반적인 비철금속은 비자성체이므로 자기 검사법은 사용할 수 없으나, 그 대신에 와류검사를 이용할 수 있다. 비파괴 검사로 검출할 수 있는 재료의 결함은 다음과 같다.

A) 물체에 전혀 상처를 내지 않고 검사를 한다.

ⓐ 표면의 홈이나 파면 부근의 홈, 수축흠집, 개재물, 기공, 언더컷, 쇠물의 유통불량,

융합부족, 백점, 오우버랩

ⓑ 파형불량, 핀홀, 표면의 거칠기, 판의 두께, 전자기적 여러 성질

B) 준 비파괴 검사, 굳기, 금속 조직이나 변형에 예민한 여러 성질, 재료 선별, 탄소량, 여러 가지 분석과 선별, 야금학적 조직

2. 육안 검사

육안 검사는, 더욱 널리 사용되는 비파괴 검사 방법으로 간단하며 빠르고 검사비가 적게 든다.

가시광선 혹은 자외선을 사용하여 검사한다. 렌즈 반사경, 현미경, 망원경 등을 사용 작은 경험을 확대하여 조사한다. 또, 게이지와 비교하여 치수의 적합 여부를 조사한다.

소재검사 용접 중의 작업검사와 제품의 검사를 하기 위하여 육안검사는 매우 중요한 검사법이다.

3. 누설 검사

이 검사는 탱크, 용기 등의 용접부의 기밀, 수밀을 조사하는 목적으로 사용되며 그 방법은 정수압, 공기압에 의한 방법이 있으며 화학 지시약인 헬륨(helium) 가스, 할로겐(halogen) 가스를 사용하는 방법이 있다.

즉, 용기내 압력을 외부 압력보다 크게 하여 누설되는 압력 변화와 물속에서 기포 발생으로 검사를 한다. 그리고 헬륨 누설 검사는 고감도이므로 보통 누설 시험이나 그 밖의 비파괴 시험으로 알 수 없는 약간의 누설이라도 검지할 수 있다.

4. 침투 검사

침투 검사는, 표면에 나타난 작은 구멍 등의 홈집을 손쉽게 높은 감도로 검출해 낼 수 있는 방법으로, 철이나 비철금속의 각 재료에 적합하다. 특히 자기검사를 할 수 없는 비자성 재료에 흔히 쓰여진다.

침투검사의 원리는 물체의 표면의 불연속부에 침투액을 표면장력의 작용으로 침투시켜, 다음 표면의 침투재를 닦아 떨어뜨린 후 현상액을 사용하여 홈집중에 남아있는 침투액을 부러내어 표면에 나타내는 방법이다.

침투액으로는 염료를 가지는 것과 형광물질을 가지는 것의 두 종류가 있다.

(1) 형광 침투 검사

　형광 침투 검사의 침투액으로는 유기 고분자 유용성(기름에 잘 녹는 성질) 형광물을 낮은 점성의 기름에 녹인 것이 잘 이용된다. 상품명으로는 미국의 사이크로, 영국의 스파크로 일본의 미구로클로와 누나크로 등으로 판매되고 있다.

　표면 장력이 적으므로 매우 가는 표면의 홈이나 균열에 침투한다. 또, 현상액은 홈집에 침투한 형광물질을 빨아내어 폭을 넓게하여 자외선 또는 블랙라이트(black light)로 비쳐 보기 쉽게 한다. 현상액으로서는 탄산칼슘($CaCO_3$), 규소(SiO_2) 분말, 산화 마그네슘(MgO), 알루미나(Al_2O_3), 털컴(Talcum)분말, 물(H_2O), 메틸알콜(CH_3OH) 등을 적당한 비율로 혼합한 액체를 사용한다.

　형광침투 검사의 조작은 다음과 같이 한다.

　① 세척

　세척은 우선 검사면에 기름기, 산화막, 그 밖의 오물이 없게끔 잘 닦아낸다. 이것에는 비누물, 증기, 세척유, 사염화탄소, 휘발유 또는 알카리 세척 혹은 산세 등을 피검사물의 재질, 면의 다듬질, 부착물, 검사수량 등에 따라 적당히 사용한다. 혹시 홈집중에 유기물이 막혀 있을 때에는 70~100℃에 가열하여 제거한다.

　② 침투

　침투액은 솔로 칠하고, 스프레이에 의한 칠 혹은 액체속에 침지시킴에 따라 제품의 표면에 부착시킨다.

　침지의 표준시간은 스테인레스강의 표면 홈집 또는 주물의 흡수 파열, 표면 가공질 등에는 최소한 20분, 주조품이나 압연물의 균열이나 오우버랩 등에는 최소한 30분, 또, 열처리 균열, 연마 균열 등에는 약 30분, 더욱이 용접물에는 최소한 30분을 침지시간으로 정해져 있다. 어느 경우에는 2시간 정도의 침지가 필요한 것도 있다. 그러나 붓에 의한 칠이나 스프레이에 의한 칠에서는 시간을 길게 하여 수시로 새로운 칠을 반복해서 칠해야 한다.

　③ 수세

　침투가 끝나면 표면의 침투액을 물로 씻어낸다. 낮은 압력의 샤워 모양으로 여러 구멍으로부터 뿜어서 닦아낸다. 자외선을 예비로 비쳐 수세의 정도를 살핀다. 주물의 표면은 특히 잘 씻어내야 한다.

　④ 현상과 건조

　혼식 현상인 때에는, 수세후 건조하기 전에 검사물을 현상액에 담갔다 꺼내어 이내 건조시킨다. 혹시 스프레이에 의하여 붙이는 방법도 있다.

　건조는 열풍으로 또는 적외선 램프로 50~70℃에 5~10분간 방치하여 건조시킨다. 건조 형상에서는 분말의 현상재를 사용하므로, 수세직후 물체를 일단 재빨리 건조시켜 마른 분말의 형상재를 스프레이로 뿜어 붙이거나 혹은 작은 물체일 때에는 분말속에 침지한다.

⑤ 검사

검사는 최고압 수은등의 밑에서 검사한다. 홈집은 형광을 내어 빛나 보인다. 또, 사진 촬영에는 Y_1이나 1/2의 휠터를 사용, 자외선을 방지하고 촬영한다.

⑥ 응용

석유공업이나 화학공업, 식품 화학공업용의 압력 용기나 저장 탱크는 비자성의 스테인레스강을 용접하여 만드는 때가 많으나, 이것에는 침투액을 칠하거나 뿜어 붙여 검사한다. 침투시간은 약 2시간 내외이다.

일반적으로 열풍건조를 할 수 없으므로 건식현상이 사용되고 있다. 항공기 제트엔진의 부품과 같이 작은 물건에는 30분~2시간의 침지 침투를 하여 습식현상과 열풍건조를 사용한다. 형광검사는 용기의 라이닝 용접부의 검사나 누설시험에도 사용되며, 더욱이 스테인리스강의 가는관 표면의 홈집검사에도 사용되고 있다.

(2) 염료 침투 검사

염료 침투 검사는 형광 침투액 대신에 적색의 염료를 침투액으로 사용하는 방법이다. 그 원리는 형광 침투법과 같은데 일반적으로 전등불이나 햇빛 아래서 검사할 수 있는 것이 특징이다.

그리고 침투액은 물로 세척하기 곤란하여 적당한 용액을 이용하여 세척한다. 현상방법은 스프레이(spray)법이 보통 사용되며 현장검사에 특히 유리하다.

이 검사는 좋은 조건하에서 0.002mm의 균열을 검출할 수 있다. 이것을 레드마크 시험 (red mack test)이라고 한다.

그림 10-11에 침투검사법의 한 보기를 나타낸다.

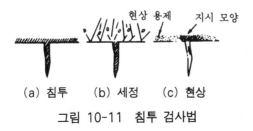

현상 용제   지시 모양

(a) 침투   (b) 세정   (c) 현상

그림 10-11 침투 검사법

5. 초음파 검사

초음파 검사법은, 사람이 들을 수 없는 파장이 짧은 음파(0.5~15MC)를 검사물 내부에 침투시켜 내부의 결함 또는 불균일 층의 존재를 알아내는 방법이다.

그림 10-12는 초음파 탐상기의 구성을 표시한 것이며, 적당한 두께의 수정판 또는 티탄산바륨판의 양면에 소정의 주파수의 교류 전압을 가하면, 판의 두께가 진동적으로 변화하여 고주파수의 초음파를 발사한다. 반대로 이 판이 초음파의 기계적 진동을 받게 되면 초음파와 같은 주파수의 전압이 발생한다. 이 전압을 적당한 방법으로 증폭하면 미약한 초음파로 서로 검출할 수가 있다. 초음파의 속도는 공기 중에서는 약 330m/s, 수중에서는 약 1,500m/s, 강철중에서는 약 6,000m/s이며 공기와 강철 중에서는 초음파는 잘 반사된다. 따라서 초음파를 강철중에 침투시키려면 강철이 평활해야 하므로, 초음파의 강철 중에 침입을 충분히 하기 위하여 발진자와 강철 표면 사이에 물과 기름, 글리세린 등을 넣어 진자를 강철 표면에 밀착시키는 것이 중요하다.

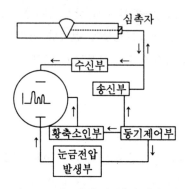

그림 10-12 초음파 탐상기의 원리

초음파 탐상법에는, 그림 10-13에서 보는 바와 같이 투과법과 펄스(pulse) 반사법 및 진공법 등이 있으며 이중에서 가장 많이 사용되고 있는 것은 펄스 반사법이다. 이 방법은 초음파의 펄스를 물체의 한 면에서 발진자를 통하여 입사시켜 다른 끝면 및 내부의 결함에서 반사파를 같은 면상의 탐촉자에서 받아 반사된 전압 펄스를 브라운관으로서 관찰하는 방식이다.

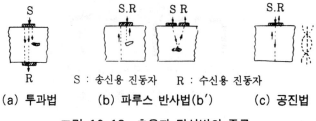

S : 송신용 진동자   R : 수신용 진동자

(a) 투과법   (b) 파루스 반사법(b′)   (c) 공진법

그림 10-13 초음파 탐상법의 종류

브라운관 상에서는, 그림 10-14에서 표시하는 것과 같이 표면 반사파 T와 다른면의 반

사파 B가 출현되며, 결함이 있으면 도중에 반사파 F를 발생한다. 이 반사파의 위치에 따라서 표면으로부터 겸함부까지의 깊이를 알 수 있다. 그리고 발진 탐촉자와 수신 탐촉자를 각각 별도로 작용시키는 두 탐촉자법과 한 개로서 양자를 겸용하는 통일탐촉자법이 있다.

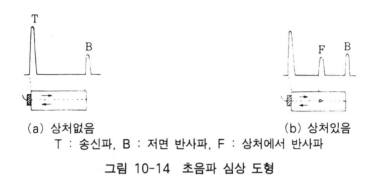

(a) 상처없음　　　　　　　　　　　　(b) 상처있음

T : 송신파, B : 저면 반사파, F : 상처에서 반사파

그림 10-14　초음파 심상 도형

펄스 반사법에서는 초음파의 입자각도에 의해 수직탐사법과 사각탐사법 등이 있다.

용접부와 같이 비드파형이 있는 것은 사각탐사법 쪽이 다듬질을 할 필요가 없어서 간단하다. 물체의 한쪽에서 초음파를 입사시켜 다른 쪽에서 받는 방법을 투과법이라 한다. 이때 결함이 없는 부분은 초음파가 다른쪽에 투과되나, 결함이 있는 부분에서는 초음파가 통과하지 못하기 때문에 결함의 유무를 검출할 수가 있다. 그러나 그 위치의 깊이는 알 수가 없다. 어느 것이나 초음파 탐사법은 두께와 길이가 큰 물체중의 탐사에도 적합하며, 검사원에 위험이 없고 한쪽에서 탐사할 수 있는 장점도 있다. 그러나 표면이 거친 것과 얇은 것의 결함 검출은 곤란하다.

6. 자기 검사

자기 검사는, 그림 10-15에서와 같이 검사물을 자성화시킨 상태로 하여 표면과 이면의 가까운 면에 있는 결함에 의하여 생기는 누설 자속을 자분 혹은 코일을 사용하여 결함의 존재를 알아내는 방법으로, 육안으로 보이지 않은 아주 작은 결함도 검지할 수 있으나 알루미늄, 구리, 오스테나이트계 스테인리스 등의 비자성체에는 적용되지 않는다. 누설 자속을 검출하는 방법에는 탐사코일을 사용하는 방법과 자성 분말을 이용하는 방법이 있으며 이것을 자분검사법이라 하며 자기 검사법을 대표하고 있다.

피검사물의 자성화 방법은 물체의 형상과 결함의 방향에 따라서 여러 가지가 있으며, 그림 10-16과 같이

① 축 통전법

② 관통법

③ 직각 통전법

④ 코일법

⑤ 극간법 등 이상의 5가지 방법이 있으며, 자화전류는 500~5,000A 정도의 교류(3~
5초 통전), 혹은, 직류(0.2~0.5초간)를 단시간 흐르게 한 후에 잔류자기를 이용하는 것
이 보통이다. 검사물의 결함에 의하여 누설자속이 발생하고 있는 장소에 도자성이 높은 미
세한 자성체 분말을 산포하면, 결함부에 응집 흡인되어 결합의 위치가 육안으로 검지된다.
표면 균열 등의 결함은 그림 10-17과 같이 자분이 가는 선상으로 밀집되며, 내부의 결합
은 결함에 의하여 자분의 집중이 폭넓게 응집된다. 그리고 피검사물은 기름, 그리스, 먼지
등을 청소하여 자분 부착 후 결함과 혼돈이 되지 않도록 하여야 한다.

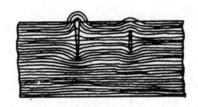

그림 10-15 자기검사의 원리

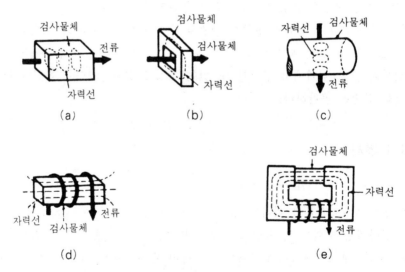

그림 10-16 자화 방법

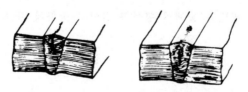

그림 10-17 자분검사에 의한 균열의 검출

7. 와류 검사

와류 검사는, 금속내에 유기되는 와류전류의 작용을 이용하여 검사하는 방법으로, 금속의 표면이나 표면에 가까운 내부 결함 등은 물론 금속의 화학 성분, 현미경 조직, 기계적 열적 이력 등도 검사할 수 있으며, 가는 판의 치수검사와 각종 재료의 선별에도 이용되는 매우 효과적인 검사법이다. 특히 자기 검사를 응용할 수 없는 비자성 금속 재료에 매우 편리하며, 최근에 원자력 공업과 화학공업에 많이 사용되는 오스테나이트 스테인리스 강관의 결함 검사와 부식도 검사에도 많이 사용되고 있다.

8. 방사선 투과 검사

방사선 투과 검사는, X선 혹은 γ(gamma)선을 물체에 투과시켜 결함의 유무를 검사하는 방법으로 현재 사용되는 비파괴 검사법 중에서 가장 신뢰성이 있으며, 가장 널리 사용되고 있다. 자성의 유무, 두께의 대소, 형상의 형태, 표면 상태의 양부에 관계없이 어떤 것이나 이용할 수 있으며, 투과하는 두께의 1~2%까지의 크기인 결함도 정확하게 검출할 수도 있다. 그러나 모재면이 평행한 라미네션(lamination) 등의 검출은 곤란하다.

(1) X선 투과 검사의 원리

X선은, 빠른 전자의 흐름이 금속에 충돌될 때 발생하는 전자파이며, X선관도의 텅스텐을 맴돌이 모양으로 감은 필라멘트(filament)를 음극으로 하고, 이것을 상대음극인 텅스텐판을 통에 넣어서 만든 것을 양극으로 한 두극판 진공관을 이용하여, 양극 사이에 고전압을 주면 음극에서 방출한 열전자가 가속되어 양극에서 충돌된다. 여기에서 발생되는 X선은, 구멍이 뚫린 연판 슬리트(slit)로 적당히 조절하여 피검사물에 퍼지게 하면 그림 10-18에서 보는 바와 같이 투과된 X선은 사진 필름에 촬영된다. X선의 파장은 10^{-8}cm(1Å ; Angstrom)이라 표시하고, 이것을 파장의 단위로 사용하는 수가 많다. X선은 물체 중을 투과하는데 일부가 물체에 흡수되는 성질이 있으며, 투과 X선의 세기는 투과하는 물체의 두께, 결함의 유무 재질에 따라서 변화한다. 지름 파장이 λ, 세기 I_o의 X선을 그림 10-19와 같이 일정한 두께 t의 금속을 투과시킬 때, 결함이 없는 곳의 X선의 세기 I_x는 $I_x = I_o e^{\mu t}$이며, 결함부(길이 C)의 투과 세기 I_v는 X선의 흡수법칙에 따라서 $I_Y = I_o e^{-\mu(t-c)-\mu'c}$가 된다.

여기서 흡수계수 μ는 재질과 X선 파장 μ의 함수로, 파장이 적을수록 μ는 적어진다 (흡수가 적어진다). 그러므로 위의 두 식은 $I_Y/I_x = e^{(\mu-\mu')c}$

결함이 기체일 때에는 $\mu' < \mu$이므로, $I_Y/I_x = e^{\mu+\mu c}$ 즉, 결함이 있는 곳과 결함이 없는 곳의 투과선의 강도비는 입사 X선의 세기와는 관계없이, 결함의 길이 C와 물체의 흡수계

수로 정하여진다.

I_y/I_x가 커지면 커질수록, 사진 필름에 나타나는 검은색의 색도가 커지면 명암도가 증가하므로, μ가 될수록 크게 되도록 파장이 긴(연한) X선을 사용하도록 하는 것이 좋다. 그러나 파장이 길어지면 두꺼운 물체를 투과하기 어려우므로, 투과 가능한 한도 내에서 될수록 파장이 길게 되도록 관전압을 낮추어 사용해야 한다.

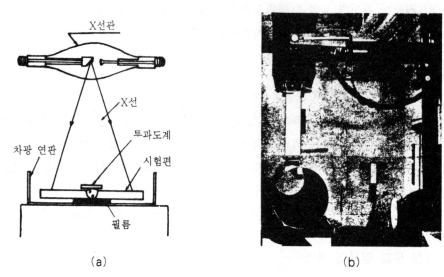

(a)   (b)

그림 10-18 X선 투과검사의 원리

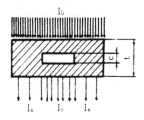

그림 10-19 결함에 의한 X선 흡수의 차

(2) X선 장치

X선 검사실에서 투과검사를 하도록 한 장치는 일반적으로 150~400KV(15~40만 볼트)이다.

이와 같은 장치에서는 변압기로 고압의 전류를 발생시켜, 이것을 정류하여 X선 관구에 접속한다. 투과검사에 이용되는 X선은 백색 X선이라 부르는 연속 스펙트로(spectre)로서, 그 최고 에너지(max energy)의 최단 파장을 관구 전압의 파고치로서 결정한다.

따라서 X선의 값은 관구 전압의 파고치 KVP(Kilo Voltage Peak)로 표시한다. 표 10-6에 방사선원과 실용 투과용 재료의 두께를 비교하였다.

표 10-6 방사선원과 실용 투과 재료의 두께

방사선원	스 크 린	실용판 두께 (mm)		노출시간
		강 판	알루미늄판	
50KV X선	없 음	0.12~0.60	2.0~12	
100KV X선	없 음	1.0~4.8	12~25	
150KV X선	없음, 연박	~25	~100	
	형 광	~38	~160	
250KV X선	연박(鉛箔)	~50	25~200	
	형광(螢光)	~75	~300	몇 분
400KV X선	연 박	~75	25~225	
	형 광	~100	~325	
1000KV X선	연 박	25~125	25~300	
	형 광	25~175	~400	
2000KV X선	연 박	25~225	—	
12MeV 베타토론	연 박	30~300	—	1~2분
24MeV(betatoron)	연 박	50~500	—	
Ra γ선 (radium)	연 박	25~100	—	
Co^{60}(cobalt)	연 박	25~150	—	몇 시 간
Ir^{192}(iridium)	연 박	12~70	25~	
Cs^{137}(cesium)	연 박	20~75	—	

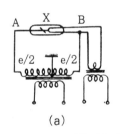

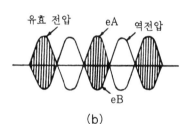

(a)   (b)

그림 10-20 자기정류 방식의 결선과 전압파

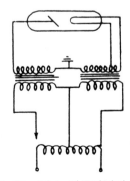

그림 10-21 가스 절록장치의 결선도

그리고 공업용 X선 장치는 특수한 것을 제외하고 대부분이 소형으로 휴대용으로 제작되었으며, X선과 회로와 전압 파형은 자기 정류 방식을 채용하고, 그의 결선방식과 전압 내형은 그림 10-21과 같으며, 가스 절록장치는 관전류를 임의로 변화할 수 없고 그림 10-21과 같다. 그리고 동시 입체 촬영용으로 결선되어진 것은 그림 10-22와 같다.

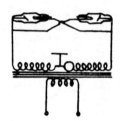

그림 10-22　입체 X선 장치의 결선도

(3) 투과도계(penetrameter)

표준 규격으로는 판두께의 2% 이상의 결함이 검출되어야 한다. 이것을 확인하기 위하여 피검사물 표면에 투과도계를 놓고 그 상을 동시에 촬영한다. 투과도계는 가는 철사줄로 지름이 약간씩 다른 7~10개를 같은 간격으로 나란하게 배열하여 만든 게이지이다. 예를 들면, 판두께 5~50mm의 시험 재료에 대하여 선지름 0.1, 0.2, ……, 1.0mm인 가는 철사줄 10개를 사용하며, 판두께 2%에 해당되는 지름의 철사줄이 필름에 나타나는 것으로서 X선 검사의 결함 검출 기준으로 한다. 검사 조건이 좋으면 1%이고, 베타토론 일때는 0.3% 정도를 검출 기준으로 한다.

(4) X선 결함상

현재의 방사선 투과검사는 주로 용접부와 주조품의 결함검사에 사용되고 이때 필름상에 결함상은 다음과 같이 나타난다.

용착금속 부분은 비드의 높이를 절삭하지 않을 때에는 모재보다 두꺼우므로 X선 필름에 회게 보이며, 모재 부분은 검게 보인다. 기공은 보통 구상중공이나 X선의 흡수가 적어서 필름상에는 검은 둥근 점(크기 0.1~몇mm까지)으로 나타나며, 스패터는 백색 둥근 점으로 보인다.

그리고 슬랙 섞임 부분은 X선의 흡수가 적어서 역시 검은 반점으로 되는데, 그의 형상은 둥근형은 적고, 타원, 구형, 가늘고 긴 형상으로 나타난다. 균열은 그 파면이 X선의 투과 방향과 거의 나란할 때는 검고 예리한 선으로 밝게 보이나, 직각인 때에는 거의 알 수 없다. 또한, 용입이 부족한 때에는 흡수가 적어져서 필름상에는 검은 직선으로 나타난다.

언더컷도 용접 금속의 주변에 따라서 가늘고 긴 검은 선으로 되어 나타난다.

(5) 방사선 투과검사 규격과 결함의 허용도

금속 재료의 방사선 투과시험 규정에서, 강의 용접부 결함 등급은 표 10-7과 같이 1급의 무결함으로부터 6급까지 분류하고 있다. 그러나 각 용접 구조물의 적부는 구조물마다 결정 범위가 다르며, 적용 범위에 따라서 몇 급까지의 결함이 허용되는가 하는 것은 구조물의 종류, 형상, 치수, 재질과 하중 부담의 경중에 따라서 달라진다.

미국의 AWS에서는 발전용 보일러의 규정으로, 균열과 용입 부족은 불합격이고, 가공은 2급 이상, 슬랙 섞임은 3급 이상을 표준으로 하고 있다. 그리고 결함수를 계산하는데 있어서 개인차로 인하여 등급 판정이 일치되기가 곤란하며, 용접부 방사선 필름 검출용 게이지를 사용하여 계산하는 것이 편리하다.

표 10-7 용접부 결함의 급별

등 급 \ 용접부의 최대두께 (mm)	0~5.0	5.1~10.0	20.1~20.0	20.1~50.0	50.1
1급	0	0	~1	~1	~1
2급	~2	~3	~4	~5	~6
3급	~4	~6	~8	~10	~12
4급	~8	~12	~15	~18	~20
5급	~12	~18	~25	~30	~40
6급	12~	18~	25~	30~	40~

표중의 숫자는 결함이 제일 밀집되어 있는 부분의 10×50mm내에 존재하는 수를 표시한 것이다. 결함의 크기는 길이 2mm 이하를 말하며, 2mm가 넘을 때 크기는 다음 계수를 곱한다. 그러나 결함의 크기가 12mm를 넘을 때와 균열이 존재할 때는 6급으로 한다.

표 10-8 결합 등급의 계수

결함의 크기(mm)	~2.0	2.1~4.0	4.1~6.0	6.1~8.0	8.1~10.0	10.1~12.0
계 수	1	4	6	10	15	20

10-4. 용접성 시험

금속 재료의 용접성은, 용접에 의해서 만드는 구조물이 우리가 목적하는 사용성능을 어느 정도 만족하는가를 나타내는 척도이며, 이것을 조사하기 위하여 여러 가지 용접성 시험법이 사용되고 있다. 그 중에서 가장 중요한 것은

① 노치 취성 시험

② 열영향부 경도 시험
③ 용접 연성 시험
④ 용접 균열 시험 등이다.

1. 노치 취성 시험

구조물의 용접성 판정에 매우 중요한 요소로서 많이 사용되고 있는 시험 방법이며, 샬피 충격 시험 방법으로 시험을 한다. 이것은 시험 목적에 따라 노치의 현상과 시험 온도를 변경할 수가 있다.

2. 열영향부 경도 시험

모재의 강판위에 비드를 배치하여 그 직각 단면의 본드(band)의 최고 강도를 측정하는 것으로 그림 10-23에 최고 경도 시험편의 크기를 정하고 있다. 용접 조건으로 아크 전압 24±4V, 아크 전류 170±10A, 용접속도 150±10mm/min로 규정하고 있다.

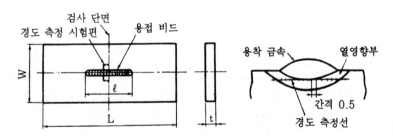

그림 10-23 최고 경도 시험

표 10-9 최고 경도 시험편의 크기 (㎜)

항 목	L	W	l	t
1호 시험편	200	75	125	8−16
2호 시험편	200	150	125	8−16

3. 용접 연성 시험

(1) 코메렐 시험

코메렐 시험(Kommerell test)은, 세로 비드 굽힘시험으로 매우 중요하며 일명 오스트리아 시험(Oustrian test)이라고도 한다. 그림 10-24는 코메렐 시험편과 시험방법이며,

표 10-10은 시험편과 지그의 크기를 표시한다. 구조용 강재의 시험편은 굽히는데 따라서
비드에 직각인 균열이 용접 금속과 열영향부에서 발생한다. 오스트리아 시험에서 연강과
Mn-Si계 고장력강에 대하여 균열되는 굽힘 각도는 그림 10-25와 같이 B곡선보다 커야
한다고 규정하고 있다.

표 10-10 시험편과 지그의 표시

두께(t) 치수	L	W	R	l	D	S
19~25	350	150	3	125	75	240
25~30	380	150	3	150	90	260
30~35	410	150	3	175	105	290
35~40	440	200	4	190	120	320
40~45	470	200	4	220	135	350
45~50	500	200	4	250	150	380

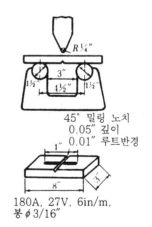

그림 10-24 코메렐시험편과 시험방법

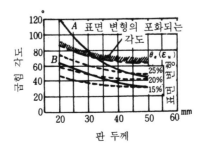

그림 10-25 오스트리아시험편의 표면 변형과 굽힘 각도

그리고 균열 발생시의 굽힘 각도는 시험 온도가 저하되는데 따라서 적어지고, 발생된 균열은 굽힘 각도의 증가와 더불어 크게 되며, 최대 하중에 달하면 파단한다. 즉 균열 발생기의 굽힘 각도는 용착금속과 열영향부의 연성에 매우 큰 관계가 있다.

(2) 킨젤 시험

킨젤 시험(kinzel test)은, 미국에서 많이 사용되는 세로비드 노치 굽힘 시험 방법으로 그림 10-26과 같이 V형 홈노치 실험편을 굽힌다. 이 방법은 용접을 하지 않은 모재도 시험할 수 있는 이점이 있다. 킨젤 시험은 열영향부의 연성을 조사하기는 어려우나, 모재의 노치 취성의 영향을 매우 크게 미치고 있다.

4. 용접 균열 시험

이 시험은 구조물의 파괴에 직접 연결이 되므로 용접 균열(weld craking)의 감수성이 좋은 재료를 선정하여야 한다.

그리고 시험편은 맞대기와 T형 필릿형이 이용되며, 이들 중에는 고온 균열과 저온 균열 시험으로 구분하여 시험할 수 있는 것이 있다.

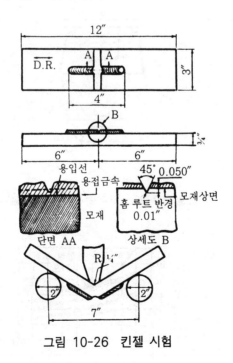

그림 10-26 킨젤 시험

(1) 리하이더 구속 균열 시험

리하이더형 구속 균열 시험(lihigh vestraint cracking test)은 그림 10-27과 같이 주변에 넣을 "스릿트"의 길이를 바꿈에 따라, 시험 비드에 미치는 열적 조건(냉각 속도)을 같게한 그대로 역학적 구속을 바꾸어 파열 시험을 하는 것이 특징이다. 일반적으로 스릿트의 길이를 짧게 하여 구속이 어느 값 이상으로 되면, 파열이 일어나기 시작하는 임계의 스릿트 길이 즉 구속도가 있다.

이 시험은 비교적 심한 파열 시험으로, 일반적으로 루트 부분으로부터 비드의 중앙부를 지나는 고온 파열이나 저온의 구속 파열이 발생한다.

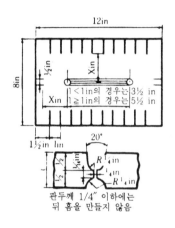

(a) 리하이 구속 균열 시험편

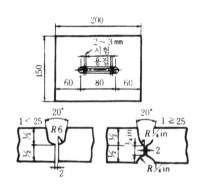

(b) 소형 리하이 균열 시험편

그림 10-27 리하이 구속 시험편

(2) 피스코 균열 시험

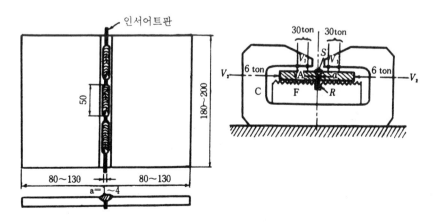

그림 10-28 피스코 균열 시험

피스코 균열 시험(Fisco cracking test)은, 최근에 유럽에서 시작한 시험방식으로 특히 고온 과열에 적합하며 재연성이 좋으며 또한, 시험재의 절약을 할 수 있는 것이 잇점이다.

그림 10-28의 지그에 맞대기 시험관을 나사로 설계 취부하고, 비드를 배치하여 파열의 유무를 조사한다. 시험판은 두께 1~40㎜, 길이 200㎜, 폭 120㎜의 판이 사용된다. 용접부를 가늘고 길게 절단하여 잘라내면 나머지 부분을 다시 용접할 수 있는 잇점이 있다.

(3) CTS 균열 시험

이것은 영국에서 오늘날 저합금강용에 널리 사용되기 시작한 방법으로, 그림 10-29와 같이 시험편을 포개어 양측을 고정 용접한 후 좌우양면에 필렛 시험 용접을 한다.

용접을 한 후 시험 비드를 3개소에서 절단하여 단면 내의 파열을 조사한다.

이것을 약하여 C.T.S 파열 시험(controlled thermal sevenity cracking test)이라 한다. 이것은 맞대기 구속 파열 시험에 비하여 감도가 다소 뒤진다.

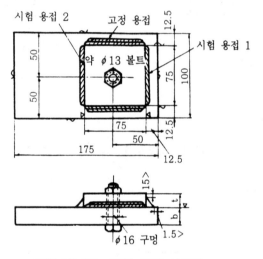

그림 10-29 CTS 균열 시험편

(4) T형 필렛 용접 균열 시험

T형 필렛 용접 균열 시험(Tee joint cracking test)은 그림 10-30과 같이, 가로판과 세로판을 밀착시키고 양 단면을 가용접한 후에, 용접봉 지름 4㎜로 아래보기 용접 1패스(pass)로 S_1의 용접을 하고, 바로 반대방향의 목 두께가 S_1보다는 적은 시험 비드 S_2를 만든다. 비드의 형상은 오목꼴로 하고 냉각후 시험 비드 S_2에 대하여 균열의 유무와 길이를 육안 혹은 지정된 방법으로 조사한다. 그리고 균열율은 균열의 전체 길이를 비드의 세로 길이(120㎜)에 대하여 백분율로 표시한다.

이 시험은 용접봉의 고온 균열(hot cracking)을 조사할 목적으로 잘 쓰이고 있다.

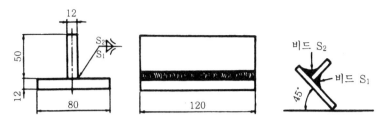

그림 10-30   T형 필렛 용접 균열 시험편

제 11 장

용접 재해와 안전 작업

11-1. 가스 용접 재해와 안전

가스 용접의 재해에는 폭발, 화재, 화상, 중독 기타가 있으나 무어라 해도 폭발은 더욱 위험하며 또, 가스 용접에서는 가장 많이 발생하기 쉬운 재해이므로 충분한 주의를 해야 한다.

1. 가스 용접 일반 안전

(1) 폭발 재해

아세틸렌은 공기 혹은 산소화 혼합하여 매우 넓은 범위(공기중 2.5~80%)에서 폭발성 혼합 가스를 구성한다. 그러므로 사용시에 여러 가지 원인에 의하여 폭발을 일으키기 쉬울 뿐만 아니라, 높은 연소열을 내므로 작업중 다른 가연성 가스나 인화성 액체의 증기 등에 인화하여 폭발을 일으키는 일이 많다.

오늘날에는 용해 아세틸렌의 사용이 많아졌으나, 옛날에는 폭발원인의 대부분이 아세틸렌 발생기에 혼입된 공기 혹은 산소에 의해 아세틸렌의 산화폭발에 의한 것이다. 안전기의 불비, 토오치의 취급 부주의에 의한 역류, 인화, 역화 등에 의한 폭발이 가장 많았다. 이 이외에 폭발의 원인으로는 용접이나 절단중의 불꽃에 의한 인화, 카바이드의 옮겨담기, 발생기의 이동이나 충격 등에 의한 폭발 또는 발생기의 수리, 가공 등에 있어서 잔유가스의 인화 등이 주된 것이다.

더욱이 폭발하기 쉬운 발생기의 종류로는, 기종내의 폭발성 혼합가스가 구성되기 쉬운 이동식 침지식 발생기가 가장 많다. 발생기에 대하여 폭발이 많은 것은 카바이드 용기의 운반, 취급, 개봉시의 사고 등이다.

(2) 화재

산소 아세틸렌 불꽃은 비교적 고열이며 또, 용접과 절단 작업 중의 불똥이나 용접금속이 비산하므로 작업장 부근의 가연물에 불이 붙어 화재를 일으키는 일이 많다. 연소물로는 인화성의 액체류가 가장 많으며 기타 기름 걸레, 목재 등이 있다. 이것들의 화재는 용접작업장내의 작업에서는 거의 없으며, 대부분 현장수리 작업 등에서 많이 발생한다. 이들의 작업에서 불똥이나 용접금속이 건물의 바닥이나 벽의 사이짬에 박히여 화재의 원인이 된다. 더욱이 이외에 화재로서 카바이드의 저장상의 불비에 의한 비의 샘이나, 침수 등으로 인하여 카바이드가 자연 발화하는 일도 있다.

(3) 화상

토오치의 점화 작업중의 불똥 그리고 용접에 의한 손과 발의 화상 또는 아세틸렌 도관 토오치의 접속부가 늦추어지거나 혹은 빠져서, 인화하여 손 부근에서 연소할 때의 화상, 더욱이 산소조정기의 조정나사를 잠근채 고압 밸브를 열면, 고압산소가 급히 다이어 후렘에 접하여 연소불을 내뿜는 일이 있어 얼굴 등에 화상을 입는다.

(4) 중독

연이나 아연합금 혹은 이들의 도금재료를 용접이나 절단할 때에 발생하는 연, 아연가스 중독, 또, 알루미늄 용제 중에 불화물, 혹은 산화질소, 일산화탄소, 탄산가스 등 유해 가스에 의한 중독이 있다. 이들의 가스는 환기가 나쁜곳, 동체내부, 저장탱크내부 등에서 작업할 때에는 특히 주의해야 한다.

(5) 기타의 재해

가스 불꽃이 센 광선에 의한 눈의 재해가 있다. 적외선은 직접 눈에 들어와도 즉시 장해를 의식하지 못하므로 자각하지 못하고 지나쳐서, 오랜동안 서서히 저축되어 장해를 일으키므로 악성이 된다. 각막부를 해쳐 시력이 저하되거나 눈의 내부가 장해를 입어 백내증이 되는 경우가 있다.

이 이외의 재해에 산소, 아세틸렌 취급 부주의, 토오치 압력조정기 고무도관 등의 불완전에서 일어나는 사고가 많다. 이것들은 앞에서 설명하였으나 산소와 아세틸렌병의 취급을 조합하며 다음과 같이 된다.

① 산소병의 취급

a) 산소병, 밸브, 조정기, 도관, 혹은 취부구는 기름, 구리스 등이 묻은 천으로 닦아

서는 안된다. 또, 기름손 혹은 기름장갑 등으로 취급하지 말 것.

b) 종류가 다른 가스에 사용한 조정기 도관 등을 그대로 사용해서는 안된다.

c) 산소병 밸브는 사용시에는 전체 개방할 것

d) 산소병내에 다른 가스를 혼합하지 말 것.

e) 산소는 지연성 가스이므로 특히 기름, 구리스 등에 접근시키지 말 것.

f) 산소병과 아세틸렌병을 같은 장소에 보관하지 말고 따로따로 보관할 것.

g) 산소병에 충격을 주지말 것.

h) 산소병을 직사광선이나 난로 등 온도가 높은 장소에 설치하지 말 것.

i) 산소병을 크레인 등으로 운반할 때에는 로프나 와이어로 묶지 말고, 철제상자나 단단한 상자에 넣어 운반한다. 전자식 기중기는 절대로 사용하지 말 것.

j) 산소병을 운반할 때에는 반드시 모자를 씌워 마개쇠를 보호한다.

② 아세틸렌 병의 취급

a) 아세틸린병은 세워서 사용한다. 이것은 옆으로 눕혀서 사용하면 용기중에 채워져 있는 아세톤이 가스와 같이 흘러나오기 때문이다.

b) 병은 충격을 가하거나 잡아트리지 말 것.

c) 압력 조정기나 도관 등의 취부부에서 가스의 샘이 없나를 수시로 점검한다. 누예의 점검은 비누물로 한다.

d) 병에 불똥이나 불꽃 등을 가까이 하지 말 것. 빈병은 반드시 마개쇠를 단단히 채워서 처리한다.

e) 병은 온도가 높은 곳에 보관하지 말 것.

f) 병 마개쇠의 고장으로 아세틸렌이 샐 때에는 즉시, 옥외의 통풍이 좋은 곳으로 운반하여 제조업자에게 연락하고 적절한 처리를 할 것.

2. 가스 용접 장치의 안전

(1) 아세틸렌 용접장치

① 아세틸린 용접장치를 써서 금속의 용접, 용단, 또는 가열의 작업을 할 때에는 게이지 압력 1.3kg/㎠를 넘는 압력의 아세틸렌을 발생시켜 사용해서는 안된다.

② 아세틸렌 발생기는 전용의 발생기실 속에 설치해야 한다.

③ 이동식의 아세틸렌 용접장치는 사용하지 않을 때에는 전용의 경납실에 보관한다. 단, 기종을 분리하여 발생기를 청결히 청소하여 둘 때는 전용의 경납실에 보관하지 않아도 된다.

④ 게이지 압력 0.07kg/㎠ 이상의 아세틸렌을 발생하고 또, 사용하는 아세틸렌 용접장

치에 대해서는 가스저항 탱크, 안전밸브 압력계에 대하여 세심한 주의를 해야 한다.

⑤ 아세틸렌 용접장치에는 그 토오치마다 안전기를 설치하거나, 주관에 안전기를 설치하여 토오치에 가장 가까운 분기관마다 안전기를 설치해야 한다.

⑥ 가스 저장소가 발생기와 별도로 되어 있는 아세틸렌 용접장치에는 발생기와 가스저장소 사이에 안전기를 설치해야 한다.

⑦ 카바이드의 모든 처리소에 대하여 그 구조상 세심한 주의를 해야한다.

(2) 가스 집중 용접 장치

① 가스 집중 장치는 화기를 사용하는 설비에서 5m 이상 떨어진 곳에 설치해야 한다. 또, 이동하여 사용하는 것 이외의 것은 전용의 가스 장치실에 설치해야 한다.

② 가스장치실 구조에 대하여 많은 연구와 세심한 주의를 해야 한다.

③ 가스집중 용접장치의 배관은 후렌치, 콕크 등의 접합부에는 팩킹을 사용하여 접합면을 서로 밀접시켜야 한다. 주관과 분기관에는 안전기를 붙인다. 이 때에 하나의 토오치에 대하여 안전기를 두 개 이상이 되게 한다.

④ 용해 아세틸렌의 가스 집중 용접 장치의 배관과 부속기구에는 구리나 구리가 70% 이상 함유한 합금을 사용해서는 안된다.

(3) 아세틸렌 용접장치의 관리

① 발생기의 종류(이동식 아세틸렌 용접 장치의 발생기는 제외) 형식, 제작소명, 매시 평균 가스 발생 산정량과 1회의 카바이드 공급량을 발생기 실내의 잘 보이는 곳에 계시한다.

② 발생기실에는 담당자 이외에 무단 출입을 금지하고 그 주의사항을 계시한다.

③ 발생기에서 5m 이내 또는 발생기실에서 3m이내의 곳에서는, 흡연화기의 사용 또는 불똥을 일으킬 위험이 있는 일을 금지하고 그 주의사항을 계시한다.

④ 도관에는 산소용과 아세틸렌용과의 혼돈을 방지하기 위한 조치를 취한다.

⑤ 아세틸렌 용접 장치의 설치장소에는 적당한 소화설비를 한다.

⑥ 이동식 아세틸렌 용접 장치의 발생기는 고온의 장소, 통풍 또는 환기가 불충분한 곳과 진동이 많은 곳에 설치하지 말 것.

⑦ 작업장에서 보호 안경과 보호장갑을 착용시킨다.

(4) 가스집중 용접장치의 관리

① 사용하는 가스의 명칭과 최대 가스 저장량을 가스 장치실의 잘 보이는 곳에 계시한다.

② 가스 용기를 교환할 때에는 가스용접 작업 책임자의 입회아래 행한다.

③ 가스 발생 장치는 계원외의 무단 출입을 금지하고 그 주의사항을 계시해야 한다.

④ 가스 집중 장치에서 5m 이내의 곳에서는 흡연 화기의 사용을 금지하고, 그 주의사항을 계시해야 한다.

⑤ 밸브나 콕크 등의 조작 요령과 점검 요령을 가스장치실의 잘 보이는 곳에 계시한다.

(5) 정기적 자체 검사

① 아세틸렌 용접 장치와 가스 집중 장치는 1년이내 마다 1회이상 정기적으로 장치의 손상, 변형 등의 유무와 그 기능에 대하여 자체적으로 검사를 해야 한다.

② 자체 검사 결과 이상이 있다고 판단될 때에는, 보수 기타 필요한 조치를 취한후가 아니면 사용해서는 안된다.

③ 자체검사의 결과를 기록하며 이것을 3년간 보관해야 한다.

11-2. 아크 용접 안전

아크 용접 작업에서의 재해는 의외로 많으며, 아크광에 의한 눈의 재해, 전격, 화상, 중독성 가스에 의한 재해 등이 있다.

1. 작업중의 일반 안전

(1) 아크광에 의한 재해

아크의 빛은 매우 강열하여 가시광선을 방사함과 동시에 자외선과 적외선도 방사한다. 따라서 이것을 직접 육안으로 보면 결막염이나 각막염 등의 염증을 일으켜 눈이 매우 아프다. 용접작업에는 반드시 차광렌즈가 붙은 차광면 혹은 헬멧을 사용해야 한다. 또, 타인에게도 방해가 되지 않게 차광 칸막이를 사용한다. 공기는 자외선을 비교적 잘 흡수하므로 아크의 광원에서 수m 떨어져 있으면 인체에는 해가 없다고 하나, 직접 목격하는 것은 피하도록 한다. 또, 현장작업 등 좁은 장소나 구조물의 내부에서 여러사람이 동시에 작업을 할 때 혹은, 야간작업 등은 눈을 상하기 쉬우므로 특히 주의해야 한다.

아크광에 의한 눈의 재해중 자외선에 의한 것은 주로 표면적이며, 4~5시간 이내에 눈이 아프며 일시적이므로 1~2일 정도로 치료가 가능하나, 적외선에 의한 장해는 내면적이어서 안구의 내부에 침투 시력을 감퇴시키고 더욱이 축적되므로, 초기에는 진통을 느끼지 못하고 진통을 느낄 시기가 되었을 때에는 이미 손쓸 시간적 여유가 없으며, 매우 악성이므로 주의해야 한다. 만일 아크로 염증을 일으켰을 때에는, 의사의 진찰을 받아 적당한 처리를 취해야 한다. 혹시 병원에 가지 못할 때에는 붕산수(2% 수용액)로 눈을 닦고 냉습포를 하면 효과가 있다.

이외에 아크광의 재해에는 복사열에 의한 화상이 있다. 피부를 노출하여 아크광에 쪼이면 염증을 일으켜 가벼운 화상을 입는다. 용접 작업에 있어서는 피부를 노출시키지 말아야 한다.

(2) 전격에 대한 주의

용접 작업중의 사망 재해는 거의 전격에 의한 것이다. 이것은 용접 작업자가 전기의 지식이 없어 일어나는 경우가 많다. 습한 장갑이나 작업복 차림으로 작업하여 용접봉을 바꾸어 끼울 때 또, 비온후 옥외의 젖은 공작물을 위에서 작업을 할 때 전격을 자주 받는다.

전격은 그림 11-1에 나타냄과 같이, 홀다를 지면에 놓고 공작물을 조작할 때 신발이나 장갑이 습하면 전류가 홀다에서 인체에 흘러 공작물 용접기를 거쳐 흐르는 회로를 형성하여 일어나는 것이다. 따라서 이와 같은 전류의 흐름은 회로를 형성하지 않게 언제나 조심해야 한다. 홀다는 걸개에 걸거나 절연물의 위에 놓는 습관을 붙여야 한다.

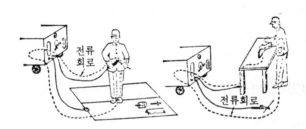

그림 11-1 전격의 회로

만일 전격을 받았을 때에는, 당황하지 말고 접속부를 떼거나 다른 사람에게 스위치를 꺼받거나 정당한 조치를 취해야 한다. 당황하거나 겁을내면 현장공사 등에서는 발판에서 떨어져 치명상을 입는 일이 많다. 전격 사망자 중 추락사가 많은 것도 당황하기 때문이다. 더욱이 타인이 감전된 것을 발견했을 때에는, 우선 스위치를 끊고 곧 의사에게 연락 응급처치를 받아야 한다. 응급처치로는 상해부의 처치나 때에 따라서는 인공호흡을 할 필요가 있다.

실제 작업시의 감선사망 재해의 조사결과에서는 다음과 같이 되어 있다.

① 용접 작업중 부주의로 홀다가 신체에 접촉되어 감전되는 것
② 피용접물에 붙어 있는 용접봉을 떼려다 홀다가 몸에 접촉되어 감전되는 일
③ 홀다에 용접봉을 물릴 때에 감전되는 일

④ 일차측과 이차측 도선의 피복 손상부에 접촉되어 감전되는 일

⑤ 홀다나 이차측의 도선이 다른 강판 등에 접촉되어 제3자가 감전되는 일 등을 들 수 있으며, 한편 전격을 방지하기 위해서는 다음사항을 준수해야 한다.

a) 반드시 용접기에 전격 방지기를 취부할 것.

b) 건조하고 안전한 절연장갑과 신발을 착용할 것.

c) 건조된 작업복을 착용할 것.

d) 공작물 위에서 작업할 때에는 판이나 기타 절연용의 깔개를 사용할 것.

e) 도선은 절연이 완전한 것을 사용하며, 만일 손상된 곳이 있으면 절연 테이프로 완전히 감아 수리한다.

f) 절연 홀다를 사용하고 지면에 함부로 방치하지 말 것.

g) 용접기의 어스를 완전히 취할 것.

h) 용접봉을 바꾸어 끼울때 주의를 할 것.

i) 작업을 중단할 때에는 언제나 용접기의 스위치를 끊을 것.

(3) 발판의 주의

현장에서는 공작물이 크면 그 위에서 용접하는 일이 많으므로 높은 곳에 발판을 만들어 작업하는 일도 많다.

이와 같은 때에는 발디딤에 충분한 주의를 해야 한다. 즉 공작물 위에서 작업할 때에는 전격을 방지하기 위하여 공작물 위에 판을 놓아 몸과 공작물을 절연시키고 또, 높은 작업장의 작업에서는 발판을 가급적 넓게 하여 안심하고 작업할 수 있게 해야 한다. 현장에 따라서는 발판도 만들지 못하고 위험한 장소에서 작업을 하는 일도 있으므로 특히 주의해야 한다.

(4) 가스 중독에 대한 주의

피복 용접봉의 초기에는 용제가 연소할 때 중독가스를 발생하는 것이 있었으나, 오늘날의 용제는 거의 중독의 염려가 없다고 알려져 있다. 그러나 일반 피복제 중에는 산화철, 규석, 석회, 이산화망간, 훼로망간, 세루로즈, 기타가 쓰여지고 있으며 용접중에 산화철, 규산, 산화칼슘, 산화망간 등의 가스나 휴무가 발생한다. 또, 알루미늄, 스테인리스 기타의 특수강용 등의 피복제에는 형석이 혼합되어 있으므로 불소화합물을 발산하는 일도 있으며, 내열강용 등에는 훼로크롬이 함유되어 있어 Cr_2O_2가 발산한다고 알려져 있다. 이 이외에 연, 주석, 아연 등을 함유하는 합금과 이것들의 도금된 것을 용접할 때에는 특히 주의해야 한다. 이것들의 휴무는 위험을 동반한다.

이상의 가스나 흄무나 재해를 방지하는데는 환기를 충분히 할 것과 방독 마스크를 사용하여 작업을 해야 한다.

(5) 기타의 재해

기름탱크 등의 수리는 내부의 기름을 완전 제거한 후 작업에 임하지 않으면 나머지 기름이 용접열로 증발하여 점화되어 폭발할 위험성이 있다. 또, 공작물의 주위를 반드시 조사하여 연소물이 있으면 제거하거나 혹은 불연소물로 덮어 발화를 방지해야 한다.

최신 용접공학   정가 15,000원

발행일	2009년 9월 1일 인쇄
저 자	이 은 학
발행인	김 구 연
발행처	도서출판 대광서림

서울특별시 광진구 구의동 242-133

TEL. (02) 455-7818(代)
FAX. (02) 452-8690

등록 / 1972.11.30 25100-1972-2호

ISBN 89-384-0253-3

도서안내 ══════════════════════

【 기계 · 금속 】